国家卫生健康委员会“十四五”规划教材

全国高等中医药教育教材

供中药学、药学、食品卫生与营养学、中医学等专业用

保健食品研发与应用

第2版

主　编　张　艺　贡济宇

副主编　兰　卫　王慧铭　王艳梅　关志宇　关　枫

主　审　吕圭源

人民卫生出版社

·北　京·

图书在版编目（CIP）数据

保健食品研发与应用 / 张艺，贡济宇主编．—2 版
．—北京：人民卫生出版社，2021.12（2023.12 重印）
ISBN 978-7-117-31594-4

Ⅰ. ①保…　Ⅱ. ①张…②贡…　Ⅲ. ①疗效食品 —研
制　Ⅳ. ①TS218

中国版本图书馆 CIP 数据核字（2021）第 211025 号

人卫智网	**www.ipmph.com**	**医学教育、学术、考试、健康，购书智慧智能综合服务平台**
人卫官网	**www.pmph.com**	**人卫官方资讯发布平台**

保健食品研发与应用

Baojianshipin Yanfa yu Yingyong

第 2 版

主　　编：张　艺　贡济宇
出版发行：人民卫生出版社（中继线 010-59780011）
地　　址：北京市朝阳区潘家园南里 19 号
邮　　编：100021
E - mail：pmph @ pmph.com
购书热线：010-59787592　010-59787584　010-65264830
印　　刷：人卫印务（北京）有限公司
经　　销：新华书店
开　　本：850 × 1168　1/16　　**印张：**20
字　　数：524 千字
版　　次：2016 年 8 月第 1 版　　2021 年 12 月第 2 版
印　　次：2023 年 12 月第 2 次印刷
标准书号：ISBN 978-7-117-31594-4
定　　价：69.00 元

编　委（按姓氏笔画排序）

马雅鸽（云南中医药大学）
王艳梅（长春科技学院）
王满元（首都医科大学）
王毓杰（成都中医药大学）
王慧铭（浙江中医药大学）
邓　翀（陕西中医药大学）
付　钰（河南中医药大学）
兰　卫（新疆医科大学）
刘　谦（山东中医药大学）
刘玉璇（天津中医药大学）
刘永刚（北京中医药大学）
关　枫（黑龙江中医药大学）
关志宇（江西中医药大学）
许天阳（长春中医药大学）
贡济宇（长春中医药大学）
李寅超（郑州大学药学院）
李盛青（广州中医药大学）
杨文宇（西华大学生物工程学院）
束雅春（南京中医药大学）
何毓敏（三峡大学医学院）
张　艺（成都中医药大学）
陈　丽（甘肃中医药大学）
孟　江（广东药科大学）
郭乃菲（辽宁中医药大学）
曹纬国（重庆医科大学）
焦凌梅（海南医学院）
童应鹏（台州学院）

数字增值服务编委会

主　编　张　艺　贡济宇

副主编　蒋立勤　李盛青　李寅超　刘永刚　于纯淼

主　审　吕圭源

编　委（按姓氏笔画排序）

于纯淼（黑龙江中医药大学）
王　娜（天津中医药大学）
王厚伟（山东中医药大学）
王艳梅（长春科技学院）
王满元（首都医科大学）
邓　翀（陕西中医药大学）
左蕾蕾（成都中医药大学）
刘永刚（北京中医药大学）
贡济宇（长春中医药大学）
李　立（江西中医药大学）
李寅超（郑州大学药学院）
李盛青（广州中医药大学）
杨文宇（西华大学生物工程学院）
时　军（广东药科大学）
何　凡（辽宁中医药大学）
何毓敏（三峡大学医学院）
宋小莉（山东中医药大学）
张　艺（成都中医药大学）
赵永强（西藏宇拓健康品有限公司）
姚　蓝（新疆医科大学）
殷金龙（吉林紫鑫药业股份有限公司）
陶贵斌（长春中医药大学）
蒋立勤（浙江中医药大学）
焦凌梅（海南医学院）
童应鹏（台州学院）
普元柱（云南中医药大学）
臧玲玲（海南卫生健康职业学院）
潘　正（重庆医科大学）

数字增值服务编委会

修订说明

为了更好地贯彻落实《中医药发展战略规划纲要(2016—2030年)》《中共中央国务院关于促进中医药传承创新发展的意见》《教育部 国家卫生健康委 国家中医药管理局关于深化医教协同进一步推动中医药教育改革与高质量发展的实施意见》《关于加快中医药特色发展的若干政策措施》和新时代全国高等学校本科教育工作会议精神，做好第四轮全国高等中医药教育教材建设工作，人民卫生出版社在教育部、国家卫生健康委员会、国家中医药管理局的领导下，在上一轮教材建设的基础上，组织和规划了全国高等中医药教育本科国家卫生健康委员会“十四五”规划教材的编写和修订工作。

为做好新一轮教材的出版工作，人民卫生出版社在教育部高等学校中医学类专业教学指导委员会、中药学类专业教学指导委员会和第三届全国高等中医药教育教材建设指导委员会的大力支持下，先后成立了第四届全国高等中医药教育教材建设指导委员会和相应的教材评审委员会，以指导和组织教材的遴选、评审和修订工作，确保教材编写质量。

根据“十四五”期间高等中医药教育教学改革和高等中医药人才培养目标，在上述工作的基础上，人民卫生出版社规划、确定了第一批中医学、针灸推拿学、中医骨伤科学、中药学、护理学5个专业100种国家卫生健康委员会“十四五”规划教材。教材主编、副主编和编委的遴选按照公开、公平、公正的原则进行。在全国50余所高等院校2 400余位专家和学者申报的基础上，2 000余位申报者经教材建设指导委员会、教材评审委员会审定批准，聘任为主编、副主编、编委。

本套教材的主要特色如下：

1. 立德树人，思政教育　坚持以文化人，以文载道，以德育人，以德为先。将立德树人深化到各学科、各领域，加强学生理想信念教育，厚植爱国主义情怀，把社会主义核心价值观融入教育教学全过程。根据不同专业人才培养特点和专业能力素质要求，科学合理地设计思政教育内容。教材中有机融入中医药文化元素和思想政治教育元素，形成专业课教学与思政理论教育、课程思政与专业思政紧密结合的教材建设格局。

2. 准确定位，联系实际　教材的深度和广度符合各专业教学大纲的要求和特定学制、特定对象、特定层次的培养目标，紧扣教学活动和知识结构。以解决目前各院校教材使用中的突出问题为出发点和落脚点，对人才培养体系、课程体系、教材体系进行充分调研和论证，使之更加符合教改实际、适应中医药人才培养要求和社会需求。

3. 夯实基础，整体优化　以科学严谨的治学态度，对教材体系进行科学设计、整体优化，体现中医药基本理论、基本知识、基本思维、基本技能；教材编写综合考虑学科的分化、交叉，既充分体现不同学科自身特点，又注意各学科之间有机衔接；确保理论体系完善，知识点结合完备，内容精练、完整，概念准确，切合教学实际。

4. 注重衔接，合理区分　严格界定本科教材与职业教育教材、研究生教材、毕业后教育教材的知识范畴，认真总结、详细讨论现阶段中医药本科各课程的知识和理论框架，使其在教材中得以凸显，既要相互联系，又要在编写思路、框架设计、内容取舍等方面有一定的区分度。

5. 体现传承，突出特色　本套教材是培养复合型、创新型中医药人才的重要工具，是中医药文明传承的重要载体。传统的中医药文化是国家软实力的重要体现。因此，教材必须遵循中医药传承发展规律，既要反映原汁原味的中医药知识，培养学生的中医思维，又要使学生中西医学融会贯通，既要传承经典，又要创新发挥，体现新版教材“传承精华、守正创新”的特点。

6. 与时俱进，纸数融合　本套教材新增中医抗疫知识，培养学生的探索精神、创新精神，强化中医药防疫人才培养。同时，教材编写充分体现与时代融合、与现代科技融合、与现代医学融合的特色和理念，将移动互联、网络增值、慕课、翻转课堂等新的教学理念和教学技术、学习方式融入教材建设之中。书中设有随文二维码，通过扫码，学生可对教材的数字增值服务内容进行自主学习。

7. 创新形式，提高效用　教材在形式上仍将传承上版模块化编写的设计思路，图文并茂、版式精美；内容方面注重提高效用，同时应用问题导入、案例教学、探究教学等教材编写理念，以提高学生的学习兴趣和学习效果。

8. 突出实用，注重技能　增设技能教材、实验实训内容及相关栏目，适当增加实践教学学时数，增强学生综合运用所学知识的能力和动手能力，体现医学生早临床、多临床、反复临床的特点，使学生好学、临床好用、教师好教。

9. 立足精品，树立标准　始终坚持具有中国特色的教材建设机制和模式，编委会精心编写，出版社精心审校，全程全员坚持质量控制体系，把打造精品教材作为崇高的历史使命，严把各个环节质量关，力保教材的精品属性，使精品和金课互相促进，通过教材建设推动和深化高等中医药教育教学改革，力争打造国内外高等中医药教育标准化教材。

10. 三点兼顾，有机结合　以基本知识点作为主体内容，适度增加新进展、新技术、新方法，并与相关部门制订的职业技能鉴定规范和国家执业医师（药师）资格考试有效衔接，使知识点、创新点、执业点三点结合；紧密联系临床和科研实际情况，避免理论与实践脱节、教学与临床脱节。

本轮教材的修订编写，教育部、国家卫生健康委员会、国家中医药管理局有关领导和教育部高等学校中医学类专业教学指导委员会、中药学类专业教学指导委员会等相关专家给予了大力支持和指导，得到了全国各医药卫生院校和部分医院、科研机构领导、专家和教师的积极支持和参与，在此，对有关单位和个人表示衷心的感谢！希望各院校在教学使用中，以及在探索课程体系、课程标准和教材建设与改革的进程中，及时提出宝贵意见或建议，以便不断修订和完善，为下一轮教材的修订工作奠定坚实的基础。

人民卫生出版社

2021年3月

前　言

保健食品研发与应用是研究保健食品的基本理论、配方设计、制备、评价与应用的一门学科。它与国计民生和大健康产业息息相关，对增强我国人民体质、提高健康水平等方面起着至关重要的作用。本教材在第1版的基础上进行修订，可供中药学、药学、食品卫生与营养学、中医学等专业本科教学使用，并可作为从事保健食品研究、开发和应用专业人员的参考书。

本教材依据国家现行保健食品政策法规，密切联系研发和生产实际，系统地介绍了保健食品研发与应用的核心内容，重点介绍保健食品研发与应用的基础理论、基本知识和基本技能。本版教材力求体现“科学性、思想性、政策性、学术性、知识性”的原则，并在广泛征求上版教材使用意见的基础上调整和充实了相关内容，注重理论知识与应用的有机结合，突出了基础性、适用性、创新性和时代性。各章设学习目标、学习小结和复习思考题，其中学习小结包括学习内容、学习方法，引导学生掌握重点、帮助理解、掌握和应用。为了体现新时期“课程思政”的具体实践，发挥好教材的育人作用，本教材增加了思政元素。同时，教材充分利用数字技术，进一步完善了数字增值服务内容，包括PPT课件、拓展阅读、复习思考题答案要点、模拟试卷等。

教材分三个部分、共十六章。第一部分为导论(第一章)，介绍保健食品的概念与分类、中医药在传统饮食保健中的应用、保健食品的发展现状与趋势。第二部分(第二～八章)为总论，介绍保健食品有关法规、研发思路与流程、配方研究、工艺研究、安全性与功能研究、质量研究、保健食品的市场推广等。第三部分为各论(第九～十六章)，围绕有助于降血脂功能等保健功能，介绍保健食品的研发方法及应用。

本版教材由来自全国20余所相关院校和企业单位的40余位教授和专家编写而成，凝聚了全体编写人员的智慧和心血，并得到了各参编单位及有关专家学者的大力支持，在此深表感谢。由于保健食品研发与应用所涉及的基础知识和技术领域十分广泛，体现中医药保健食品特点的教材出版较少，尽管本书全体编者团结协作，群策群力，但书中可能仍存在不足之处，恳请各院校师生及其他读者提出宝贵意见和建议，以便进一步修订完善。

编者

2021年3月

目　　录

导　　论

总　　论

各　论

导　论

笔记栏

PPT 课件

第一章 保健食品概述

学习目标

1. 掌握保健食品的概念与分类，营养素补充剂基本知识，中医药饮食保健基本理论，保健食品研发的意义以及研发趋势。

2. 熟悉保健食品的管理，国内保健食品研发现状。

3. 了解中医药饮食保健的起源与发展，以及国际保健食品研发现状。

第一节　保健食品的概念与分类

健康是促进人的全面发展的必然要求，是经济社会发展的基础条件。实现国民健康长寿，是国家富强、民族振兴的重要标志，也是全国各族人民的共同愿望。党和国家历来高度重视人民健康。中华人民共和国成立以来，特别是改革开放以来，我国健康领域改革发展取得显著成就。尤其是《“健康中国 2030” 规划纲要》的全面实施以来，全民健身运动蓬勃发展，医疗卫生服务体系日益健全，人民健康水平和身体素质持续提高。国家卫健委发布的统计报告显示，2017 年中国居民人均预期寿命为 76.7 岁，2019 年我国居民人均预期寿命达到 77.3 岁。

1948 年，世界卫生组织（WHO）提出健康的定义为“不仅仅是没有疾病和虚弱，而且是身体、心理和社会适应能力均处于完满的状态”，并经研究得出结论，影响人类健康的因素主要取决于四个方面：一是生物学因素（遗传和心理），占 15%；二是社会环境因素，占 17%；三是卫生服务因素，占 8%；四是个人行为、生活方与自我保健，占 60%。由此可见，膳食合理、营养均衡，适时补充营养素补充剂、及时调整调节机体功能，是人类健康的重要保证。因此，保健食品研发与应用对促进人类健康起着至关重要的作用。

一、保健食品的概念

（一）保健食品概念的形成

我国“药食同源”历史悠久，饮食养生贯穿于中华民族繁衍的历史长河之中，早在先秦时期已经有饮食养生记载，以后历代亦多有“药膳”“膳食”“食养”“食疗”等记载。现代意义的保健食品，出现于 20 世纪 80 年代，1997 年 5 月 1 日实施的《保健（功能）食品通用标准》（GB 16740—1997）对保健食品定义为“保健（功能）食品是食品的一个种类，具有一般食品的共性，能调节人体的机能，适于特定人群食用，但不以治疗疾病为目的”。2015 年 5 月 24 日实施的《食品安全国家标准 保健食品》（GB 16740—2014）进一步将保健食品的定义完善为“声称并具有特定保健功能或者以补充维生素、矿物质为目的的食品。即适用于

特定人群食用,具有调节机体功能,不以治疗疾病为目的,并且对人体不产生任何急性、亚急性或慢性危害的食品"。《中华人民共和国食品安全法》(以下简称《食品安全法》,自2015年10月1日起施行,2018年12月29日修正)规定了"保健食品声称保健功能,应当具有科学依据,不得对人体产生急性、亚急性或者慢性危害"。因此保健食品的概念包含了四个要素:①它是食品,属于食品的一个种类,必须具有食品的安全性,在规定的食用量下对人体不产生任何急性、亚急性或慢性危害;②它具有普通食品的共性;③它具有特殊性,能调节人体的某种功能,适宜于特定人群食用,《食品安全法》将其纳入特殊食品,依法实行严格监督管理;④它不是药品,不以治疗疾病为目的,不能代替药物治疗疾病。

保健食品研发与应用是研究保健食品的基本理论、配方设计、制备、评价与应用的一门学科。在国际上,与我国保健食品相似的产品有不同的名称。日本在1962年首次使用"保健食品"这一名词,1991年又将其定义为"特定保健用食品"(foods for specified health use, FSHU)。美国20世纪80年代开始出现含营养素的"健康食品"(healthy food),1994年纳入《膳食补充剂健康与教育法》(DSHEA)管理,称为"膳食补充剂"(dietary supplement)。保健食品在欧洲称为"功能食品"(functional food)、"健康食品"等。1995年9月联合国粮食及农业组织(FAO)、WHO和国际生命科学研究院(ILSI)联合召开东西方对功能食品第一届国际科研会,正式确定"功能食品"这一名称。

(二)保健食品与普通食品、特殊医学用途配方食品、药品的区别

《食品安全法》第一百五十条规定,食品是指各种供人食用或者饮用的成品和原料以及按照传统既是食品又是中药材的物品,但是不包括以治疗为目的的物品。在我国,食品可以简单地划分为普通食品与特殊食品两大类,业界又将特殊食品分为保健食品和特殊膳食用食品,特殊膳食用食品包括婴幼儿配方食品、婴幼儿辅助食品、特殊医学用途配方食品和其他特殊膳食用食品。

1. 保健食品与普通食品的共性和区别

(1)共性:两者同属食品范畴。保健食品和普通食品(一般食品)都能提供人体生存必需的基本营养物质(食品的第一功能),都具有特定的色、香、味、形(食品的第二功能)。

(2)区别:①保健食品含有一定量的功效成分(生理活性物质),能调节人体的功能,具有特定的功能(食品的第三功能,因此保健食品又称为"功能食品");而普通食品不强调特定功能。②保健食品一般有特定的食用范围(特定人群),而普通食品无特定的食用人群限制。③保健食品在生产中一般应根据其功能成分选择合适的剂型(或食品形态)及生产工艺,在食用时有食用方法和量的要求;而在国家相关法律法规以及食品安全标准中,没有对普通食品的产品形态和用法用量作出规定和要求。

2. 保健食品与特殊医学用途配方食品的区别　两者均属于特殊食品管理的范畴,供特定人群食用,并且对人体不产生任何急性、亚急性或慢性危害的食品。根据《食品安全国家标准 特殊医学用途配方食品》(GB 29922—2013)中的定义,特殊医学用途配方食品是指为了满足进食受限、消化吸收障碍、代谢紊乱或特定疾病状态下对营养素或膳食的特殊需要,专门加工配制而成的配方食品。其必须在医生或临床营养师指导下,单独食用或与其他食品配合食用。主要分为全营养配方食品、特定全营养配方食品和非全营养配方食品。

保健食品采用注册与备案管理方式,特殊医学用途配方食品实行注册制管理。

3. 保健食品与药品区别　保健食品具有特定保健功能,但不以治疗疾病为目的,其保健功能不能等同于治疗作用,所以不得用"治疗""疗效""医治"等描述和介绍药物的词语或术语;使用范围广,适合于多种群体,包括某些健康人群、亚健康人群以及需要保健辅助的患者,按要求正常食用,均无毒副作用。根据《中华人民共和国药品管理法》第二条的规

笔记栏

定，药品是指用于预防、治疗、诊断人的疾病，有目的地调节人的生理功能并规定有适应证或者功能主治、用法和用量的物质。包括中药、化学药和生物制品等。可使用“治疗”“治愈”“疗效”等表述。

二、保健食品的分类

保健食品有多种分类方法，下面就几种常用的分类方法作一介绍。

（一）按产品管理模式分类

《保健食品注册与备案管理办法》（国家市监总局令第 31 号），将保健食品分为注册管理与备案管理两大类。

注册管理的保健食品包括：一是使用《保健食品原料目录》以外原料的保健食品；二是首次进口的保健食品（属于补充维生素、矿物质等营养物质的保健食品除外）。注册管理需要对申请注册的保健食品的安全性、保健功能和质量可控性等相关申请材料进行系统评价和审评。

备案管理的保健食品包括：一是使用的原料已经列入《保健食品原料目录》的保健食品；二是首次进口的属于补充维生素、矿物质等营养物质的保健食品，其营养物质应已列入《保健食品原料目录》的物质。备案时需按规定将备案登记表等全部材料提交市场监督管理部门，备案材料符合要求的，当场备案，否则一次告知备案人补全相关材料。

（二）按保健功能分类

保健食品按功能一般可分为营养素补充剂和声称具有特定保健功能的保健食品两大类。

营养素补充剂的定义在不同国家和地区有所不同。在我国由原国家食品药品监督管理总局发布的《营养素补充剂管理规定（征求意见稿）》中指出，营养素补充剂是指以补充维生素、矿物质等营养物质保健功能而不以提供能量为目的的产品。其作用是补充膳食供给的不足，预防营养缺乏和降低发生某些慢性退行性疾病的风险。这与国际食品标准《维生素和矿物质食品补充剂导则》（CAC/GL55-2005）中的定义是一致的，而与美国对膳食补充剂的定义不完全一致。美国对膳食补充剂的定义是《膳食补充剂健康与教育法》最早提出的，即为口服的含有补充膳食成分的产品，包括维生素、矿物质、药草或类似植物、氨基酸、酶类、动物组织器官和腺体、代谢产物等制品，制造方式为提取法或浓缩法，剂型包括片剂、胶囊、丸剂、粉剂、液体等。

目前保健食品允许声称的保健功能主要有以下 27 种（表 1-1）：

表 1-1　保健食品的功能种类一览表

保健功能	适宜人群	不适宜人群
增强免疫力*	免疫力低下者	–
抗氧化★	中老年人	少年儿童
辅助改善记忆力★	需改善记忆者	–
缓解体力疲劳*#	易疲劳者	少年儿童
减肥★#	单纯性肥胖人群	孕妇及哺乳期妇女
改善生长发育★#	生长发育不良的少年儿童	–
提高缺氧耐受力*	处于缺氧环境者	–
对辐射危害有辅助保护作用*	接触辐射者	–
辅助降血脂★	血脂偏高者	少年儿童

笔记栏

续表

保健功能	适宜人群	不适宜人群
辅助降血糖★	血糖偏高者	少年儿童
改善睡眠*	睡眠状况不佳者	少年儿童
改善营养性贫血★	营养性贫血者	–
对化学性肝损伤有辅助保护功能*	有化学性肝损伤者	–
促进泌乳★	哺乳期妇女	–
缓解视疲劳※	视力易疲劳者	–
促进排铅★	接触铅污染环境者	–
清咽★	咽部不适者	–
辅助降血压★	血压偏高者	少年儿童
增加骨密度*	中老年人	–
调节肠道菌群★	肠功能紊乱者	–
促进消化★	消化不良者	–
通便★	便秘者	–
对胃黏膜损伤有辅助保护作用★	轻度胃黏膜损伤者	–
祛痤疮※	有痤疮者	儿童
祛黄褐斑※	有黄褐斑者	儿童
改善皮肤水分※	皮肤干燥者	–
改善皮肤油分※	皮肤油分缺乏者	–

注：* 动物实验，※ 人体试食实验，★动物实验 + 人体试食实验，# 增加兴奋剂检测。根据《食品安全法》对保健食品监管的要求，管理部门通过调整保健食品功能的方式，进一步完善功能评价方法，规范功能声称。2020 年 11 月国家市场监督管理总局颁发了《允许保健食品声称的保健功能目录 非营养素补充剂（2020 年版）（征求意见稿）》，把 27 种保健功能调整为 24 种，分别是：有助于增强免疫力功能、有助于抗氧化功能、辅助改善记忆功能、缓解视觉疲劳功能、清咽润喉功能、有助于改善睡眠功能、缓解体力疲劳功能、耐缺氧功能、有助于调节体内脂肪功能、有助于改善骨密度功能、改善缺铁性贫血功能、有助于改善痤疮功能、有助于改善黄褐斑功能、有助于改善皮肤水分状况功能、有助于调节肠道菌群功能、有助于消化功能、有助于润肠通便功能、辅助保护胃黏膜功能、有助于维持血脂健康水平（胆固醇 / 甘油三酯）功能、有助于维持血糖健康水平功能、有助于维持血压健康水平功能、对化学性肝损伤有辅助保护功能、对电离辐射危害有辅助保护功能、有助于排铅功能。

（三）按产品研究发展进程分类

1. 第一代保健食品　是最原始的保健食品，仅仅根据食品中各类营养成分或强化营养素的功能来推断它们具有某种作用，而这些功能没有经过任何实验证实，目前多数国家已将这类产品列为普通食品。

2. 第二代保健食品　在第一代产品基础上发展而来，产生于 20 世纪 90 年代，产品必须经过人体及动物实验，证明该产品具有某项生理调节功能，即欧美等国家所强调的其功能具有真实性和科学性。目前我国经审批的保健食品大多数属第二代产品，即功能明确的保健食品。

3. 第三代保健食品　是在第二代产品基础上进一步发展起来的，产品除了需要经过人体及动物实验证明具有某项生理调节功能外，还需明确知道具有该功能的功效成分（或称功

笔记栏

能因子)结构、含量、作用机制和在食品中的稳定形态,近年来开发的中药来源的保健食品多属于此类产品。目前欧美、日本等国家也在大力开发第三代产品,这类产品已成为国际主流保健食品。

(四) 其他分类

按保健食品的形态,可分为胶囊剂、片剂、口服液、颗粒剂,这些剂型占了75%以上,还有数量较少的普通食品形态的产品如茶、糖、罐头、醋、饼干、蜜饯、糕点、菜肴等。按原料来源可分为植物类、动物类、益生菌类等。

三、保健食品的管理

我国保健食品起源于20世纪80年代,1988年卫生部发布了《新资源食品管理办法》,使一部分"保健食品"走进市场,1995年《中华人民共和国食品卫生法》(以下简称《食品卫生法》)提出了管理保健食品的要求,1996年3月《保健食品管理办法》发布,2009年2月28日第十一届全国人民代表大会常务委员会第七次会议通过了我国首部《食品安全法》,如今已逐步形成了包括原料与功能声称管理、产品注册与备案、生产经营许可、GMP审查等在内的一整套监督管理制度体系。

四、保健食品研发的意义

(一) 促进人民健康和社会经济发展

1. 促进健康事业发展的需要　2008年国家中医药管理局组织开展"治未病"健康工程,把预防和控制疾病放在了首位。2011年,国家发展改革委、工业和信息化部联合印发《食品工业"十二五"发展规划》,首次把"营养与保健食品制造业"列为重点发展行业,提出利用我国特有的动植物资源和技术开发有民族特色的新功能食品。2013年《国务院关于促进健康服务业发展的若干意见》将保健食品列为重点支持产业。2016年中共中央、国务院印发了《"健康中国2030"规划纲要》,从国家层面提出健康领域的中长期计划,大力发展健康产业;《中医药发展战略规划纲要(2016—2030年)》提出要深入开展食物营养功能评价研究,鼓励利用现代科学技术研发保健食品。这些表明,保健食品产业已经成为我国健康事业的重要组成部分。

2. 促进社会经济发展的需要　随着我国经济快速增长,人均收入不断增加,当人们解决了衣食住行等基本问题之后,对健康就会有更多的需求。从历史上看,美国人均GDP达到5 000美元的时期,是美国健康产业发展最迅速的10年,日本人均GDP超过3 000美元时,是日本健康产业开始进入高速发展的时期,而我国在2013年人均GDP超过了6 000美元,2019年全国居民人均可支配收入30 733元,较2018年实际增长5.8%。其中,农村居民人均可支配收入16 021元,同比实际增长6.2%,城镇居民人均可支配收入42 359元,同比实际增长5.0%。可见,我国经济发展水平已经进入到大力发展保健食品产业的历史时期。

从欧美和日韩等国家的发展看,人口老龄化、慢性病、富贵病除影响患者的生命质量外,还会明显耗费大量的社会医疗资源和医疗费用,成为个人、家庭的巨大开支和国家公共财政的沉重负担。国家"九五"攻关完成的研究项目表明,在疾病预防工作上投资1元钱,就可以节省8.5元的医疗费和100元的抢救费用。国家已经认识到保健食品在疾病预防中的重要性,保健食品产业作为大健康产业的重要组成部分,将在国家经济建设中发挥越来越重要的作用。

在世界范围内保健食品都是一个相当重要的产业门类,我国保健食品产业链完整,贯穿药材种植、食品研发、器械制造、健康服务等第一、二、三产业,吸纳就业能力强,开展创

业空间广，拉动消费作用大，因此，大力发展我国保健食品产业，是我国经济发展的新增长点。

（二）适应当代疾病变化的需要

1. 应对疾病谱变化需要 研究显示，1990—2017 年，中国居民疾病谱发生重大变化。居民脑卒中标化死亡率下降了 33.5%，慢性阻塞性肺疾病标化死亡率降低 68.6%。此外，死亡率下降超过 50% 的疾病有下呼吸道感染、新生儿疾病、慢性阻塞性肺疾病等。但与此同时，缺血性心脏病死亡率增加了 20.6%，肺癌死亡率增加了 12%。其中高血压、吸烟和高盐饮食是导致中国人群死亡的三大危险因素。另一方面，由于生活方式的改变，红肉摄入量增加和体力活动减少，中国的糖尿病患病率大幅上升，2000—2017 年增幅超过 50%。1990—2017 年，十大主要健康危险因素中，增长最快的是超重和肥胖，增长了 185%。因此，改善生活方式，进行生活方式干预，养生保健至为重要。

2. 人口老龄化的需要 近 10 年来，人口老龄化进程加快及伴随生活方式的改变，肿瘤、糖尿病、高血压、高血脂、慢性肾病等慢性病发病率明显提高，2003—2013 年，我国居民不同年龄段的慢性病患病率相对稳定，但由于人口的老龄化，总人群的慢病患病率增加了 1 倍。未来 30 年，中国人口将进入加速老龄化阶段。到 2050 年，中国 60 岁以上人口数量将超过 4 亿，占总人口比例近 40%。由于老年人的新陈代谢下降和各个器官功能下降，经常会受到疾病的困扰，研究表明 60 岁以上人群患病率达 56%，心脑血管疾病、糖尿病、高血压等发病率明显高于其他年龄群体，其他疾病如骨质疏松症、阿尔茨海默病、动脉硬化、习惯性便秘或腹泻、失眠等，给老年人的生活质量造成严重影响。

体质特点决定了老年人应该在日常生活中，通过饮食获得更加均衡的营养，以减缓身体功能的下降，减少疾病的发生或减缓疾病的进展，因此发展保健食品是老龄化社会到来的必然需要。

3. 亚健康群体的需要 2006 年中华中医药学会制定了《亚健康中医临床指南》，把亚健康（sub-health）定义为“人体处于健康与疾病之间的一种状态”。而处于亚健康状态者，不能达到健康的标准，表现为一定时间内的活力降低、功能和适应能力减退的症状，但不符合现代医学有关疾病的临床或亚临床诊断标准。亚健康人群往往会出现疲乏无力、精力不够、肌肉关节酸痛、心悸胸闷、头晕头痛、记忆力下降、学习困难、睡眠异常、情绪低落、烦躁不安、人际关系紧张、社会交往困难等种种躯体或心理不适等功能性的改变，而不是器质性疾病。而保健食品能够辅助调节人体的功能，促进恢复机体平衡，防止由亚健康状态进入疾病状态。

（三）促进中医药事业发展

1. 推动保健食品和中医药走向世界 我国“药食同源”“中医食疗”历史悠久，有丰富的治疗和养生的理论和实践。“治未病”是中医药的特色之一，研发以中药为原料的保健食品，让国外市场认识中医药在“治未病”和保健方面的作用，既能增加国际社会对中医药的了解，又可以推动我国保健食品走向国际市场，并带动中医药的推广应用。

2. 有利于中医药事业发展 我国大部分保健食品是在中医养生和饮食保健的理念下诞生和发展的，多以中药为主要原料。对中医药理论、方法、设备、药材等的研究，既适用于药品的开发，也适用于保健食品开发。如银杏叶提取物含黄酮类及内酯类化合物，作为药品已广泛用于治疗冠状动脉粥样硬化性心脏病、阿尔茨海默病、皮肤病等，已上市的药品主要有片剂、胶囊剂、注射剂等；作为保健食品原料，已经开发出含银杏叶提取物的饼干、糖果、牛奶、酒、茶等，在欧美保健食品市场广受欢迎。

在我国大力发展“大健康”产业的趋势下，许多大型医药企业纷纷进入保健食品行业，

笔记栏

进行保健食品研发，甚至将其作为重点产品推广。因此，保健食品和中药同步、协调地发展，促进中药企业做大做强，有利中医药事业的发展。

第二节 中医药饮食保健

从国家批准的保健食品分析，多数保健食品在组方设计和配方原料选择上，以中医药传统饮食保健的理论和实践为基础，现代保健食品已经深深根植于中医药饮食文化之中，故此重点对中医药饮食保健进行讨论。

一、中医药饮食保健的主要内容

保健，是指保养身体，增进健康，防治疾病以及为此所采取的综合性措施。在传统中医药学中，保养身体，增进健康又称之为“养生、摄生或摄养”等。保健按照所选用的方法可分为饮食保健、体育保健、精神保健、休闲保健、药物保健、针灸推拿保健等。

中医药饮食保健是在中医药理论指导下，从“医食同源”“药食同源”的思想观念出发，研究饮食与保持和增进人体健康以及防治疾病关系的理论和方法，并以此指导饮食保健活动。中医药饮食保健产生于中国古代，经数千年的认识、实践和理论总结，已形成具有中医药学特色和优势的中国养生保健学，为增进中华民族的健康与繁衍昌盛做出了重要贡献，是我国优秀传统文化的重要组成部分。它极大地丰富了世界营养科学的内容和理论学说，是对世界营养科学的一大贡献。

中医药饮食保健基本包括“食养”“食疗”“食补”“食忌”四个方面。

食养，即饮食养生，主要是研究正常人体的饮食营养和养生，包括各个生理阶段人群(如婴幼儿、孕产妇、老年)和各种不同职业人群等的饮食营养和养生，以及病后体虚者的饮食营养康复等的饮食规律。通过研究正常人合理的饮食规律，使生命活动的营养物质基础得到保证，能量消耗得到合理补充，最终使各类人群的饮食都能达到防病强身、增强体质的目的。

《素问·上古天真论》说:“其知道者，法于阴阳，和于术数，食饮有节，起居有常，不妄作劳，故能形与神俱，而尽终其天年。”孙思邈《备急千金要方》指出:“安身之本，必资于食……不知食宜者，不足以存生也。”因而在众多的养生方法中，饮食养生尤显重要。

食疗，又称食治，即饮食治疗，主要是指针对各个病体的各个不同疾病或在各个病程中的饮食营养和饮食治疗。中医食疗学认为，各个不同的病体，即使患同一种疾病，甚至在同一病程，所表现出来的病理状态也不尽相同，因此也就需要各种不同的饮食营养。中医食疗学研究患者饮食的目的，就在于使患者的饮食能有利于祛除病邪，恢复人体正常生理功能。饮食疗法历来也是中医治病的重要手段。如《备急千金要方》说:“食能排邪而安脏腑……若能用食平疴，释情遣疾者，当为良工……夫为医者，当须先洞晓病源，知其所犯，以食治之，食疗不愈，然后命药。”

食补，是指利用饮食对人体的补益作用，来达到扶助正气、增强体质、延年益寿的目的。一般用于人体的虚弱之症，包括正常人的体质虚弱，特殊生理阶段对营养物质的某种特殊需要，病后的正气不足或虚弱性病症等，即补虚扶正。

食忌，亦称饮食禁忌，俗称忌口、禁口、食禁，是指根据养生或治疗需要，避免或禁止食用某些食物。主要包括:①病因禁忌，如某些食物为某些疾病的病因或诱因。②病理禁忌，如某些食物可以加重病理状态。③服药禁忌，如某些食物与药物相配会产生毒副作用。

④食物相忌，如某些食物之间相配会产生毒副作用。此外，还有体质禁忌、妊娠禁忌、时令禁忌等。

二、中医药饮食保健的起源与发展

（一）饮食保健的起源

人类利用饮食不仅仅是充饥裹腹，更重要的是用来保健身体。从历史上来看，饮食保健活动是伴随着人类的诞生而产生的，即自从有了人类，人们的活动就离不开饮食，就有了人类的饮食保健活动。人类几乎时时刻刻都在寻求饮食的合理性，探索如何利用饮食有效地维持正常的生命活动，促进生长发育，延缓衰老，防治疾病，保持健康。如“神农尝百草”的传说就比较客观而又具体地反映了人类饮食保健的早期过程。《史记·补三皇本纪》载“神农氏以赭鞭鞭草木，始尝百草，始有医药”。这一方面说明药物是古代劳动人民在“尝”（即饮食）的过程中发现并分离出来的，另一方面也说明古人在医药发明之前就知道利用饮食的宜忌来避免疾病、保持健康，所谓“知所避就”就是指避饮食之害，就饮食之益。这也说明人类早期的医药活动实际上就是饮食保健活动。《礼纬含文嘉》记载了“燧人氏钻木取火，炮生为熟，令人无腹疾”，食物从生食到熟食，极大改善了人们的健康，是饮食保健的一大飞跃。夏朝仪狄用粮食做酒，随后用于“疏经络”“通血脉”“引药势”。随着人类社会的发展，生产力水平的提高，食物资源的丰富，饮食保健的作用也逐渐被发现，乃至把某些养生、治病和活性作用比较强的食物逐渐从人类食物群中分列出来，成为专门防治疾病用的药物，这就是饮食保健的萌芽，也是药物的起源过程，亦即“药食同源”的起因。

（二）饮食保健的发展

饮食保健活动源远流长，经历了漫长的实践研究和探索，积淀深厚，为今天中医药饮食保健学的建立和发展奠定了实践和理论基础，也为保健食品的研究与开发提供了丰富的资源。

1. 西周至秦汉时期　这是中医药饮食保健理论初步形成时期。随着社会发展，生产力有了较大提高，促进了科学文化的发展，饮食保健也在长期实践经验的积累上，逐步开始从理论上加以总结。这一时期，随着本草学的发展、中医药理论体系的初步形成，中医药饮食保健的理论体系亦具雏形。这也是中医药饮食保健发展史上的一个质的飞跃。据《周礼·天官》记载，当时已设有专门的食医，其与疾医、疡医和兽医一起构成了周代医政制度的四大分科，并排在诸医之首。其中，食医“掌和王之六食、六饮、六膳、百羞、百酱、八珍之齐”，对推动中医药饮食保健的发展起到了积极作用，并被作为世界上最早的“营养师”载入世界营养学发展史。这一时期的代表性著作主要有《黄帝内经》《神农本草经》《伤寒杂病论》等。如《黄帝内经》不仅奠定了中医学的理论基础，也奠定了中医药饮食保健学的理论基础。其强调饮食是人体养生之本，并在食物性能的认识上提出了“四气五味”学说，在膳食结构上提出了“五谷为养，五果为助，五畜为益，五菜为充，气味和而服之，以补精益气”等。《神农本草经》首次全面阐述了药物的保健功能，如人参“主补五脏，安精神，定魂魄，止惊悸，除邪气，明目，开心益智，久服轻身延年”。《伤寒杂病论》确立了辨证择食、辨证配膳原则，巧用糜粥、姜枣共用、讲究用水、以酒代水、详论食忌、广用食物，寓药于食，组成了很多著名食疗方，如当归生姜羊肉汤、百合鸡子黄汤等，表明食物已成为医药著作的重要组成部分，食疗本草已见雏形。

2. 晋唐时期　这一时期是食养、食疗广泛实践和经验的积累及食疗水平的提高时期。特别是对一些营养缺乏性疾病的认识和调理取得较大的成就，进一步丰富了饮食保健的内容。在理论总结上，食疗开始逐渐从各门科学中分化出来，出现了专门论述食疗的专卷，本

笔记栏

草学中出现了系统总结食疗食物的专门著作，反映其研究已达到了相当水平。据记载，魏晋南北朝时期就有40多种有关食疗食养方面的书籍问世，如《崔氏食经》4卷、《食经》14卷、《刘休食方》1卷等。这一时期主要的代表性著作有《备急千金要方》《食疗本草》《食医心鉴》等。

《备急千金要方》为唐代孙思邈所著，全书共30卷，其中第26卷为"食治"专篇，是我国最早的"食治"专论，认为"夫为医者，当需先洞晓病源，知其所犯，以食治之，食疗不愈，然后命药"。该卷汇集食疗食物162种，分果实、蔬菜、谷米、鸟兽虫鱼四类，阐明其性味和作用。该卷发扬了中医学"治未病"的预防医学思想，提出对营养缺乏性疾病（如瘿病等）的预防措施。《食疗本草》为唐代孟诜所著，是我国第一部食物本草学专著。原书已佚，其佚文散见于以后《证类本草》《医心方》等文献中。《食医心鉴》为唐代昝殷所著，是一部食疗方剂专著，书中以食疗食物为主组成食疗方剂，可作为研究食疗药膳的参考文献。同期记载有食养、食疗的医药学著作还有晋代葛洪所著的《肘后备急方》、梁代陶弘景的《本草经集注》、隋代巢元方等的《诸病源候论》等。

3. 宋元时期　这一时期属于中医药饮食保健从理论到实践的进一步丰富和完善时期。一些学术水平较高、影响较大的代表性著作相继出现，主要有《寿亲养老新书》《饮膳正要》等。

《寿亲养老新书》原为宋代陈直撰，名《养老奉亲书》，后经元代邹铉续增改名为《寿亲养老新书》，是一部以老年保健学为主的著作，提出"凡老人有患，宜先以食治，食治未愈，然后命药，此养老人之大法也"，其汇集食治方百余首，如食治老人补虚益气的牛乳方、补肝的猪肝羹方、食治产妇乳汁不足的鲍鱼羹方等。《饮膳正要》为元代忽思慧所撰，载有203种极易得到的常用食物，并详细记录了食物的性、味、有毒无毒和效用，从健康人实际饮食需要出发，制定了一套饮食卫生法则，包括食性理论、食物配伍、妇婴饮食、保健茶酒等。其汇集了元代以前保健食品的精粹，创立了保健食品禁忌理论，阐述了饮食卫生、营养疗法等，为我国现存第一部完整的饮食保健专著，也是一部有价值的古代食谱。经过这一理论与实践相结合的发展阶段，中医药饮食保健理论更系统，食疗食养的饮食法则能够更有效地指导人们的日常饮食生活。

这一时期，有关饮食保健的大量内容还散见于其他有关文献中，如《太平圣惠方》《圣济总录》《日用本草》等。《太平圣惠方》专列食治门，把食疗作用总结为"病时治病，平时养身"，将食物与药物有机结合，制成粥、羹、饼、茶等，不少营养丰富的药粥沿用至今。《圣济总录》收集了宋代以前养生方剂的大成，对养生保健的一些方法做了详尽介绍，载有食疗方约285首，其中药粥方近100首、羹方37首，在《太平圣惠方》基础上增加了面、酒、散、饮、汁等的制作方法。

4. 明清时期　这一时期是食疗本草学发展和饮食保健学日渐成熟时期。特别是在丰富食养和食疗实践经验、野生食物资源开发以及重视饮食保健的普及等方面都大大超过了前代，有大量食物本草方面的专著问世，代表性的有《食物本草》《随息居饮食谱》《调疾饮食辩》《本草纲目》等。此外，在临证食疗实践和老年饮食保健方面，在《医学衷中参西录》《老老恒言》等著作中也都有较多论述。

《食物本草》为明代末年的一部食疗本草集大成的著作。全书共收载食疗食物1 689种，是我国现存内容最全面的食物本草学术著作。其详细介绍了各种食物的产地、种类、名特产品食疗作用、加工方法、烹饪用途等，内容十分丰富。

《随息居饮食谱》为清代王士雄所撰，收录食疗食物330种，分水饮、谷食、调和、蔬菜、果实、毛羽、鳞介七大类，且对每种食物的性能、应用及食疗配方均有较为详细的说明。同时对烹调加工方法也有论述，是一部适用性较强的食疗保健著作。

《调疾饮食辩》，为清代章穆所撰，全书六卷，收录食疗食物600余种，分总类（包括水、火、油、茶及代茶诸品、部分香料等）、谷类（包括饭、粥、酒、米面食品、豆及豆制品等）、菜类（包括各种食用菌）、果类（包括食用花类）、鸟兽类、鱼虫类等，介绍了各种食物的名物古训、产地、性味、功用和宜忌，特别是考订评述，多有独到之处，是一部参考价值较高的食物本草学著作。

李时珍的《本草纲目》，集明代以前养生药物之大成，收载具"耐老增年"功能的药物250多种，果品127种，菜类105种，谷物73种，鳞类72种，禽类70种，兽类58种，药酒29种，药粥16种，重视食物配伍、食药配伍、疾病与饮食的忌口等食疗禁忌，批判了以前金石类药物养生的不正确做法，提倡用无毒易食的动植物类药物、用中医辨证论治的思维来养生延年。

5. 中医药饮食保健的现代发展　中华人民共和国成立以来，政府高度重视中医药事业的继承和发展，并制定了一系列政策和措施。特别是20世纪80年代以后，随着我国社会经济的发展和国民生活水平的提高，中医药饮食保健的发展步入了一个新的快速发展时期。

2008年1月卫生部启动"治未病"健康工程，并强调"二十一世纪我国卫生事业的关键在于预防保健"。2016年以来，党和国家把健康中国建设，提高人民健康水平提升为国家战略，并相继出台了有关重要法规、文件，如《中医药发展战略规划纲要（2016—2030年）》提出中医药在治未病中要起到主导作用，要深入开展食物营养功能评价研究，鼓励利用现代科学技术研发保健食品，对重点区域和人群实施临床营养干预；《关于进一步促进农产品加工业发展的意见》明确提出"重点支持果品、蔬菜、茶叶、菌类和中药材等营养功能成分提取技术研究，开发营养均衡、养生保健、食药同源的加工食品"；《中共中央、国务院关于深入推进农业供给侧结构性改革加快培育农业农村发展新动能的若干意见》提出"加强新食品原料、食药同源食品开发和应用"。2017年发布的《国民营养计划（2017—2030年）》强调要大力发展传统食养服务，极大地促进了中医药养生保健产品研发和服务业的发展。

目前，很多业内工作者在古代文献整理、临床经验总结等方面，对养生理论和方法进行了系统研究和整理，出版了各种专著。在现代研究方面，学者们对古今很多具有养生功能的药物或食物进行了化学成分、功能作用、毒性等方面进行了探讨，或从免疫、代谢、内分泌以及细胞、分子、基因水平等多角度、多层次研究其作用机制，探求其作用本质。在临床实践方面，中医馆、治未病工作室、名医工作室等越来越多，传统养生理论和实践得到广泛的推广和应用。中医药保健养生事业迎来空前的发展机遇。

三、中医药饮食保健理论

（一）中医药饮食保健的理论体系

中医药饮食保健以中医药学理论为指导，形成自身独特的理论体系。包括：

1. 整体饮食保健观　中医学认为，人体是以五脏为中心的有机整体以及人与自然界相统一的整体。作为人体整个生命活动的一个组成部分，脏与脏之间、脏与腑之间、脏与五官之间等，在生理上是相互联系的，在病理情况下是相互影响的。以此指导饮食养生和饮食具有重要意义。如补肝以明目，补肾以壮骨、乌发，养心以安神等。同时，自然界的各种变化又在不同程度上直接或间接地影响人体的生理或病理变化，如四时气候的变化、地域环境差别等。这种强调人与自然界的密切关系，强调人的功能活动受自然环境影响的理论，又称之为"天人相应"。中医学认为，人应该充分认识这种关系，并积极主动地适应环境，以此指导饮食保健，提高健康水平。《素问·四气调神大论》指出："夫阴阳四时者，万物之始终也，逆之则灾害生，从之则苛疾不起，是谓得道。"根据四时变化和地域环境差别等采用相应的食养

笔记栏

或食疗即构成了饮食保健的基本法则，在饮食保健上也就有了“四时食养”和“区域食养”。如以人参为例，冬季阴气偏盛，养生宜于温补，可服用人参；夏季阳气偏盛，养生宜于清补，则可选用西洋参。又如北方寒冷干燥，养生宜于温补和滋润；南方炎热多雨，多湿热，养生宜清热利湿等。

2. 辨体与辨证施膳饮食观　辨体与辨证施膳是中医药辨证施治这一基本原则在饮食保健中的具体体现，也是中医药饮食保健的基本原则，即在食养上以辨别个体的体质为前提，在食疗上以辨别疾病的证候为前提，在辨体或辨证结果的基础上，确定相应的食养食疗方案、选择相应的食物和配方。如胃下垂、子宫下垂、久痢脱肛等，虽属不同疾病，但如果都为中气下陷证，施膳上就都可以采用同一种食疗方法。

3. 脾胃为本饮食保健观　《素问·灵兰秘典论》指出：“脾胃者，仓廪之宫，五味出焉。”中医学认为，“脾主运化水谷”“胃主受纳和腐熟水谷”。合理膳食必须依赖于脾胃的运化功能，才能将食物转化为人体可以直接利用的精微物质，并进一步转化为精、气、血、津液。中医药饮食保健十分重视脾胃在饮食保健中的作用，认为脾胃为饮食营养之本，并由此产生了“脾胃为后天之本”的观点，因此，饮食保健应首先重视调理脾胃。

（二）食物的性能

食物的性能，古代又简称为食性、食气、食味等，是指食物具有的性质和功能，是认识和使用食物的重要依据。各种食物由于所含成分及其含量的多少的不同，对人体的保健作用也不同。食物的性能理论是在前人漫长的医疗保健实践中对各种食物的保健作用的总结，并通过反复实践不断充实和发展，逐渐形成的一整套独特的理论体系。受“药食同源”思想观念的影响，其性能理论在许多方面又与中药药性理论相一致。食物性能理论也主要包括四气、五味、升降浮沉、归经、以脏补脏等。

1. 性味　四气和五味，通常简称为气味或性味。性味是构成食物性能理论的主要内容，历代有关饮食保健的文献在论述每一种食物的效用时，都要首先标明其性味，以便对食物养生保健作用的认识和应用。

四气又称四性，是指食物所具有的寒、热、温、凉四种不同的性质和作用。五味是指食物所具有的辛、甘、酸、苦、咸的性质和作用。五味中还包括淡味和涩味。食物性能理论中的味的概念与烹调中味的概念有所不同。随着人们对食物性能认识的不断深入，已由最初的口感之味逐步发展成为一种对食物发展和作用进行高度概括的抽象概念，即性能之味，以味来代表食物的性能和作用。其中辛味食物具有发散、行气、行血、健胃等作用，多用于表证，如生姜、胡荽、陈皮、薤白等；甘味食物具有滋养、补脾、缓急、润燥等作用，多用于体质虚弱或虚证，如山药、大枣、粳米、饴糖、甘草等；酸味食物具有收敛、固涩和生津的作用，多用于虚汗、久泻、遗精、带下等由于体虚所引起的体液或精液外泄等病证，如乌梅等；苦味食物具有清热、泄降、燥湿、健胃等作用，多用于热性体质或热性病证，如苦瓜等；咸味食物具有软坚、润下、补肾、养血等作用，多用于瘰疬、痰核、瘿瘤等病证，如海带、海蜇、海参等；淡味食物具有渗湿、利尿等作用，多用于水肿、小便不利等病证，如茯苓、薏苡仁、冬瓜等；涩味食物亦具有收敛作用，如莲子。五味之外尚有芳香嗅味，芳香性食物大多具有醒脾、开胃、行气、化湿、化浊、醒神等作用。

性和味是从两个方面来说明食物性能的，每一种食物都具有性和味，各显示了食物的部分性能和作用。因此，对于食物的性和味必须综合起来考虑，才能全面而准确地认识和使用各种食物。

2. 食物的升降浮沉　升降浮沉是指食物所具有的四种作用趋向，在正常情况下，人体的功能活动有升有降，有浮有沉，相互协调平衡就构成了机体的正常生理过程。反之，相互

失调和不平衡就导致了机体的病理变化。如当升不升，则表现为泄泻、脱肛等下陷病证；当降不降，则表现为呕吐、喘咳等气逆病证；当沉不沉，则表现为多汗等向外的病证；当浮不浮，则表现为肌闭、无汗等向内的病证。而能够协调机体升降浮沉的生理活动或具有改善、消除升降浮沉失调病证的食物，就相对分别具有升降浮沉的作用。另外，利用食物升降浮沉的作用还可以因势利导有利于祛邪外出。此外，食物升降浮沉的作用趋向还与炮制、加工、烹调有关。如酒炒则升，姜汁炒则散，醋炒则收敛，盐炙则下行等。

3. 食物的归经　食物对人体脏腑经络的作用是有一定范围或选择性的。食物归经理论同样是前人在医疗保健实践中根据食物作用于机体后脏腑经络的反应得出来的。如梨能止咳，故归肺经；山药能止泻，故归脾经。食物的归经与食物的五味理论有关，即五味入五脏，辛能入肺，甘能入脾，酸能入肝，苦能入心，咸能入肾。食物归经理论加强了食物选择的针对性，进一步完善了食物性能理论，对指导养生和食疗都具有重要意义。

4. 以脏补脏　是指用动物的脏器来补养人相应的脏腑器官，或治疗人体相应的脏腑器官病变。如以猪心来补养心血，安神定智；以猪肝来补肝明目。

（三）食物的配伍

各种食物都具有其各自的性能，在一起配合使用时会产生一定的综合作用。前人在总结配伍关系时总结出了七情学说，除单行是指用单味食物烹制以外，其余六种都是谈配伍关系的，是组方配膳的基础。其中相须是指性能作用相类似的两种食物配合使用，可以起到协同作用，增强其效用。如人参与母鸡配伍食用，能明显增强其补益强壮的作用。相使是指两种食物配合使用，以一种食物为主，另一种食物为辅，以提高主要食物的保健作用。如黄芪炖鲤鱼，可以增强鲤鱼利水消肿的功效。相畏（相杀）是指两种食物配伍使用时，一种食物能减轻或消除另一种食物的副作用。如食用螃蟹时配用生姜，可以减轻螃蟹的寒性并解蟹毒。相恶是两种食物配合使用时，一种食物能降低另一种食物的作用甚至相互抵消。如人参恶萝卜，因萝卜耗气会降低人参补气的作用。相反是指两种食物配伍使用时能产生副作用或配伍反应，属配伍禁忌。

保健食谱的配方是指在食疗保健理论指导下将两种及以上的食物按照一定的原则加以组合，并确定一定的分量比例。各种养生食谱或食疗食谱就是在此基础上经过烹调制作而成的。

四、中医药饮食保健的应用

（一）食养与食疗的基本法则

制定食养与食疗法则，对食养与食疗的应用具有普遍的指导意义。其主要内容有扶正祛邪、调整阴阳、调整脏腑功能、调理气血和三因制宜。

1. 扶正祛邪　是指辅助正气，祛除邪气。《素问·刺法论》谓："正气存内，邪不可干。"扶正祛邪是指导食养与食疗的一个重要法则，包括：①扶助正气，在饮食保健上主要是通过食补来实现的。根据人体气、血、阴、阳的构成不同施以食补，包括补气、补血、补阴、补阳四个方面，亦即食补的四要素。②祛除邪气，使邪去正安。在食疗上主要是根据邪气的性质和病变部位的不同而采取不同的方法。如表邪宜用汗法，热邪宜用清法，寒邪宜用温法，食积宜用消法等。③正邪兼顾，根据正虚为主、邪实为主或正虚邪实等不同情况，辨清正邪的消长盛衰，或先扶正后祛邪，或先祛邪后扶正，以达到扶正祛邪之目的。

2. 调整阴阳　《素问·生气通天论》谓："阴平阳秘，精神乃治。"人体健康从根本上说是阴阳相对平衡的结果，因此，调整阴阳亦是食养与食疗的基本法则。根据阴阳偏盛或偏衰的情况，分别采用泻其偏盛、补其偏衰的方法。

3. 调整脏腑功能　人体是以脏腑为核心的有机整体。脏腑功能及其相互关系的协调

笔记栏

是人体健康的基础。因此，调整脏腑功能是食养与食疗的重要法则。其主要包括调整脏腑自身的功能和调整脏腑间相互关系两个方面。

4. 调理气血　《素问·至真要大论》谓："疏其血气，令其调达，而至和平。"气血是构成人体和维持人体生命活动的物质基础。因此，食养与食疗应注意调理气血。调理气血需要在扶正（补气、补血）的基础上进行，主要有行气、活血、止血等方法。

5. 三因制宜　由于季节、气候、地理环境对机体生理和病理的影响以及个体的体质、性别、年龄等差异，在饮食保健上亦应区别对待。包括因时制宜、因地制宜、因人制宜。《素问·宝命全形论》谓："人以天地之气生，四时之法成。"自然界四时气候的变化，对人体的生理和病理可产生一定影响，因此，饮食保健上又有春、夏、秋、冬四季（四时）饮食养生。因地制宜就是根据不同区域环境特点，制定适宜的饮食养生方法。我国大体可分为南北两大区域。因人制宜即根据不同性别、年龄、个体体质等特点，制定适宜的食养食疗方法。主要包括体质饮食养生、老年饮食养生、妇女饮食养生、小儿饮食养生等。

（二）饮食保健应用

1. 体质与饮食养生　2009年中华中医药学会颁布了《中医体质分类与判定》标准，其在古代体质分类基础上，结合现代人的体质特点，将人的体质分为平和质、气虚质、阳虚质、阴虚质、痰湿质、湿热质、血瘀质、气郁质、特禀质九个类型。除平和质和特禀质，其余七种体质均为偏颇体质。其为指导常人饮食保健、健康管理等提供了依据。

(1) 平和质体质的饮食养生：平和质是指阴阳气血调和，以体态适中、面色红润、精力充沛等为主要特征。其食养原则为全面协调，均衡配膳。饮食宜清淡平和，突出本味；进食宜定时定量，食物不宜过寒过热，不宜大补骤泻、偏食、偏嗜。

(2) 气虚质体质的饮食养生：气虚质是指元气不足，以疲乏、气短、自汗等气虚表现为主要特征。其食养原则为培补元气，补气健脾。宜温补饮食，不宜苦寒太过，不宜辛烈，不宜过食行气破气类食品。

(3) 阳虚质体质的饮食养生：阳虚质是指阳气不足，以畏寒怕冷、手足不温等虚寒表现为主要特征。其食养原则为温补壮阳。宜温补饮食，不宜寒性、生冷食物。

(4) 阴虚质体质的饮食养生：阴虚质是指阴液亏少，以口燥咽干、手足心热等虚热表现为主要特征。其食养原则为滋补养阴。宜甘寒滋补，不宜辛热香燥煎炸类食物。

(5) 痰湿质体质的饮食养生：痰湿质是指痰湿凝聚，以形体肥胖、腹部肥满、口黏苔腻等痰湿表现为主要特征。其食养原则为健脾化痰，利水渗湿。宜清淡素食，不宜肥甘厚味和滋补饮食。

(6) 湿热质体质的饮食养生：湿热质是指湿热内蕴，以面垢油光、口苦、苔黄腻等湿热表现为主要特征。其食养原则为清热利湿。饮食以清淡为主，可多食绿豆、芹菜、黄瓜、藕等甘寒食物。

(7) 血瘀质体质的饮食养生：血瘀质是指血行不畅，以肤色晦暗、舌质紫暗等血瘀表现为主要特征。其食养原则为行气活血。饮食应以清淡为主，可多食冬瓜等。

(8) 气郁质体质的饮食养生：气郁质是指气机郁滞，以神情抑郁、忧虑脆弱等气郁表现为主要特征。其食养原则为行气达郁。饮食宜清淡，不宜过食酸涩，不宜大补。

(9) 特禀质体质的饮食养生：特禀质是指先天失常，以生理缺陷、过敏反应等为主要特征。宜少食荞麦、蚕豆等。

2. 四时与区域饮食保健

(1) 四时饮食养生保健：是因时制宜养生法则的具体体现。其食养原则为：春季养生宜清补养肝，通利肠胃，不宜肥甘厚味、不宜温热及辛辣食品。夏季养生宜清热解暑，益气生

笔记栏

津，长夏宜清暑利湿，宜酸甘、清淡易消化的新鲜洁净食物，不宜生冷、肥甘厚味及热性辛散等食物。秋季养生宜生津润燥，滋阴润肺，不宜辛热香燥及熏、炸、烤、煎等食物。冬季养生宜温补助阳，补肾益精，宜食血肉有情之品，宜用炖、焖、煨等烹饪方法，不宜生冷寒性及滑利性食物。

(2)区域饮食保健：是因地制宜养生法则的具体体现。根据我国地理环境大致可分为北方、南方两大区域的饮食。北方宜温补阳气，滋润生津，不宜过食寒性、油炸、香燥类食物。南方宜清热利湿，宜清淡饮食，不宜肥甘油腻及过热性食物。

思政元素

深刻认识中华优秀传统文化精华，牢固树立文化自信

“中医是以中国传统文化当中天人合一、天人感应、整体关联、动态平衡、顺应自然、中和为用、阴阳消长、五行生克等理念为内核，从整体生命观出发构建起一整套有关摄生、持生、达生、养生、强生、尊生、贵生等治未病，以及用针灸、按摩、推拿、经方等治已病的理论和方法。”传承和弘扬传统的中医药文化，不但可以为振兴中医药奠定深厚的文化基础，而且可以帮助人们更加深刻地认识中华优秀传统文化的精华，牢固树立文化自信。

未来学子要把中医药文化内涵的挖掘和传播与中医药发展结合起来，使新一代中医药人才真正理解并掌握中医药文化的精髓，把“仁心仁术”作为其职业成长的基本功和职业操守。

第三节　保健食品的发展

一、保健食品的研发现状

(一) 国际保健食品研发现状

随着社会进步和经济发展，人类对自身的健康日益关注。20世纪90年代以来，全球居民的健康消费逐年攀升，对营养保健品的需求愈加旺盛。在按国际标准划分的15类国际化产业中，医药保健是世界贸易增长最快的五个行业之一，保健食品的销售额每年以13%的速度增长。下面简要介绍世界主要国家和地区保健食品发展概况。

1. 美国　美国早在1936年就成立了全国健康食品协会，开始发展保健食品，但进展缓慢，直到20世纪80年代才出现以传统食品为载体、在其中添加营养素的健康食品(healthy food)，这类食品没有规定特定的适用人群，不需要审批。美国国会在1994年颁行《膳食补充剂健康与教育法》(DSHEA)，将健康食品纳入膳食补充剂管理。1997年美国又对膳食补充剂管理的有关法令进行修改和补充，确定膳食补充剂以维生素、矿物质、氨基酸、草药或其他植物，或者这些物质的提取物等为原料进行生产加工，以片剂、胶囊、粉状或液体形式出现。美国在2003年颁布《消费者最佳营养方案保健信息》，允许合格产品在标签上声称与健康有关系，2007年允许描述成分在维持结构与功能中的作用，或营养成分和膳食成分所能带来的健康益处。

笔记栏

美国是世界保健食品研发和消费主流市场之一，膳食补充剂市场不断增长，从2015年的244.01亿美元增长到2020年的249.53亿美元，平均年增长率为0.4%，其发展趋势图如图1-1所示。美国膳食补充剂市场的增长可以归因于民众健身和健康意识的增强，人口老龄化，紧张的生活方式，以及人们对健康食品的偏爱。同时还获益于经济发展、城市化和可支配高收入。目前产品主要包括膳食补充剂、功能性饮料、天然有机食品3大类，此外还有植物提取物。具有保健或治疗作用的产品最受欢迎，包括心血管、骨密度保健类产品，如鱼油、银杏叶制剂、绿茶提取物、大豆提取物、麦苗精、蜂王浆、葡糖胺、硫酸软骨素等。

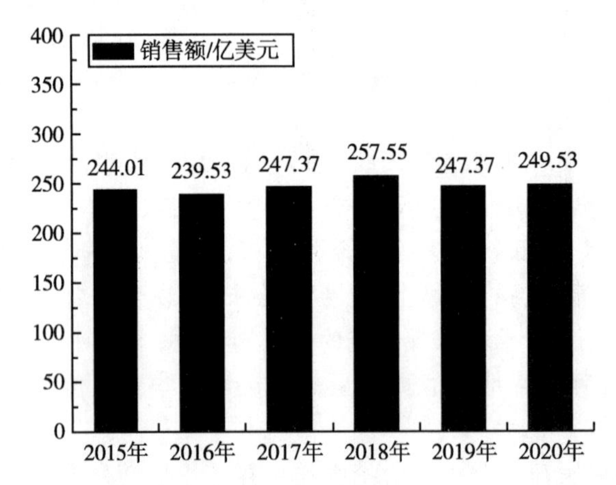

图1-1 美国膳食补充剂市场趋势图(2015—2020年)

2. 日本 日本对现代保健食品的研发与应用较早。1962年日本首次使用“保健食品”一词，1984年设立了健康食品与营养食品协会，1991年的《营养改善法》将保健食品分为营养功能食品和特定保健用食品，规定“特定保健用食品(FSHU)除了具有营养功能外，应包括具有增强机体特定保健功能的各种成分，并经加工制成的食品”。日本厚生劳动省提出12种功效成分，具有相应的保健作用，要求保健食品只能在规定范围内声称具有某种保健功能，这些功能包括改善胃肠功能、降胆固醇、降血压、降血糖、促进矿物质微量元素吸收等，但不能声称具有治疗疾病作用。

日本的健康产品有蜂王浆、大麦胚芽油、鱼油、植物蛋白、维生素类、钙等产品。健康食品市场在近十年呈波动发展，经历2009年低谷后，2014年销售额达到33 522亿日元。日本功能食品市场从2015年的10 265亿日元增长到2020年的10 357亿日元，平均年增长率为0.2%。日本健康食品市场趋势图如图1-2所示。

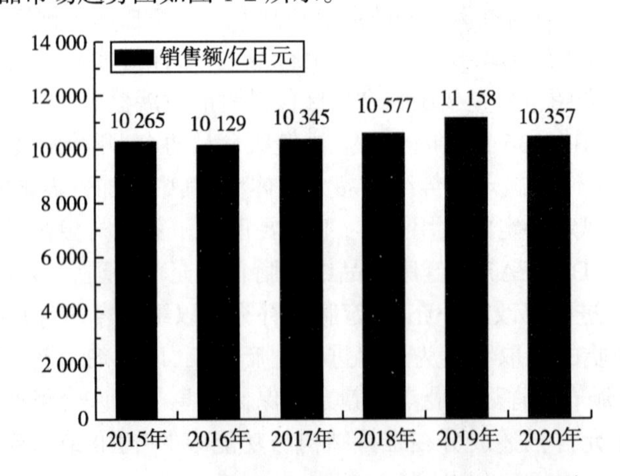

图1-2 日本健康食品市场趋势图(2015—2020年)

运动营养是日本功能性食品市场中最大的细分市场。市场从 2015 年的 2 869.92 亿日元增长到 2020 年的 2 876.13 亿日元，平均年增长率为 0.04%。预计该市场将在 2025 年以 6.1% 的平均年增长率增长至 3 861.01 亿日元，在 2030 年以 5.5% 的平均年增长率增长至 5 045.5 亿日元。日本 2015—2030 年特定保健用食品市场趋势图如图 1-3 所示。

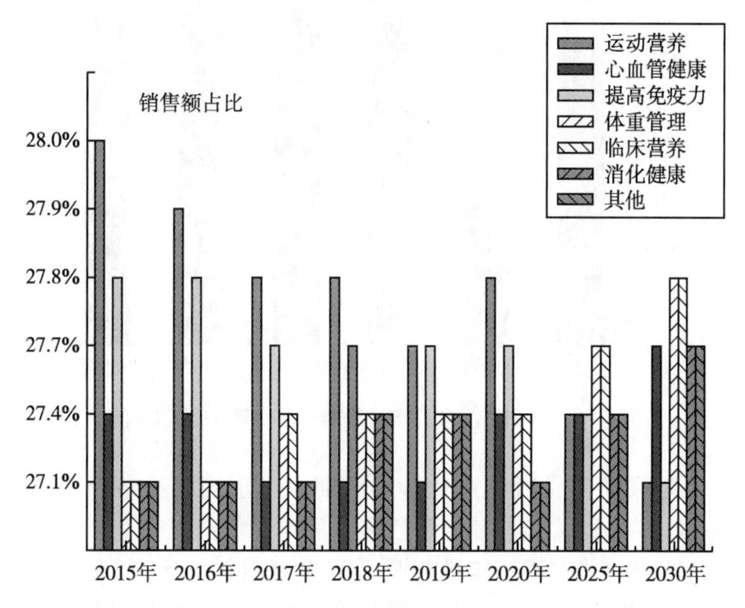

图 1-3　日本特定保健用食品市场趋势图（2015—2030 年）

3. 欧洲　1982 年欧洲健康食品制造商协会联合会（EHPM）规定，健康食品生产必须以保证和增进健康为宗旨，尽可能以天然物为原料，遵守健康食品的原则和保证食品质量的前提下进行生产。1996 年国际生命科学会（ILSI）欧洲分会在法国召开“功能食品的科学概念及其功效成分应用的科学研究”大会，随后设立了“欧洲功能食品科学研究项目（functional food science in Europe）”，此项目于 1999 年提出功能食品是指“对机体能产生有益功能的食品，此功能应超越食品的普通营养价值，有促进健康和降低疾病风险的作用”。

欧洲的健康声称分为一般性健康声称和特殊产品健康声称，两类声称均包括促进功能（enhanced function）声称和降低疾病风险（reduced risk）声称。健康食品的功能范围主要包括促进生长发育、有益于基础代谢、抗氧化、调节心血管功能、改善胃肠道功能、保持认知和心理状态、提高运动功能等；功效成分主要是抗氧化性维生素、低聚糖、脂肪酸、益生菌、胡萝卜素、膳食纤维、咖啡因、多酚类等。

欧洲功能食品市场从 2015 年的 310.988 亿美元增长到 2020 年的 3 400.35 亿美元，趋势图如图 1-4 所示。市场的增长是由老年人口的增加和欧洲各国经济增长所驱动的。

欧洲的饮料市场发展较好，“能源饮料”较为流行，如奥地利的红牛饮料，法国的人参、黑胡椒饮料，西班牙的抗氧化功能饮料，其他类产品如英国小球藻、蜂胶等休闲食品都深受消费者的青睐。

（二）我国保健食品现状

1. 保健食品产业的发展历程　我国保健品产业兴起于 20 世纪 80 年代，至今经历了几个发展阶段。改革开放后，随着经济的迅猛发展，人民生活由解决温饱转变到追求生活质量提高，为我国保健食品行业的发展提供了良好契机，1984 年中国保健食品协会成立。80 年代末期到 1995 年初，是保健品产业的第一个高速发展期。但这一阶段多数为第一代产品，以民间处方、秘方为基础，根据原材料的功能推断保健食品的功能，而利润却很高，因此涌现

笔记栏

出 3 000 多家保健品生产企业，年产值猛增至 300 多亿元，保健食品行业取得突破性进展。

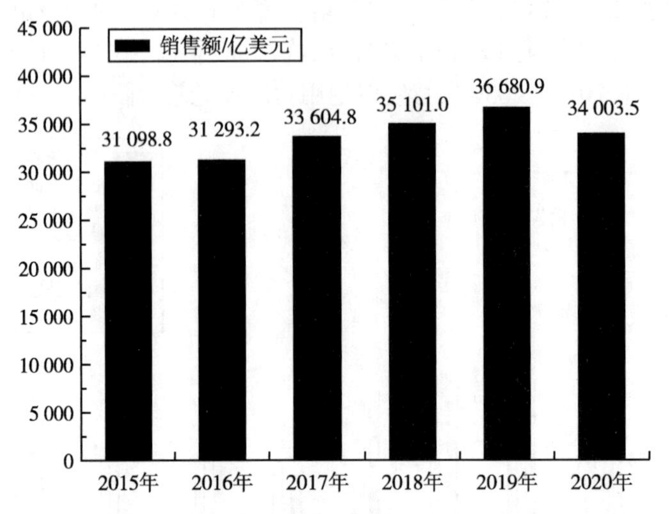

图 1-4 欧洲功能食品市场趋势图(2015—2020 年)

1995—2002 年为保健食品行业产业链形成期。由于当时有些产品质量不高，产能过大，有些产品价格过高，主要靠广告宣传和营销手段难以使产品持久发展。因此，1995 年保健食品行业发展进入低谷期，1997 年销售收入下降到 100 亿元，生产企业下降到 1 000 多家，且 60% 左右为中小型企业。保健食品行业是一个需要高科技含量、高水平生产管理的行业，为促进行业健康发展，国家出台了一系列管理制度，使行业管理逐步规范化。从 1988 年开始，保健食品行业又进入了新一轮高速发展期。到 2000 年，生产企业恢复到了 3 000 多家，年产量超过 500 亿元，并形成较完整的产业链。

2003—2008 年为产业结构调整期，国家对保健食品产业加强监管和调整。2003 年由于严重急性呼吸综合征的发生和流行，消费者重新重视保健食品的作用，当年市场销售额增加 50%，达到 300 亿元，同时随着我国经济的快速发展和疾病谱的改变，新的健康观念和保健食品不断出现，市场逐步恢复。由于机构改革 2003 年 6 月卫生部停止受理保健食品审批，同年 10 月起国家食品药品监督管理局正式受理审批事项。2005 年 4 月，国家食品药品监督管理局公布新的《保健食品注册管理办法(试行)》，保健食品产业开始进入新的发展时期。

2009 年至今为保健食品产业有序发展新时期。2011 年 12 月发布的《食品工业“十二五”发展规划》中，营养与保健品制造业首次被列为重点发展产业。特别是 2014 年以来，“健康中国”战略为保健品市场发展提供了政策支持，国内人均收入的提升带动居民消费结构升级，老龄化加速问题等共同推动国内滋补保健品市场的发展。自 2015 年《食品安全法》修订后，保健食品调整为注册与备案双轨制。此外，自 2016 年以来，国家相关部门出台了一系列有关保健食品的注册、备案、原料管理、产品宣传等方面的相关政策。2016 年 8 月，工业和信息化部发布《轻工业发展规划(2016—2020 年)》，保健食品被列入主要行业发展方向。

2. 保健食品发展近况　我国的保健食品经历了近 40 年的发展，行业技术逐渐成熟，管理日趋规范，已经形成了完整的产业链和具有行业特色的运营模式。我国的保健食品呈现以下特点：

(1) 保健食品种类丰富：2016 年 7 月 1 日起，《保健食品注册与备案管理办法》正式开始实施，保健食品行业正式步入“注册制”与“备案制”双轨并行时代。截至 2020 年 2 月底，我国保健食品批文总数达到 16 535 个，其中国产保健食品滋补品为 15 752 个，进口保健食品滋补品为 783 个。产品结构见图 1-5 所示。

笔记栏

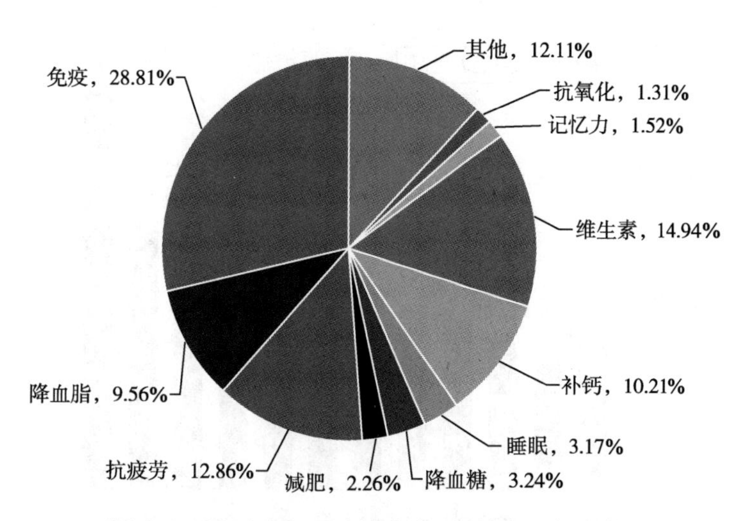

图 1-5 2020 年 2 月底统计我国保健食品产品结构

其中,比较热门的保健食品保健功能主要集中在调节免疫、辅助降血糖、抗疲劳和补充维生素等方面,占保健食品滋补品总数的 50% 以上。截至 2020 年 2 月我国保健食品滋补品产品数量见表 1-2。

表 1-2 截至 2020 年 2 月我国保健食品滋补品产品数量

产品功能声称	国产保健食品	进口保健食品
增强免疫力	4 583	180
辅助降血脂	1 442	139
缓解体力疲劳	2 058	69
减肥	364	10
辅助降血糖	525	11
改善睡眠	477	47
补充钙	1 632	57
补充维生素	2 332	139
辅助改善记忆	248	3
抗氧化	212	5
其他	1 879	123
以上合计	15 752	783
总计	16 535	

(2) 保健食品行业市场规模不断壮大:2010 年保健食品年产值达 2 600 亿元,2014 年约 3 900 亿元,保健食品产业呈现高速发展趋势。中国保健食品市场销售额从 2015 年的 1 854.76 亿元增长到 2020 年的 2 743.82 亿元,平均年增长率为 8.1%。预计到 2025 年,市场销售额将增长到 4 235.90 亿元;到 2030 年为 6 290.12 亿元。中国保健食品市场趋势图(2015—2030 年)如图 1-6 所示。

笔记栏

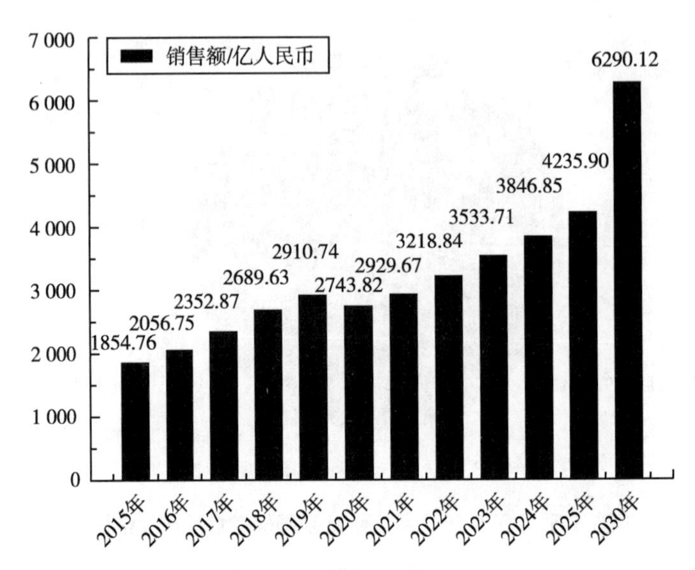

图 1-6 中国保健食品市场趋势图(2015—2030 年)

(3)保健食品进出口规模稳步增长:我国营养保健食品贸易在面对新冠肺炎疫情、世界经济持续下行等复杂情况下,仍保持了良好的发展态势,实现了进、出口两旺。据中国医药保健品进出口商会统计,2019 年,中国营养保健食品进出口总额达 52.8 亿美元,同比增长 12.8%。2009—2020 年上半年我国保健食品进出口规模走势情况如图 1-7 所示。

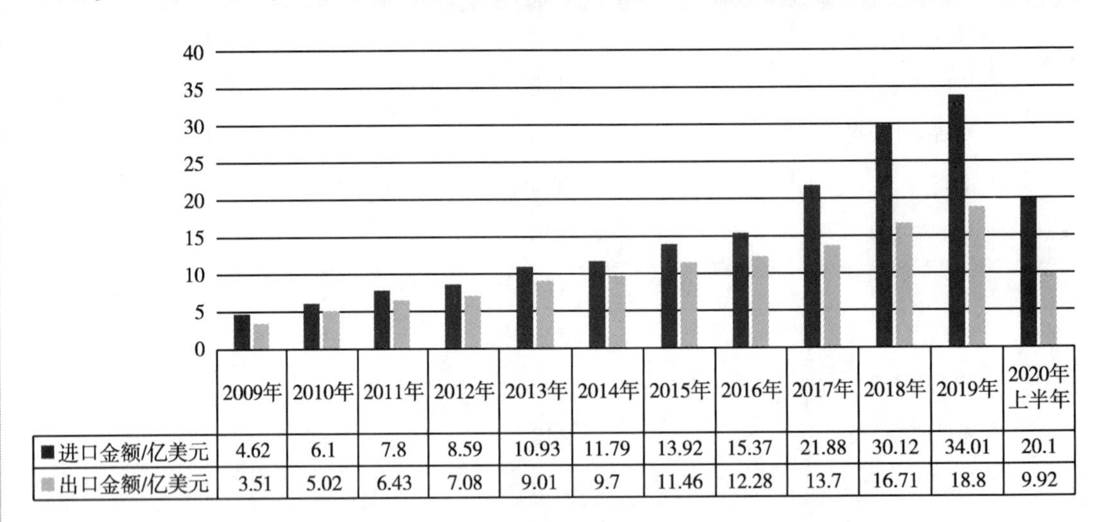

	2009年	2010年	2011年	2012年	2013年	2014年	2015年	2016年	2017年	2018年	2019年	2020年上半年
■进口金额/亿美元	4.62	6.1	7.8	8.59	10.93	11.79	13.92	15.37	21.88	30.12	34.01	20.1
■出口金额/亿美元	3.51	5.02	6.43	7.08	9.01	9.7	11.46	12.28	13.7	16.71	18.8	9.92

图 1-7 2009—2020 年上半年我国保健食品进出口规模走势情况

我国保健食品的进出口能保持良好的增长状态,主要有三方面的原因:一是消费者的健康养生意识不断增强;二是国民收入增加,消费者更加关注自身健康和生活品质,使市场需求进一步被释放;三是多元化营销模式,促进了保健食品市场发展。

二、保健食品的研发趋势

随着经济、社会的发展,"健康中国"战略及国民营养计划的提出,健康养生理念和营养保健产业越来越受到重视,健康产品的需求也逐渐增大,为保健食品的研究开发及应用提供了更为广阔的空间。保健食品产业有序发展、提高科技支撑,促进自主创新、加强知识产权保护、提高核心竞争力,培育名优品牌以及加大"药食同源"产品开发等都会是未来发展

趋势。

（一）保健食品研发生产更加规范有序

《保健食品原料目录与保健功能目录管理办法》（以下简称《办法》）的发布与实施，对保健食品原料安全和保健功能评价，是保健食品准入管理的主要内容。《食品安全法》规定，对保健食品实行备案和注册审批，对保健食品原料和保健功能实行目录管理，是实现备案和注册“双轨制”的重要基础。《办法》通过对“两个目录”的管理，为保健食品“管住、管活、管优”提供制度保障。保健功能目录规定了允许保健食品声称的保健功能范围，原料目录界定了注册与备案的通道，纳入原料目录的可以直接备案。为保证纳入目录的原料安全有效、功能真实可靠、质量标准稳定，《办法》严格规定了目录纳入条件、纳入程序和管理方式。对纳入目录的原料和保健功能，设置了再评价和退出机制，对于最新研究发现有风险、科学共识有变化的，可以及时启动目录的调整程序。

随着系列政策法规的出台，对保健食品行业准则、技术标准要求更加严格，该行业的准入门槛及退出机制被进一步强化。这充分体现了国家对保健食品的重视，以及对保健食品的法制监管力度的加强，保健食品的备案、注册、审评、生产、管理等逐渐进入法制轨道，促进了我国保健食品事业的健康、有序发展。

（二）知识产权保护和自主创新更加受到重视

保健产品市场品种越来越多，竞争日益激烈，要想从同类产品中脱颖而出并占据市场，知识产权战略、品牌战略、技术标准战略的运用必不可少，专利、商标、工业设计、地理标志等各种知识产权将备受重视。成功研发的新技术、新产品、新工艺、新配方等须运用法律手段保护。因此，高新技术企业在研发新产品时须着重分析本企业新产品、新技术的技术特点、潜在市场等，选择申请专利类型并及时申请，以获得专利保护。目前，我国对保健食品知识产权保护意识还相对薄弱，要想立足于竞争激烈的国际市场，做好保健食品的知识产权保护至关重要。须运用有效的产业政策和科学的管理手段等多种方式打造、培育和提高我国保健食品产业的竞争力。对拥有区域性和全国性知名商标的企业给予必要的支撑和保护，做好商标宣传，提高其品牌价值。鼓励和支持中国企业参与国际竞争，开拓国际市场，争创国际保健食品知名的品牌。

（三）“药食同源”产品研发更加受到青睐

中药保健食品是我国健康产品的重要部分，其在中医药理论的指导下，多采用药食同源的物品为原料，在未病先防、保健康复等方面发挥了重要作用。在“健康中国”背景下，与大健康相关的产业有望进入黄金发展期，成为未来重要的经济增长点。据统计，2014—2019年，我国获批保健食品 6 006 个，其中中药保健食品（包括纯中药、含中药或含中药提取物）有 2 820 个，占 46.95%。保健食品各年注册申请情况见表 1-3。

表 1-3　2014—2019 年批准的保健食品注册申请情况

年份	保健食品	中药保健食品（比例 /%）	年份	保健食品	中药保健食品（比例 /%）
2014	737	323（43.83）	2017	1 343	581（43.26）
2015	662	315（47.58）	2018	1 078	510（47.31）
2016	922	537（58.24）	2019	1 264	554（43.83）

其中获批中药保健食品的功能以增强免疫力、辅助降“三高”、缓解疲劳、保护胃黏膜、缓解视疲劳、改善睡眠、改善记忆、减肥、通便、保肝、祛黄褐斑、清咽为主（表 1-4）。申报功能还有延缓衰老、抗辐射、耐缺氧、促消化、祛痤疮、促泌乳、排铅等。

笔记栏

表 1-4　2014—2019 年批准的中药保健食品功效种类及比例 /%

年份	增强免疫力、缓解疲劳	辅助降“三高”	改善睡眠	保肝	通便	祛黄褐斑	改善记忆	增加骨密度	减肥	改善营养型贫血	清咽	缓解视疲劳	保护胃黏膜	其他
2014	49.85	20.43	4.64	3.72	4.02	2.48	0	3.72	2.48	2.48	1.55	0.31	1.55	2.79
2015	50.16	16.19	5.08	5.40	4.13	1.59	1.27	3.81	1.59	1.90	2.54	1.27	0.63	4.44
2016	45.44	21.23	2.61	6.89	4.10	1.86	1.86	4.66	2.23	1.49	0.74	2.23	1.86	2.79
2017	49.57	14.80	5.85	4.99	3.10	1.89	0.34	4.65	1.72	2.93	2.58	2.41	0.34	4.28
2018	48.04	12.75	6.67	6.47	2.75	1.57	1.76	3.14	0.98	1.18	2.16	3.14	0.59	8.82
2019	58.33	12.96	6.48	5.56	0.93	0	0	4.63	0.93	0.93	1.85	0.93	0	6.48

由于社会和经济发展，人民生活水平的提高，健康已成为现代人追求的生活目标。因此，增强免疫力、缓解疲劳的保健品在大健康市场占有份额最高。但目前同类产品较多，需在产品的质量和科技含量上多下功夫。改善睡眠、降血压、减肥、通便、保护胃黏膜、缓解视疲劳等保健品的开发日益受到重视；随着生育政策的调整，孕、产、妇婴类保健食品，如促泌乳类保健食品发展前景也非常好。另外，像抗抑郁类、促消化类、祛痤疮类、抗辐射类等保健品也有着较好的应用前景。

（四）循环经济理念将得到快速发展

循环经济是以资源节约和循环利用为特征、与环境和谐的经济发展模式，强调把经济活动组织成一个“资源 - 产品 - 再生资源”的反馈式流程。其特征是低开采、高利用、低排放。所有的物质和能源能在这个不断进行的经济循环中得到合理和持久的利用，将经济活动对自然环境的影响降低到尽可能小的程度。在保健食品生产升级、转型中应全面树立循环经济的理念，坚持绿色发展，以提高资源综合利用水平和效率，确保资源的利用和可持续发展，并努力发展资源深度加工，有效延长产业链。

学习小结

1. 学习内容

<table>
<tr><td rowspan="11">保健食品概述</td><td rowspan="4">保健食品的概念与分类</td><td>概念</td><td>保健食品、保健食品研发与应用的概念，保健食品与普通食品、特殊医学用途配方食品、药品的区别</td></tr>
<tr><td>分类</td><td>按产品管理办法、保健功能、产品研究复杂程度等分类</td></tr>
<tr><td>管理</td><td>注册与备案、生产质量管理，标签、广告等管理</td></tr>
<tr><td>研发意义</td><td>促进社会健康和经济发展、适应当代疾病发展变化的需要、促进中医药事业发展</td></tr>
<tr><td rowspan="4">中医药饮食保健基本知识</td><td colspan="2">中医药饮食保健内容</td></tr>
<tr><td colspan="2">中医药饮食保健的起源和发展</td></tr>
<tr><td colspan="2">中医药饮食保健理论</td></tr>
<tr><td colspan="2">中医药饮食保健的应用</td></tr>
<tr><td rowspan="3">保健食品的发展</td><td rowspan="2">研发现状</td><td>国外保健食品行业概况、世界各国发展概况</td></tr>
<tr><td>我国保健食品现状</td></tr>
<tr><td>研发趋势</td><td>保健食品研发生产更加规范有序，知识产权保护和自主创新更加受到重视，“药食同源”产品研发更加受到青睐，循环经济理念将得到快速发展</td></tr>
</table>

2. 学习方法　通过与普通食品、药品、特殊医学用途配方食品比较，掌握保健食品概念、分类；结合中医学基本理论知识，加强理解中医药饮食保健理论，理解我国保健食品的中医特色和优势；比较和总结国内外保健食品发展概况，了解保健食品发展规律；综合分析国内外保健食品的发展现状，了解保健食品研发趋势。

（李盛青　王慧铭　王　娜　刘玉璇）

复习思考题

1. 什么是保健食品？
2. 举例说明保健食品与普通食品、特殊医学用途配方食品、药品的区别。
3. 简述中医药饮食保健的基本理论。
4. 结合我国中医药饮食保健理论，如何发展中医药特色产品？
5. 如何从“治未病”理解保健食品对亚健康的干预作用？

总　论

笔记栏

PPT 课件

第二章

保健食品法规与管理

学习目标

1. 掌握我国保健食品注册与备案管理制度、原料目录和功能目录，以及保健食品生产、经营许可的相关规定。
2. 熟悉构成我国现行保健食品监督管理有关的法律、法规、规章。
3. 了解我国保健食品安全监管的法制化探索历程。

第一节　我国保健食品的相关法律法规

保健食品行业是我国国民经济的重要组成部分。

2015 年修订、2018 年修正的《食品安全法》将保健食品纳入特殊食品的范畴进行管理，明确规定建立原料名称、用量和对应的功效三者相关联的《保健食品原料目录》，并作为划分注册与备案管理的依据。2019 年 8 月，国家市场监督管理总局会同国家卫生健康委员会发布《保健食品原料目录与保健功能目录管理办法》，期望通过“两个目录”实现注册备案的双轨运行，保证产品的安全有效，力争管住、管活、管优。

保健食品虽是食品中的一类，但有其特殊性和复杂性。它不仅具有区别于普通食品的特定保健功能，还具有食品的共性特征，其研发、生产、经营和应用除应遵守保健食品的具体管理规定外，还须遵守食品法规对食品规定的一般性要求。

时至今日，我国政府持续致力于保健食品法制化建设，已初步形成了法规框架，奠定了我国保健食品行业规范、有序发展的基础。

一、我国保健食品的法制化探索历程

国以民为本，民以食为天，食以安为先。安，指安全，说明食品安全的重要性。我国的食品安全法制化管理始于 20 世纪 50 年代，当时卫生部发布了一些单项规章和标准对食品卫生进行监管。1965 年国务院颁布的《食品卫生管理试行条例》是中华人民共和国成立后食品安全管理工作首次纳入法规层面的标志性文件。

1983 年 7 月 1 日起试行的《中华人民共和国食品卫生法(试行)》，是我国首次将食品安全管理工作从法规层面上升到了国家法律。这部法律强调政府监管的重点是保证食品无毒无害。《中华人民共和国食品卫生法(试行)》规定，食品不得加入药物，按照传统既是食品又是药品的以及作为调料或者食品强化剂加入的除外，同时将任何健康有关的声称均归于药品管理，限制各种食品的健康声称和功效宣传，凡是利用新资源研发生产的食品必须由

国家卫生部门审批。由此形成了早期的食品和药物分类监管的框架。1987 年 8 月 18 日，卫生部发布了《食品新资源卫生管理办法》，规定我国传统上不作或很少作食用的和只在个别地区有食用习惯的、拟利用其生产食品（包括食品原料）、食品添加剂的物品以及用于生产食品容器、包装材料、食品用工具、设备的新的原材料，即为本办法所称的“食品新资源”，由卫生部注册审批，批准号为“卫食新准字第 ××× 号”。这也可视为我国早期的“保健食品”。

为解决按照传统既是食品又是药品即药食同源中药的健康声称和功效的管理缺位问题，1987 年 10 月 28 日，卫生部发布《中药保健药品的管理规定》，授权各省级卫生行政部门审批“卫药健字”中药保健药品，包括“内服的保健药品”和“除内服之外的其他途径的保健用品”。

第八届全国人民代表大会常务委员会第十六次会议于 1995 年 10 月审议通过了《食品卫生法》。该法首次确立了保健食品的法律地位，明确定义了保健食品是食品的一个种类，能调节人体某种功能但又不治病、不是药品，确立了保健食品的法律地位和作为食品监管的原则。与之配套的《保健食品管理办法》于 1996 年 3 月 15 日发布并首次明确了保健食品的基本含义，具有特定保健功能的食品，适用于特定人群食用，具有调节机体功能，不以治疗疾病为目的，并规定保健食品由国家卫生行政部门实施审批和注册，颁发“保健食品批准证书、文号【卫食健字（×××）第 ××× 号】和准许使用保健食品小蓝帽标志”。《国务院办公厅关于继续整顿和规范药品生产经营秩序，加强药品管理工作的通知》（国办发〔1996〕14 号）限定 1996 年 5 月 25 日暂停中药保健药品受理和审批。2000 年 3 月 7 日，国家药品监督管理局发布《关于开展中药保健药品整顿工作的通知》（国药管注〔2000〕74 号），“卫药健字”中药保健药品实行撤销分流（一部分，向国家药品监督管理局申请国药准字 B，对其标准进行了升级，即地标升国标，成为一个时代的印记保留至今；一部分，向卫生部注册为“卫食健字”保健食品，但批文均未注明有效期；一部分，转为保健用品），“中药保健药品”被取缔。2003 年，按照国务院的安排，卫生部停止保健食品的审批，移交给新组建的国家食品药品监督管理局，审批保健食品“国食健字”，就在这一年，卫生部印发《保健食品检验与评价技术规范》（2003 年版），对目前允许申请注册的 27 项保健功能的功能学检验类别和方法都做了具体规定。也就从这一年开始，我国的保健食品监管进入多部门分管时期，即国家食品药品监督管理局只有审批权，仅负责产品审批注册；监管权归于国家质量监督检验检疫总局（负责发放生产许可证和食品质量安全市场准入标志“QS”）、国家卫生行政部门卫生监督所（负责发放卫生许可证）、国家工商部门和卫生行政部门（负责生产和市场日常监督检查）。2005 年 4 月 30 日《保健食品注册管理办法（试行）》颁布，进一步丰富了保健食品的定义，指声称具有特定保健功能或者以补充维生素、矿物质为目的的食品，即适宜于特定人群食用，具有调节机体功能，不以治疗疾病为目的，并且对人体不产生任何急性、亚急性或者慢性危害的食品，并规定从 2005 年 7 月 1 日起，保健食品批准证书有效期为 5 年。

迫于食品安全形势，国家开始思考重构食品安全监管体制，并启动《食品卫生法》的修订工作。起初的修订仅考虑对原有条文的修改、完善。爆发于 2005—2006 年间苏丹红、瘦肉精、福寿螺、多宝鱼等食品安全事件，再次为监管问题敲响了警钟。国务院法制办会同有关部门于 2007 年底就“食品卫生法修订草案”作进一步修改，将“食品卫生法修订草案”改为“食品安全法草案”，至此，“食品安全”这一概念首次正式被使用了。2009 年 2 月 28 日《食品安全法》在第十一届全国人民代表大会常务委员会第七次会议上通过并实施。

笔记栏

《中华人民共和国食品安全法实施条例》(以下简称《食品安全法实施条例》)(中华人民共和国国务院令第557号)于2009年7月20日起也正式发布。根据《食品安全法》及其实施条例,国务院批准国家食品药品监督管理局作为对保健食品实施安全性监管的主要责任部门。"食品安全"从广义上讲,主要包括三个方面的内容:①从数量角度,要求国家能够提供给公众足够的食物,满足社会稳定的基本需要。②从卫生安全角度,要求食品对人体健康不造成任何危害,并获取充足的营养。③从发展角度,要求食品的获得要注重生态环境的良好保护和资源利用的可持续性。《食品安全法》规定的"食品安全"是一个狭义概念,指食品无毒、无害,符合应当有的营养要求,对人体健康不造成任何急性亚急性或者慢性危害。其主要内容也包括三个方面:①从食品安全性角度看,要求食品应当"无毒、无害"。"无毒、无害"是指正常人在正常食用情况下摄入可食状态的食品,不会造成对人体的危害。但无毒、无害也不是绝对的,允许少量含有,但不得超过国家规定的限量标准。②符合应当具有的营养要求。营养要求不但包括人体代谢所需要的蛋白质、脂肪、碳水化合物、维生素、矿物质等营养素的含量,还应包括该食品的消化吸收率和对人体维持正常的生理功能应发挥的作用。③对人体健康不造成任何危害,包括急性、亚急性或者慢性危害。

2013年10月1日,《新食品原料安全性审查管理办法》生效,从此时起,在我国实行了近30年的"新资源食品制度"发展为"新食品原料制度",新资源食品的法定概念也被新食品原料概念所取代。新食品原料包括在我国无传统食用习惯的以下物品:动物、植物和微生物;从动物、植物和微生物中分离的成分;原有结构发生改变的食品成分;其他新研制的食品原料。新食品原料名单由国家卫生健康委员会经审查后批准公布。

2015年4月24日,《食品安全法》经第十二届全国人民代表大会常务委员会第十四次会议修订通过,其中第74条规定,保健食品属于特殊食品,国家对特殊食品实行比普通食品更加严格的监督管理。其主要措施有:①增加了《保健食品原料目录》和《允许保健食品声称的保健功能目录》,规定两个目录由国务院市场监管部门会同国务院卫生行政部门、国家中医药管理部门制定、调整和公布。②对保健食品产品实行注册或者备案制度,生产普通食品只需取得生产许可,而生产保健食品除需要取得生产许可外,还要进行产品或者配方的注册或者备案。③国家对普通食品生产经营企业符合良好生产规范要求、实施危害分析和关键控制点体系(Hazard Analysis Critical Control Point,HACCP)采取鼓励态度,不强制要求。但对生产保健食品的企业,要求按照良好生产规范建立与所生产食品相适应的生产质量管理体系。④保健食品究其本质仍是食品,其生产经营除应当遵守保健食品规定的要求外,还应当遵守《食品安全法》对食品规定的一般性要求。⑤明确了保健食品广告审查制度。

为了进一步细化保健食品规范管理工作,维护保健食品行业的良好发展,2016年2月国家食品药品监督管理总局发布《保健食品注册与备案管理办法》,于2016年7月1日起实施。该办法规定:保健食品的审批采用注册与备案双轨制,即使用《保健食品原料目录》以外原料的保健食品和首次进口的保健食品应经国务院食品安全监督管理部门注册,使用的原料已经列入《保健食品原料目录》的保健食品和首次进口的属于补充维生素、矿物质等营养物质的保健食品应当依法备案,前者报省级食品安全监督管理部门备案,后者报国务院食品安全监督管理部门备案。通过注册或备案的产品,可获得相应的注册批准证书或备案凭证。

2018年4月10日,根据《中共中央关于深化党和国家机构改革的决定》《第十三届全国人民代表大会第一次会议关于国务院机构改革方案的决定》,组建国家市场监督管理总

局，作为国务院直属机构；组建国家药品监督管理局，由国家市场监督管理总局管理，不再保留国家食品药品监督管理总局。因此，《食品安全法》（2015年修订）条文中诸如“食品药品监督管理”字样需要修正为“市场监督管理”，“食品药品监督管理、质量监督部门履行各自食品安全监督管理职责”修正为“市场监督管理部门履行食品安全监督管理职责”等。在2018年12月29日第十三届全国人民代表大会常务委员会第七次会议上根据《关于修改〈产品质量法〉等五部法律的决定》修正为《食品安全法》（2018年修正版）。

二、我国保健食品相关法律、法规和规章

我国的食品法规涉及法律、法规和规章三个层次：法律由全国人民代表大会及其常务委员会制定，具有最高的法律效力，也是制定相关法规、规章等的依据，如《食品安全法》；法规由国务院制定，包括行政法规和法规性文件，其地位和法律效力仅次于法律，如《食品安全法实施条例》；规章由国务院各部委制定，包括部门规章和部委规范性文件，如《保健食品注册与备案管理办法》等。

（1）法律：《食品安全法》是我国食品领域的指导性法律，对规范食品生产经营活动，防范食品安全事故发生，强化食品安全监管，落实食品安全责任，保障公众身体健康和生命安全都具有重要意义。如该法第七十四条指出国家对声称具有特定保健功能的食品实行严格监管，第七十六条则根据我国保健食品的特殊情况，借鉴国际经验，按照简政放权、规范管理的精神，确立了注册与备案相结合的管理制度。

（2）法规：《食品安全法实施条例》作为行政法规，对《食品安全法》的有关规定做了必要的补充和细化。如该条例第十二条明确规定，特殊食品不属于地方特色食品，不得制定食品安全地方标准。这一规定对保健食品强化统一、规范管理，防止地方保护主义和不正当竞争具有重要作用。

（3）规章：又称为部门规章。根据《食品安全法》对保健食品实行注册与备案相结合的分类管理制度的要求，属于政府部门之一的国家市场监督管理总局发布《保健食品原料目录与保健功能目录管理办法》《保健食品注册与备案管理办法》，两部规章均居于我国保健食品监管的核心地位，为完善保健食品行业的有序运行提供了制度上的保障。同时政府有关部门围绕规章颁布一系列部委规范性文件对其进行补充和细化，如国家市场监督管理总局发布的《保健食品生产许可审查细则》也属于部门规章的范畴。表2-1为我国近年来颁布的保健食品监管相关的法律、法规和规章。

表2-1　我国保健食品相关法律、法规和规章

发布号	法律、法规和规章	主要内容	实施时间
中华人民共和国主席令第21号	《食品安全法》	本法围绕建立最严格的食品安全监管制度这一总体要求，将特殊食品专设一节规定，充实了对保健食品的具体管理规定，如关于保健食品原料和功能声称的规定；明确了对保健食品实施注册和备案分类管理的基本制度和具体要求，以及对保健食品标签说明书和广告的管理要求	自2015年10月1日起施行，2018年12月29日修正
中华人民共和国国务院令第721号	《食品安全法实施条例》	作为《食品安全法》的配套行政法规，使相关制度进一步深化、细化、实化，提升了法律的制度价值	2019年12月1日

笔记栏

续表

发布号	法律、法规和规章	主要内容	实施时间
国家市场监督管理总局公告 2020 年第 8 号	《关于修订公布食品生产许可分类目录的公告》	根据《食品生产许可管理办法》(国家市场监督管理总局令第 24 号),国家市场监督管理总局对《食品生产许可分类目录》进行修订,现予公布。自 2020 年 3 月 1 日起,《食品生产许可证》中"食品生产许可品种明细表"按照新修订《食品生产许可分类目录》填写。保健食品类别编号为 2701~2718	2020 年 3 月 1 日
国家市场监督管理总局公告 2020 年第 58 号	《关于废止 86 件文件的公告》	为适应改革和经济社会发展要求,经商国务院有关部门,决定废止《工商总局办公厅关于进一步规范总局机关政府信息公开工作的意见》等 86 个文件。其中,序号为 6、7、8、11、29、30、34、36、37、38、39、40、41、42、43、44、45、46、47、48、49、50、51、52、53、54、55、56、57、58、59、60、61、62、63、64、65、66、67、68、69、70、71、72 等文件与保健食品相关	2020 年 12 月 7 日
国办发〔1996〕14 号	《国务院办公厅关于继续整顿和规范药品生产经营秩序,加强药品管理工作的通知》	从 1996 年 5 月 25 日起,国家暂停中药保健药品的受理和审批	1996 年 4 月 16 日
国家药品监督管理局(国药管注〔2000〕74 号)	《关于开展中药保健药品整顿工作的通知》	国家撤销中药"健字"文号中药保健药品。对"卫药健字"中药保健药品实行撤销分流(一部分,向国家药品监督管理局申请国药准字 B,对其标准进行了升级,即地标升国标;一部分,向卫生部注册为"卫食健字"保健食品,但批文均未注明有效期;一部分,转为保健用品)	2000 年 3 月 7 日
国家食品药品监督管理总局令 第 22 号发布,根据国家市场监督管理总局令第 31 号修订	《保健食品注册与备案管理办法》(2020 年修订版)	《食品安全法》明确规定对特殊食品实行严格监督管理。为贯彻落实法律对保健食品市场准入监管工作提出的要求,对保健食品实行注册与备案相结合的分类管理制度。修订版将"国家食品药品监督管理总局"修改为"国家市场监督管理总局","食品药品监督管理部门"修改为"市场监督管理部门"	2016 年 7 月 1 日发布,2020 年 10 月 23 日修订
国家食品药品监督管理总局 2016 年第 103 号	《关于实施〈保健食品注册与备案管理办法〉有关事项的通告》	自 2016 年 7 月 1 日后,国家食品药品监督管理总局行政受理机构统一受理保健食品注册申请,原省级食品药品监督管理部门不再受理注册申请	2016 年 6 月 30 日
国家食品药品监督管理总局(食药监食监三〔2016〕81 号)	《关于实施〈保健食品注册与备案管理办法〉有关事项的通知》	自 2016 年 7 月 1 日后,各省级食品药品监督管理部门不再受理保健食品注册申请,不再开展保健食品注册检验样品封样工作;《保健食品原料目录》发布后,受理保健食品备案申请。2016 年 7 月 1 日前已受理的保健食品注册申请,总局行政受理机构和各省级食品药品监督管理部门应当按照有关规定在 7 月 21 日前将相关材料全部报送总局保健食品审评中心	2016 年 6 月 30 日

续表

发布号	法律、法规和规章	主要内容	实施时间
国家食品药品监督管理总局〔2016〕172号	《关于保健食品注册审评审批工作过渡衔接有关事项的通告》	2016年11月15日，国家食品药品监督管理总局印发了《保健食品注册审评审批工作细则》，明确了保健食品注册审评审批的工作程序和要求。为保证保健食品注册审评审批工作平稳有序开展，现就《细则》实施前已受理注册申请的审评审批事项通告	2016年12月30日
国家食品药品监督管理总局（食药监食监三〔2016〕139号）	《保健食品注册审评审批工作细则》	规范使用《保健食品原料目录》以外原料的保健食品和首次进口的保健食品（不包括补充维生素、矿物质等营养物质的保健食品）新产品注册、延续注册、转让技术、变更注册、证书补发等的审评审批工作	2016年11月14日
国家食品药品监督管理总局2016年第167号	《关于发布保健食品注册申请服务指南的通告》	适用于使用《保健食品原料目录》以外原料的保健食品和首次进口的保健食品（不包括补充维生素、矿物质等营养物质的保健食品）注册申请。包括：申请材料形式要求；申请材料内容要求；术语和定义；国产新产品注册申请材料项目及要求；属于补充维生素、矿物质等营养物质的国产产品注册申请材料项目及要求；国产延续注册申请材料项目及要求；变更注册申请材料项目及要求；转让技术注册申请材料项目及要求；证书补发申请材料要求；以提取物为原料的产品申请材料要求；进口产品注册申请材料要求	2016年12月19日
国家食品药品监督管理总局	《使用新原料保健食品注册和首次进口的保健食品（不包含补充维生素、矿物质等营养物质的保健食品）注册审批服务指南》	适用于使用《保健食品原料目录》以外原料的保健食品注册和首次进口（含港、澳、台）的保健食品（不包括补充维生素、矿物质等营养物质的保健食品）产品注册、变更注册、向境外转让产品注册、再注册申请材料清单和一般要求、具体要求以及办理的基本流程、审批时限和审批结果等	2017年12月1日
国家食品药品监督管理总局2016年第163号	《关于保健食品延续注册（再注册）受理有关问题的通告》	对未在规定时限提出延续注册（再注册）申请，属于下列情形的，申请人应于2016年12月31日前向国家食品药品监督管理总局受理部门提出申请，同时提交相关证明材料，延续注册的审评审批时限以受理时间为起始顺延6个月:2016年7月1日前，已按期向所在地省级食品药品监督管理部门提出再注册申请，省级食品药品监督管理部门要求补正，申请人再次申请时已超过规定的再注册申请时限（逾期）的；2016年7月1日后，因未及时提供保健食品生产销售情况相关证明文件导致逾期或超过批准证书有效期提出延续注册申请的。自2017年1月1日起申请延续注册的，申请人应当严格按照《保健食品注册与备案管理办法》有关规定提出申请	2016年12月9日

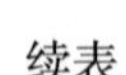
笔记栏

续表

发布号	法律、法规和规章	主要内容	实施时间
国家食品药品监督管理总局2018年第22号	《关于保健食品延续注册申请有关事项的公告》	在保健食品注册证书有效期内，保健食品注册人可以申请延续注册；注册证书有效期到期后，未提出延续注册申请的，注销注册证书。2017年7月1日至本公告发布期间，因执行《保健食品注册与备案管理办法》，注册证书有效期届满不足6个月而未受理延续注册申请的，保健食品注册人可以在2018年3月31日前申请延续注册	2018年2月13日
国家市场监督管理总局2020年第53号	关于保健食品有关注册变更申请分类办理的公告	保健食品注册人按照现行规定减少保健功能、更改产品名称、修改标签说明书(限删减前言、减少保健功能、减少适宜人群或扩大不适宜人群范围、规范规格表述或注意事项、明确食用方法)的变更申请予以分类办理：变更前持有的注册证书是依据《保健食品注册与备案管理办法》批准的，换发新的注册证书；变更前持有的注册证书是依据《保健食品注册与备案管理办法》生效前规章批准的，发放《保健食品变更申请审查结果通知书》，与原批准注册证书合并使用	2020年11月26日
国家食品药品监督管理总局2017年第122号	《关于新保健食品注册管理信息系统上线运行的通告》	总局组织开发了新的保健食品注册管理信息系统，2017年8月1日正式上线运行。注册申请人应按照《保健食品注册申请服务指南(2016年版)》等有关规定登录http://bjzc.zybh.gov.cn，按系统提示进行新产品注册、延续注册、变更注册、转让技术、证书补发及相关补充资料申请	2017年8月1日
国家食品药品监督管理总局2017年第16号	《关于保健食品备案管理有关事项的通告》	自2017年5月1日起，对使用列入《保健食品原料目录(一)》的原料生产和进口保健食品的，国内生产企业和境外生产厂商应当按照《保健食品注册与备案管理办法》及相关规定进行备案。国内生产企业在所在地省级食品药品监督管理部门备案；境外生产厂商在食品药品监督管理总局备案。自本通告发布之日起，国家食品药品监督管理总局不再受理上述保健食品的新产品注册、已批准注册产品的变更注册、转让技术注册和延续注册申请。原注册人持有的保健食品注册证书及其附件载明内容变更或有效期届满的，应当按照备案程序办理；注册证书有效期届满前生产的产品允许销售至保质期结束	2017年1月24日
国家食品药品监督管理总局2017年第68号	《关于保健食品备案信息系统上线运行的通告》	为统一规范全国保健食品备案管理工作，国家食品药品监督管理总局保健食品备案信息系统于2017年5月1日正式上线运行	2017年5月1日

笔记栏

续表

发布号	法律、法规和规章	主要内容	实施时间
国家食品药品监督管理总局(食药监特食管〔2017〕37号)	《关于印发保健食品备案工作指南(试行)的通知》	本指南适用于《保健食品注册与备案管理办法》规定的保健食品备案工作。保健食品备案，是保健食品生产企业依照法定程序、条件和要求，将表明产品安全性、保健功能和质量可控性的材料提交食品安全监督管理部门进行存档、公开、备查的过程	2017年5月2日
国家市场监管总局发布	关于发布《保健食品及其原料安全性毒理学检验与评价技术指导原则(2020年版)》《保健食品原料用菌种安全性检验与评价技术指导原则(2020年版)》《保健食品理化及卫生指标检验与评价技术指导原则(2020年版)》	依据食品安全国家标准GB 15193系列标准制定。《保健食品及其原料安全性毒理学检验与评价技术指导原则(2020年版)》适用于保健食品及其原料的安全性毒理学的检验与评价;《保健食品原料用菌种安全性检验与评价技术指导原则(2020年版)》适用于保健食品原料用菌种(包括保健食品配方用及原料生产用菌种)的致病性检验与评价，不适用于基因改造微生物菌种和在我国无使用习惯的菌种致病性检验与评价。《保健食品理化及卫生指标检验与评价技术指导原则(2020年版)》适用于保健食品及其原料、辅料理化及卫生指标检验与评价的基本要求、功效成分/标志性成分检验方法、溶剂残留和违禁成分的测定要求	2020年10月31日
国家市场监管总局2019年第29号	市场监管总局关于发布《保健食品标注警示用语指南》的公告	指导保健食品警示用语标注，使消费者更易于区分保健食品与普通食品、药品，引导消费者理性消费	2020年1月1日
国家食药监总局(食药监食监三〔2016〕21号)	《关于停止冬虫夏草用于保健食品试点工作的通知》	含冬虫夏草的保健食品相关申报审批工作按《保健食品注册与备案管理办法》有关规定执行，未经批准不得生产和销售	2016年2月26日
国家卫生计生委办公厅(国卫办食品函〔2016〕1295号)	《关于明确保健食品中食品添加剂使用问题的复函》	将《食品安全国家标准　保健食品》(GB 16740—2014)中“3.7 食品添加剂和营养强化剂”项修改为:保健食品中食品添加剂的使用按照保健食品注册证书中批准的内容执行	2016年12月1日
卫生部(卫法监发〔2002〕51号)	《卫生部关于进一步规范保健食品原料管理的通知》	对保健食品原料的管理做出进一步规定，并发布了《既是食品又是药品的物品名单》《可用于保健食品的物品名单》《保健食品禁用物品名单》	2002年2月28日
国家食品药品监督管理局(食药监办保化〔2011〕187号)	《保健食品生产企业原辅料供应商审核指南》	为加强保健食品原辅料管理，提高质量安全控制水平，根据《食品安全法》及其实施条例等有关规定，国家食品药品监督管理局组织制定了保健食品生产企业原辅料供应商审核指南	2011年12月15日
国家卫生健康委、国家市场监督管理总局公告2019年第8号	《关于当归等6种新增按照传统既是食品又是中药材的物质公告》	根据《食品安全法》规定，经安全性评估并广泛征求意见，现将当归、山柰、西红花、草果、姜黄、荜茇等6种物质纳入按照传统既是食品又是中药材的物质目录管理，仅作为香辛料和调味品使用	2019年11月25日

笔记栏

续表

发布号	法律、法规和规章	主要内容	实施时间
国家卫生健康委、国家市场监督管理总局(国卫食品函〔2019〕311号)	解读《关于对党参等9种物质开展按照传统既是食品又是中药材的物质管理试点工作的通知》	根据《食品安全法》规定,经安全性评估并广泛公开征求意见,将对党参、肉苁蓉、铁皮石斛、西洋参、黄芪、灵芝、山茱萸、天麻、杜仲叶等9种物质开展按照传统既是食品又是中药材的物质(简称食药物质)生产经营试点工作	2019年11月25日
卫生部(卫法监发〔2001〕267号)	《卫生部关于不再审批以熊胆粉和肌酸为原料生产保健食品的通告》	卫生部不再审批以熊胆粉和肌酸为原料生产的保健食品	2001年9月14日
卫生部(卫法监发〔2001〕188号)	《卫生部关于限制以甘草、麻黄草、苁蓉和雪莲及其产品为原料生产保健食品的通知》	限制了以甘草、麻黄草、苁蓉和雪莲及其产品为原料生产保健食品	2001年7月5日
卫生部(卫法监发〔2001〕160号)	《卫生部关于限制以野生动植物及其产品为原料生产保健食品的通知》	规定了禁止作为保健食品成分的野生动植物及其产品。如禁止使用国家一级和二级保护野生动植物及其产品作为保健食品成分。禁止使用人工驯养繁殖或人工栽培的国家一级保护野生动植物及其产品作为保健食品成分等	2001年6月7日
国家食品药品监督管理局(国食药监办〔2011〕492号)	关于贯彻落实国务院食品安全委员会办公室《关于进一步加强保健食品质量安全监管工作的通知》的通知	通知要求,严把保健产品审评审批关,对提供虚假申报资料的企业,一律不予批准并列入"黑名单"。加强保健食品生产、流通各环节监管,组织开展专项检查,扩大抽检范围,对社会反映较多的保健食品种类加密检测频次,特别要加强对减肥、缓解体力疲劳等类产品的监督抽检。加大案件侦办力度,严厉打击制售假劣、非法添加化学药物成分和虚假宣传等违法犯罪行为。通知强调,要进一步加强对保健食品标签标识和广告的监管。广告内容必须经省级食品药品监管部门审查批准,对未经批准擅自发布以及更改、篡改批准内容虚假宣传的,要依法严肃处理。重点整治保健食品广告、宣传材料中所谓具有疾病预防治疗功能、以专家或患者名义证明功效等行为。严肃查处普通食品通过包装、标签、说明书等宣称具有特定保健功能的行为。通知还要求,根据《食品安全法》及其实施条例,抓紧推动制定修订相关法规规章和配套文件,将保健食品安全监管作为食品安全监管工作的重要内容,细化责任分工,确保措施到位,全面做好保健食品质量安全监督管理各项工作	2011年12月13日

续表

发布号	法律、法规和规章	主要内容	实施时间
国家食品药品监督管理局(食药监办保化〔2012〕33号)	《保健食品中可能非法添加的物质名单(第一批)》	贯彻落实国务院食品安全委员会办公室《关于进一步加强保健食品质量安全监管工作的通知》(食安办〔2011〕37号)要求,严厉打击保健食品生产中非法添加物质的违法违规行为,保障消费者健康,国家食品药品监督管理局办公室制定《保健食品中可能非法添加的物质名单(第一批)》	2012年3月16日
卫生部(国食药监〔2005〕202号)	《营养素补充剂申报与审评规定(试行)》	对营养素补充剂的申报与审评做出规定。具体规定了营养素补充剂的定义、要求、包装标签、命名等。并发布《维生素、矿物质的种类和用量》《维生素、矿物质化合物名单》	2005年7月1日
	《真菌类保健食品申报与审评规定(试行)》	对真菌类保健食品申报与审评做出规定。具体规定了真菌类保健食品的定义、菌种鉴定工作、申请时应提供的资料等,并发布《可用于保健食品的真菌菌种名单》	2005年7月1日
卫生部(卫法监发〔2001〕84号)	《可用于保健食品的真菌菌种名单》	酿酒酵母、产朊假丝酵母、乳酸克鲁维酵母、卡氏酵母、蝙蝠蛾拟青霉、蝙蝠蛾被毛孢、灵芝、紫芝、松杉灵芝、红曲霉、紫红曲霉	2001年3月23日
卫生部(国食药监〔2005〕202号)	《益生菌类保健食品申报与审评规定(试行)》	对益生菌类保健食品申报与审评做出规定。具体规定了益生菌类保健食品的定义、菌种鉴定工作、申请时应提供的资料、菌种应满足的条件等。并发布《可用于保健食品的益生菌菌种名单》	2005年7月1日
卫生部公告2003年第3号	《关于批准罗伊氏乳杆菌为可用于保健食品的益生菌菌种的公告》	可用于保健食品的益生菌菌种名单如下:两歧双歧杆菌、婴儿双歧杆菌、长双歧杆菌、短双歧杆菌、青春双歧杆菌、保加利亚乳杆菌、嗜酸乳杆菌、干酪乳杆菌干酪亚种、嗜热链球菌、罗伊氏乳杆菌	2003年3月3日
卫生部(国食药监〔2005〕202号)	《核酸类保健食品申报与审评规定(试行)》	对核酸类保健食品申报与审评做出规定。具体规定了核酸类保健食品的定义、申请时应提供的资料、功能申报范围、命名等	2005年7月1日
卫生部(国食药监〔2005〕202号)	《野生动植物类保健食品申报与审评规定(试行)》	对野生动植物类保健食品申报与审评做出规定。具体规定了野生动植物类保健食品的定义、禁止使用的野生动植物原材料等	2005年7月1日
卫生部(国食药监〔2005〕202号)	《氨基酸螯合物等保健食品申报与审评规定(试行)》	对氨基酸螯合物等保健食品申报与审评做出规定。具体规定了申请时应提供的资料、应符合的要求等	2005年7月1日
卫生部(国食药监〔2005〕202号)	《应用大孔吸附树脂分离纯化工艺生产的保健食品申报与审评规定(试行)》	对应用大孔吸附树脂分离纯化工艺生产的保健食品申报与审评做出规定。具体规定了应用大孔吸附树脂分离纯化工艺生产的保健食品的定义、申请时应提供的资料等	2005年7月1日
卫生部(国食药监〔2005〕202号)	《保健食品申报与审评补充规定(试行)》	对保健食品申报与审评做出补充规定,并发布《保健功能及相对应的适宜人群、不适宜人群表》	2005年7月1日

笔记栏

续表

发布号	法律、法规和规章	主要内容	实施时间
国家食品药品监督管理局(食药监许〔2009〕566号)	《含辅酶 Q_{10} 保健食品产品注册申报与审评有关规定》	对含辅酶 Q_{10} 保健食品产品注册申报与审评做出规定。具体规定了含辅酶 Q_{10} 保健食品申请时应提供的资料、每日推荐食用量、允许申报的保健功能、包装标签等	2009年9月2日
国家食品药品监督管理局(食药监许〔2009〕567号)	《含大豆异黄酮保健食品产品注册申报与审评有关规定》	对含大豆异黄酮保健食品申报与审评做出规定。具体规定了含大豆异黄酮保健食品的包装标签、适宜人群、注意事项等	2009年9月2日
国家食品药品监督管理总局(食药监食监三〔2014〕242号)	《关于养殖梅花鹿及其产品作为保健食品原料有关规定的通知》	在符合国家主管部门野生动物保护相关政策和规定情况下,允许养殖梅花鹿及其产品作为保健食品原料使用。其中,养殖梅花鹿鹿茸、鹿胎、鹿骨的申报与审评要求,按照可用于保健食品的物品名单执行;鹿角按照《保健食品注册管理办法(试行)》第六十四条的规定执行	2014年10月24日
国家食品药品监督管理局(食药监办许〔2010〕131号)	《关于加强含蜂胶原料保健食品监管工作的紧急通知》	各级食品药品监督管理部门重点检查含蜂胶原料保健食品生产企业蜂胶原料采购是否符合要求,产品质量是否合格。加强蜂胶原料管理,不得采购树胶假冒蜂胶,对使用树胶假冒蜂胶原料生产保健食品的违法行为,一律要求依法严肃处理;对存在安全隐患的产品,一律暂停生产销售,向社会公布有关信息,通知销售者停止销售,告知消费者停止使用,并采取责令召回等措施	2010年11月24日
卫生部(卫法监发〔2002〕100号)	《关于印发以酶制剂等为原料的保健食品评审规定的通知》	为保证食品的食用安全,卫生部制定以酶制剂、氨基酸螯合物、金属硫蛋白以及直接以微生物发酵为原料生产的保健食品的评审规定	2002年4月4日
国家食品药品监管总局(食药监办食监三〔2014〕137号)	《关于加强含何首乌保健食品监管有关规定的通知》	保健食品中生何首乌每日用量不得超过1.5g,制何首乌每日用量不得超过3.0g,此前批准超过此用量的产品,下调至此规定用量;保健功能包括对化学性肝损伤有辅助保护功能的产品,应取消该保健功能或者配方中去除何首乌。2014年9月1日后生产的含何首乌保健食品,标签标识中不适宜人群增加“肝功能不全者、肝病家族史者”,注意事项增加“本品含何首乌,不宜长期超量服用,避免与肝毒性药物同时使用,注意监测肝功能”	2014年7月9日
国家食品药品监督管理局(食药监保化〔2012〕107号)	《关于印发抗氧化功能评价方法等9个保健功能评价方法的通知》	对受理的申报注册保健食品的相关产品检验申请,保健食品注册检验机构应当按照新发布的9个功能评价方法开展产品功能评价试验等各项工作	2012年5月1日
卫生部(卫法监发〔2001〕267号)	关于不再审批以熊胆粉和肌酸为原料生产的保健食品的通告	为保护野生动物资源和保证保健食品的食用安全,自2001年9月14日起,原卫生部不再审批以熊胆粉和肌酸为原料生产的保健食品	2001年9月14日

续表

发布号	法律、法规和规章	主要内容	实施时间
国家食品药品监督管理总局办公厅2016年第205号	关于发布《保健食品原料目录(一)》和《允许保健食品声称的保健功能目录(一)》的公告	国家食品药品监督管理总局会同国家卫生计生委和国家中医药管理局制定《保健食品原料目录(一)》和《允许保健食品声称的保健功能目录(一)》并予发布	2016年12月27日
国家市场监督管理总局(食药监特食管〔2017〕36号)	关于印发《保健食品备案产品可用辅料及使用规定(试行)》《保健食品备案产品主要生产工艺(试行)》的通知	本规定中的固体制剂是指每日最大食用量为20g的片剂、胶囊、软胶囊、颗粒剂、丸剂。液体制剂是指每日最大食用量为30ml的口服液和滴剂，超过30ml的液体制剂其辅料的使用按饮料类管理	2017年4月28日
国家市场监督管理总局(食药监特食管〔2019〕50号)	关于发布《保健食品备案产品可用辅料及其使用规定(2019年版)》的公告	依据《食品安全法》《保健食品注册与备案管理办法》等有关法律法规，国家市场监督管理总局制定了《保健食品备案产品可用辅料及其使用规定(2019年版)》自2019年12月1日起施行。以往公布的有关规定与本版本不一致的，以本版本为准	2019年11月6日
国家市场监督管理总局令第13号	《保健食品原料目录与保健功能目录管理办法》	通过"两个目录"实现注册备案的双轨运行、保证产品的安全有效，力争管住、管活、管优。原料目录和功能目录将成熟一个、发布一个。随着目录不断扩大，备案产品增多、注册产品减少，生产企业和监管部门的制度成本降低	2019年10月1日
国家市场监督管理总局、国家卫生健康委员会、国家中医药管理局2020年第54号	《关于发布辅酶Q_{10}等五种保健食品原料目录的公告》	本次公告了辅酶Q_{10}、破壁灵芝孢子粉、螺旋藻、鱼油、褪黑素等五种保健食品原料、用量、功效的一一对应的关系。列入《保健食品原料目录》的原料及用量和对应的功效只能用于保健食品生产，不能用于其他食品生产	2020年11月23日
国家市场监督管理总局、国家卫生健康委员会、国家中医药管理局	关于发布《保健食品原料目录 营养素补充剂(2020年版)》《允许保健食品声称的保健功能目录 营养素补充剂(2020年版)》的公告	根据《食品安全法》《保健食品原料目录与保健功能目录管理办法》等规定，国家市场监督管理总局会同国家卫生健康委员会、国家中医药管理局调整发布《保健食品原料目录 营养素补充剂(2020年版)》和《允许保健食品声称的保健功能目录 营养素补充剂(2020年版)》，自2021年3月1日起施行，以往发布的有关目录与本版本不一致的，以本版本为准	2021年3月1日
国家食品药品监督管理总局2017年第168号	《关于规范特殊食品验证评价工作有关事项的通告》	为充分发挥科研院所、检验机构、医疗机构等社会资源优势，满足企业对验证评价工作需求，进一步贯彻落实"放管服"要求，国家食品药品监督管理总局决定对承担特殊食品注册或备案相关的产品检验、安全与功能验证和临床试验等验证评价工作的技术机构实施备案管理。凡具备验证评价工作法定资质或条件的技术机构，自2017年11月1日起可以登录国家食品药品监督管理总局政府网站"网上办事"专栏中"特殊食品验证评价技术机构备案信息系统"进行备案	2017年10月26日

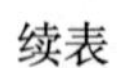

续表

发布号	法律、法规和规章	主要内容	实施时间
国家市场监督管理总局2020年第52号	关于发布《特殊食品注册现场核查工作规程(暂行)》的公告	本规程适用于特殊食品(保健食品、婴幼儿配方乳粉产品配方、特殊医学用途配方食品)注册现场核查。必要时,可对原料、辅料、包装材料的生产环节等开展延伸核查。核查时被核查品种应处于动态生产状态,根据核查工作需要协助寄送抽样检验样品	2020年11月25日
国家市场监督管理总局令第24号	《食品生产许可管理办法》	规范保健食品生产许可的申请、受理、审查、决定及其监督检查行为	2020年3月1日
国家食品药品监督管理总局令第37号	《食品经营许可管理办法》	规范保健食品经营许可的申请、受理、审查、决定及其监督检查行为	2017年11月17日
国家食品药品监督管理总局(食药监食监一〔2016〕103号)	《食品生产许可审查通则》	规范市场监督管理部门组织对申请人的食品(包括保健食品)、食品添加剂生产许可以及许可变更、延续等的审查工作	2016年10月1日
国家食品药品监督管理总局(食药监食监三〔2016〕151号)	《保健食品生产许可审查细则》	规范化保健食品生产许可审查,包括书面审查、现场核查等技术审查和行政审批行为	2017年1月1日
国家食品药品监督管理总局令第23号	《食品生产经营日常监督检查管理办法》	细化对保健食品生产经营活动的监督管理、规范监督检查工作要求,强化法律的可操作性,进一步督促保健食品生产经营者规范食品生产经营活动,从生产源头防范和控制风险隐患,将基层监管部门对保健食品企业的日常监督检查责任落到实处,督促企业把主体责任落到实处,保障消费者使用安全	2016年5月1日
国家食品药品监督管理总局(食药监食监一〔2016〕58号)	《总局关于印发食品生产经营日常监督检查有关表格的通知》	为指导各地做好保健食品生产经营日常监督检查工作,总局研究制定了《特殊场所和特殊食品检查项目(19项)》《保健食品生产日常监督检查要点表》重点项34项,一般项55项,共89项,《省(区、市)市县(市、区)食品药品监督管理局食品生产经营日常监督检查结果记录表》(编号由四位年度号+1位要点表序号+六位流水号组成,保健食品生产对应的要点表序号为“4”)	2016年5月6日
国家食品药品监督管理总局(食药监食监二〔2015〕228号)	《食品经营许可审查通则(试行)》	规范市场监督管理部门对食品经营许可申请的审查	2015年9月30日

笔记栏

续表

发布号	法律、法规和规章	主要内容	实施时间
国家食品药品监督管理总局令2016年第23号，国家市场监督管理总局发布	《食品生产经营日常监督检查管理办法》	适用于市场监督管理部门对食品生产经营者的日常监督检查，是指食品安全监督管理部门及其派出机构，组织食品生产经营监督检查人员依照本办法对食品生产经营者执行食品安全法律、法规、规章及标准、生产经营规范等情况，按照年度监督检查计划和监督管理工作需要实施的监督检查，是基层监管人员按照相应检查表格对食品生产经营者基本生产经营状况开展的合规检查。日常监督检查也包括按照上级部门部署或根据本区食品安全状况开展的专项整治、接到投诉举报等开展的检查等情况。一般而言，监督检查根据不同的目的和要求，也会有不同的检查方式方法。但日常监督检查始终是最常用、最基本的检查方法	2016年03月04日成文，2019年02月19日发布
国家市场监督管理总局2018年第32号	《关于进一步加强保健食品生产经营企业电话营销行为管理的公告》	根据工业和信息化部、国家市场监督管理总局等13部门联合印发的《综合整治骚扰电话专项行动方案》(工信部联信管[2018]138号)，自2018年7月起，在全国范围内组织开展为期一年半的综合整治骚扰电话专项行动。为配合本次行动，就进一步加强保健食品生产经营企业电话营销行为管理有关事项公告保健食品违法违规电话营销行为作出公告	2019年2月16日
国家食品药品监督管理总局令第12号公布，国家市场监督管理总局令第31号修订	《食品召回管理办法》	根据食品安全风险的严重和紧急程度，食品召回分为三级。一级召回：食用后已经或者可能导致严重健康损害甚至死亡的，食品生产者应当在知悉食品安全风险后24小时内启动召回，并向县级以上地方市场监督管理部门报告召回计划；二级召回：食用后已经或者可能导致一般健康损害，食品生产者应当在知悉食品安全风险后48小时内启动召回，并向县级以上地方市场监督管理部门报告召回计划；三级召回：标签、标识存在虚假标注的食品，食品生产者应当在知悉食品安全风险后72小时内启动召回，并向县级以上地方市场监督管理部门报告召回计划。标签、标识存在瑕疵，食用后不会造成健康损害的食品，食品生产者应当改正，可以自愿召回	2020年10月23日
国家市场监督管理总局2019年第53号	关于发布《保健食品命名指南(2019年版)》的公告	规范保健食品注册与备案产品名称命名，避免误导消费。保健食品名称由商标名、通用名、属性名依次排列组成。商标名是指保健食品使用依法注册的商标名称或者符合《中华人民共和国商标法》规定的未注册的商标名称；通用名是指表明产品主要原料等特性的名称；属性名是指表明产品剂型或者食品分类属性等的名称	2019年11月12日

笔记栏

续表

发布号	法律、法规和规章	主要内容	实施时间
国家食品药品监督管理总局公告 2015 年第 168 号	《关于进一步规范保健食品命名有关事项的公告》	保健食品名称中不得含有表述产品功能的相关文字，包括不得含有已经批准的如增强免疫力、辅助降血脂等特定保健功能的文字，不得含有误导消费者内容的文字	2016 年 5 月 1 日
国家食品药品监督管理总局 2018 年第 23 号	《关于规范保健食品功能声称标识的公告》	未经人群食用评价的保健食品，其标签说明书载明的保健功能声称前增加“本品经动物实验评价”的字样。此前批准上市的保健食品生产企业，应当在其重新印制标签说明书时，按上述要求修改标签说明书。至 2020 年底前，所有保健食品标签说明书均需按此要求修改	2018 年 2 月 13 日
国家食品药品监督管理总局	《关于规范保健食品功能声称标识的公告》(2018 年第 23 号)有关问题的解读	进一步明确保健食品功能声称标识规范。一是未经人群食用评价的保健食品，其标签说明书载明的保健功能声称前增加“本品经动物实验评价”的字样；二是此前批准上市的保健食品生产企业，应当在其重新印制标签说明书时，按上述要求修改标签说明书。至 2020 年底前，所有保健食品标签说明书均需按此要求修改；三是自 2021 年 1 月 1 日起，未按上述要求修改标签说明书的，按《食品安全法》有关规定查处	2018 年 4 月 17 日
国家食品药品监督管理总局(食药监办食监三〔2016〕1 号)	《关于将国产保健食品吸收合并等批准证书变更事项纳入保健食品注册管理系统管理的通知》	规范统一保健食品批准证书持有人因公司吸收合并、新设合并以及分立全资子公司等导致证书持有人发生变化的相关变更程序和资料要求	2016 年 1 月 5 日
国家市场监督管理总局 2019 年第 41 号	关于发布《保健食品中西地那非和他达拉非的快速检测胶体金免疫层析法》等 13 项食品快速检测方法的公告	根据《食品安全法》有关规定，市场监管总局批准发布《保健食品中西地那非和他达拉非的快速检测胶体金免疫层析法》等 13 项食品快速检测方法	2019 年 9 月 27 日
国家计量局(〔86〕量局监字第 333 号)，国家市场监督管理总局发布	《强制检定计量器具检定印证的暂行规定》	为了贯彻计量法，今后法定计量检定机构以及授权承担强制检定计量器具的检定单位出具的强制检定计量器具的检定证书和检定结果通知书必须按照我局规定的格式和规格印制。检定合格印、检定合格证、注销印由我局组织定点统一加工	1986 年 9 月 27 日成文，2020 年 11 月 6 日发布
国家市场监督管理总局 2019 年第 48 号	《市场监管总局关于发布实施强制管理的计量器具目录的公告》	为深化“放管服”改革，进一步优化营商环境，市场监管总局组织对依法管理的计量器具目录(型式批准部分)、进口计量器具型式审查目录、强制检定的工作计量器具目录进行了调整，制定了《实施强制管理的计量器具目录》，现予以发布	2019 年 11 月 4 日

笔记栏

目前，我国已初步建立了以《食品安全法》为依据，以《保健食品注册与备案管理办法》《保健食品生产许可审查细则》《食品生产经营日常监督检查管理办法》为核心的保健食品法规体系框架，使保健食品的审批和生产经营能够基本上有法可依，但保健食品的监督管理法规还有待进一步完善。另外，也要注意保健食品的法规体系与食品的法规体系之间的相互协调。

三、我国保健食品相关国家标准

保健食品属于食品中的一类。我国食品安全国家标准由通用标准（基础标准）、产品标准、生产经营规范、检验方法四部分构成。其中，食品通用标准适用于各类食品，规定了各类食品中的污染物、真菌毒素、致病菌、农兽药残留、食品添加剂和营养强化剂使用、包装材料及其添加剂、标签和营养标签等要求；食品产品标准规定了各类食品定义，感官、理化和微生物等要求；食品生产经营规范标准对原料、生产过程、运输和贮存、卫生管理等生产经营过程的安全控制提出了要求，强化了食品生产经营过程控制和风险防控；食品检验方法标准包括理化、微生物和毒理检验方法等。表2-2为近年来颁布的保健食品相关的国家标准。

表2-2　我国保健食品相关的国家标准

标准名称	标准号	主要内容
《食品安全国家标准保健食品》	GB 16740—2014	规定了保健食品的技术要求，包括原料和辅料、感官要求、理化指标、污染物限量、真菌毒素限量、微生物限量、食品添加剂和营养强化剂等要求
《保健食品良好生产规范》	GB 17405—1998	规定了对生产具有特定保健功能食品企业的人员、设计与设施、原料、生产过程、成品贮存与运输以及品质和卫生管理方面的基本技术要求
《食品安全国家标准食品生产通用卫生规范》	GB 14881—2013	规定了包括保健食品在内的食品生产过程中原料采购、加工、包装、贮存和运输等环节的场所、设施、人员的基本要求和管理准则。本标准适用于各类食品的生产，如确有必要制定某类食品生产的专项卫生规范，应当以本标准作为基础
《保健食品中褪黑素含量的测定》	GB/T 5009.170—2003	规定了以褪黑素为有效成分的胶囊或片剂包装的保健食品中褪黑素的测定方法
《保健食品中超氧化物歧化酶（SOD）活性的测定》	GB/T 5009.171—2003	规定了食品中超氧化物歧化酶（SOD）活性的测定方法
《保健食品中脱氢表雄甾酮（DHEA）测定》	GB/T 5009.193—2003	规定了保健食品中脱氢表雄甾酮（DHEA）的测定方法
《保健食品中免疫球蛋白 IgG 的测定》	GB/T 5009.194—2003	规定了保健食品中免疫球蛋白 IgG 的测定方法
《保健食品中吡啶甲酸铬含量的测定》	GB/T 5009.195—2003	规定了保健食品中吡啶甲酸铬含量的测定方法
《保健食品中肌醇的测定》	GB/T 5009.196—2003	规定了保健食品中肌醇的测定方法
《保健食品中盐酸硫胺素、盐酸吡哆醇、烟酸、烟酰胺和咖啡因的测定》	GB/T 5009.197—2003	规定了保健食品中盐酸硫胺素、盐酸吡哆醇、烟酸、烟酰胺和咖啡因的高效液相色谱测定方法

笔记栏

续表

标准名称	标准号	主要内容
《保健食品中维生素 B_{12} 的测定》	GB/T 5009.217—2008	规定了保健食品中维生素 B_{12} 的测定方法
《保健食品中前花青素的测定》	GB/T 22244—2008	规定了保健食品中前花青素的测定方法
《保健食品中异嗪皮啶的测定》	GB/T 22245—2008	规定了保健食品中异嗪皮啶的测定方法
《保健食品中泛酸钙的测定》	GB/T 22246—2008	规定了营养素补充剂类保健食品中泛酸钙的测定方法
《保健食品中淫羊藿苷的测定》	GB/T 22247—2008	规定了保健食品中淫羊藿苷的测定方法
《保健食品中甘草酸的测定》	GB/T 22248—2008	规定了保健食品中甘草酸的测定方法
《保健食品中番茄红素的测定》	GB/T 22249—2008	规定了保健食品中番茄红素的测定方法
《保健食品中绿原酸的测定》	GB/T 22250—2008	规定了保健食品中绿原酸的测定方法
《保健食品中葛根素的测定》	GB/T 22251—2008	规定了保健食品中葛根素的测定方法
《保健食品中辅酶 Q_{10} 的测定》	GB/T 22252—2008	规定了保健食品中辅酶 Q_{10} 的测定方法
《保健食品中大豆异黄酮的测定方法 高效液相色谱法》	GB/T 23788—2009	规定了保健食品中大豆异黄酮的测定方法
《食品安全国家标准 食品营养强化剂使用标准》	GB 14880—2012	规定了食品营养强化的目的、使用营养强化剂的要求、可强化食品类别的选择以及营养强化剂的使用规定
《食品安全国家标准 食品中真菌毒素限量》	GB 2761—2017	规定了食品中黄曲霉毒素 B_1、黄曲霉毒素 M_1、脱氧雪腐镰刀菌烯醇、展青霉素、赭曲霉毒素 A 及玉米赤霉烯酮的限量指标
《食品安全国家标准 食品中兽药最大残留限量》	GB 31650—2019	规定了动物性食品中阿苯达唑等 104 种(类)兽药的最大残留限量；规定了醋酸等 154 种允许用于食品动物，但不需要制定残留限量的兽药；规定了氯丙嗪等 9 种允许作治疗用，但不得在动物性食品中检出的兽药。本标准适用于与最大残留限量相关的动物性食品
《食品安全国家标准 食品中农药最大残留限量》	GB 2763—2019	本标准适用于与限量相关的食品
《食品安全国家标准 食品安全性毒理学评价程序》	GB 15193.1—2014	规定了食品安全性毒理学评价的程序。本标准适用于评价食品生产、加工、保藏、运输和销售过程中所涉及的可能对健康造成危害的化学、生物和物理因素的安全性，检验对象包括食品及其原料、食品添加剂、新食品原料、辐照食品、食品相关产品(用于食品的包装材料、容器、洗涤剂、消毒剂和用于食品生产经营的工具、设备)以及食品污染物
《食品安全国家标准 食品毒理学实验室操作规范》	GB 15193.2—2014	规定了食品毒理学实验室操作的要求。本标准适用于进行食品毒理学试验的实验室
《食品安全国家标准 急性经口毒性试验》	GB 15193.3—2014	规定了急性经口毒性试验的基本试验方法和技术要求。本标准适用于评价受试物的急性经口毒性作用

续表

标准名称	标准号	主要内容
《食品安全国家标准 细菌回复突变试验》	GB 15193.4—2014	本标准规定了鼠伤寒沙门菌回复突变试验的基本技术要求，选择大肠埃希菌进行细菌回复突变试验时应参阅有关文献。本标准适用于评价受试物的致突变作用。注：细菌回复突变试验包括鼠伤寒沙门菌回复突变试验和大肠埃希菌细菌回复突变试验
《食品安全国家标准 哺乳动物红细胞微核试验》	GB 15193.5—2014	规定了哺乳动物红细胞微核试验的基本试验方法和技术要求。本标准适用于评价受试物的遗传毒性作用
《食品安全国家标准 哺乳动物骨髓细胞染色体畸变试验》	GB 15193.6—2014	规定了哺乳动物骨髓细胞染色体畸变试验的基本试验方法和技术要求。本标准适用于评价受试物对哺乳动物骨髓细胞的遗传毒性
《食品安全国家标准 小鼠精原细胞或精母细胞染色体畸变试验》	GB 15193.8—2014	规定了小鼠精原细胞或精母细胞染色体畸变试验的基本试验方法和技术要求。本标准适用于评价受试物对小鼠生殖细胞染色体的损伤，根据具体情况选择精原细胞或精母细胞作为靶细胞
《食品安全国家标准 啮齿类动物显性致死试验》	GB 15193.9—2014	规定了啮齿类动物显性致死试验的基本试验方法和技术要求。本标准适用于评价受试物的致突变作用
《食品安全国家标准 体外哺乳类细胞DNA损伤修复(非程序性DNA合成)试验》	GB 15193.10—2014	规定了体外哺乳类DNA损伤修复(非程序性DNA合成)试验的基本试验方法和技术要求。本标准适用于评价受试物的诱变性和(或)致癌性
《食品安全国家标准 果蝇伴性隐性致死试验》	GB 15193.11—2015	规定了果蝇伴性隐性致死试验的基本技术要求。本标准适用于评价受试物的遗传毒性作用
《食品安全国家标准 体外哺乳类细胞HGPRT基因突变试验》	GB 15193.12—2014	规定了体外哺乳类细胞次黄嘌呤鸟嘌呤磷酸核糖转移酶(HGPRT)基因突变试验的基本试验方法和技术要求。本标准适用于评价受试物的致突变作用
《食品安全国家标准 90天经口毒性试验》	GB 15193.13—2015	规定了实验动物90天经口毒性试验的基本试验方法和技术要求。本标准适用于评价受试物的亚慢性毒性作用
《食品安全国家标准 致畸试验》	GB 15193.14—2015	规定了动物致畸试验的试验方法和技术要求。本标准适用于评价受试物的致畸作用
《食品安全国家标准 生殖毒性试验》	GB 15193.15—2015	规定了生殖毒性试验的试验方法和技术要求。本标准适用于评价受试物的生殖毒性作用
《食品安全国家标准 毒物动力学试验》	GB 15193.16—2014	规定了毒物动力学试验的基本试验方法和技术要求

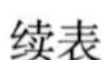
笔记栏

续表

标准名称	标准号	主要内容
《食品安全国家标准 慢性毒性和致癌合并试验》	GB 15193.17—2015	规定了慢性毒性和致癌合并试验的基本试验方法和技术要求。本标准适用于评价受试物的慢性毒性和致癌性作用
《食品安全国家标准 健康指导值》	GB 15193.18—2015	规定了食品及食品有关的化学物质健康指导值的制定方法。本标准适用于能够引起有阈值的毒作用的受试物
《食品安全国家标准 致突变物、致畸物和致癌物的处理方法》	GB 15193.19—2015	规定了实验室中致突变物、致畸物和致癌物的处理方法。本标准适用于食品安全性毒理学评价方法中使用的致突变物、致畸物和致癌物的处理
《食品安全国家标准 体外哺乳类细胞TK基因突变试验》	GB 15193.20—2014	规定了体外哺乳类胸苷激酶(thymidine kinase,TK)基因突变试验的基本试验方法与技术要求。本标准适用于评价受试物的致突变作用
《食品安全国家标准 受试物试验前处理方法》	GB 15193.21—2014	规定了受试物进行安全性评价时的前处理方法
《食品安全国家标准 28天经口毒性试验》	GB 15193.22—2014	规定了实验动物28天经口毒性试验的基本试验方法和技术要求。本标准适用于评价受试物的短期毒性作用
《食品安全国家标准 体外哺乳细胞染色体畸变试验》	GB 15193.23—2014	规定了食品体外哺乳动物细胞染色体畸变试验方法的范围、术语和定义、试验基本原则、试验方法、试验数据和报告。本标准适用于食品体外哺乳动物细胞染色体畸变试验
《食品安全国家标准 食品安全性毒理学评价中病理学检查技术要求》	GB 15193.24—2014	规定了食品安全性毒理学评价中常规病理学检查技术要求。本标准适用于食品安全性毒理学评价中常规病理学检查
《食品安全国家标准 生殖发育毒性试验》	GB 15193.25—2014	规定了生殖发育毒性试验的基本试验方法和技术要求。本标准适用于评价受试物的生殖发育毒性作用
《食品安全国家标准 慢性毒性试验》	GB 15193.26—2015	规定了慢性毒性试验的基本试验方法和技术要求。本标准适用于评价受试物的慢性毒性作用
《食品安全国家标准 致癌试验》	GB 15193.27—2015	规定了致癌试验的基本试验方法和技术要求。本标准适用于评价受试物的致癌性作用
《食品安全国家标准 体外哺乳类细胞微核试验》	GB 15193.28—2020	规定了体外哺乳类细胞微核试验的基本试验方法和技术要求。本标准适用于评价受试物的遗传毒性作用
《食品安全国家标准 扩展一代生殖毒性试验》	GB 15193.29—2020	规定了扩展一代生殖毒性的基本试验方法和技术要求。本标准适用于评价受试物的生殖发育毒性作用
《实验动物哺乳类实验动物的遗传质量控制》	GB 14923—2010	规定了哺乳类实验动物的遗传分类及命名原则、繁殖交配方法和近交系动物的遗传质量标准。本标准适用于哺乳类实验动物的遗传分类、命名、繁殖及近交系小鼠、大鼠的遗传纯度检测

笔记栏

续表

标准名称	标准号	主要内容
《实验动物寄生虫学等级及监测》	GB 14922.1—2001	规定了实验动物寄生虫学及监测，包括：实验动物寄生虫学的等级分类、检测要求、检测顺序、检测规则、结果判定和报告等。本标准适用于豚鼠、地鼠、兔、犬、猴和清洁级及以上小鼠、大鼠
《实验动物微生物学等级及监测》	GB 14922.2—2011	规定了实验动物微生物学等级及监测。本部分适用于豚鼠、地鼠、兔、犬和猴；清洁级及以上小鼠、大鼠
《实验动物环境及设施》	GB 14925—2010	规定了实验动物及动物实验设施和环境条件的技术要求及检测方法，同时规定了垫料、饮水和笼具的原则要求。本标准适用于实验动物生产、实验场所的环境条件及设施的设计、施工、检测、验收及经常性监督管理
《生活饮用水卫生标准》	GB 5749—2006	规定了生活饮用水水质卫生要求、生活饮用水水源水质卫生要求、集中式供水单位卫生要求、二次供水卫生要求、涉及生活饮用水卫生安全产品卫生要求、水质监测和水质检验方法。本标准适用于城乡各类集中式供水的生活饮用水，也适用于分散式供水的生活饮用水
《实验动物配合饲料通用质量标准》	GB/T 14924.1—2001	规定了实验动物配合饲料的质量要求总原则、饲料原料质量要求、检验规则、包装、标签、贮存及运输等。本标准适用于实验动物小鼠、大鼠、兔、豚鼠、地鼠、犬和猴的配合饲料
《实验动物配合饲料卫生标准》	GB 14924.2—2001	规定了实验动物配合饲料的卫生要求和检验方法。本标准适用于实验动物小鼠、大鼠、豚鼠、地鼠、犬和猴的配合饲料
《食品安全国家标准　食品冷链物流卫生规范》	GB 31605—2020	规定了在食品冷链物流过程中的基本要求、交接、运输配送、储存、人员和管理制度、追溯及召回、文件管理等方面的要求和管理准则。本标准适用于各类食品出厂后到销售前需要温度控制的物流过程
《食品从业人员用工作服技术要求》	GB/T 37850—2019	规定了食品从业人员用工作服的总体要求、技术要求、检验方法、检验规则及包装、标签、运输、储存。本标准适用于直接接触包装或未包装的食品、食品设备和器具、食品接触面的操作人员用工作服。本标准不适用于食品生产企业维修人员、保洁人员穿着的工作服
《食品安全国家标准　食品经营过程卫生规范》	GB 31621—2014	规定了食品采购、运输、验收、贮存、分装与包装、销售等经营过程中的食品安全要求。本标准不适用于网络食品交易、餐饮服务、现制现售的食品经营活动

续表

标准名称	标准号	主要内容
《食品安全国家标准 洗涤剂》	GB 14930.1—2015	本标准适用于食品用洗涤剂
《食品安全国家标准 消毒剂》	GB 14930.2—2012	本标准适用于清洗食品容器及食品生产经营工具、设备以及蔬菜、水果的消毒剂和洗涤消毒剂

保健食品注册与备案管理办法原文

第二节 保健食品注册与备案管理

《食品安全法》第七十六条是关于保健食品实行注册和备案管理的规定。法律条文如下:"使用保健食品原料目录以外原料的保健食品和首次进口的保健食品应当经国务院食品安全监督管理部门注册。但是,首次进口的保健食品中属于补充维生素、矿物质等营养物质的,应当报国务院食品安全监督管理部门备案。其他保健食品应当报省、自治区、直辖市人民政府食品安全监督管理部门备案。进口的保健食品应当是出口国(地区)主管部门准许上市销售的产品。"

我国保健食品实行注册与备案分类管理的基本制度,是根据我国保健食品的特殊情况,借鉴国际经验,按照简政放权、规范管理的精神而制定的。具体而言,不同类型的保健食品风险程度是不同的,部分保健食品尤其是体现我国特色的添加中药材的保健食品,存在中药材的用量、配伍等,可能存在影响保健食品安全性和保健功能的问题,而补充维生素、矿物质等营养物质的保健食品,可以通过国家标准等通用要求对其安全性进行评价和控制。如果全部实行注册管理,对所有产品都进行严格的审查,会造成注册周期长、重复审查、资源浪费等问题。如果全部取消注册制度,产品直接上市销售,一些产品的安全性和保健功能就难以保证。

为规范保健食品的注册与备案工作,国家食品安全监督管理部门制定了《保健食品注册与备案管理办法》,在中华人民共和国境内保健食品的注册与备案及其监督管理适用本办法。

一、保健食品的注册

应当注册的保健食品,包括使用《保健食品原料目录》以外原料的保健食品和首次进口的保健食品,应当经国务院食品安全监督管理部门注册。使用《保健食品原料目录》以外原料的保健食品,包括使用全新原料的保健食品和改变原料目录中的原料、用量或者功效的保健食品,都应当经国务院食品安全监督管理部门注册。首次进口的保健食品是指第一次进口到中国境内的保健食品。使用《保健食品原料目录》以内原料(包括用量和对应的功效)的保健食品和再次进口到中国境内的保健食品,不需要再进行注册,只需要进行备案。

保健食品注册,是指国家食品安全监督管理部门根据注册申请人申请,依照法定程序、条件和要求,对申请注册的保健食品的安全性、保健功能和质量可控性等相关申请材料进行系统评价和审评,并决定是否准予其注册的审批过程。

2016年6月30日,国家食品药品监督管理总局发布关于实施《保健食品注册与备案管理办法》有关事项的通知(食药监食监三〔2016〕81号)和关于实施《保健食品注册与备案管理办法》有关事项的通告(2016年第103号),规定自2016年7月1日后,国家食品药品

监督管理总局(现为国家市场监督管理总局)行政受理机构统一受理保健食品注册申请,各省级市场监督管理部门不再受理保健食品注册申请,不再开展保健食品注册检验样品封样工作;《保健食品原料目录》发布后,受理保健食品备案申请。

为统一规范全国保健食品注册管理工作,国家市场监督管理总局食品审评中心于2021年4月15日发布了《保健食品注册与备案管理办法2020年修订版)》。注册申请人通过国家市场监督管理总局网站或国家市场监督管理总局食品审评中心网站进入保健食品注册申请系统,按规定格式和内容填写并打印国产保健食品注册申请表、进口保健食品注册申请表、国产保健食品变更注册申请表、进口保健食品变更注册申请表、国产保健食品延续注册申请表、进口保健食品延续注册申请表、国产保健食品转让技术注册申请表、进口保健食品转让技术注册申请表、国产保健食品补发证书注册申请表或进口保健食品补发证书注册申请表。

注册办理基本流程:申请人提出申请、受理机构审查、技术审评机构组织技术审评、技术审评机构形成综合审评结论和建议、国家市场监督管理总局行政审批、国家市场监督管理总局食品审评中心制作注册证书、送达决定。

申请国产或进口保健食品注册,应当提交的材料明细详见《保健食品注册申请服务指南(2016年版)》《使用新原料保健食品注册和首次进口的保健食品(不包含补充维生素、矿物质等营养物质的保健食品)注册审批服务指南》等有关规定,本文不再赘述,仅摘录有关术语和定义如下:

(1)科学依据:该术语出自《食品安全法》第七十五条:"保健食品声称保健功能,应当具有科学依据"。是指与注册申请保健食品的安全性、保健功能和质量可控性相关的科学文献、评价试验、风险评估、权威信息和统计数据等。包括:①文献依据:包括在国内核心专业期刊或国际专业期刊正式发表的科研论文;我国传统本草典籍的有关记述;文献分析和评价报告;国际公认的食品卫生权威机构或组织,或者我国权威机构或有关部门正式发布的国际标准、国家标准、风险评估、统计信息等。②试验依据:包括检验机构出具的试验报告;注册申请人开展的试验研究;风险评估机构出具的食品安全风险评估报告等。

(2)文献分析和评价报告:是指具有相应专业知识的技术人员通过文献的检索、筛选和分析,提出对产品安全性、保健功能科学性的文献评价报告。文献数据的收集应查准、查全文献,文献的检索和筛选应具有可重复性。

(3)安全性评价试验:是指检验机构按照国家市场监管部门规定和规范的要求,对送检的保健食品或其原料进行的以验证食用安全性为目的的试验。

(4)保健功能评价试验:是指检验机构按照国家市场监管部门规定和规范的要求,对送检的保健食品进行的以验证保健功能为目的的试验,包括动物试验和人群食用评价试验。

(5)功效成分或标志性成分试验:是指注册申请人或检验机构按照申请材料中的检测方法,对送检样品进行的功效成分或标志性成分含量及其在保质期内变化情况的检测。

(6)卫生学试验:是指注册申请人或检验机构按照申请材料中的指标检测方法,对送检样品进行的产品技术要求全项目检测。

(7)稳定性试验:是指注册申请人或检验机构按照国家市场监管部门发布的保健食品稳定性试验程序、方法以及申请材料中的检测方法,对送检样品进行的产品稳定性重点考察指标在保质期内变化情况的检测。

产品稳定性重点考察指标,主要包括感官、微生物、崩解时限(溶散时限等)、水分、pH、酸价、过氧化值、真菌毒素、列入理化指标中的特征成分等随储存条件和贮存时间容易发生变化的指标。

笔记栏

产品非稳定性重点考察指标，主要包括鉴别、灰分、污染物（如铅、总砷、总汞等）、农残（如六六六、滴滴涕等）、国家相关标准及现行规定有用量限制的合成色素和甜味剂等随储存条件和贮存时间不易发生变化的指标，以及国家相关标准及现行规定有用量限制的抗氧化剂指标。

保健食品注册审评工作由国家市场监督管理总局保健食品审评机构负责。审评机构负责组织审评专家对申请材料审查，在实际需要的情况下组织查验机构和检验机构分别开展现场核查和复核检验，60 个工作日内完成技术审评工作，同时向国家市场监督管理总局提交综合审评结论和建议。由于特殊情况不能及时给出审评意见的可最多延长 20 个工作日，但是需经审评机构负责人同意，并且延长决定应当及时书面告知申请人。

国产保健食品注册号格式为：国食健注 G+4 位年代号 +4 位顺序号；进口保健食品注册号格式为：国食健注 J+4 位年代号 +4 位顺序号。保健食品注册证书有效期为 5 年。

二、保健食品的备案

实行备案管理的保健食品，因为标准化程度高、安全风险低，对首次进口的保健食品中属于补充维生素、矿物质等营养物质的，不实行注册管理，但应当报国务院市场监督管理部门备案。除了应当注册的保健食品和首次进口的属于补充维生素、矿物质等营养物质的保健食品，其他保健食品应当报省、自治区、直辖市人民政府市场监督管理部门备案。

保健食品备案，是指保健食品生产企业依照法定程序、条件和要求，将表明产品安全性、保健功能和质量可控性的材料提交市场监督管理部门进行存档、公开、备查的过程。

2017 年 1 月 24 日，国家食品药品监督管理总局发布了《关于保健食品备案管理有关事项的通告》(2017 年第 16 号)，规定自 2017 年 5 月 1 日起，对使用列入《保健食品原料目录(一)》的原料生产和进口保健食品的，国内生产企业和境外生产厂商应当按照《保健食品注册与备案管理办法》及相关规定进行备案。国内生产企业在所在地省级市场监督管理部门备案；境外生产厂商在国家市场监督管理总局备案。自本通告发布之日起，国家市场监督管理总局不再受理上述保健食品的新产品注册、已批准注册产品的变更注册、转让技术注册和延续注册申请。

为统一规范全国保健食品备案管理工作，国家食品药品监督管理总局保健食品备案信息系统于 2017 年 5 月 1 日正式上线运行。根据《保健食品注册与备案管理办法》的要求，国家食品药品监督管理总局又于 2017 年 5 月 2 日发布了《保健食品备案工作指南(试行)》，明确了申请保健食品备案的三步走流程：首先按照备案管理信息系统的要求获取备案系统登录账号，然后进行产品备案信息填报、提交，最后备案管理部门发放备案号、存档和公开。并且详细规定了国产和进口保健食品备案材料应当提交的项目明细。为进一步提升备案监管工作效能，国家市场监督管理总局结合以往工作情况开发了新的“保健食品备案管理信息系统”(http://xbjspba. gsxt. gov. cn)，2021 年 3 月 1 日 9:00 新系统上线启动试运行。试运行期间采用新、旧系统双轨运行。2021 年 8 月 31 日，国家市场监督管理总局发布《关于旧保健食品备案管理信息系统下线的通知(申报端)》，明确自即日起，旧保健食品备案管理信息系统停止访问。

1. 申请国产保健食品备案的，应提交下列材料：

(1) 保健食品备案登记表，以及备案人对提交材料真实性负责的法律责任承诺书。

(2) 备案人主体登记证明文件扫描件。

(3) 产品配方材料。

(4) 产品生产工艺材料。

笔记栏

(5)安全性和保健功能评价材料。

(6)直接接触产品的包装材料的种类、名称及标准。

(7)产品标签、说明书样稿。

(8)产品技术要求材料。

(9)具有合法资质的检验机构出具的符合产品技术要求全项目检验报告。

(10)产品名称相关检索材料。

(11)其他表明产品安全性和保健功能的材料。

2. 申请进口保健食品备案的，除应按国产产品提交相关材料外，还应当提交下列材料：

(1)产品生产国(地区)政府主管部门或者法律服务机构出具的注册申请人为上市保健食品境外生产厂商的资质证明文件。

(2)产品生产国(地区)政府主管部门或者法律服务机构出具的保健食品上市销售一年以上的证明文件，或者产品境外销售以及人群食用情况的安全性报告。

(3)产品生产国(地区)或者国际组织与保健食品相关的技术法规或者标准。

(4)产品在生产国(地区)上市的包装、标签、说明书实样。

由境外注册申请人常驻中国代表机构办理注册事务的，应当提交《外国企业常驻中国代表机构登记证》及其复印件；境外注册申请人委托境内的代理机构办理注册事项的，应当提交经过公证的委托书原件以及受委托的代理机构营业执照复印件。

国产保健食品备案号格式为：食健备 G+4 位年代号 +2 位省级行政区域代码 +6 位顺序编号；进口保健食品备案号格式为：食健备 J+4 位年代号 +00+6 位顺序编号。保健食品备案凭证无有效期。

第三节　保健食品原料目录和功能目录

保健食品原料目录与功能目录管理办法原文

《食品安全法》将保健食品纳入特殊食品的范畴进行管理。同时明确规定建立原料名称、用量和对应的功效三者相关联的《保健食品原料目录》，并作为划分注册与备案管理的依据。

针对当前保健食品审评审批面临的问题，2019 年 8 月，国家市场监督管理总局会同国家卫生健康委员会发布《保健食品原料目录与保健功能目录管理办法》，期望通过“两个目录”实现注册备案的双轨运行，保证产品的安全有效，力争管住、管活、管优。

一、保健食品的基本要求

保健食品声称保健功能，应当具有科学依据，不得对人体产生急性、亚急性或者慢性危害。这是《食品安全法》对保健食品的基本要求。概括起来包括以下两点：①科学性，保健食品声称的保健功能，要建立在科学研究的基础之上，有充足的研究数据和科学共识作为支撑，不能随意声称具有保健功能；②安全性，与药品不同，保健食品最基本的要求是安全，不允许有任何毒副作用，不得对人体健康产生急性、亚急性或者慢性危害。保健食品所使用的原料应当能够保证对人体健康安全无害，符合国家标准和安全性要求，国家规定不可用于保健食品的原料和辅料、禁止使用的物品等不得作为保健食品的原辅料。为此，《食品安全法》规定，依法应当注册的保健食品，注册时应当提交保健食品的研发报告、安全性和保健功能评价等材料及样品，并提供相关证明文件；依法应当备案的保健食品，备案时应当提交表明产品安全性和保健功能的材料。

笔记栏

二、保健食品的原料目录

实行注册和备案相结合，是《食品安全法》确立的保健食品基本管理制度。而《保健食品原料目录》是保健食品实施注册或者备案管理的重要依据。

最早关于保健食品原料管理的相关规定是2002年卫生部发布的《关于进一步规范保健食品原料管理的通知》(卫法监发〔2002〕51号)，一直沿用至今。通知中发布了三个名单："既是食品又是药品的物品名单(药食同源物品名单)""可用于保健食品的物品名单""保健食品禁用物品名单"。其中"既是食品又是药品的物品名单"包括金银花、红花、菊花、鱼腥草、蒲公英、薄荷、甘草、葛根、白芷、肉桂、乌梢蛇、蝮蛇、茯苓、酸枣仁、刀豆、白扁豆、赤小豆等。"可用于保健食品的物品名单"包括人参、三七、川贝母、川芎、马鹿胎、马鹿茸、马鹿骨、太子参、车前子、车前草、北沙参、西洋参、吴茱萸、怀牛膝、制大黄、制何首乌等。两个名单皆为单一物质名单。

借鉴国际上对保健食品管理的经验，《食品安全法》将《保健食品原料目录》格式从单一物质的名单扩充为包括原料名称、用量和对应的功效的完整目录，以保障产品的安全和保健功能。目录中的"原料"不再是单一物质，而是产生某一功效的单一物质或者是多种物质的组合、配伍。"用量"是指保证保健食品安全性和具备相应保健功能应当达到的最低和最高限量。"功效"是指保健食品原料在一定用量下的功效，原料或者用量的改变都有可能导致功效的改变。《保健食品原料目录》中的原料、用量、功效是一一对应的关系。

2016年12月，国家食品药品监督管理总局会同国家卫生和计划生育委员会、国家中医药管理局制定了《保健食品原料目录(一)》，主要涉及维生素、矿物质等营养素补充剂的名称、用量和对应的功效，其他原料的纳入标准仍处于研究阶段。

2019年11月，国家市场监督管理总局印发了《保健食品备案产品可用辅料及其使用规定(2019年版)》列出了包含阿拉伯胶等在内的196种辅料的名称、相关标准以及不同形态的使用最大剂量，并明确规定保健食品备案产品辅料的使用应该符合国家相关标准。

随着研究工作的推进，除维生素、矿物质外，国家市场监督管理总局会同国家卫生健康委员会、国家中医药管理局于2020年11月23日联合发布《关于发布辅酶Q_{10}等五种保健食品原料目录的公告》(2020年第54号)，公布了辅酶Q_{10}、破壁灵芝孢子粉、螺旋藻、鱼油、褪黑素等五种保健食品原料、用量、功效的一一对应的关系。其他原料的研究工作也在稳步推进。

原料目录的制定，有助于规范保健食品产品管理，为实施注册与备案相结合的管理制度奠定良好基础。虽然部分普通食品原料纳入了《保健食品原料目录》，但《保健食品原料目录》中不仅规定了原料名称，还规定了原料的用量和对应的功效，因此，列入《保健食品原料目录》的原料、用量和对应的功效只能用于保健食品生产，不能用于其他食品生产。

三、允许保健食品声称的保健功能目录

《食品安全法》规定，允许保健食品声称的保健功能目录，由国务院食品安全监督管理部门会同国务院卫生行政部门、国家中医药管理部门制定、调整并公布。

保健功能管理制度是指通过制定和发布保健功能范围以及对应保健功能评价检验程序和方法，规范保健功能声称的行政管理措施。现行保健功能管理主要依据《保健食品注册与备案管理办法》《保健食品检验与评价技术规范(2018年已废止)》等规章、规范性文件执

笔记栏

行，主管部门对功能声称、评价方法、标识样稿等予以明确规定。目前，我国保健食品功能声称分为营养素补充剂声称和一般功能声称两类。营养素补充剂声称主要是补充膳食供给的不足，功能声称描述为"补充……"。一般功能声称，则是有助于维持或改善人体健康状态的声称。通过摄入某种产品（成分）帮助人体某种器官（系统）继续保持正常状态，或改善某种器官（系统）功能或相关指标的疾病临界状态，促进人体健康。2003 年卫生部发布的《保健食品检验与评价技术规范》虽已废止，但该规范在很长的一段时间里作为指导我国保健食品的技术依据，明确了保健食品允许声称的 27 种功能为：增强免疫力，辅助降血脂，辅助降血糖，抗氧化，辅助改善记忆，缓解视疲劳，促进排铅，清咽，辅助降血压，改善睡眠，促进泌乳，缓解体力疲劳，提高缺氧耐受力，对辐射危害有辅助保护功能，减肥，改善生长发育，增加骨密度，改善营养性贫血，对化学性肝损伤的辅助保护作用，祛痤疮，祛黄褐斑，改善皮肤水分，改善皮肤油分，调节肠道菌群，促进消化，通便，对胃黏膜损伤有辅助保护功能。上述 27 项特定保健功能依据功能描述、评价指标及适宜人群，主要属于改善人体健康状态类声称。主要分为三类：第一类是增强机体对外界有害因素抵抗力的保健食品，主要针对环境污染和机体受到内外有害因素损伤的状况，促进排铅、抗辐射、对化学性肝损伤有辅助保护功能、祛黄褐斑等功能。第二类是预防慢性疾病的保健食品。鉴于高血脂、高血压、糖尿病、肥胖、骨质疏松等许多慢性病的发生发展与不合理饮食密切相关，因此列入了具有辅助调节血脂、血压、血糖、体重、增加骨密度等功能的保健食品。第三类是调整生理功能的保健食品。由于生活特点、工作性质和特殊环境的需要，人们要求增强某一方面的生理功能，以提高工作效率或减轻机体损伤，具有增强免疫、辅助改善记忆、抗氧化、缓解体力疲劳、改善睡眠、调节肠道菌群、促进消耗等功能的保健食品即属此类。

我国目前已注册保健食品的功能分布不均衡，主要集中在增强免疫力（动物试验）、缓解体力疲劳（动物试验）、辅助降血脂（动物和人体试验），约占注册功能类产品总量的 57%。

2019 年 8 月 2 日，国家市场监督管理总局会同国家卫生健康委员会制定并发布了《保健食品原料目录与保健功能目录管理办法》（以下简称《办法》）（总局令第 13 号）。该办法是推进保健食品注册备案双轨制运行的一项重要监管制度和保障措施。

2020 年 11 月 23 日，国家市场监督管理总局发布了《关于公开征求〈允许保健食品声称的保健功能目录非营养素补充剂（2020 年版）（征求意见稿）〉意见的公告》，包括《保健食品功能评价方法（2020 年版）（征求意见稿）》，以及配套的《保健食品功能声称释义（2020 年版）（征求意见稿）》《保健食品功能评价指导原则（2020 年版）（征求意见稿）》《保健食品人群食用试验伦理审查工作指导原则（2020 年版）（征求意见稿）》。同时，鉴于原卫生部已不再受理审批抑制肿瘤、辅助抑制肿瘤、抗突变、延缓衰老保健功能，原有的促进泌乳功能、改善生长发育功能、改善皮肤油分功能与现有《办法》规定的保健功能定位不符，上述功能不再纳入《允许保健食品声称的保健功能目录》（简称《保健功能目录》）。对于其他已批准的尚未建议纳入《保健功能目录》的保健功能，保健食品注册人应当按照《办法》及后续配套的监管要求纳入《保健功能目录》。

第四节　保健食品的生产管理

本节依据有关法律法规，围绕保健食品的生产管理，介绍企业如何按照良好生产规范建立规范化的生产质量管理体系，政府监管部门如何依据有关法律法规进行标准化的生产许可和日常监管。

一、保健食品良好生产规范

保健食品良好生产规范原文

《食品安全法》第八十三条是关于保健食品生产质量管理体系的规定。法律条文如下：生产保健食品，特殊医学用途配方食品、婴幼儿配方食品和其他专供特定人群的主辅食品的企业，应当按照良好生产规范的要求建立与所生产食品相适应的生产质量管理体系，定期对该体系的运行情况进行自查，保证其有效运行，并向所在地县级人民政府食品安全监督管理部门提交自查报告。

良好生产规范（Good Manufacturing Practice，GMP），也称 cGMP，c 即 current（现行），译为现场良好生产规范。GMP 注重在生产过程中对产品质量安全实施自主性管理的制度。它是一套适用于保健食品行业的强制性标准，要求企业从影响保健食品生产质量的关键因素入手，对"人员、设施设备、原辅料、生产工艺及规章制度、质量保证和质量控制"（简称"人、机、料、法、环、测"）六个方面，按照国家有关法律法规达到质量安全要求，形成一套可操作的作业规范，帮助企业改善卫生环境，及时发现生产过程中存在的问题，加以改善。为此，我国以强制性国家标准的形式发布了《保健食品良好生产规范》（GB 17405—1998），于 1998 年颁布实施，对生产许可和日常生产提出了相关要求。主要分为人员管理、卫生管理、原料、贮存与运输、设计与设施、生产过程、品质管理 7 个部分共 140 项审查条款。

2013 年 5 月 24 日，国家卫生和计划生育委员会发布了《食品安全国家标准食品生产通用卫生规范》（GB 14881—2013），作为食品生产企业"通用 + 兜底"的卫生规范，强调在食品 GMP 生产全过程的每个环节（原料、加工、包装、贮存和运输等）的场所、设施、人员最大限度地控制生物、化学和物理污染的原则性要求和准则；推荐企业采用一个食品质量和安全的预防体系——HACCP 系统，提出了危害识别、评估和选择控制措施的方法，为企业预防、降低和清除危害提出了科学的方法。HACCP 不是一个孤立的体系，必须建立在食品良好生产规范（GMP、SSOP、培训等）的基础之上，通过对食品生产所有潜在危害进行分析和关键控制点识别并确定预防措施，用于防止或消除食品安全危害或将其降低到可接受水平的行动。

二、保健食品生产许可和日常监督

1.《食品生产许可管理办法》主要内容　2020 年 1 月 2 日，国家市场监督管理总局令第 24 号公布《食品生产许可管理办法》，其规定：

(1) 申请食品生产许可，应当按照以下食品类别提出：粮食加工品、食用油、油脂及其制品、调味品、肉制品、乳制品、饮料、方便食品、饼干、罐头、冷冻饮品、速冻食品、薯类和膨化食品、糖果制品、茶叶及相关制品、酒类、蔬菜制品、水果制品、炒货食品及坚果制品、蛋制品、可可及焙烤咖啡产品、食糖、水产制品、淀粉及淀粉制品、糕点、豆制品、蜂产品、保健食品、特殊医学用途配方食品、婴幼儿配方食品、特殊膳食食品、其他食品 32 类。

(2) 申请保健食品生产许可，应当向申请人所在地省、自治区、直辖市市场监督管理部门提交下列材料：①食品生产许可申请书；②食品生产设备布局图和食品生产工艺流程图；③食品生产主要设备、设施清单；④专职或者兼职的食品安全专业技术人员、食品安全管理人员信息和食品安全管理制度；⑤与所生产食品相适应的生产质量管理体系文件以及相关注册和备案文件。

(3) 省、自治区、直辖市市场监督管理部门组织对申请人提交的申请材料的审查。需要对申请材料的实质内容进行核实的，应当按照申请材料进行现场核查。对首次申请许可或者增加食品类别的变更许可的，根据食品生产工艺流程等要求，核查试制食品的检验报告。

笔记栏

试制食品检验可以由生产者自行检验，或者委托有资质的食品检验机构检验。现场核查应当由食品安全监管人员进行，根据需要可以聘请专业技术人员作为核查人员参加现场核查。核查人员不得少于2人。核查人员应当自接受现场核查任务之日起5个工作日内，完成对生产场所的现场核查。

(4) 食品生产许可证分为正本、副本。正本、副本具有同等法律效力。食品生产许可证编号由SC（"生产"的汉语拼音字母缩写）和14位阿拉伯数字组成。数字从左至右依次为：3位食品类别编码、2位省（自治区、直辖市）代码、2位市（地）代码、2位县（区）代码、4位顺序码、1位校验码。食品生产者应当在生产场所的显著位置悬挂或者摆放食品生产许可证正本。

(5) 食品生产许可证变更、延续与注销的有关程序，可参阅《食品生产许可管理办法》。

(6) 国家市场监督管理总局负责制定食品生产许可审查通则和细则，作为《食品生产许可管理办法》的配套技术文件，用以指导食品生产许可审查工作。

2.《食品生产许可审查通则》主要内容　2016年10月1日，国家食品药品监督管理总局发布《食品生产许可审查通则》（食药监食监〔2016〕103号），作为《食品生产许可管理办法》的配套技术文件。主要内容有：

(1) 适用于市场监管部门对申请人的食品（包括保健食品、特殊医学用途配方食品、婴幼儿配方食品）、食品添加剂生产许可申请以及许可的变更、延续等审查工作，包括申请材料审查和现场核查。

(2) 规定了许可申请受理后的许可审查程序：①审查部门应当对申请人提交的申请材料的完整性、规范性进行审查。②审查部门应当自收到申请材料之日起3个工作日内组成核查组，负责对申请人进行现场核查，并将现场核查决定书面通知申请人及负责对申请人实施食品安全日常监督管理的市场监督管理部门。③核查组应当自接受现场核查任务之日起10个工作日内完成现场核查，并将《食品、食品添加剂生产许可核查材料清单》所列的许可相关材料上报审查部门。④审查部门应当在规定时限内收集、汇总审查结果以及《食品、食品添加剂生产许可核查材料清单》所列的许可相关材料。⑤许可机关应当自受理申请之日起20个工作日内，根据申请材料审查和现场核查等情况，作出是否准予生产许可的决定。⑥对于通过现场核查的，申请人应当在1个月内对现场核查中发现的问题进行整改，并将整改结果向负责对申请人实施食品安全日常监督管理的市场监督管理部门书面报告。

(3) 在开展保健食品生产许可现场核查时，保健食品企业七大管理制度，是审查组检查的重点之一，包括申请人的进货查验记录、生产过程控制、出厂检验记录、生产相关岗位的培训及从业人员健康管理制度、食品安全自查、不安全食品召回及不合格品管理、食品安全事故处置。

3.《食品召回管理办法》主要内容　《食品召回管理办法》（2015年3月11日国家食品药品监督管理总局令第12号公布，根据2020年10月23日国家市场监督管理总局令第31号修订）第二条规定，不安全食品是指食品安全法律法规规定禁止生产经营的食品以及其他有证据证明可能危害人体健康的食品。第十三条规定，根据食品安全风险的严重和紧急程度，食品召回分为三级。①一级召回：食用后已经或者可能导致严重健康损害甚至死亡的，食品生产者应当在知悉食品安全风险后24小时内启动召回，并向县级以上地方市场监督管理部门报告召回计划。②二级召回：食用后已经或者可能导致一般健康损害，食品生产者应当在知悉食品安全风险后48小时内启动召回，并向县级以上地方市场监督管理部门报告召回计划。③三级召回：标签、标识存在虚假标注的食品，食品生产者应当在知悉食品安全风险后72小时内启动召回，并向县级以上地方市场监督管理部门报告召回计划。标签、标识

笔记栏

存在瑕疵，食用后不会造成健康损害的食品，食品生产者应当改正，可以自愿召回。

该办法第十八条规定，实施一级召回的，食品生产者应当自公告发布之日起 10 个工作日内完成召回工作。实施二级召回的，食品生产者应当自公告发布之日起 20 个工作日内完成召回工作。实施三级召回的，食品生产者应当自公告发布之日起 30 个工作日内完成召回工作。情况复杂的，经县级以上地方市场监督管理部门同意，食品生产者可以适当延长召回时间并公布。

4.《保健食品生产许可审查细则》主要内容 2016 年 11 月 28 日，国家食品药品监督管理总局制定并发布了《保健食品生产许可审查细则》(食药监食监三司〔2016〕151 号)(简称《细则》)。主要内容有：

(1)《细则》是二类文件:《细则》是在《食品安全法》《保健食品注册与备案管理办法》《保健食品良好生产规范》《食品生产许可审查通则》等食品生产许可管理体系框架下专门制定的，是《食品生产许可审查通则》的二类文件。主要原因是基于保健食品生产在产品剂型、原辅料使用、生产工艺、质量标准、功能声称等方面的特殊性，以及保健食品实际大生产条件应该与前置注册审批的中试生产条件相匹配。为确保保健食品生产许可工作的完整性和可操作性，将《食品生产许可审查通则》中的通用条款融入《细则》，使两者合二为一。

(2)《细则》增加 32 项审查条款:《保健食品良好生产规范》(GMP)于 1998 年颁布实施，对生产许可和日常生产提出了相关要求，但因标准修改完善工作滞后，很多技术审查项目已不能满足当前保健食品生产监管实际需要。如缺少原料提取物和复配营养素管理的相关条款等。基于以上原因，《细则》在对 GMP 部分条款修改覆盖和删减的基础上，根据《食品安全法》新的监管要求和企业发展现状，增加了 32 项审查条款，主要涉及生产批次管理、委托生产管理、原料提取物与复配营养素管理等问题，强化了技术标准的可操作性，形成了附件 5《保健食品生产许可现场核查记录表》，包括机构与人员、厂房布局、设施设备、原辅料管理、生产管理、品质管理、库房管理七个部分，合计 103 项审查条款，是审查组开展保健食品生产许可现场核查的依据。其中关键项 9 项，重点项 37 项，一般项 57 项，现场核查结论分为合格和不合格。各条款序号前标注“**”的为关键项，标注“*”的为重点项，其余为一般项。

(3)《细则》附件:《细则》附件共有 5 个：附件 1《保健食品生产许可申请材料目录》；附件 2《保健食品生产许可分类目录》；附件 3《保健食品生产许可书面审查记录表》；附件 4《现场核查首末次会议签到表》；附件 5《保健食品生产许可现场核查记录表》；附件 6《保健食品生产许可技术审查报告》。

(4)《细则》规定书面审查和现场核查:《细则》规定，省级市场监督管理部门负责制定保健食品生产许可审查流程，组织实施本行政区域保健食品生产许可审查工作。承担技术审查的部门负责组织保健食品生产许可的书面审查和现场核查等技术审查工作。

1) 书面审查：又称材料审查。主要是审查部门对申请人提交的申请材料完整性、规范性、符合性进行审查。完整性是指申请人按照《保健食品生产许可审查细则》之附件 1《保健食品生产许可申请材料目录》和附件 2《保健食品生产许可分类目录》要求提交相应材料的种类齐全、内容完整、份数符合地方管理部门规定。规范性是指申请人填写的内容、方式符合《细则》之附件 3《保健食品生产许可书面审查记录表》14 项审查条款规定的内容、格式要求。符合性是指申请材料中的有关内容如身份证、营业执照等与原件保持一致的情况。最后填写《细则》之附件 3《保健食品生产许可书面审查记录表》，即完成申请材料审查。

2) 现场核查：主要是审查组对保健食品生产许可申请材料与实际状况的一致性、合规

性进行审查。一致性主要指申请人提交的材料是否与现场一致。合规性主要指生产场所、设备设施、设备布局与工艺流程、人员管理、管理制度及其执行情况，以及按规定需要查验的试制产品检验合格报告是否符合有关规定和要求。具体而言，合规性检查应参照《细则》之附件5《保健食品生产许可现场核查记录表》103项审查条款（关键项9项，重点项36项，一般项58项）进行。现场核查的程序为：审查组召开首次会议（观察员、申请人、食品安全人员、专业技术人员及核查组成员参会，并在《细则》之附件4《现场核查首末次会议签到表》上签到）→现场核查→审查组初步汇总审查意见并与申请人沟通，取得共识→核查组对《细则》之附件5《保健食品生产许可现场核查记录表》中每项审查条款做出是否符合要求或不适用的审查意见→审查组召开末次会议（观察员、申请人及相关食安人员参会，并在《细则》之附件4《现场核查首末次会议签到表》上签到）→核查组长宣布现场核查结论，申请人确认现场核查报告并签章→审查组将核查材料和《细则》之附件6《保健食品生产许可技术审查报告》报送审查部门，完成现场核查。

5.《食品生产经营日常监督检查管理办法》主要内容　2019年2月19日，国家市场监督管理总局发布《食品生产经营日常监督检查管理办法》。保健食品生产日常监督检查，是指食品安全监管部门依照要求对保健食品生产者执行保健食品安全法律、法规、规章及标准、生产经营规范等情况，按照年度计划和监管工作需要实施的监督检查，是合规性检查。也包括按照上级部门部署或根据本区食品（含保健食品）安全状况开展的专项整治、接到投诉举报等开展的检查等情况，因此又是证后监督检查。《食品生产经营日常监督检查管理办法》的主要内容包括：

（1）明确日常监督检查的职责划分：规定国家市场监督管理总局负责监督指导全国食品生产经营日常监督检查工作；省级食品安全监管部门负责监督指导本行政区域内食品生产经营日常监督检查工作；市、县级食品安全监管部门负责实施本行政区域内食品生产经营日常监督检查工作。

（2）明确日常监督检查实行“双随机”原则：规定市、县级食品安全监管部门在全面覆盖的基础上，可以在本行政区域内随机选取食品生产经营者、随机选派监督检查人员实施异地检查、交叉互查，可以根据日常监督检查计划随机抽取日常监督检查要点表中的部分内容（重点项≥10小项，总检查项数≥20小项）进行检查，并可以进行随机抽样检验。

（3）明确规定日常监督检查事项：保健食品生产环节监督检查事项包括生产者资质、从业人员管理、生产环境条件、进货查验结果、生产过程控制、产品检验结果、产品标签及说明书、贮存及交付控制、委托加工、生产管理体系、不合格品管理和食品召回、食品安全事故处置等。

（4）明确制定日常监督检查要点表：规定国家市场监督管理总局食品安全监管部门根据法律、法规、规章和食品安全国家标准，制定日常监督检查要点表；省级食品安全监管部门可以根据需要对日常监督检查要点表进行细化、补充；市、县级食品安全监管部门应当按照日常监督检查要点表对食品生产经营者实施日常监督检查。并规定在实施食品生产经营日常监督检查中，对重点项目应当以现场检查方式为主，对一般项目可以采取书面检查的方式。

（5）明确日常监督检查结果形式：规定日常监督检查结果分为符合、基本符合与不符合3种形式，并记入食品生产经营者的食品安全信用档案。日常监督检查结果属于基本符合的食品生产经营者，市、县级食品安全监管部门应当就监督检查中发现的问题书面提出限期整改要求；日常监督检查结果为不符合，有发生食品安全事故潜在风险的，食品生产经营者应当立即停止食品生产经营活动。

（6）明确日常监督检查结果对外公开制度：规定市、县级食品安全监管部门应当于日常

笔记栏

监督检查结束后 2 个工作日内,向社会公开日常监督检查时间、检查结果和检查人员姓名等信息,并在生产经营场所醒目位置张贴日常监督检查结果记录表。食品生产经营者应当将张贴的日常监督检查结果记录表保持至下次日常监督检查。

(7)明确日常监督检查法律责任:规定食品生产经营者撕毁、涂改日常监督检查结果记录表,或者未保持日常监督检查结果记录表至下次日常监督检查的,由市、县级食品安全监管部门责令改正,给予警告,并处 2 000 元以上 3 万元以下罚款。食品生产经营者拒绝、阻挠、干涉市场监管部门进行监督检查的,由县级以上食品安全监管部门按照《食品安全法》有关规定进行处理。

第五节　保健食品流通管理

2017 年 11 月 17 日,国家食品药品监督管理总局令第 37 号公布《食品经营许可管理办法》。2020 年 8 月 6 日,国家市场监督管理总局发布了《食品经营许可管理办法(征求意见稿)》,规定保健食品经营许可的申请、受理、审查、决定,适用本办法。其中,保健食品流通管理涵盖销售、索证索票、购进验收、储存及台账等管理要求。

一、保健食品销售管理要求

1. 所有销售人员必须经卫生知识和产品知识培训后方能上岗。

2. 应严格按照《食品安全法》的要求正确介绍保健食品的保健作用、适宜人群、使用方法、食用量、储存方法、注意事项等内容,不得夸大宣传保健作用,严禁宣传疗效或利用封建迷信进行保健食品的宣传。

3. 严禁以任何形式销售假劣保健食品。凡质量不合格,过期失效或变质的保健食品,一律不得销售。

4. 销售过程中怀疑保健食品有质量问题的,应先停止销售,立即报告质管部,由质管部调查处理。

5. 卫生管理员负责做好防火、防潮、防热、防霉、防虫、防鼠及防污染等工作,指导营业员每天上、下午各一次做好营业场所的温湿度检测和记录,如温湿度超出范围,应及时采取调控措施,确保保健食品的质量。

6. 在营业场所内外进行的保健食品营销宣传(包括灯箱广告、各种形式的宣传资料),要严格执行国家有关的法律法规;未取得广告批准文号的,不得在营业场所内外发布广告;广告批文超过有效期的,应重新办理审批手续。

二、保健食品索证索票管理要求

1. 保健食品索证索票要有专人负责管理。

2. 严格审验供货商(包括销售商或者直接供货的生产者)的食品生产许可证、国家产品注册证书、所供货产品的检验报告书和保健食品其他合格的证明文件。

3. 购入保健食品时,索取供货商出具的正式销售发票;或者按照国家相关规定索取有供货商盖章或者签名的销售凭证,并留具真实地址和联系方式;销售凭证应当记明保健食品的品名、生产厂商、批准文号、规格、供货单位、购进数量、生产日期、有效期等内容,以备查。

4. 索取和查验的相关证明文件、检验合格报告和销售发票(凭证)应当按供货商名称或者保健食品种类整理建档备查,相关档案应当妥善保管,保管期限自该种食品购入之日起不

少于 1 年。

三、保健食品购进验收管理要求

1. 采购保健食品时必须选择合格的供货方，须向供货商索取加盖企业红色印章的有效的《食品生产许可证》《保健食品批准证书》和《产品检验合格证》，以及保健食品的包装、标签、说明书和样品实样，并建立合格供货方档案。进口保健食品必须有对应的《进口保健食品批准证书》复印件及口岸进口食品卫生鉴定检验机构的检验合格证明。

2. 采购保健食品应签订采购合同，并有明确质量条款，采购合同如果不是以书面形式确立的，购销双方应提前签订明确质量责任保证协议。

3. 购进的保健食品必须有合法真实的票据，做到票、账、货各项内容相符，并按日期顺序归档存放，票据至少保存 2 年。

4. 对购进保健食品的品名、规格、批准文号、生产批号（日期）、有效期、生产厂商、包装、标签、说明书等内容进行查验，按规定建立完整的购进记录，购进记录必须注明保健食品品名、规格、有效期、生产厂商、供货单位、购进数量、购货日期等，购进记录至少保存 1 年。

5. 购入首营品种还应向供货商索取加盖企业红色印章的保健食品批准文号证明文件、质量标准和该批号的保健食品检验报告书。

6. 严禁采购以下保健食品：①无《食品生产许可证》生产单位生产的保健食品。②无保健食品检验合格证明的保健食品。③有毒、变质、被污染或其他感观性状异常的保健食品。④超过保质期限的保健食品。⑤其他不符合法律法规规定的保健食品。

7. 保健食品验收工作应在待验区内进行，保健食品质量验收包括保健食品外观质量的检查和保健食品包装、标签、说明书和标识的检查，以及购进保健食品及销后退回保健食品的工作。

8. 对包装、标识等不符合要求的或质量有疑问的保健食品，应报质量管理人员进行处理、裁决。

9. 保健食品必须验收合格后才能入库或上柜台，如发现假保健食品应就地封存并及时上报质量管理人员。

四、保健食品储存管理要求

1. 所有入库保健食品都必须进行外观质量检查，核实产品的包装、标签和说明书与批准的内容相符后，方准入库。

2. 仓库保管员应根据保健食品的储存要求，合理储存保健食品，需冷藏的保健食品储存于冷库（温度 2~10℃），需阴凉、凉暗储存的储存于阴凉库（避光、温度不高于 20℃），可常温储存的储存于常温库（温度 0~30℃），各库房的相对湿度应保持在 35%~75%。

3. 保健食品应离地、隔墙放置，各堆垛间应留有一定的距离。搬运和堆垛应严格遵守保健食品外包装图示标志的要求规范操作，堆放保健食品必须牢固、整齐、不得倒置。对包装易变形或较重的保健食品，应适当控制堆放高度，并根据情况定期检查、翻垛。

4. 应保持库区、货架和出库保健食品的清洁卫生，定期进行清扫，做好防火、防潮、放热、防毒、防虫、防鼠、防污染等工作。

5. 应定期检查保健食品的储存条件，做好仓库的防晒、温湿度监测和管理。每日上、下午各一次对库房的温湿度进行检查和记录，如温湿度超出范围，应及时采取调控措施。

6. 应根据库存保健食品的流转情况，定期检查保健食品的质量情况，发现质量问题应立即在该保健食品存放处放置“暂停发货”牌，并通知监管部门调查处理。

笔记栏

五、保健食品台账管理要求

1. 为规范保健食品购进管理，保障产品安全。根据《食品安全法》《保健食品管理办法》以及保健食品相关流通法律、行政规章，制定保健食品台账管理和控制。

2. 根据“按需购进，择优选购”的原则，依据市场动态、客户需求反馈的信息编制购货计划，报企业负责人批准后执行。要建立供销平衡，保证供应，避免脱销或品种重复积压以致过期失效造成损失。

3. 要认真审查供货单位的法定资格、经营范围和质量信誉，考察其履行合同的能力，必要时应对其进行现场考察，签订质量保证协议书，协议书应注明购销双方的质量责任，并明确有效期。

4. 加强合同管理，建立合同档案。签订的购货合同必须注明相应的质量条款。购销人员要做好首营企业和首营品种的审核工作。向供货单位索取加盖企业印章的、有效的《食品生产许可证》《营业执照》《保健食品批准证书》《产品检验报告书》，以及保健食品的包装、标签、说明书和样品实样。

5. 购进保健食品应有合法票据，按规定做好购进记录，做到票、账、货相符，购进记录保存至超过保健食品有效期 1 年，但不得少于 2 年。

学习小结

1. 学习内容

保健食品法规与管理	保健食品法规介绍	我国保健食品相关法律、法规、规章及国家标准
	保健食品注册与备案管理	保健食品注册与备案的有关规定和要求
	保健食品原料目录和功能目录	《保健食品原料目录》应当包括原料名称、用量及其对应的功效；列入《保健食品原料目录》的原料只能用于保健食品生产，不得用于其他食品生产
	保健食品生产管理	保健食品 GMP，保健食品的生产许可
	保健食品流通管理	保健食品销售制度、保健食品索证索票制度、保健食品购进验收管理制度、保健食品储存制度及保健食品台账管理制度

2. 学习方法　通过学习保健食品原料目录和功能目录、注册与备案、生产许可、流通管理等相关法规，全面理解了保健食品从研发生产到流通销售全过程的管理要求，理解保健食品在上述方面与一般食品和药品的区别。

当前，我国政府构建的保健食品安全监管法规体系和国家标准体系逐渐合理化。通过对我国保健食品安全监管的法制化探索历程的学习，加深对我国现行保健食品安全监管法规体系和国家标准体系合理性内核的认识。

如何正确理解国家对保健食品实行比普通食品更加严格的监督管理，是本章的重点。通过学习保健食品原料目录和功能目录、保健食品注册与备案管理两节的内容，了解《保健食品原料目录》中原料、用量、功效是一一对应关系，标准化程度高、安全风险低。在此基础上学习保健食品注册与备案管理，从而理解使用《保健食品原料目录》以内的原料的保健食品，不需要进行注册，只需要进行备案，而使用《保健食品原料目录》以外的原料的保健食品需要经国务院市场监督管理部门注册的原因。

保健食品生产管理的内容是本章的另一个重点。围绕保健食品的生产管理，学

笔记栏

习企业如何按照良好生产规范建立规范化的生产质量管理体系，政府监管部门如何依据有关法律法规进行标准化的生产许可和日常监管。最后学习保健食品流通管理，了解保健食品销售制度、索证索票制度、购进验收制度、储存制度及保健食品台账管理制度等。

（李寅超 陈 丽）

复习思考题

1. 试从法律、法规和规章三个层次分析我国保健食品法规体系的构成，并举例说明。

2. 谈谈你对“食品安全”的理解。

3.《食品安全法》对保健食品的基本要求是什么？

4. 何谓保健食品注册和备案？请写出国产或进口保健食品注册和备案号格式。

5. 保健食品生产许可审查程序中的现场核查，主要审查申请材料与实际状况的一致性、合规性。简述你对一致性、合规性的理解。

笔记栏

PPT 课件

第三章 保健食品研发思路与流程

学习目标

1. 理解保健食品的研发思路。

2. 掌握具有特定功能保健食品的研发流程，以及技术研发的主要内容：配方筛选、原辅料选择与用量的确定、安全性论证、保健功能论证、剂型的确定、工艺路线设计、工艺参数优化、产品技术要求研究、中试生产、稳定性考察、安全性评价、保健功能评价、人群食用评价等。

3. 掌握保健食品注册申请与审批的流程。

第一节 保健食品研发思路

保健食品逐渐成为了人们追求健康的一种新选择。随着科技进步，开发新的保健食品和新食品原料将是健康产业发展的一大趋势。根据我国保健食品发展的现状和特点，保健食品的研发思路主要体现在以下几个方面：

一、产品研发立项思路

综合保健食品研究现状，并对国内外人群的健康状况进行充分调研，借鉴相关营养学流行病学资料及统计学分析方法，全面阐述适宜人群的健康情况，例如亚健康的原因、性别分布特点、年龄分布特点、职业分布特点，以及国内外的市场需求情况，通过政府网站了解获批保健食品数据，进而了解市场各种配方及功能、各种剂型保健食品销售情况。然后根据保健食品的功能范围、注册和备案双轨制的保健食品管理办法以及我国传统中医药饮食保健和养生理论等进行相应的产品研发立项。

二、产品预期的保健功能和科学水平

根据保健食品的原料种类和功能种类、法规制度及实际需求，完成产品的注册备案和上市。依据现代营养学、现代医学组方的保健食品，针对保健功能适宜人群的生理、病理特点，分析所研发的产品预期达到的保健功能和科学水平。

三、保健食品市场供需情况的调查分析

根据调研及相关的流行病学资料分析，全面阐述适宜人群状况，例如某些人群产生亚健康的原因、性别分布特点、年龄分布特点、职业分布特点，地域、气候、环境等特点，以及国内

外的市场需求情况，分析保健食品研发必要性与可行性。国内市场供需情况调查分析的信息来源和途径主要有国家市场监督管理总局食品审评中心的相关数据、中国营养保健食品协会的相关数据。此外，还可对各类人群分别进行民调以及对保健食品批发零售企业及保健食品生产企业进行调查了解。也可通过参加各种保健食品研讨会了解市场相关信息。

四、分析同类产品或相似产品具有的特点和优势以及在国内的供需状况

全面检索相关资料，列举出所研发的保健食品的功能、原料、剂型、工艺、安全性等方面相同或相似的已获批产品的品种类型、特点或各类产品在国内外的生产、销售和使用情况，从资源、配方、工艺、剂型等方面，分析拟研发产品的特色和优势。

五、配方的筛选思路

首先，根据目前相关保健食品备案与注册双轨制运行政策，选择开发保健食品种类。同时还要考虑开发保健食品的特点与优势。

中医药饮食保健是中国传统文化的一个重要组成部分，利用食品及药食两用之品达到养生、健康、长寿之目的，已有数千年的历史。药王孙思邈指出："夫为医者，当须先洞晓疾源，知其所犯，以食治之，食疗不愈，然后命药。"

中药保健食品配方在相关法规框架内可从以下几个途径进行选择：①从古今方剂医籍中选择，如《食疗本草》《饮膳正要》《食物本草》《随息居饮食谱》《调疾饮食辩》等；②从历代名医医案医话中选择；③从名老中医、民间医生和医院制剂中选择；④从国内外历代文献记载中选择；⑤从民间单方、验方中选择；⑥根据中医药饮食保健原理自拟配方。配方的筛选，包括原辅料的选择依据，主要是功能和剂量的科学依据。在合理性方面，要按照中医药理论论述并有实践性参考文献。在安全性方面，要在原料可用的前提下注意对食用剂量和配方的安全性说明。要注意科学性，尤其是申报两个功能的产品，要注意两个功能的相关性论述，如通便和改善睡眠两个功能的相关性。

六、工艺的筛选思路

合理的生产工艺是保健食品成功研发的重要环节，保健食品的生产应根据拟开发产品的特点，结合法规允许的技术方法(包括新技术、新方法)，设计合理的制备工艺，包括原辅料前处理、提取、精制、浓缩、干燥等步骤。对于每一个工艺环节都要进行实验室小试、中试和大生产的放大试制，以明确生产设备和各项工艺参数，使其具有生产可行性。

七、质量标准的制定

"质量源于设计"。在保健食品研发时，就要考虑质量控制模式，通过优化、筛选、验证，确定切实可行的生产工艺，制定科学合理的质量控制标准，从而实现全过程的质量控制。不仅要对感观如形态、气味和理化如净含量、水分、灰分、重金属、农药残留做明确指标规定，对微生物指标做明确规定，还要根据产品的保健功能明确功效成分，规定含量限度，从而保证产品的质量和较高的科技含量，保证产品的规范性和可控性，为中国保健食品走入国际市场打下良好的基础。根据质量标准要对产品的感观、理化、功效成分、卫生学等指标进行全面检验，并进行稳定性考察，确保产品的稳定可控。

八、安全性和功能学评价

规范的安全性和功能学评价是保健食品成功研发的依据。保健食品安全性毒理学

笔记栏

评价试验按照《保健食品及其原料安全性毒理学检验与评价技术指导原则》的规定进行安全性毒理学评价。包括急性毒性试验；遗传毒性试验；28 天经口毒性试验；致畸试验；90 天经口毒性试验；生殖毒性试验；毒物动力学试验；慢性毒性试验；致癌毒性试验；慢性毒性和致癌合并试验。可根据保健食品原料及产品需要进行设计。同时根据《保健食品功能评价指导原则》进行相关功能评价研究，为其注册 / 备案及后续生产提供科学依据。

第二节 保健食品研发流程

保健食品的研发流程主要包括立项调研、立项与研发方案确立、组织实施、申报与审批等。其中申报与审批的具体内容见本章第三节。

一、立项调研

1. 研发目的 借鉴相关的流行病学资料，调查分析适宜人群在国内外的状况、市场需求情况，以阐明相关产品在国内的研发现状，明确研发目的。

2. 功能定位 立项产品预期达到的保健功能和科学水平定位要准确。保健食品能否拥有长久的市场生命周期，取决于其是否有确切的保健功能和产品质量。对于补充维生素、矿物质等营养物质的保健食品来说，只要按照有关法规添加了适量的营养物质，则其补充特定成分的保健功能是明确的，无需再进行实验证明。但开发以中药及其他物品为主要原料的保健食品时，若要获得预期的保健功能，则需基于中医药理论，科学合理组方，然后完成工艺、技术要求、稳定性等研究，再进行相应的毒理学和功能学评价，确认其保健功能。

3. 立项产品的特点和优势 依据中医药理论组方的保健食品，其配方、保健功能以及所针对的人群特征本身就能体现产品的特点和优势。为使产品的特点和优势更突出，研发前应检索相关资料，统计出已上市的相同或近似功能产品数或比例，在此基础上，从多个角度去分析本产品可能拥有的特点和优势，如保健功能间的协同作用、产品原料的资源或特异性、提取精制工艺、制剂方法、生产控制方法等，由此有针对性地进行研发。

4. 效益分析 对产品可能带来的社会效益和经济效益进行评估，可以从产品功能、原料特点、制剂工艺、适应人群等方面综合阐述本产品客观的发展前景及将会产生的社会效益和经济效益。新产品的开发还需要进行原辅料资源评估、成本核算等。若产品的保健功能在已有产品中较少，表明本产品可以填补保健食品市场的空白；若具有相似保健功能的产品较多，则表明本产品的市场需求有很大的发展空间，当产品的特色和优势较为突出时，就能够产生良好的社会效益和经济效益。

二、立项与研发方案的确立

1. 立项 新产品的研发通过了可行性论证后，就要进行立项。立项实际上就是一个确立研发计划、制定实施方案、落实研发经费、组织研发人员的过程。可行性论证报告是否科学、合理，关键是研究计划是否具有科学性、合理性，实施方案是否具有可操作性。前期工作基础包括对国内外现状及研发趋势、适宜人群及市场需求、同类产品或相似产品情况的调查分析，以及预实验结果。

2. 研发方案的确立 在文献调研的基础上，根据拟定的功能及其依据的科学理论与相

关学科的专业知识，结合产品的审批要求，设计出一套科学、严谨的研发方案，包括：配方筛选、原辅料的选择、原辅料用量的确定、安全性论证、保健功能论证、剂型的确定、工艺路线设计、工艺参数优化、技术要求研究、中试生产、稳定性考察、安全性评价、保健功能评价、人群食用评价等，应拟定详细的实施细节，明确具体的研究内容、考察指标以及拟采用的研究方法与手段，使研发工作能按计划有序完成。

三、组织实施

1. 配方筛选（包括详细的筛选方法、结果和筛选依据）　可以根据各时期的保健食品法规要求、市场需求（如流行病学调查、国内外供求现状等）、原料资源优势、生产条件、企业发展方向（开发系列产品如心血管方面保健食品：调节血糖、血脂、血压）、销售渠道（降低市场成本）等方面综合筛选。

2. 说明所选用原料的功效作用、用量及各原料配伍关系和对人体安全性的影响　针对所选用的原料及用量，要求全面检索有关药理、毒理、临床等方面的文献，科学阐明是否有可能实现预期保健功能，并综合分析是否存在（潜在的）人体安全性问题。例如，对以中药为主要原料的保健食品，应按中医药理论进行方解，并进行毒理学评价、功能研究及相关的人体试验，同时确定产品的食用方法和食用量。

3. 说明产品的主要功效成分或标志性成分和确定过程及依据　功效成分或标志性成分是控制保健食品质量的重要指标，应根据配方原料的有关化学成分及功能等方面的现代研究资料，选择与预期保健功能有关的化学成分（即功效成分）作为保健食品产品的质量控制指标。如果配方原料的功效成分不明确，则应选择原料所含有的标志性成分作为质量控制指标。例如，对于有助于增强免疫力的保健食品，某产品的主要原料为人参，已知人参所含皂苷类成分具有提高免疫力的作用，故皂苷类成分为其功效成分，应以人参总皂苷作为产品的质量控制指标；某产品的主要原料为红景天（已知红景天苷为其特征性成分），但红景天提高免疫力的化学成分尚不清楚，因此，可将红景天苷作为产品的标志性成分用于质量控制。

4. 工艺设计、产品形态与剂型的科学合理性、可行性及依据　产品形态与剂型的确定应以安全、有效、方便为出发点，须考虑配方原料的特点、保健功能的需求、服用的需求、包装等因素。工艺设计，包括工艺路线的选择、工艺评价指标的选择和工艺参数的优化，应以提高功效成分 / 标志性成分转移率为出发点，充分考虑功效成分 / 标志性成分的理化性质、加工助剂的合规性、制剂成型的要求、生产成本、生产安全性和环保性等因素。

5. 技术要求的拟定　保健食品产品的技术要求中应明确写出具体指标和分析 / 控制方法。技术要求的内容包括：原辅料质量要求、生产工艺（对工艺路线和关键工艺参数的准确描述）、直接接触产品的包装材料（材料种类、名称及标准）、感官要求、鉴别方法、理化指标（水分、灰分、制剂检查、重金属、农药残留、有关溶剂残留、添加的色素等）、微生物指标、功效成分或标志性成分指标等。

6. 中试生产、产品检验与人体试食试验　中试生产是对实验室工艺的放大和验证，中试生产的规模应符合有关规定。中试生产的产品将用于产品技术要求的验证、稳定性考察、注册检验、人体试食、申报注册。产品检验包括自检和注册检验。自检系根据产品技术要求进行的内部检验。注册检验须由国家认定的资质检验机构进行检验，除按技术要求检验外，还包括产品安全性、功能性和稳定性的评价。人体试食试验亦须在国家认定的资质机构中进行；除有助于增强免疫力等少数保健功能外，一般均须进行人体试食实验。中试生产的批次至少为三批，必要时应根据注册检验、人体试食、申报注册等阶段的需要适当增加生产批

笔记栏

次，以确保各阶段所需中试产品处于有效期内。

保健食品研发的技术流程如图 3-1 所示。

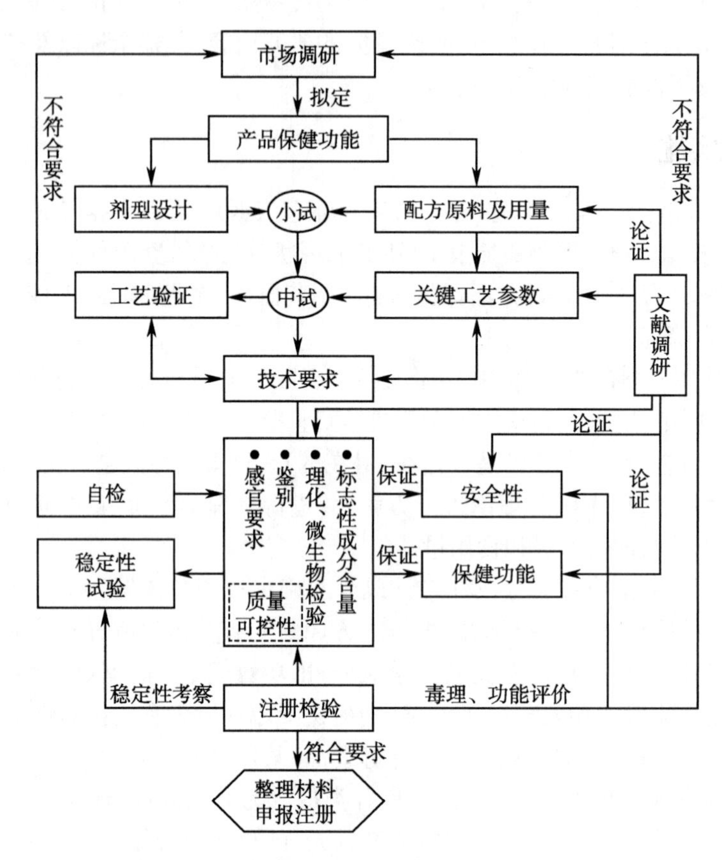

图 3-1 保健食品研发总体设计的技术流程图

第三节 保健食品申报、核查与审批

保健食品行政管理包括备案和注册。使用的原料已经列入《保健食品原料目录》的保健食品，由申报人所在省、自治区、直辖市食品药品监督管理部门负责备案管理；研发所使用的原料未列入《保健食品原料目录》的保健食品，可根据研究的全部资料申请注册。经审评机构组织专家对申请材料进行审定，组织检验机构开展审核检验（或现场核查）、专家评审，通过后予注册，并颁发注册证书。下面主要介绍申请保健食品注册的有关事项。

保健食品注册申报资料书写与审查规范

一、申请材料的准备

国产保健食品新产品注册申请材料包括以下内容：

1. 证明性文件

（1）保健食品注册申请表以及申请人对申请材料真实性负责的法律责任承诺书。

（2）注册申请人主体登记证明文件复印件。

2. 产品研发报告

（1）安全性论证报告：①原料和辅料的使用依据；②产品配方配伍及用量的安全性科学

依据；③对安全性评价试验材料的分析评价；④对配方以及适宜人群、不适宜人群、食用方法和食用量、注意事项等的综述。

(2) 保健功能论证报告：①配方主要原料具有功能作用的科学依据，其余原料的配伍必要性；②产品配方配伍及用量具有保健功能的科学依据；③对产品保健功能评价试验材料、人群食用评价材料等的分析评价；④对配方以及适宜人群、不适宜人群、食用方法和食用量等的综述。

(3) 生产工艺研究报告：①剂型选择和规格确定的依据；②辅料及用量选择的依据；③影响产品安全性、保健功能等的主要生产工艺和关键工艺参数的研究报告；④中试以上生产规模的工艺验证报告及样品自检报告；⑤无适用的国家标准、地方标准、行业标准的原料，应提供详细的制备工艺、工艺说明及工艺合理性依据；⑥产品及原料工艺过程中使用的全部加工助剂的名称、标准号及标准文本；⑦对产品生产工艺材料、配方中辅料、标签说明书的剂型、规格、适宜人群、不适宜人群项以及产品技术要求的生产工艺、直接接触产品的包装材料、原辅料质量要求项中的工艺内容等的综述。

(4) 产品技术要求研究报告：①鉴别方法的研究材料；②各项理化指标及其检测方法的确定依据；③功效成分或标志性成分指标及指标值的确定依据及其检测方法的研究验证材料；④装量差异或重量差异(净含量及允许负偏差)指标的确定依据；⑤全部原辅料质量要求的确定依据；⑥产品稳定性试验条件、检测项目及检测方法等，以及注册申请人对稳定性试验结果进行的系统分析和评价；⑦产品技术要求文本。

3. 产品配方材料

(1) 产品配方表。

(2) 原辅料的质量标准、生产工艺、质量检验合格证明。

(3) 必要时还应按规定提供使用部位的说明、品种鉴定报告等。

4. 生产工艺材料生产工艺流程简图及说明，关键工艺控制点及说明。

5. 安全性和保健功能评价试验材料

(1) 食品检验机构的资质证明文件。

(2) 具有法定资质的食品检验机构出具的安全性评价试验材料。

(3) 具有法定资质的食品检验机构出具的保健功能评价试验材料。

(4) 具有法定资质的食品检验机构出具的人群食用评价材料(涉及人体试食试验的)。

(5) 三批样品的功效成分或标志性成分、卫生学、稳定性试验报告(委托检验的，被委托单位应为具有法定资质的食品检验机构)。

(6) 权威机构出具的菌种鉴定报告、具有法定资质的食品检验机构出具的菌种毒力试验报告等。

(7) 具有法定资质的食品检验机构出具的涉及产品的兴奋剂、违禁药物成分等检测报告。

6. 直接接触保健食品的包装材料的种类、名称、标准号、标准全文、使用依据。

7. 产品标签说明书样稿应包括原料、辅料、功效成分或标志性成分含量、适宜人群、不适宜人群、保健功能、食用量及食用方法、规格、贮藏方法、保质期、注意事项。

8. 产品名称中的通用名与注册的药品名称不重名的检索材料、产品名称与批准注册的保健食品名称不重名的检索材料。

(1) 产品名称中的通用名与注册的药品名称不重名的检索材料、产品名称与批准注册的保健食品名称不重名的检索材料，应国家市场监督管理总局网站数据库中检索后打印。

笔记栏

(2)以原料或原料简称以外的表明产品特性的文字,作为产品通用名的,应提供命名说明。

(3)使用注册商标的,应提供商标注册证明文件。

9. 3 个最小销售包装样品。

(1)包装应完整、无破损且距保质期届满不少于 3 个月。

(2)标签主要内容应与注册申请材料中标签说明书内容一致,并标注样品的生产日期、生产单位。

10. 其他与产品注册审评相关的材料。

(1)样品生产企业质量管理体系符合保健食品生产许可要求的证明文件复印件。

(2)样品为委托加工的,应提供委托加工协议原件。

(3)载明来源、作者、年代、卷、期、页码等的科学文献全文复印件。

11. 注意事项

(1)配方:必须提供产品全部原料及辅料(包括食品添加剂)的准确名称和含量(比例)。各种原料按其使用量大小依次递减顺序排列,食品添加剂列入其后。

(2)功效成分:无功效成分的应标明产品发挥主要功效作用的原料名称及含量(用百分比表示);有功效成分的,应标明功效成分名称及含量,其含量标注方式为“每 100g 或 100ml 含”或“每份含用量(每支、每片等含)”。

(3)保健功能:应准确采用保健食品主管部门公布的“保健食品功能声称”,例如,“有助于增强免疫力”不能写成“提高免疫力”“缓解体力疲劳”不能写成“抗疲劳”“有助于维持血脂健康水平”不能写成“有助于降血脂”等。

(4)生产工艺:应有生产工艺流程图及文字说明,应说明产品消毒灭菌方法和控制指标,辐照消毒应标明辐照剂量,高温消毒标明消毒的温度、时间及压力;尽可能提供企业产品质量管理的良好作业规范(GMP)资料。

(5)产品说明书内容和格式:①引语部分,可对产品作简要介绍,如产品的成分、特点、工艺、作用机制等。其介绍的内容要科学、准确、真实。其宣传的成分要有检测报告证明,宣传的作用机制要有充分的文献依据,不得宣传申报功能之外的其他功能;不得通过对原材料的描述,将宣传范围扩大到其他功能;不得有宣传治疗作用的用语;不得使用极限性词汇,如“最好”“最佳”“极品”等;不得提及其产品的试验检测机构名称;不得提及产品获奖、鉴定或监制的情况。根据传统中医药理论和养生理论开发的保健食品,其说明书可以允许使用一些传统的中医术语,但必须经评审委员会审查。对既能补充营养素又经试验证实具有特定保健功能的产品,原则上只批准其经证实的保健功能,补充某种或某些营养素允许在说明书引语中说明,不在保健功能一栏中标出。②主要原料。③功效成分,应标明含量(有明确功效成分的须加此条)。④保健功能,只能注明被批准的功能的标准表达用语。⑤适宜人群,标注方式为适宜某某人群。⑥不适宜人群,(视具体情况决定是否加注此条)标注方式为某某人群不宜。⑦食用量及食用方法,不得写两种(含两种)以上剂型的产品的食用量及食用方法。⑧保质期,按稳定性试验证实的保质期标注。⑨贮存方法。⑩执行标准号。⑪注意事项(视具体情况决定是否加注此条)。

二、申报与审批

注册申请人准备好申请材料后,须先在保健食品注册申请系统在线填报,再将纸质资料提交到受理机构,形式审查(材料的完整性和一致性审查)合格后,受理机构会正式受理,随即进入审批流程,即技术审评和行政审查。技术审评是指审评中心组建专家审查组,会同有关部门开展材料审查、现场核查、复核检验等工作。行政审查,是指审评中心根据技术审评

笔记栏

的结果做出注册与否的决定的过程。国产保健食品新产品的注册申报与审批的详细流程见图 3-2。

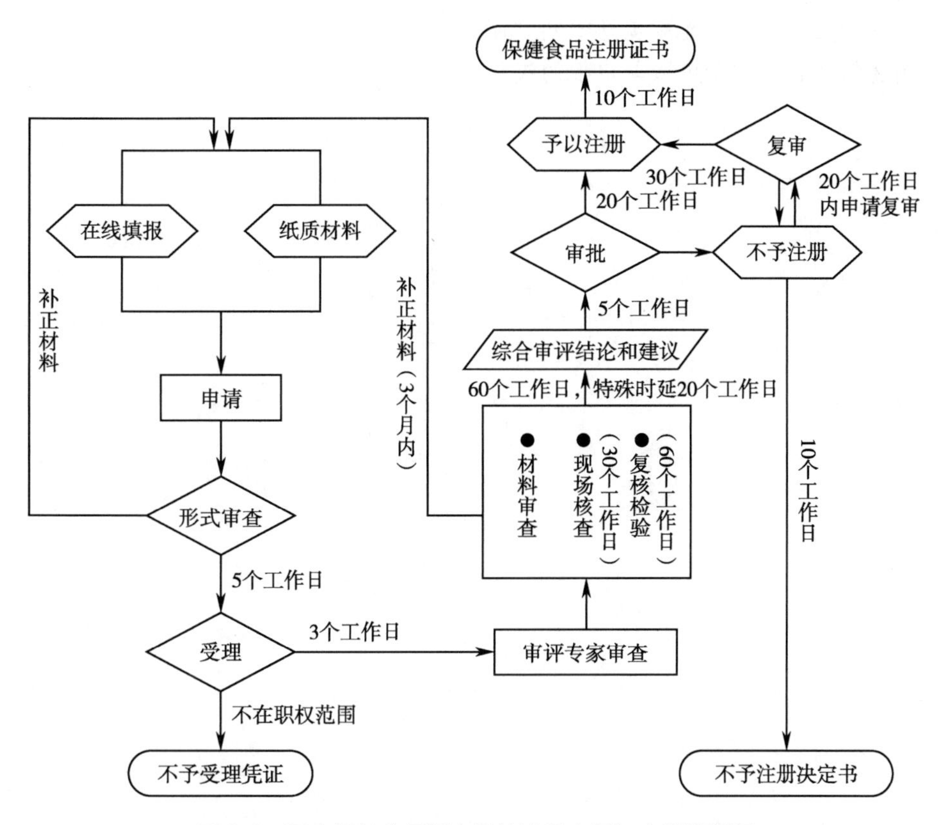

图 3-2　国产保健食品新产品的注册申报与审批流程图

学习小结

1. 学习内容

保健食品研发思路与流程	保健食品的研发思路	市场调研、配方及工艺筛选、技术要求的制定、安全性和功能学评价的相关情况
	保健食品研发流程	立项调研、确立研发方案、研发的组织与实施
	保健食品申报、核查与审批	注册申请材料的准备、申报与审批流程

2. 学习方法　通过对保健功能需求、市场现状、配方和工艺筛选及有关研发技术要求的了解，加深对保健食品研发思路的理解；通过对保健食品研发流程的学习，加深对保健食品从立项调研、立项与研发方案确立、组织实施、资料书写与整理、申报与审批的整个过程的理解；通过对保健食品审批过程的了解，理解我国保健食品申报、核查与审批的有关程序和要求。

（刘永刚　王满元　杨文宇）

笔记栏

复习思考题

1. 研发保健食品需要考虑哪些方面的问题？
2. 保健食品的研发方案应包括哪些方面的内容？
3. 简述保健食品注册申请与审批的流程。

笔记栏

第四章 保健食品配方研究

学习目标

1. 掌握保健食品原辅料和食品添加剂的选择依据。

2. 掌握保健食品的保健功能和安全性要求与配方的关系，理解保健食品的配方依据。

3. 熟悉中医药饮食保健理论养生思想在保健食品配方设计中的应用。

保健食品的配方由原料和辅料组成。保健食品原料是指与保健食品声称功能相关的初始物料；保健食品的辅料是指生产保健食品时所用的赋形剂及其他附加物料，包括赋形剂、填充剂、甜味剂、着色剂等。保健食品所使用的原料和辅料应符合国家标准和卫生要求。无国家标准的，应当提供行业标准或自行制定的质量标准，并提供与该原料和辅料相关的资料。保健食品所使用的原料和辅料应当对人体健康安全无害。有限量要求的物质，其用量不得超过国家有关规定。国家有关部门公布的可用于保健食品的或者批准可以食用的以及生产普通食品所使用的原料和辅料可以作为保健食品的原料和辅料。国家有关部门规定的不可用于保健食品的原料和辅料、禁止使用的物品不得作为保健食品的原料和辅料。

保健食品配方是使保健食品具备声称保健功能的物质基础，是保健食品基础研究理论、设计理念和预期目标的全面体现，亦可以在一定程度上体现行业发展及特征。因此，深入研究保健食品配方理论及相关指导原则，对保健食品的研发、备案或注册、生产和应用均具有重要的指导意义。

第一节 保健食品原料

一、保健食品原料选择的范围和依据

原料是研制开发保健食品的基础，保健食品的机体调节功能是通过食品原料中的功效成分和营养物质发挥作用的，因此，一个好的保健食品，首先必须选择理想的原料和合理配方，才能达到保健效果。如果原料选择不当或配方不合理，则会使所研制的保健食品保健效果不佳或完全失败。食品原料种类繁多，所含成分复杂多样，因此，保健食品的研制开发人员必须广泛深入地了解有关食品化学、食品营养、生理生化、食品养生、中医药理论等方面的知识，才能使保健食品达到选料适当、配方合理、功能显著、市场认可的目的。

保健食品原料管理是保健食品注册与备案管理的基础性工作，也是保证保健食品安全、有效和质量可控的关键。《食品安全法》规定：建立原料名称、用量和对应的功效三者相关

笔记栏

联的《保健食品原料目录》和《允许保健食品声称的保健功能目录》,并以此作为划分注册与备案管理的依据,实现保健食品注册与备案的双轨制管理。

《保健食品注册与备案管理办法》规定:使用的原料已经列入《保健食品原料目录》的保健食品和首次进口的属于补充维生素、矿物质等营养物质的保健食品采用备案制;使用《保健食品原料目录》以外原料(以下简称"目录外原料")的保健食品和首次进口的保健食品(属于补充维生素、矿物质等营养物质的保健食品除外)采用注册制。

（一）《保健食品原料目录》的原料

为全面落实食品安全法相关规定,国家食品药品监督管理总局相关部门在梳理已批准注册产品中原料名称、用量和对应功效的基础上,于2016年底组织发布了《保健食品原料目录(一)》,同时起草了《保健食品原料目录与保健功能目录管理办法(征求意见稿)》。由于机构改革,《保健食品原料目录与保健功能目录管理办法》于2018年12月18日经国家市场监督管理总局2018年第9次局务会议审议通过,经与国家卫生健康委员会协商一致,自2019年10月1日起施行。该办法明确了目录制定的基本程序以及纳入目录的基本要求、再评价等原则,并规定,《保健食品原料目录》是指依照本办法制定的保健食品原料的信息列表,包括原料名称、用量及其对应的功效。国家市场监督管理总局会同国家卫生健康委员会、国家中医药管理局制定、调整并公布《保健食品原料目录》和保健功能目录。国家市场监督管理总局保健食品审评机构负责组织拟订《保健食品原料目录》和保健功能目录,接收纳入或者调整《保健食品原料目录》和保健功能目录的建议。《保健食品原料目录》和保健功能目录的制定、调整和公布,应当以保障食品安全和促进公众健康为宗旨,遵循依法、科学、公开、公正的原则。

1. 纳入《保健食品原料目录》原料的条件与要求　①具有国内外食用历史,原料安全性确切,在批准注册的保健食品中已经使用。②原料对应的功效已经纳入现行的保健功能目录。③原料及其用量范围、对应的功效、生产工艺、检测方法等产品技术要求可以实现标准化管理,确保依据目录备案的产品质量一致性。④《允许保健食品声称的保健功能目录》的维生素、矿物质等营养素物质,有下列情形之一的,不得列入《保健食品原料目录》:存在食用安全风险以及原料安全性不确切者;无法制定技术要求进行标准化管理和不具备工业化大生产条件者;法律法规以及国务院有关部门禁止食用,或者不符合生态环境和资源法律法规要求等其他禁止纳入的情形等。

《保健食品原料目录》的修订、按照传统既是食品又是中药材物质目录的制定、新食品原料的审查等工作应当相互衔接。

2.《保健食品原料目录》原料的研发与管理　《保健食品原料目录与保健功能目录管理办法》鼓励多元市场主体参与研发创新,打通了新的保健功能与原料的研究开发路径;鼓励企业既继承传统中医养生理论,又充分应用现代生物医学技术,研究开发新功能新产品,改变目前产品低水平重复的现状,促进保健食品产业高质量发展。在明确任何单位或者个人研究的基础上,可以向审评机构提出拟纳入或者调整《保健食品原料目录》的建议。研究建议项目材料包括:①原料名称,必要时提供原料对应的拉丁学名、来源、使用部位以及规格等。②用量范围及其对应的功效。③工艺要求、质量标准、功效成分或者标志性成分及其含量范围和相应的检测方法、适宜人群和不适宜人群相关说明、注意事项等。④人群食用不良反应情况。⑤纳入目录的依据等其他相关材料。建议调整《保健食品原料目录》的,还需要提供调整理由、依据和相关材料。国家市场监督管理总局可以根据保健食品注册和监督管理情况,选择具备能力的技术机构对已批准注册的保健食品中使用目录外原料情况进行研究分析、经审评机构评审并作出科学的技术评价结论、公开征求意见、修改完善。再经国家市场监督管理总局审查,符合要求的,会同国家卫生健康委员会、国家中医药管理局及时

笔记栏

公布纳入或者调整的《保健食品原料目录》。该办法实施后，原料目录和功能目录将成熟一个、发布一个。随着目录不断扩大，备案产品增多、注册产品减少，生产企业和监管部门的制度成本也会降低。同时，设置的再评价和退出机制，对于经研究发现有风险、科学共识有变化的，可以及时启动目录的调整程序。

3. 保健食品原料目录　2020 年 12 月由国家市场监督管理总局、国家卫生健康委员会和国家中医药管理局发布《保健食品原料目录营养素补充剂(2020 年版)》《允许保健食品声称的保健功能目录　营养素补充剂(2020 年版)》，同时制定了辅酶 Q_{10} 等五种保健食品原料目录，并于 2021 年 3 月 1 日起施行。《保健食品原料目录》原料共 87 种，其中营养素补充剂 82 种，非营养素补充剂 5 种。

《保健食品原料目录 营养素补充剂(2020 年版)》和《允许保健食品声称的保健功能目录 营养素补充剂(2020 年版)》

与 2016 年版相比，《允许保健食品声称的保健功能目录 营养素补充剂(2020 年版)》在原来 22 种"补充维生素、矿物质"中增加了"补充 β 胡萝卜素"；在硒营养素中增加硒化卡拉胶；删除了 2019 版拟增加的(6*S*)-5- 甲基四氢叶酸，氨基葡萄糖盐，增加氯化胆碱等项目，也明确营养素包括钙、镁、钾、锰、铁、锌、硒、铜、维生素 A、维生素 D、维生素 B_1、维生素 B_2、维生素 B_6、维生素 B_{12}、烟酸(尼克酸)、叶酸、生物素、胆碱、维生素 C、维生素 K、泛酸、维生素 E、β 胡萝卜素。《保健食品原料目录》共列出 82 种营养素补充剂，并对其使用范围、功效成分、适宜人群、最低值、最高值、功效做了备注。功能声称为：补充维生素、矿物质。例如营养素"钙"，目录中列出化合物名称(碳酸钙、醋酸钙、氯化钙等)、每个化合物对应的标准依据(一般执行相应的国家标准)、适用范围、功效成分(以 Ca^{2+} 计，mg)、适宜人群(划分有不同年龄段的人群以及特殊人群，如孕妇、乳母等)、每日用量最低值、每日用量最高值、功效(补充钙)。5 种非营养素补充剂，即功能原料辅酶 Q_{10}、破壁灵芝孢子粉、螺旋藻、鱼油、褪黑素。

辅酶 Q_{10} 等五种保健食品原料目录及技术要求

(二) 目录外原料

目录外原料是指保健食品所使用的原料为《保健食品原料目录》以外原料。主要包括可用于普通食品生产的原料和可用于保健食品的物品等。

1. 可用于普通食品生产的原料　《食品安全法》指出"食品，指各种供人食用或者饮用的成品和原料以及按照传统既是食品又是中药材的物品，但是不包括以治疗为目的的物品"。目前我国可以用作普通食品生产的原料物质主要包括普通食品原料、新食品原料、可用于食品的菌种、既是食品又是药品的物品等。

(1) 普通食品原料：即传统可食用的原料，种类繁多。如按其自然属性可分为：植物性原料、动物性原料、矿物性原料、人工合成原料；按其资源可分为：农产品、畜产品、水产品、林产品；按其商品学属性可分为：粮食类、蔬菜类、水产品类、畜肉类、禽肉类、乳品类、蛋品类、调料类等。

选用的主要参考依据如下：①对于普通食品原料，目前判断一种物质是否是食品原料可以通过查找已有食品标准，国家监管部门发布的函、公告以及已有通用限量标准的分类目录中是否提到该物质；传统食用习惯也可以作为普通食品原料的判定依据，传统食用习惯是指在省辖区域内有 30 年以上作为定型或非定型包装食品生产经营的历史，且未载入《中华人民共和国药典》(简称《中国药典》)。②《中国食物成分表》(中国疾病预防控制中心营养与健康所编著)中所列出的原料。

另外，卫生部 1998 年下发《关于 1998 年全国保健食品市场整顿工作安排的通知》(卫监法发〔1998〕第 9 号)，将新资源食品油菜花粉、玉米花粉、松花粉、向日葵花粉、紫云英花粉、荞麦花粉、芝麻花粉、高粱花粉、魔芋、钝顶螺旋藻、极大螺旋藻、刺梨、玫瑰茄、蚕蛹列为普通食品管理。

(2) 新食品原料：《新食品原料安全性审查管理办法》规定，新食品原料(以前称为新资源

笔记栏

食品）是指在我国无传统食用习惯的以下物品：①动物、植物和微生物；②从动物、植物和微生物中分离的成分；③原有结构发生改变的食品成分；④其他新研制的食品原料。新食品原料应当具有食品原料的特性，符合应当有的营养要求，且无毒、无害，对人体健康不造成任何急性、亚急性、慢性或者其他潜在性危害。

食品中含有新食品原料的，其产品标签标识应当符合国家法律、法规、食品安全标准和国家卫生行政部门公告要求。

国家卫生行政部门负责新食品原料的安全性评估材料审查。为规范新食品原料安全性评估材料审查工作，国家卫生行政部门将原卫生部依据《食品卫生法》制定的《新资源食品管理办法》修订为根据《食品安全法》的《新食品原料安全性审查管理办法》（2013 年国家卫生计生委主任第 1 号令），于 2013 年 10 月 1 日正式实施，并于 2017 年 12 月 26 日对部分条款进行修改。

对符合《新食品原料安全性审查管理办法》规定的有传统食用习惯的食品，企业生产经营可结合该办法，依照《食品安全法》规定执行。新食品原料的研发单位或者个人可按照《新食品原料申报与受理规定》《新食品原料安全性审查规程》等研发，并向国家卫生健康委员会所属国家食品安全风险评估中心申报，经评审、现场核查、征求意见等以获得新食品原料的行政许可。一般终止审查的新食品原料名单在其中心网站发布。终止审查的新食品原料通过食品评估中心制作终止审查结论通知书移交政务大厅通知申请人，终止审查的原因主要分为三种情况：①经审核为普通食品或与普通食品具有实质等同的；②与已公告的新食品原料具有实质等同的；③其他终止审查的情况（例如已有国家标准的食品原料，或有传统食用习惯的产品等）。

2008 年以来原卫生部和国家卫生计生委公告批准的新食品原料（新资源食品）名单

选用的主要依据为国家卫生管理部门批准并发布的公告。

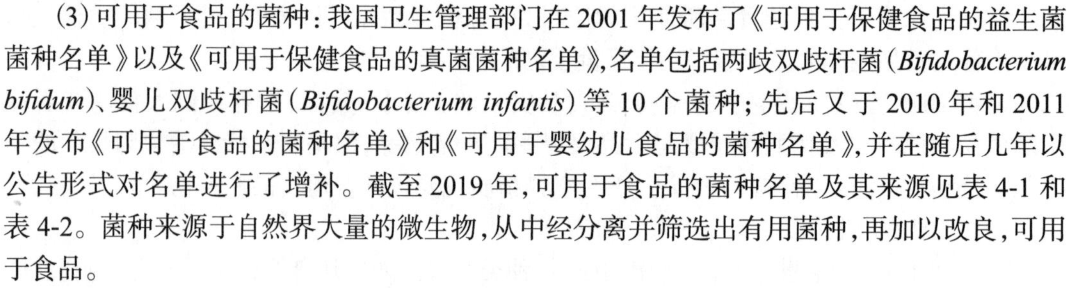
（3）可用于食品的菌种：我国卫生管理部门在 2001 年发布了《可用于保健食品的益生菌菌种名单》以及《可用于保健食品的真菌菌种名单》，名单包括两歧双歧杆菌（*Bifidobacterium bifidum*）、婴儿双歧杆菌（*Bifidobacterium infantis*）等 10 个菌种；先后又于 2010 年和 2011 年发布《可用于食品的菌种名单》和《可用于婴幼儿食品的菌种名单》，并在随后几年以公告形式对名单进行了增补。截至 2019 年，可用于食品的菌种名单及其来源见表 4-1 和表 4-2。菌种来源于自然界大量的微生物，从中经分离并筛选出有用菌种，再加以改良，可用于食品。

表 4-1　可用于食品的菌种名单

序号	名称	拉丁学名
第一类	双歧杆菌属	*Bifidobacterium*
1	青春双歧杆菌	*Bifidobacterium adolescentis*
2	动物双歧杆菌（乳双歧杆菌）	*Bifidobacterium animalis* （*Bifidobacterium lactis*）
3	两歧双歧杆菌	*Bifidobacterium bifidum*
4	短双歧杆菌	*Bifidobacterium breve*
5	婴儿双歧杆菌	*Bifidobacterium infantis*
6	长双歧杆菌	*Bifidobacterium longum*
第二类	乳杆菌属	*Lactobacillus*
1	嗜酸乳杆菌	*Lactobacillus acidophilus*
2	干酪乳杆菌	*Lactobacillus casei*

续表

序号	名称	拉丁学名
3	卷曲乳杆菌	*Lactobacillus crispatus*
4	德氏乳杆菌保加利亚种	*Lactobacillus delbrueckii* subsp.*bulgaricus*
5	德氏乳杆菌乳亚种	*Lactobacillus delbrueckii* subsp.*lactis*
6	发酵乳杆菌	*Lactobacillus fermentium*
7	格氏乳杆菌	*Lactobacillus gasseri*
8	瑞士乳杆菌	*Lactobacillus helveticus*
9	约氏乳杆菌	*Lactobacillus johnsonii*
10	副干酪乳杆菌	*Lactobacillus paracasei*
11	植物乳杆菌	*Lactobacillus plantarum*
12	罗伊氏乳杆菌	*Lactobacillus reuteri*
13	鼠李糖乳杆菌	*Lactobacillus rhamnosus*
14	唾液乳杆菌	*Lactobacillus salivarius*
15	清酒乳杆菌	*Lactobacillus sakei*
16	弯曲乳杆菌	*Lactobacillus curvatus*
第三类	链球菌属	*Streptococcus*
1	嗜热链球菌	*Streptococcus thermophilus*
第四类	乳酸菌属	*Lactococcus*
1	乳酸乳球菌乳酸亚种	*Lactococcus lactis* subsp.*lactis*
2	乳酸乳球菌乳脂亚种	*Lactococcus lactis* subsp.*cremoris*
3	乳酸乳球菌双乙酰亚种	*Lactococcus lactis* subsp.*diacetylactis*
第五类	明串球菌属	*Leuconostoc*
1	肠膜明串珠菌肠膜亚种	*Leuconostoc mesenteroides* subsp.*mesenteroides*
第六类	丙酸杆菌属	*Propionibacterium*
1	费氏丙酸杆菌谢氏亚种	*Propionibacterium freudenreichii* subsp. *shermanii*
2	产丙酸丙酸杆菌	*Propionibacterium acidilactici*
第七类	片球菌属	*Pediococcus*
1	乳酸片球菌	*Pediococcus acidilactici*
2	戊糖片球菌	*Pediococcus pentosaceus*
第八类	葡萄球菌属	*Stpahylococcus*
1	小牛葡萄球菌	*Stpahylococcus vitulinus*
2	木糖葡萄球菌	*Stpahylococcus xylosus*
3	肉葡萄球菌	*Stpahylococcus carnosus*
第九类	芽孢杆菌属	*Bacillus*
1	凝结芽孢杆菌	*Bacillus coagulans*
第十类	克鲁维酵母属	*Kluyveromyces*
1	马克思克鲁维酵母	*Kluyveromyces marxianus*

注：1. 传统上用于食品生产加工的菌种允许继续使用。名单以外的、新菌种按照《新食品原料申报与受理规定》执行。2. 可用于婴幼儿食品的菌种按现行规定执行，名单另行制定。

表 4-2 可用于婴幼儿食品的菌种名单

菌属	名称	拉丁名
双歧杆菌属 *Bifidobacterium*	动物双歧杆菌 Bb-12	***Bifidobacterium animalis*** Bb-12
	乳双歧杆菌 HN019 或 Bi-07	***Bifidobacterium lactis*** HN019 or Bi-07
	短双歧杆菌 M-16V	***Bifidobacterium breve*** M-16V
乳杆菌属 *Lactobacillus*	嗜酸乳杆菌 NCFM	*Lactobacillus acidophilus* NCFM
	鼠李糖乳杆菌 LGG 或 HN001	*Lactobacillus rhamnosus* LGG or HN001
	发酵乳杆菌 CECT5716	*Lactobacillusfermentum* CEC5716
	罗伊氏乳杆菌 DSM17938	*Lactobacillus reuteri* DSM17938

(4)既是食品又是药品的物品:又称为“药食同源”或“药食两用”。选择的主要依据是:

1)卫生部于 2002 年发布《关于进一步规范保健食品原料管理的通知》(卫法监发〔2002〕51 号),附件 1 公布的《既是食品又是药品的物品名单》中的物品,共 87 种,按笔画顺序排列如下:

丁香、八角茴香、刀豆、小茴香、小蓟、山药、山楂、马齿苋、乌梢蛇、乌梅、木瓜、火麻仁、代代花、玉竹、甘草、白芷、白果、白扁豆、白扁豆花、龙眼肉(桂圆)、决明子、百合、肉豆蔻、肉桂、余甘子、佛手、杏仁(甜、苦)、沙棘、牡蛎、芡实、花椒、赤小豆、阿胶、鸡内金、麦芽、昆布、枣(大枣、酸枣、黑枣)、罗汉果、郁李仁、金银花、青果、鱼腥草、姜(生姜、干姜)、枳椇子、枸杞子、栀子、砂仁、胖大海、茯苓、香橼、香薷、桃仁、桑叶、桑椹、橘红、桔梗、益智仁、荷叶、莱菔子、莲子、高良姜、淡竹叶、淡豆豉、菊花、菊苣、黄芥子、黄精、紫苏、紫苏籽、葛根、黑芝麻、黑胡椒、槐米、槐花、蒲公英、蜂蜜、榧子、酸枣仁、鲜白茅根、鲜芦根、蝮蛇、橘皮、薄荷、薏苡仁、薤白、覆盆子、藿香。

2)2019 年国家卫生健康委员会、国家市场监督管理总局联合发文《关于当归等 6 种新增按照传统既是食品又是中药材的物质公告》(2019 年第 8 号)和《关于对党参等 9 种物质开展按照传统既是食品又是中药材的物质管理试点工作的通知》。根据《食品安全法》规定,经安全性评估并广泛公开征求意见,先后增加当归、山柰、西红花、草果、姜黄、荜茇等 6 种物质纳入按照传统既是食品又是中药材的物质目录管理,仅作为香辛料和调味品使用。按照传统既是食品又是中药材的物质作为食品生产经营时,其标签、说明书、广告、宣传信息等不得含有虚假宣传内容,不得涉及疾病预防、治疗功能。将对党参、肉苁蓉、铁皮石斛、西洋参、黄芪、灵芝、山茱萸、天麻、杜仲叶等 9 种物质开展按照传统既是食品又是中药材的物质(以下简称食药物质)生产经营试点工作。

至此,可作为药食两用的中药材增至 102 种。

另外,2014 年 11 月,国家卫生和计划生育委员会对《按照传统既是食品又是中药材物质目录管理办法(征求意见稿)》及《按照传统既是食品又是中药材物质目录(征求意见稿)》进行征求意见。本次修订旨在认真贯彻落实《食品安全法》,进一步完善按照传统既是食品又是中药材物质定义、范围,保证既是食品又是中药材物质的食用安全性、广泛性,同时还要考虑我国药食同源的传统饮食文化的需求,支持我国大健康产业的发展。新食品原料安全性审查管理和相关部门食品安全监管相衔接。列入《按照传统既是食品又是中药材物质目录》的物质应当同时符合下列要求:①符合《食品安全法》及有关法规的规定;②在中医药典籍中有食用记载,未发现毒性记录;③具有传统食用习惯,正常食用未发现对人体健康造

成任何急性、亚急性、慢性或者其他潜在性危害，符合应当有的营养要求；④符合中药材资源保护相关法律法规规定；⑤已经列入国家中药材标准。《按照传统既是食品又是中药材物质目录》中的物质一般应当包括下列信息：中文名、拉丁学名、所属科名、使用部分。必要时，标注使用的限制条件。《按照传统既是食品又是中药材物质目录（征求意见稿）》在2002年发布的《既是食品又是药品的物品名单》基础上进行了修订和完善，保持原87种（征求意见稿的目录将槐花、槐米算作1种物质，故新目录为86种）。

2. 可用于保健食品生产的原料

(1) 可用于保健食品的中药原料：选用依据为卫生部于2002年发布《关于进一步规范保健食品原料管理的通知》（卫法监发〔2002〕51号），附件2公布的《可用于保健食品的物品名单》，共114种。

人参、人参叶、人参果、三七、土茯苓、大蓟、女贞子、山茱萸、川牛膝、川贝母、川芎、马鹿胎、马鹿茸、马鹿骨、丹参、五加皮、五味子、升麻、天冬、天麻、太子参、巴戟天、木香、木贼、牛蒡子、牛蒡根、车前子、车前草、北沙参、平贝母、玄参、生地黄、生何首乌、白及、白术、白芍、白豆蔻、石决明、石斛（需提供可使用证明）、地骨皮、当归、竹茹、红花、红景天、西洋参、吴茱萸、怀牛膝、杜仲、杜仲叶、沙苑子、牡丹皮、芦荟、苍术、补骨脂、诃子、赤芍、远志、麦冬、龟甲、佩兰、侧柏叶、制大黄、制何首乌、刺五加、刺玫果、泽兰、泽泻、玫瑰花、玫瑰茄、知母、罗布麻、苦丁茶、金荞麦、金樱子、青皮、厚朴、厚朴花、姜黄、枳壳、枳实、柏子仁、珍珠、绞股蓝、胡芦巴、茜草、荜茇、韭菜子、首乌藤、香附、骨碎补、党参、桑白皮、桑枝、浙贝母、益母草、积雪草、淫羊藿、菟丝子、野菊花、银杏叶、黄芪、湖北贝母、番泻叶、蛤蚧、越橘、槐实、蒲黄、蒺藜、蜂胶、酸角、墨旱莲、熟大黄、熟地黄、鳖甲。

(2) 可用于保健食品的菌种：可用于保健食品的真菌为酿酒酵母、产朊假丝酵母、乳酸克鲁维酵母、卡氏酵母、蝙蝠蛾拟青霉、蝙蝠蛾被毛孢、灵芝、紫芝、松杉灵芝、红曲霉、紫红曲霉。

可用于保健食品的益生菌有：两歧双歧杆菌、婴儿双歧杆菌、长双歧杆菌、短双歧杆菌、青春双歧杆菌、德氏乳杆菌保加利亚种、嗜酸乳杆菌、干酪乳杆菌干酪亚种、嗜热链球菌、罗伊氏乳杆菌。

(3) 其他可用于保健食品的原料：进口保健食品所使用的原料应当符合我国有关保健食品原料使用的各项规定。如首次进口的保健食品（属于补充维生素、矿物质等营养物质的保健食品除外）的原料（首次进口的保健食品，是指非同一国家、同一企业、同一配方申请中国境内上市销售的保健食品）。

（三）保健食品禁用物品

1. 根据《保健食品原料目录与保健功能目录管理办法》第八条规定，有下列情形之一的，不得列入《保健食品原料目录》：①存在食用安全风险以及原料安全性不确切的；②无法制定技术要求进行标准化管理和不具备工业化大生产条件的；③法律法规以及国务院有关部门禁止食用，或者不符合生态环境和资源法律法规要求等其他禁止纳入的情形。

2. 卫生部于2002年发布《关于进一步规范保健食品原料管理的通知》（卫法监发〔2002〕51号），附件3公布的《保健食品禁用物品名单》，共59种。

八角莲、八里麻、千金子、土青木香、山莨菪、川乌、广防己、马桑叶、马钱子、六角莲、天仙子、巴豆、水银、长春花、甘遂、生天南星、生半夏、生白附子、生狼毒、白降丹、石蒜、关木通、农吉痢、夹竹桃、朱砂、米壳（罂粟壳）、红升丹、红豆杉、红茴香、红粉、羊角拗、羊踯躅、丽江山慈菇、京大戟、昆明山海棠、河豚、闹羊花、青娘虫、鱼藤、洋地黄、洋金花、牵牛子、砒石（白砒、红砒、砒霜）、草乌、香加皮（杠柳皮）、骆驼蓬、鬼臼、莽草、铁棒槌、铃兰、雪上一枝蒿、黄花夹竹

笔记栏

桃、斑蝥、硫磺、雄黄、雷公藤、颠茄、藜芦、蟾酥。

3. 有特殊规定的其他物品

(1)濒危药材：国家一级和二级保护野生动植物及其产品；人工驯养繁殖或人工栽培的国家一级保护野生动植物及其产品；野生甘草、肉苁蓉、雪莲及其产品。

(2)经过基因修饰的菌种。

(3)单一 DAN 或 RNA。

(4)肌酸、熊胆粉。

(5)金属硫蛋白(暂不受理和审批)。

(6)其他有关国家野生动植物保护法律中禁止食用的物品。

二、特殊原料及用量

(一) 以核酸类为原料的保健食品

核酸类保健食品系指以核酸(DNA 或 RNA)为原料，辅以相应的协调物质生产的保健食品。为规范核酸类保健食品审评工作，确保核酸类保健食品的食用安全，《核酸类保健食品申报与审评规定(试行)》规定：

1. 核酸类保健食品，其核酸的每日推荐食用量为 0.6~1.2g。申请核酸类保健食品，除须按保健食品的要求提交资料外，还应当提供以下资料：

(1)产品配方及配方依据中应明确所用核酸的具体成分名称、来源、含量。

(2)与所申报功能直接相关的科学文献依据。

(3)企业标准中应明确标出所用核酸各成分的含量、纯度和相应的定性、定量检测方法以及质量标准。

(4)提供所用核酸原料的详细生产工艺(包括加工助剂名称、用量)。

(5)国家监督管理部门确定的检验机构出具的核酸原料的纯度检测报告。

(6)不得以单一的 DNA 或 RNA 作为原料申报保健食品；保健食品中所使用核酸，其单一原料纯度应大于 80%。

2. 核酸类保健食品的功能申报范围暂限定为增强免疫力功能。

3. 核酸类保健食品按照保健食品功能学评价程序和方法进行保健功能学评价试验时，除按推荐摄入量规定倍数设立高、中、低三个剂量组，还需增设中剂量配料对照组(产品除核酸外的所有其他配料)，当样品组与空白对照组、配料组比较均有统计学差异时，该产品方可以核酸作为功效成分进行标注。

4. 核酸类保健食品产品说明书中功效成分一项，应当根据国家监督管理部门确定的检验机构出具的检测报告的实测值，明确标出产品中具体核酸成分的含量。

5. 所有保健食品均不得以“核酸”命名。

6. 核酸类保健食品说明书及标签中的“不适宜人群”除按保健食品相关规定标注外，应明确标注出“痛风患者”。

(二) 以微生物为原料的保健食品

1. 真菌类保健食品　真菌类保健食品系指利用可食大型真菌和小型丝状真菌的子实体或菌丝体生产的产品。真菌类保健食品必须安全可靠，即食用安全、无毒无害，生产用菌种的生物学、遗传学、功效学特性明确和稳定。除长期袭用的可食真菌的子实体及其菌丝体外，可用于保健食品的真菌菌种名单由国家有关监督管理部门公布。真菌类保健食品的菌种鉴定工作应在国家监督管理部门确定的鉴定单位进行。申请真菌类保健食品，除按保健食品注册管理的有关规定提交资料外，还应提供以下资料：

(1)产品配方及配方依据中应包括确定的菌种属名、种名及菌株号。菌种的属名、种名应有对应的拉丁学名。

(2)菌种的培养条件(培养基、培养温度等)。

(3)菌种来源及国内外安全食用资料。

(4)国家相关监督管理部门确定的鉴定机构出具的菌种鉴定报告。

(5)菌种的安全性评价资料(包括毒力试验)。菌种及其代谢产物必须无毒无害,不得在生产用培养基内加入有毒有害物质和致敏性物质。有可能产生抗生素、真菌毒素或其他活性物质的菌种还应包括有关抗生素、真菌毒素或其他活性物质的检测报告。

(6)菌种的保藏方法、复壮方法及传代次数,防止菌种变异方法。

(7)对经过驯化、诱变的菌种,应提供驯化、诱变的方法及驯化剂、诱变剂等资料。

(8)生产的技术规范和技术保证。

(9)生产条件符合有关规定的证明文件。

(10)申请使用《可用于保健食品的真菌菌种名单》之外的真菌菌种研制、开发和生产保健食品,还应提供菌种具有功效作用的研究报告、相关文献资料和菌种及其代谢产物不产生任何有毒有害作用的资料。

2. 益生菌类保健食品　益生菌类保健食品系指能够促进肠道菌群生态平衡,对人体起有益作用的微生态产品。益生菌菌种必须是人体正常菌群的成员,可利用其活菌、死菌及其代谢产物。益生菌类保健食品必须安全可靠,即食用安全,无不良反应;生产用菌种的生物学、遗传学、功效学特性明确和稳定。可用于保健食品的益生菌菌种名单由国家有关监督管理部门公布。益生菌类保健食品的菌种鉴定工作应在国家有关监督管理部门确定的鉴定单位进行。申请益生菌类保健食品,除按保健食品注册管理有关规定提交申报资料外,还应提供以下资料:

(1)产品配方及配方依据中应包括确定的菌种属名、种名及菌株号。菌种的属名、种名应有对应的拉丁学名。

(2)菌种的培养条件(培养基、培养温度等)。

(3)菌种来源及国内外安全食用资料。

(4)国家有关监督管理部门确定的鉴定机构出具的菌种鉴定报告。

(5)菌种的安全性评价资料(包括毒力试验)。

(6)菌种的保藏方法。

(7)对经过驯化、诱变的菌种,应提供驯化、诱变的方法及驯化剂、诱变剂等资料。

(8)以死菌和/或其代谢产物为主要功能因子的保健食品应提供功能因子或特征成分的名称和检测方法。

(9)生产的技术规范和技术保证。

(10)生产条件符合有关规定的证明文件。

(11)使用《可用于保健食品的益生菌菌种名单》之外的益生菌菌种的,还应当提供菌种具有功效作用的研究报告、相关文献资料和菌种及其代谢产物不产生任何有毒有害作用的资料。

3. 微生物发酵直接生产的保健食品　对于申请注册使用微生物发酵直接生产的保健食品,除按保健食品有关规定提交相关资料外,还需提供下列资料:

(1)菌种来源及国家有关监督管理部门确定的检验机构出具的菌种鉴定报告。

(2)菌种的毒力试验报告。

(3)菌种的安全性评价报告。

笔记栏

(4)国内外该菌种用于食品生产的文献资料。

(5)发酵终产物的质量标准(包括纯度、杂质成分及含量)。

4. 微生物菌种类保健食品的安全性评价　国家市场监督管理总局《保健食品原料用菌种安全性检验与评价技术指导原则(2020年版)》中规定:保健食品原料用细菌、丝状真菌(子实体除外)和酵母应进行致病性(毒力)等安全性评价,评价方法主要包括基因序列分析、动物致病性试验、产毒试验等。

(三)野生动植物类保健食品

野生动植物类保健食品是指使用了国务院及其农业(渔业)、林业行政主管部门发布的国家保护的野生动物、植物名录中收入的野生动物、植物品种生产的保健食品。为保护野生动植物,规范野生动植物类保健食品申报与审评工作,根据《中华人民共和国野生动物保护法》《中华人民共和国野生植物保护条例》制定了《野生动植物类保健食品申报与审评规定(试行)》,并规定:

(1)禁止使用国家一级和二级保护野生动植物及其产品作为保健食品原料。

(2)禁止使用人工驯养繁殖或人工栽培的国家一级保护野生动植物及其产品作为保健食品原料。使用人工驯养繁殖或人工栽培的国家二级保护野生动植物及其产品作为保健食品原料的,应提供省级以上农业(渔业)、林业行政主管部门出具的允许开发利用的证明文件。

(3)使用国家保护的有益的或者有重要经济、科学研究价值的陆生野生动植物及其产品作为保健食品原料的,应提供省级以上农业(渔业)、林业行政主管部门依据管理职能出具的允许开发利用的证明文件。

(4)使用《中华人民共和国林业植物新品种保护名录》中植物及其产品作为保健食品原料的,如果该种植物已获"品种权",应提供该种植物品种权所有人许可使用的证明。

(5)如该种植物尚未取得品种权,应提供国务院林业主管部门出具的该种品种尚未取得品种权的证明;对于进口保健食品中使用《濒危野生动植物种国际贸易公约》名录中动植物及其产品的,应提供国务院农业(渔业)、林业行政主管部门准许其进口的批准证明文件、进出口许可证及海关的证明文件。

(6)禁止使用野生甘草、肉苁蓉和雪莲及其产品作为原料生产保健食品。使用人工栽培的甘草、肉苁蓉和雪莲及其产品作为保健食品原料的,应提供原料来源、购销合同以及原料供应商出具的收购许可证。

(四)其他类保健食品

1. 氨基酸螯合物类保健食品　申请注册使用氨基酸螯合物生产的保健食品,除按保健食品注册管理有关规定提交有关资料外,还应提供如下资料:

(1)明确的产品化学结构式、物理化学性质,配体与金属离子之比、游离元素和总元素之比。

(2)氨基酸螯合物定性、定量的检测方法(包括原料和产品)以及国家食品药品监督管理总局确定的检验机构出具的验证报告。

(3)国家食品药品监督管理总局确定的检验机构出具的急性毒性试验加做停食16小时后空腹一次灌胃试验(分别在灌胃2小时、4小时后重点观察消化道大体解剖和病理变化情况)和30天喂养试验肝、肾、胃肠(包括十二指肠、空肠、回肠)的组织病理报告。

(4)国内外该氨基酸螯合物食用的文献资料。

2. 豆磷脂类保健食品　申请注册以大豆磷脂为原料生产的保健食品,除按照保健食品注册有关规定提交资料外,还需提供下列资料,并符合下列要求:

(1) 申请人应提供大豆磷脂原料的丙酮不溶物和乙醚不溶物含量检测报告。

(2) 使用的大豆磷脂原料应符合《磷脂通用技术条件》(SB/T 10206—1994) 中一级品的要求。

3. 芦荟类保健食品　以芦荟为原料的保健食品，芦荟的食用量控制在 2g 以下(以原料干品计)，以芦荟凝胶为原料的除外。申请注册以芦荟为原料生产的保健食品，除按照保健食品注册有关规定提交资料外，还需提供下列资料，并符合下列要求：

(1) 申请人须提供省级以上专业鉴定机构出具的芦荟品种鉴定报告。

(2) 可作为保健食品原料的芦荟品种为库拉索芦荟和好望角芦荟。其他芦荟品种应按有关规定，提供该品种原料的安全性毒理学评价试验报告及相关的食用安全的文献资料。

(3) 芦荟原料应符合《食用芦荟制品》(QB/T 2489—2007) 的要求。

(4) 不适宜人群须标明孕产妇、乳母及慢性腹泻者。

(5) 注意事项须注明食用本品后如出现明显腹泻者，请立即停止食用。

4. 以蚂蚁为原料生产的保健食品　申请注册以蚂蚁为原料生产的保健食品，除按照保健食品注册有关规定提交资料外，还需提供下列资料，并符合下列要求：

(1) 申请人应提供省级以上专业鉴定机构出具的蚁种鉴定报告，并需提供蚂蚁原料来源证明。

(2) 可作为保健食品原料的蚂蚁品种为拟黑多刺蚁、双齿多刺蚁、黑翅土白蚁、黄翅大白蚁、台湾乳白蚁。其他蚂蚁品种应按有关规定，提供该品种原料的安全性毒理学评价试验报告及相关的食用安全的文献资料。

(3) 产品生产加工过程中，温度一般不超过 80℃。

(4) 提供蚁酸含量测定报告。

(5) 注意事项须注明过敏体质者慎用。

5. 以甲壳素为原料生产的保健食品　申请注册以甲壳素为原料生产的保健食品，除按照保健食品注册有关规定提交资料外，还需提供下列资料，并符合下列要求：

(1) 申请人应提供甲壳素原料的脱乙酰度检测报告。

(2) 甲壳素原料的脱乙酰度应大于 85%。

6. 以超氧化物歧化酶为原料生产的保健食品　申请注册以超氧化物歧化酶(SOD)为原料生产的保健食品应符合下列要求：

(1) 超氧化物歧化酶应从天然食品的可食部分提取，其提取加工过程符合食品生产加工要求。

(2) 以超氧化物歧化酶为原料生产的保健食品，申报的保健功能暂限定为抗氧化。

(3) 以超氧化物歧化酶单一原料申请保健食品时，应提供超氧化物歧化酶在人体内口服吸收利用率、体内代谢等国内外研究资料，证明超氧化物歧化酶可经口服吸收。

(4) 以超氧化物歧化酶组合其他功能原料申请保健食品时，加入的功能原料应具有抗氧化作用。产品不得以超氧化物歧化酶命名，不得宣传超氧化物歧化酶的作用。

7. 以酒为载体的保健食品　申请注册以酒为载体的保健食品，除按照保健食品注册有关规定提交资料外，还需提供下列资料，并符合下列要求：

(1) 产品酒精度数不超过 38 度。

(2) 每日食用量不超过 100ml。

(3) 不得申报辅助降血脂和对化学性肝损伤有辅助保护功能。

8. 不饱和脂肪酸类保健食品　申请注册不饱和脂肪酸类保健食品应符合下列要求：

笔记栏

(1)产品的每日推荐食用量不超过20ml。

(2)食用方法不得加热烹调。

(3)产品以每日食用量定量包装。

9. 申请注册以下原料生产的保健食品，除按保健食品规定提交申报资料外，还应提供：

(1)使用动物性原料(包括胎盘、骨等)的，应提供原料来源证明及县级以上畜牧检疫机构出具的检疫证明。

(2)使用红景天、花粉、螺旋藻等有不同品种植物原料的，应提供省级以上专业鉴定机构出具的品种鉴定报告。

(3)使用石斛的，应提供省级以上专业鉴定机构出具的石斛品种鉴定报告和省级食品药品监督管理部门出具的人工栽培现场考察报告。

第二节　保健食品辅料

一、保健食品辅料的要求与管理

ER-4-4
《食品安全国家标准 保健食品》

《食品安全国家标准　保健食品》(GB 16740—2014)中规定：保健食品的原料和辅料应符合相应食品标准和有关规定。

保健食品的辅料是指生产保健食品时所用的赋形剂及其他附加物料，其他附加物料主要包括：食品添加剂和营养强化剂。辅料及用量选择应充分考虑辅料的安全性、工艺必要性、保持产品稳定、与直接接触产品的包装材料不发生化学变化、不影响产品的检测、制剂成型性和稳定性等方面情况。辅料选择的依据主要包括：

ER-4-5
《食品安全国家标准 食品添加剂使用标准》

1. 根据备案与注册双轨制管理要求，市场监督管理总局制定了《保健食品备案产品可用辅料及其使用规定(2019年版)》。

2. 食品添加剂的使用应符合《食品安全国家标准　食品添加剂使用标准》(GB 2760—2014)规定。

3. 营养强化剂的使用应符合《食品安全国家标准　食品营养强化剂使用标准》GB 14880—2012和/或有关规定。

ER-4-6
《食品安全国家标准 食品营养强化剂使用标准》

4. 随着应用研究和发展，食品添加剂、营养强化剂的种类、应用范围和管理亦不断完善，经国家卫生管理部门审批的“三新食品”(即新食品原料、食品添加剂新品种、食品相关产品新品种)可以作为选用依据。如国家卫生健康委员会于2020年6月2日发布53种“三新食品”的公告(2020年第4号)，其中包括4种新食品原料，三赞胶等21种食品添加剂新品种，28种食品相关产品新品种。

5. 药品中常用且食用安全的辅料也可用于保健食品，应符合《中国药典》的有关规定。

(一)保健食品备案可用辅料及基本要求

2017年4月，国家食品药品监管总局根据《食品安全法》《保健食品注册与备案管理办法》有关规定，制定了《保健食品备案产品可用辅料及其使用规定(试行)》，明确规定包括阿拉伯胶、冰乙酸等在内的可以用在保健食品中的100余种辅料。根据《保健食品备案工作指南(试行)》对原辅料的要求，在使用时，原料应当符合《保健食品原料目录》的规定，辅料应符合保健食品备案产品可用辅料相关要求。使用经预处理原辅料的，预处理原辅料所用原料应当符合《保健食品原料目录》的规定，所用辅料应符合保健食品备案产品可用辅料相关要求，并且不得通过提取、合成等工艺改变《保健食品原料目录》内原料的化学结构、成分

笔记栏

等的要求。

由于机构改革，2019年国家市场监督管理总局依据《食品安全法》《保健食品注册与备案管理办法》等有关法律法规，制定了《保健食品备案产品可用辅料及其使用规定(2019年版)》，自2019年12月1日起施行。随着对保健食品研究和需求增加，结合生产企业、相关专家和保健食品行业协会的意见，以适应新增凝胶糖果和粉剂未来在保健食品备案产品的使用等，国家市场监督管理总局2021年发布了《保健食品备案产品可用辅料及其使用规定(2021年版)》。

1. 保健食品备案产品辅料的使用应符合国家相关标准及有关规定，必须遵循以下原则：对人体不产生任何健康危害；不以掩盖产品腐败变质为目的；不以掩盖产品本身或加工过程中的质量缺陷或掺杂、掺假、伪造为目的；不降低产品本身的保健功能和营养价值；在达到预期效果的前提下尽可能降低在产品中的使用量；加工助剂的使用应符合《食品安全国家标准　食品添加剂使用标准》(GB 2760—2014)及有关规定。

2. 本规定中的固体制剂是指每日最大食用量为20g的片剂、胶囊、软胶囊、颗粒剂、丸剂、凝胶糖果、粉剂。液体制剂是指每日最大食用量为30ml的口服液和滴剂，超过30ml的液体制剂其辅料的使用按饮料类管理。

3. 食品形态产品辅料的使用应符合《食品安全国家标准　食品添加剂使用标准》(GB 2760—2014)等有关规定；允许使用本规定中收录的食品原料。

4. 固体制剂及液体制剂中香精的使用应符合国家相关标准及有关规定，其组成成分应收录于《食品安全国家标准　食品添加剂使用标准》(GB 2760—2014)或《食品安全国家标准　食品用香精》(GB 30616—2014)中附录A《食品用香精中允许使用的辅料名单》，用量可根据生产需要适量使用。

5. 包衣预混剂、被膜剂的使用应符合国家相关标准及有关规定，其组成成分应收录于《食品安全国家标准　食品添加剂使用标准》(GB 2760—2014)或现行版《中国药典》中，用量可根据生产需要适量使用。

6. 包埋、微囊化原料制备工艺中使用的辅料应符合国家相关标准及有关规定，其组成成分应收录于《食品安全国家标准　食品添加剂使用标准》(GB 2760—2014)中，允许使用本规定中收录的辅料，使用本规定中辅料时应符合用量要求。

7. 凝胶糖果可用辅料范围与要求

(1)直接用于制剂成型的辅料种类的使用范围：由于凝胶糖果属于食品形态，根据《保健食品备案产品可用辅料及其使用规定(2021年版)》(以下称"备案可用辅料名单")的使用说明第三条规定，食品形态产品辅料的使用应符合《食品安全国家标准　食品添加剂使用标准》等有关规定；允许使用本规定中收录的食品原料。按照此原则，"备案可用辅料名单"共196个辅料，不能用于凝胶糖果的辅料有：①24个使用标准仅为药品标准的辅料(保留"纯化水")：单糖浆、低取代羟丙纤维素、黑氧化铁、红氧化铁、糊精、黄氧化铁、交联聚维酮、交联羧甲基纤维素钠、聚维酮K30、聚乙二醇、可溶性淀粉、羟丙纤维素、甘油三乙酯、无水磷酸氢钙、乙基纤维素、预胶化淀粉、蔗糖、棕氧化铁、空心胶囊、共聚维酮、聚乙烯吡咯烷酮、柠檬酸、无水柠檬酸、大豆磷脂。24个使用标准仅为药品标准的辅料(保留"纯化水")：单糖浆、低取代羟丙纤维素、黑氧化铁、红氧化铁、糊精、黄氧化铁、交联聚维酮、交联羧甲基纤维素钠、聚维酮K30、聚乙二醇、可溶性淀粉、羟丙纤维素、甘油三乙酯、无水磷酸氢钙、乙基纤维素、预胶化淀粉、蔗糖、棕氧化铁、空心胶囊、共聚维酮、聚乙烯吡咯烷酮、柠檬酸、无水柠檬酸、大豆磷脂。②根据《食品安全国家标准　食品添加剂使用标准》(GB 2760—2014)中的四种凝胶糖果可以使用类别["除胶基糖果以外的其他糖果""可可制品、巧克力和巧克力

笔记栏

制品（包括代可可脂巧克力及制品）以及糖果”“糖果和巧克力制品包衣”和“糖果”]，糖果中不可用的 18 个辅料为：丁基羟基茴香醚（BHA）、对羟基苯甲酸酯类及其钠盐（对羟基苯甲酸甲酯钠，对羟基苯甲酸乙酯及其钠盐）、二丁基羟基甲苯（BHT）、二氧化硅、富马酸、红曲黄色素、滑石粉、环己基氨基磺酸钠、抗坏血酸棕榈酸酯、硫酸钙、迷迭香提取物、羧甲基淀粉钠、糖精钠、维生素 E、盐酸、异构化乳糖液、乙酸钠、硬脂酸钙。③《食品安全国家标准 食品添加剂使用标准》（GB 2760—2014）中没有的 2 个辅料：麦芽糊精、异麦芽酮糖醇。故凝胶糖果可用辅料共 152 个。

（2）辅料可用的质量标准：“备案可用辅料名单”内凝胶糖果可用的 152 个辅料中，25 个辅料的相关标准除了食品安全国家标准外，还使用了药品标准。根据凝胶糖果的食品属性，未来凝胶糖果备案时不得使用药品标准的 25 个辅料为：阿拉伯胶、β 环糊精、D- 甘露糖醇、二氧化钛、蜂蜡、甘油、甲基纤维素、明胶、木糖醇、羟丙基甲基纤维素、三氯蔗糖、山梨酸及其钾盐（以山梨酸计）、山梨糖醇和山梨糖醇液、羧甲基淀粉钠、天门冬酰苯丙氨酸甲酯（又名阿斯巴甜）、微晶纤维素、硬脂酸镁、马铃薯淀粉、木薯淀粉、乳糖、食用葡萄糖、食用小麦淀粉、食用玉米淀粉、薄荷脑、碳酸镁。

（3）辅料用量：“备案可用辅料名单”有 26 个辅料在《食品安全国家标准 食品添加剂使用标准》（GB 2760—2014）中规定了“除胶基糖果以外的其他糖果”的使用限量，其中 16 个辅料最大使用量低于备案可用辅料名单中的最大使用量，按照从严管理的原则，按《食品安全国家标准 食品添加剂使用标准》（GB 2760—2014）中的用量限定其最大使用量（表 4-3）。

表 4-3 16 个辅料最大使用量 /（g/kg）

序号	辅料名称	原使用量	凝胶糖果使用量
1	β 环糊精	按生产需要适量使用	15
2	苯甲酸及其钠盐（以苯甲酸计）	1	0.8
3	赤藓红及其铝色淀（以赤藓红计）	0.1	0.05
4	二氧化钛	按生产需要适量使用	10
5	红花黄	0.5	0.2
6	聚甘油脂肪酸酯	按生产需要适量使用	5
7	葡萄皮红	2.5	2
8	甜菊糖苷	10	3.5
9	苋菜红及其铝色淀（以苋菜红计）	0.1	–
10	胭脂红及其铝色淀（以胭脂红计）	0.1	–
11	叶绿素铜钠盐	按生产需要适量使用	0.5
12	乙酰磺氨酸钾	4	2
13	硬脂酸	按生产需要适量使用	1.2
14	栀子黄	1.5	0.3
15	栀子蓝	1	0.3
16	辛，癸酸甘油酯	按乳化剂需要适量使用	0.08

（4）被膜剂的辅料使用范围：凝胶糖果在生产过程中被膜剂的使用范围参照目前片剂的

“包衣预混剂”管理，此类辅料不需要填写生产用量。允许使用被膜剂的辅料应收录于《食品安全国家标准 食品添加剂使用标准》（GB 2760—2014），用量可根据生产需要适量使用。

8. 粉剂可用辅料

(1) 直接用于制剂成型的辅料种类使用范围：按照粉剂属于食品形态的原则，根据“备案可用辅料名单”的使用说明第三条规定，食品形态产品辅料的使用应符合《食品安全国家标准 食品添加剂使用标准》等有关规定；允许“备案可用辅料名单”中收录的食品原料。按照此原则，“备案可用辅料名单”共196个辅料，不能用于粉剂的辅料为24个使用标准仅为药品标准的辅料（保留“纯化水”）：单糖浆、低取代羟丙纤维素、黑氧化铁、红氧化铁、糊精、黄氧化铁、交联聚维酮、交联羧甲基纤维素钠、聚维酮K30、聚乙二醇、可溶性淀粉、羟丙纤维素、甘油三乙酯、无水磷酸氢钙、乙基纤维素、预胶化淀粉、蔗糖、棕氧化铁、空心胶囊、共聚维酮、聚乙烯吡咯烷酮、柠檬酸、无水柠檬酸、大豆磷脂。

(2) 辅料可用的质量标准：“备案可用辅料名单”内粉剂可用的172个辅料中，除了上述凝胶糖果中25个辅料的药品标准不能使用外，还包括以下辅料中的药品标准：二氧化硅、滑石粉、羧甲基纤维素钠、麦芽糊精。

9. 其他辅料

(1) 橄榄油使用标准：《橄榄油、油橄榄果渣油》（GB 23347—2009）修改为《橄榄油、油橄榄果渣油》（GB/T 23347—2009）。2017年国家质量监督检验检疫总局、国家标准化管理委员会将《小麦粉》在内的1 077项强制性国家标准转化为推荐性国家标准，其中包括橄榄油，因此本次将该原料的使用标准更改为推荐标准。

(2) 空心胶囊的规范描述：“备案可用辅料名单”中为“空心胶囊”。《中国药典》2020年版四部药用辅料中，空心胶囊除包括“明胶空心胶囊”和“羟丙基淀粉空心胶囊”外，还包括“羟丙甲纤维素空心胶囊”“普鲁兰多糖空心胶囊”。考虑到新增的两种空心胶囊未在保健食品中使用，故本次仅规范空心胶囊为“明胶空心胶囊”和“羟丙基淀粉空心胶囊”两种。其使用相关标准和最大使用量与原“空心胶囊”相同。

（二）食品添加剂在保健食品中的应用

食品添加剂是指用来改善食品品质和色、香、味，以及为防腐、保鲜和加工工艺的需要而加入食品中的人工合成或天然物质。食用香料、胶基糖果中基础剂物质、食品工业用加工助剂也包括在内。保健食品中使用的添加剂应符合《食品安全国家标准 食品添加剂使用标准》（GB 2760—2014）及后续“三新食品”中的规定。

(1) 食品添加剂的使用要求：食品添加剂使用时应符合以下基本要求：①不应对人体产生任何健康危害；②不应掩盖食品腐败变质；③不应掩盖食品本身或加工过程中的质量缺陷或以掺杂、掺假、伪造为目的而使用食品添加剂；④不应降低食品本身的营养价值；⑤在达到预期效果的前提下尽可能降低在食品中的使用量。

(2) 在下列情况下可使用食品添加剂：①保持或提高食品本身的营养价值；②作为某些特殊膳食用食品的必要配料或成分；③提高食品的质量和稳定性，改进其感官特性；④便于食品的生产、加工、包装、运输或者贮藏。

(3) 食品添加剂质量标准：食品添加剂应当符合相应的质量规格要求。

(4) 带入原则：在下列情况下食品添加剂可以通过食品配料（含食品添加剂）带入食品中：①根据本标准，食品配料中允许使用该食品添加剂；②食品配料中该添加剂的用量不应超过允许的最大使用量；③应在正常生产工艺条件下使用这些配料，并且食品中该添加剂的含量不应超过由配料带入的水平；④由配料带入食品中的该添加剂的含量应明显低于直接将其添加到该食品中通常所需要的水平。

笔记栏

当某食品配料作为特定终产品的原料时，批准用于上述特定终产品的添加剂允许添加到这些食品配料中，同时该添加剂在终产品中的量应符合本标准的要求。在所述特定食品配料的标签上应明确标示该食品配料用于上述特定食品的生产。

（三）营养强化剂在保健食品中的应用

营养强化剂是指为了增加食品的营养成分（价值）而加入到食品中的天然或人工合成的营养素和其他营养成分。营养素是指食物中具有特定生理作用，能维持机体生长、发育、活动、繁殖以及正常代谢所需的物质，包括蛋白质、脂肪、碳水化合物、矿物质、维生素等。

《食品安全国家标准 食品营养强化剂使用标准》（GB 14880—2012）中规定了食品营养强化的主要目的、使用要求、可强化食品类别的选择要求以及使用规定等。

1. 营养强化的主要目的

（1）弥补食品在正常加工、储存时造成的营养素损失。

（2）在一定的地域范围内，有相当规模的人群出现某些营养素摄入水平低或缺乏，通过强化可以改善其摄入水平低或缺乏导致的健康影响。

（3）某些人群由于饮食习惯和 / 或其他原因可能出现某些营养素摄入量水平低或缺乏，通过强化可以改善其摄入水平低或缺乏导致的健康影响。

（4）补充和调整特殊膳食用食品中营养素和 / 或其他营养成分的含量。

2. 营养强化剂的使用要求

（1）营养强化剂的使用不应导致人群食用后营养素及其他营养成分摄入过量或不均衡，不应导致任何营养素及其他营养成分的代谢异常。

（2）营养强化剂的使用不应鼓励和引导与国家营养政策相悖的食品消费模式。

（3）添加到食品中的营养强化剂应能在特定的储存、运输和食用条件下保持质量的稳定。

（4）添加到食品中的营养强化剂不应导致食品一般特性如色泽、滋味、气味、烹调特性等发生明显不良改变。

（5）不应通过使用营养强化剂夸大食品中某一营养成分的含量或作用误导和欺骗消费者。

（6）特殊膳食用食品中营养素及其他营养成分的含量按相应的食品安全国家标准执行。

随着科学技术的应用和发展，经国家卫生管理部门审批，“三新食品（即新食品原料、食品添加剂新品种、食品相关产品新品种）”种类和应用范围合理扩大，营养强化剂的标准和管理要求也在不断完善。如左旋肉碱（L- 肉碱）目前执行的标准为 GB 1903.13—2016，与 GB 17787—1999 相比，在感官、鉴别、含量测定、重金属、砷盐检查等方面都进行了完善。

二、常用辅料的种类及作用

（一）食品添加剂的种类及作用

《食品安全国家标准 食品添加剂》（GB 2760—2014）中收载的食品添加剂包括酸度调节剂、抗结剂、消泡剂、抗氧化剂、漂白剂、膨松剂、胶基糖果中基础剂物质、着色剂、护色剂、乳化剂、酶制剂、增味剂、面粉处理剂、被膜剂、水分保持剂、防腐剂、稳定剂和凝固剂、甜味剂、增稠剂、食品用香料、食品工业用加工助剂等。该标准规定了食品添加剂的使用原则、允许使用的食品添加剂品种、使用范围及最大使用量或残留量。下面就主要的食品添加剂作一介绍。

1. 甜味剂　甜味剂是指赋予食品甜味的物质。按来源可分为天然甜味剂和人工合成甜味剂。天然甜味剂可分为糖醇类和非糖类。其中糖醇类有木糖醇、山梨糖醇、D- 甘露糖

醇、乳糖醇、麦芽糖醇、赤藓糖醇、半乳甘露聚糖等。非糖类有甜菊糖苷、甘草酸铵、罗汉果甜苷、索马甜等。人工合成甜味剂包括磺胺类、二肽类、蔗糖的衍生物等。其中磺胺类有糖精钠、环己基氨基磺酸钠（又名甜蜜素）、环己基氨基磺酸钙、乙酰磺胺酸钾（又名安赛蜜）等。二肽类有天门冬酰苯丙氨酸甲酯（又称阿斯巴甜）、1-α- 天冬氨酰 -*N*-（2，2，4，4- 四甲基 -3- 硫化三亚甲基）-D- 丙氨酰胺（又称阿力甜）。蔗糖的衍生物有三氯蔗糖（又名蔗糖素）、异麦芽酮糖等。

此外，按营养价值可分为营养型和非营养型甜味剂。其中营养型甜味剂，如蔗糖、葡萄糖、果糖等也是天然甜味剂。由于这些糖类除赋予食品以甜味外，还是重要的营养素，供给人体热能，通常被视作食品原料，一般不作为食品添加剂加以控制。

（1）糖精钠（邻磺酰苯甲酰亚胺钠）：于 1879 年开发，是最早应用的人工合成非营养型甜味剂，溶于水，在稀溶液中的甜度为蔗糖的 200~500 倍，浓度大时有苦味，在酸性条件下加热，甜味消失，并可形成苦味的邻氨基磺酰苯甲酸。一般认为糖精钠在体内不被分解，不被利用，大部分从尿排出而不损害肾功能。不改变体内酶系统的活性。因其热量低、不为人体吸收、可随大小便一起自动排出等特点被肥胖症、高脂血症、糖尿病、龋齿等患者用作食糖替代品。全世界广泛使用糖精钠数十年，尚未发现对人体的毒害作用。

（2）环己基氨基磺酸钠（甜蜜素）：是食品生产中常用的一甜味剂，无营养，其甜度是蔗糖的 30~40 倍，浓度大于 0.4% 时带苦味。为白色结晶或白色结晶粉末，无臭，味甜，易溶于水，难溶于乙醇，不溶于三氯甲烷和乙醚。在酸性条件下略有分解，在碱性条件下稳定。小鼠经口服半数致死剂量为 18g/kg，FAO/WHO（1982）规定每日允许摄入量为 0~11mg/kg。1969 年因用糖精 - 环己基氨基磺酸钠喂养的白鼠发现患有膀胱癌，故 1970 年美国、日本、英国、加拿大等国相继禁止使用。在随后的继续研究中，没有发现本品有致癌作用，1982 年 FAO/WHO 报告证明其无致癌性。口服后，40% 由尿排出，60% 由粪便排出，无蓄积现象。最新研究表明甜蜜素对成骨细胞的增殖和分化有明显的抑制作用，经常食用甜蜜素含量超标的饮料或其他食品，会因摄入过量对人体的肝脏和神经系统造成危害，特别是对代谢排毒能力较弱的老人、孕妇、小孩危害更明显。《食品安全国家标准 食品添加剂使用标准》（GB 2760—2014）对食品加工中甜蜜素用量进行了严格限制。

（3）天门冬酰苯丙氨酸甲酯（阿斯巴甜）：其稀溶液的甜度约为蔗糖的 100~200 倍，味感接近于蔗糖。是一种二肽衍生物，食用后在体内分解成相应的氨基酸。我国规定添加阿斯巴甜的食品应标明："阿斯巴甜（含苯丙氨酸）"。此外也发现了许多含有天冬氨酸的二肽衍生物，如阿力甜，亦属于含氨食品添加剂的糖果基酸甜味剂，为天然原料合成，甜度高。

（4）乙酰磺胺酸钾（安赛蜜）：本品对光、热（225℃）均稳定，较糖精钠有更好的口感，且甜味感持续时间长；在体内不易蓄积，吸收后可从尿中迅速排出；与阿斯巴甜 1∶1 合用，有明显的增效作用。

（5）糖醇类甜味剂：糖醇类甜味剂属于一类天然甜味剂，其甜味与蔗糖近似，多系低热能的甜味剂。品种很多，如山梨醇、木糖醇、甘露醇、麦芽糖醇等，有的存在于天然食品中，多数是通过将相应的糖氢化所得。而其前体物则来自天然食品。由于糖醇类甜味剂升血糖指数低，也不产酸，故多用作糖尿病、肥胖症患者的甜味剂，并具有防止龋齿的作用。该类物质多数具有一定的吸水性，对改善脱水食品复水性、控制结晶、降低水分均有一定的作用。但由于糖醇的吸收率较低，尤其是木糖醇，在大量食用时有一定的导致腹泻的能力。

（6）甜叶菊苷：为甜叶菊中含的一种强甜味成分，是一种含二萜烯的糖苷。甜度约为蔗糖的 300 倍。但甜叶菊苷的口感差，有甘草味，浓度高时有苦味，因此往往与蔗糖、果糖、葡萄糖等混用，并与柠檬酸、苹果酸等合用以减弱苦味或通过果糖基转移酶或 α- 葡萄糖基转

移酶使之改变结构而矫正其缺点。国外曾对其作过大量的毒性试验，均未显示毒性作用。而在食用时间较长的国家，如巴拉圭对本品已有100年食用史，日本也使用达15年以上，均未见不良反应报道。

2. 防腐剂　防腐剂是指能抑制食品中微生物的繁殖，防止食品腐败变质、延长食品储存期的物质。防腐剂一般分为酸型防腐剂、酯型防腐剂和生物防腐剂。

(1) 酸型防腐剂：常用的有苯甲酸、山梨酸和丙酸（及其盐类）。这类防腐剂的抑菌效果主要取决于它们未解离的酸分子，其效力随pH而定，酸性越强，效果越好，在碱性环境中几乎无效。

1) 苯甲酸及其钠盐：苯甲酸又名安息香酸，成本低廉。由于其在水中溶解度低，故多使用其钠盐。苯甲酸进入机体后，大部分在9~15小时与甘氨酸化合成马尿酸而从尿中排出，剩余部分与葡萄糖醛酸结合而解毒。但由于叠加中毒现象的报道，有一定的毒性，在使用上存在争议，虽然各国仍允许使用，但应用范围越来越窄，目前已逐步被山梨酸钠替代。

2) 山梨酸及其盐类：又名花楸酸。抗菌力强，防腐效果好，毒性小，对食品风味不会产生不良影响。山梨酸是一种不饱和脂肪酸，可参与体内代谢过程并被转化为二氧化碳和水，故山梨酸可看成是食品的成分，按照目前的资料可以认为对人体是无害的，是目前国内公认的最好的防腐剂，越来越受到欢迎。常使用其钾盐。

3) 丙酸及其盐类：抑菌作用较弱，使用量较高。常用于面包、糕点类食品，价格也较低廉。丙酸及其盐类，其毒性低，可认为是食品的正常成分，也是人体内代谢的正常中间产物。常使用其钠盐。

4) 脱氢醋酸及其钠盐：为广谱防腐剂，特别是对霉菌和酵母的抑菌能力较强，为苯甲酸钠的2~10倍，但在高剂量才能抑制细菌。其电离常数较低，尽管其抗菌活性和水溶液稳定性随pH增高而下降，但在较高pH范围内仍有很好的抗菌效果，当pH大于9时，抗菌活性才减弱。温度适应范围–35℃~210℃，在180℃加热30分钟不影响其抗菌防腐效力。

(2) 酯型防腐剂：如对羟基苯甲酸酯（尼泊金乙酯）及其钠盐，其特点是在pH 4~8范围内均有较好的效果，其效果不随pH变化而变化，故可被用于代替酸型防腐剂，其毒性低于苯甲酸（但高于山梨酸）。对霉菌、酵母与细菌有广泛的抗菌作用。对霉菌和酵母的作用较强，但对细菌特别是革兰氏阴性杆菌及乳酸菌的作用较差。作用机制为抑制微生物细胞呼吸酶和电子传递酶系的活性，以及破坏微生物的细胞膜结构。

(3) 生物型防腐剂：主要是乳酸链球菌素，是乳酸链球菌属微生物的代谢产物，可用乳酸链球菌发酵提取而得。乳酸链球菌素的优点是在人体的消化道内可被蛋白水解酶降解，因而不以原有的形式被吸收入体内，是一种比较安全的防腐剂，不会像抗生素那样改变肠道正常菌群，以及引起常用其他抗生素的耐药性，更不会与其他抗生素出现交叉抗性。

(4) 其他防腐剂：如二醋酸钠（又名双乙酸钠），既是一种防腐剂，也是一种螯合剂。对谷类和豆制品有防止霉菌繁殖的作用。

3. 抗氧化剂　抗氧化剂是指能防止或延缓油脂或食品成分氧化分解、变质，提高食品稳定性的物质。其作用机制比较复杂，如有的抗氧化剂是由于本身极易被氧化，首先与氧反应，从而保护了食品，如维生素E。有的抗氧化剂可以放出氢离子将油脂在自动氧化过程中所产生的过氧化物分解破坏，使其不能形成醛或酮的产物，如硫代二丙酸二月桂酯等。有些抗氧化剂可能与其所产生的过氧化物结合，形成氢过氧化物，使油脂氧化过程中断，从而阻止氧化过程的进行，而本身则形成抗氧化剂自由基，但抗氧化剂自由基可形成稳定的二聚体，或与过氧化自由基 ROO^- 结合形成稳定的化合物，如丁基羟基茴香醚、茶多酚等。

(1) 维生素E（*dl-α-*生育酚，*d-α-*生育酚，混合生育酚浓缩物）：维生素E是最主要的抗氧

化剂之一。多溶于脂肪和乙醇等有机溶剂中，不溶于水，对热、酸稳定，对碱不稳定，对氧敏感，对热不敏感，但油炸时其活性明显降低。维生素 E 对其他的抗氧化剂如丁基羟基茴香醚、特丁基对苯二酚、维生素 C、柠檬酸、棕榈酸酯、卵磷脂等具有增效作用。如果配合使用，可以降低抗氧化剂的使用量。有实验表明，猪油在室温下达到动物油酸败临界点（过氧化值 20mmol/kg）时间，对照组为 45 天，加入 0.01% 维生素 E 后可延长至 210 天，再加入 0.005% 柠檬酸则可延长至 294 天；若在 0.01% 维生素 E 中加入 0.005% 维生素 C 则可延长至 375 天。

（2）维生素 C（抗坏血酸）：是一种常用的抗氧化剂，其抗氧化效果显著。维生素 C 为水溶性维生素，性质不太稳定，容易因光线、高温、碱性、氧化酶或铁、铜等微量元素的存在而破坏。常用作抗氧化剂的还有：抗坏血酸钙、抗坏血酸钠、抗坏血酸棕榈酸酯等。

（3）丁基羟基茴香醚（BHA）：由于其加热后效果保持性好，在保存食品上有效，是目前国际上广泛使用的抗氧化剂之一，也是我国常用的抗氧化剂之一，与其他抗氧化剂有协同作用，与增效剂如柠檬酸等使用，其抗氧化效果更为显著。一般认为 BHA 毒性很小，较为安全。

（4）二丁基羟基甲苯（BHT）：与其他抗氧化剂相比，稳定性较高，耐热性好，在普通烹调温度下影响不大，抗氧化效果也好，用于长期保存的食品与焙烤食品很有效，是目前国际上特别是在水产加工方面广泛应用的廉价抗氧化剂。一般与 BHA 并用，并以柠檬酸或其他有机酸为增效剂。相对 BHA 来说，毒性稍高一些。

（5）没食子酸丙酯（PG）：对热比较稳定，对猪油的抗氧化作用较 BHA 和 BHT 强，毒性较低。

（6）特丁基对苯二酚（TBHQ）：是较新的一类酚类抗氧化剂，其抗氧化效果较好。

4. 酸度调节剂　酸度调节剂是指用以维持或改变食品酸碱度的物质。酸味剂是能够赋予食品酸味并控制微生物生长的食品添加剂，是酸度调节剂的一种。食品酸味剂分为有机酸味剂和无机酸味剂，还有一些相关的有机盐和无机盐，也可作为酸味剂使用。常见的酸味剂一般是有机酸，如柠檬酸、苹果酸、乳酸、富马酸、酒石酸、醋酸等。其中，柠檬酸最为常用。无机酸味剂使用较多的一般是磷酸。大多数食品 pH 为 5~6.5，一般无酸味感觉，如果 pH 小于 3 时，则酸味感较强。在相同的 pH 条件下，有机酸比无机酸的酸感强，且因其解离速率慢而酸味感维持时间久。酸味与甜味、咸味及苦味相比，受温度的影响最小。

（1）柠檬酸：柠檬酸有无水和单水物 2 种，有强酸味。相较其他酸味剂而言，柠檬酸的酸味柔和、爽快，一入口即可达到最高酸感，但后味延续时间较短。与柠檬酸钠复合使用，可缓和其酸感，使酸味更好。除作为酸度调节剂外，柠檬酸还可以作为螯合剂及抗氧化增效剂，因此，在各类食品中应按生产需要适量使用。如清凉饮料一般用 0.13%~0.3%；果汁、糖果等约 1%。柠檬酸的无水物多用于粉末制品，酸度强，用量均可比单水物少 10%。另外，应用时还要注意配料时的添加顺序，应在防腐剂山梨酸钾、苯甲酸钠，以及糖精钠等溶液之后添加，以防止形成难溶于水的山梨酸及苯甲酸、糖精的结晶。

（2）苹果酸：酸味较柠檬酸强约 20%，呈味缓慢，保留时间较长，可与柠檬酸呈味特性互补，以增强酸味。苹果酸除作为酸度调节剂、酸味剂外，还是抗氧化增效剂。其在水果中使用有很好的抗褐变作用。但高浓度时，对皮肤黏膜有刺激作用。

（3）酒石酸：在空气中稳定，无吸湿性，酸味较强，酸味强度为柠檬酸的 1.2~1.3 倍，其 0.3% 水溶液 pH 为 2.4。它在口中保持时间则最短，酸味爽口，但稍有涩感。一般清凉饮料中添加 0.1%~0.2%，多与柠檬酸、苹果酸等其他有机酸合用。除作为酸度调节剂、酸味剂外，还可以作为螯合剂、抗氧化增效剂和复合膨松剂使用。

笔记栏

5. 着色剂 着色剂是指使食品赋予色泽和改善食品色泽的物质,目前常用于食品的着色剂有60多种,按其来源和性质分为食品合成着色剂和食品天然着色剂。食品合成着色剂的优点在于色泽鲜艳、着色力强、不易褪色、用量较低、性能稳定。我国允许使用的化学合成色素有苋菜红、胭脂红、赤藓红、新红、柠檬黄、靛蓝、亮蓝等。一般合成色素主要属于苯胺类色素,在人体内可能形成致癌类物质β-萘胺和α-氨基萘酚,因此可用于食品的合成色素品种大幅度减少,各国对之均有严格管理,不但在品种和质量指标上有明确的限制性规定,对生产企业也有明确的限制。但是由于合成色素在稳定性和价格等方面的优点,总的消费仍呈上升趋势。

食品天然着色剂,也称食品天然色素,主要是从动物和植物组织及微生物(或培养物)中提取的色素,其中植物性着色剂占多数。天然着色剂色彩易受金属离子、水质、pH、氧化、光照、温度的影响,一般较难分散,染着性、与其他着色剂间的相溶性较差,且价格较高。我国允许使用的天然色素有甜菜红、紫胶红、越桔红、辣椒红、红米红、高粱红、栀子黄等40余种。天然色素不仅具有使食品着色的作用,而且许多天然着色剂还具有一定营养价值和生理活性。如广泛用于果汁饮料的β胡萝卜素着色剂,不仅是维生素A原,还具有很明显的抗氧化、抗衰老等保健功能;用于各种食品着色的红曲红色素还具有明显的降血压作用。随着人们对食品添加剂安全性意识的提高,大力发展天然、营养、多功能的天然着色剂已成为着色剂的发展方向。

需要注意的是,天然色素成分较为复杂,经过精制纯化等工艺后的天然色素,其用量、作用和安全性等亦应根据食品种类、生产工艺等合理选用。

6. 乳化剂 乳化剂是指能改善乳化体中各种构成相之间的表面张力,形成均匀分散体或乳化体的物质。常用的乳化剂有甘油脂肪酸酯、聚甘油脂肪酸酯、辛癸酸甘油酯、单硬脂酸甘油酯、大豆磷脂、卵磷脂、低甲氧基果胶、低酯果胶、果胶、苹果胶、卡拉胶、黄原胶、海藻酸钠、巴西棕榈蜡、没食子酸丙酯等。

7. 增稠剂 增稠剂是指可以提高食品的黏稠度或形成凝胶,从而改变食品的物理性状、赋予食品黏润、适宜的口感,并兼有乳化、稳定或使呈悬浮状态作用的物质。可分为天然和合成两大类。天然品大多数从含多糖类黏性物质的植物和海藻类中制取,如淀粉、阿拉伯胶、果胶、琼脂、明胶、海藻胶、角叉胶、糊精等,通用明胶、可溶性淀粉、多糖衍生物等可用于化妆品。合成品有羧甲基纤维素、丙二醇藻蛋白酸酯、甲基纤维素、淀粉磷酸钠、羧甲基纤维素钠、藻蛋白酸钠、酪蛋白、聚丙烯酸钠、聚氧乙烯、聚乙烯吡咯烷酮等。

8. 酶制剂 酶制剂是指由动物或植物的可食或非可食部分直接提取,或由传统或通过基因修饰的微生物(包括但不限于细菌、放线菌、真菌菌种)发酵、提取制得,用于食品加工,具有特殊催化功能的生物制品。

我国已批准使用于食品工业的酶制剂有:α-淀粉酶、糖化酶、固定化葡萄糖异构酶、木瓜蛋白酶、果胶酶、β-葡聚糖酶、葡萄糖氧化酶、α-乙酰乳酸脱氢酶等。

9. 食品用香料 食品用香料是指能够用于调配食品香精,并使食品增香的物质。在食品中使用食品用香料、香精的目的是使食品产生、改变或提高食品的风味。食品用香料一般配制成食品用香精后用于食品加香,部分也可直接用于食品加香。食品用香料、香精不包括只产生甜味、酸味或咸味的物质,也不包括增味剂。

香料是指能被嗅觉嗅出香气或被味觉尝出香味的物质。香料是配制香精的原料,我国将食用香料分为天然香料、合成香料两类。天然香料如丁香叶油、八角茴香油、广藿香油、甘草酊、甘草流浸膏、玫瑰浸膏等。合成香料如丙酸茴香酯、茴香醇、薄荷脑(*dl*-薄荷脑,*l*-薄荷脑)、麦芽酚、甲酸桃金娘烯酯等。

笔记栏

香精又称为调和香料。它是以香料为原料，经过调香，加入适当的稀释剂配成的多成分的混合体。香精通常由主香剂、合香剂、矫香剂和定香剂四种香料组成。食用香精是参照天然食品的香味，采用香料精心调配而成的具有天然风味的各种香型的香精，如菠萝香精、薄荷香精、苹果香精等。

香基又称为基香剂或主香剂，它是香精主体香的基础，是香精配方的主体，用量最大，只作为香精的香气主要组分。

为了保健食品食用安全，应按照《食品安全国家标准　食品添加剂使用标准》（GB 2760—2014）及有关规定使用。

10. 食品工业用加工助剂　食品工业用加工助剂是指有助于食品加工能顺利进行的各种物质，与食品本身无关。主要用于助滤、澄清、吸附、脱模、脱色、脱皮、提取溶剂、发酵用营养物质等。常用的有乙醇、盐酸、氢氧化钠、乙酸乙酯、植物活性炭等。使用时应本着以下原则：

（1）应在食品生产加工过程中使用，使用时应具有工艺必要性，在达到预期目的前提下应尽可能降低使用量。

（2）一般应在制成最后成品之前除去，有规定食品中残留量的除外。食品中加工助剂的残留不应对健康产生危害，不应在最终食品中发挥功能作用。

（3）应该符合相应的质量规格要求。

（二）保健食品中常用的其他辅料及作用

保健食品中常用的其他辅料主要是指除活性成分或前体以外，在安全性方面已进行了合理的评估，并且包含在药物制剂中的物质。在作为非活性物质时，起到赋形、充当载体、提高稳定性、增溶、助溶、调节释放等重要功能。辅料不仅是保健食品原料制剂成型的物质基础，而且与制剂工艺过程的难易、质量、作用发挥、释放速度等密切相关。还应注意辅料本身的安全性以及原料与辅料间相互作用及其安全性。

1. 稀释剂　稀释剂也称填充剂，指制剂中用来增加体积或重量的成分。在保健食品剂型中稀释剂通常占有很大比例，其作用不仅可保证制剂的一定的体积，而且可减少原料中功能成分的剂量偏差，改善其压缩成型性。常用的稀释剂主要有可溶性淀粉、麦芽糊精（麦芽糖糊精）、淀粉、玉米淀粉、预胶化淀粉、糊精、微晶纤维素等。

稀释剂可影响制剂的成型性（如粉末流动性、片剂硬度、湿法制粒或干法颗粒成型性、均一性）和制剂性能（如含量均匀度、崩解性、溶出度、制剂外观、硬度、脆碎度、物理化学稳定性）。一些稀释剂（如微晶纤维素）使片剂赋予物料较好的可压性，常被用作干黏合剂。

2. 黏合剂　黏合剂系指一类使无黏性或黏性不足的物料粉末聚集成颗粒，促进压缩成型，具有黏性的固体粉末或溶液。黏合剂可改善颗粒性质，如流动性、强度、抗分离、降低含尘量、压缩性或药物释放等。黏合剂可分为湿黏合剂和干黏合剂。常用的黏合剂主要有羟丙甲纤维素、聚维酮、淀粉浆、糊精、糖粉和糖浆、羧甲基纤维素钠、羟丙基纤维素、甲基纤维素等。

黏合剂在制粒溶剂中可完全或部分溶解，例如天然淀粉在一定条件下可溶。被液体润湿后，黏合剂通过改变微粒内部的黏附力生成了湿颗粒（聚集物）。黏合剂可改变颗粒的界面性质、密度、可压性等。在干燥过程中，黏合剂通过形成颗粒桥以提高颗粒强度。

3. 崩解剂　崩解剂是加入到配方中促使制剂迅速崩解成小单元并使功能成分更快溶解的功能性辅料。崩解剂包括天然、合成或化学改造的天然聚合物。当崩解剂接触水分、胃液或肠液时，它们通过吸收液体膨胀溶解或形成凝胶，引起制剂结构的破坏和崩解，增大

笔记栏

比表面积，从而促进功能成分的溶出。常用的崩解剂主要有交联羧甲基纤维素钠、交联聚维酮、羧甲淀粉钠、低取代羟丙基纤维素、泡腾片崩解剂（柠檬酸、酒石酸、柠檬酸-碳酸氢钠、碳酸钠）、羧甲基淀粉、聚乙烯吡咯烷酮等。

崩解剂应能够与水发生强烈的相互作用。不同崩解剂发挥作用的机制主要有四种：膨胀、变形、毛细管作用和排斥作用。在片剂中使用的崩解剂最好具有两种或两种以上上述机制。崩解剂的功能性取决于多个因素，如化学特性、粒度分布以及粒子形态，此外还受一些重要的片剂因素的影响，如硬度和孔隙率。

4. 润滑剂　润滑剂是指固体制剂制备中的润滑性辅料，其作用为减小颗粒间、颗粒和固体制剂生产设备金属接触面之间（如压片机冲头和冲模）的摩擦力。润滑剂可以分为界面润滑剂、流体薄膜润滑剂和液体润滑剂。在压片过程中，润滑剂往往具有抗黏着的作用，可降低颗粒与冲头的粘连，以防止压片物料黏着于冲头表面。液体润滑剂可用于减小金属与金属间的摩擦力。常用的疏水性润滑剂主要有：硬脂酸、硬脂酸镁、滑石粉、氢化植物油；亲水性润滑剂主要有：聚乙二醇、十二烷基硫酸钠等。

5. 助流剂和/或抗结块剂　助流剂的主要作用是增加颗粒的流动性，提高粉末流速，提高制剂的均匀度；用于直接压片时，还可防止粉末的分层现象。抗结块剂可减少粉末聚集结块的物质，也可减少粉末加工中和漏斗排空过程中粉体结块和颗粒桥的形成。大多数情况下，助流剂具有抗结块剂的功能，常用的有微粉硅胶、滑石粉等。

6. 包衣剂或增塑剂　包衣剂是对制剂进行包衣的物质的总称，包括包衣成膜材料、增塑剂、遮光剂、色素、打光剂等，包括用于糖衣、薄膜衣、肠溶衣及缓控释包衣的包衣剂。包衣剂的作用包括：掩盖药物异味、改善口感和外观、保护药物不受外界环境影响、调节药物释放（如膜控释和肠溶包衣）等。增塑剂是一种低分子量的物质，当加入到另一种材料（通常为高分子聚合物）中时，会使得高分子材料具有柔韧性和弹性，且易于加工。增塑剂主要用于包衣剂中。常用包衣剂主要有羟丙甲纤维素、羟丙纤维素、羧甲基纤维素钠、聚丙烯酸树脂等。常用的增塑剂主要有丙二醇、丙三醇、甘油、聚乙二醇等。

7. 软胶囊辅料　软胶囊壳中所含成分与硬胶囊壳大致相似，其囊壳的合成物中主要包括胶料、增塑剂、水、附加剂四类物质。软胶囊壳较硬胶囊壳厚，且弹性大，可塑性强。软胶囊的弹性大小取决于囊壳中干明胶、干增塑剂及水三者之间的重量比（增塑剂为甘油、山梨醇或两者的混合物）。而明胶与增塑剂的干品重量决定胶壳的硬度。通常较适宜的重量比为干增塑剂：干明胶=0.4~0.6：1.0，而水与干明胶之比为1：1。若干增塑剂与明胶之间的重量比为0.3：1.0时胶壳发硬，1.8：1时胶壳变软。胶壳处方中各种物料的配比是根据药物的性质和要求来确定的。所以在选择软质囊材硬度时应考虑所填充药物性质及囊材与药物之间的相互影响。在选择增塑剂时亦应考虑药物的性质。

第三节　保健食品配方

一、保健食品配方设计

保健食品配方组方应根据保健食品法规要求、预期功能与配伍依据、生产企业特点、市场需求状况及资源优势等方面进行设计，并应具有科学性、安全性和可行性。保健食品配方组方设计与筛选应本着开发调研先行、选题思路清晰、配方新颖合理、原料来源合法、有效成分明确、用量安全可靠、依据充足全面、配方与工艺协调、原料来源资质齐全、文献资料充足

等总体原则。

（一）调研与选题

保健食品开发调研先行，应首先从信息工作入手，保健食品组方筛选时资料、信息情报的收集尤为重要，可以通过文献途径、现场考察、市场专访等各种不同的渠道获得，具体可以从以下几个方面展开：

1. 规划决策性调研　一方面调查国内外市场保健食品需求情况，包括区域性人口结构、健康水平、经济状况、生活指数、地域性疾病发生率等；另一方面了解相关政策和制度等情况，了解社会、经济以及法律法规方面的动向，提供影响保健食品行业发展前景的综合信息，为保健食品企业决策、制定长远目标和发展规划提供依据。

2. 保健食品开发调研　首先通过查新，证实研究课题立项是否新颖，有无专利，国内外是否有同类产品生产或研制，是否有应用前景等相关信息；其次，对拟开发保健食品及其相关技术的国内外研制状况进行技术情报跟踪调研，关注拟开发保健食品国内外的前期和在研状况，包括设备、原料、试剂、研究手段、实验条件等，为保健食品研发进展提供参考，做出开发前景和预期效益的预测。

3. 保健食品市场调研　根据本企业的研究开发方向和现行产品，了解国内外保健食品市场的消费情况，包括价格、热销品种、市场稳定性以及产品在市场中的占有率等，提高质量，降低成本，为扩大市场提供适用信息。

4. 选题思路清晰　在调研的基础上，结合拟开发的保健食品功能范围与适宜人群、企业自身技术与企业文化、区域资源等综合选题。

（二）配方设计理论依据充分

保健食品的保健功能依赖于科学合理的配方设计。因此，配方各原料的功能作用、成分、作用机制需明确，并应重点对组方配合使用的科学性、合理性及理论依据进行充分阐述。

1. 现代营养学理论　食品配方应符合食品营养的要求，组方时应注意营养全面和平衡。营养学是研究人体营养规律及其改善措施的科学。营养学中所说的“营养”是指人体摄入、消化、吸收和利用食物中的营养成分，维持生长发育、组织更新和良好健康状态的动态过程。食物中具有营养功能的物质被称为“营养素”。合理搭配各种营养素，才能维持人体的生理功能。

现代营养学已从围绕制定营养素推荐摄入量、膳食指南、以预防营养素缺乏及维持机体正常生长发育为目的的“适当”营养学理念（adequate nutrition）发展成为促进健康、降低慢性病风险的“最佳”营养学理念（optimal nutrition）。人们认识到一些食物或食物成分与改善人体某方面功能、提高生命质量、甚至一些慢性病（心脑血管疾病、糖尿病、癌症和骨质疏松等）相关。一方面对碳水化合物、蛋白质、脂肪、维生素、矿物质等生理功能及作用机制的研究不断深入和扩展，如膳食纤维具有通便、降低血脂作用；低聚糖具有改善肠道微生态功能；多不饱和脂肪酸具有维持细胞膜、促进生长发育、防治心血管疾病等作用；锌能够维持生物膜机构、保证免疫系统完整性、促进生长发育，与味觉有关；硒能够抗氧化、提高机体免疫力等。另一方面，对食物中的非营养素生物活性成分的作用研究亦成为热点，如叶黄素可以增加黄斑区色素密度，帮助患有视黄斑退行性病变及其他眼部疾病的人提高视功能；肉碱能促进长链脂肪酸代谢，将长链脂肪酸转移至线粒体中，通过 β 氧化作用将脂肪代谢掉；植物固醇能降低血胆固醇、促进淋巴细胞增殖；牛磺酸能促进婴幼儿大脑的发育、维持正常的视功能、抗氧化、提高免疫力；番茄红素能抗氧化、抗辐射、阻止高密度脂蛋白的氧化破坏；大豆异黄酮具有雌激素样作用，可改善妇女更年期症状、改善骨质、促进骨代谢、降低胆固醇等。这些研究结论为保健食品配方设计提供了丰富的理论依据。

笔记栏

2. 传统中医药学养生理论和饮食保健理论　中医药学的精髓是整体观、辨证论治，以阴阳、五行学说为自然观和方法论，以藏象学说、经络学说、气血津液学说为人体认识论的综合理论体系，以性味、归经为理论基础，以“君、臣、佐、使”及“七情”规律配伍应用中药。中医药养生理论强调顺应自然、形神兼养、动静结合、调养脾胃。在这些理论的指导下，中国保健食品具有独特的东方韵味。中医药学历来有“药食同源”的观点，认为药与食同源同用、同理同功，两者在养生保健作用上是相辅相成，密不可分的。这一理论观点赋予食物“双重性质”，不但可以果腹、满足正常人体生理需要，还具有预防疾病、保健、治疗、康复功效。如《黄帝内经》中就有“五谷为养、五果为助、五畜为益、五菜为充”的观点，这与现代营养学提倡的“平衡膳食”的观点是一致的。《神农本草经》收载药物 365 种，其中上品药 120 种，多为食物或今日认定的药食两用物质。据统计，《本草纲目》记载的 1 892 种药物中，食物或药食两用物品约有 260 种，占 13.7%。

按传统中医养生理论为指导研制的产品，应用中医药理论对各原料之间的配伍关系进行阐述。如考虑原料性味、归经、升降浮沉等性能，依据“理法方药”程序，按“君、臣、佐、使”关系组合，结合申报功能，针对适用人群的证型及主证，本着辨证论食的原则，论述配方依据，并尽可能提供现代医学理论的支持或补充的科学文献资料。例如中医保健理论在增加骨密度方面具有完善的理论基础和方法指导，对有助于改善骨密度保健功能的产品能够提供科学理论基础。中医保健理论认为中老年人多肾精亏虚，脾胃运化不佳，瘀血阻滞而容易使骨骼失养，脆性增加，导致骨质疏松而出现骨折。故采用补肾、强筋骨兼顾健脾益气、活血行气的方法，选择淫羊藿、熟地黄、杜仲、黄芪、补骨脂、当归、骨碎补、龟甲、山药、丹参、茯苓、菟丝子、鹿角胶、山茱萸、肉苁蓉、枸杞子等中药，并适量补充钙源，组成具有增加骨密度功能的科学配方。现代研究也已证明上述中药多数具有激素样作用，能够促进钙吸收，促进骨形成，抑制骨吸收等作用而达到增加骨密度的保健功能。

3. 现代医学理论　应用现代医学理论及研究成果，如自由基学说、免疫学理论、代谢产物堆积学说、内环境平衡学说、功能和代谢学说等，可以从原料的理化性质及现代科学的协同或拮抗等情况进行配方依据的描述，提供相关科学文献和试验数据。

当然，以上方面的理论基础在指导保健食品配方研发时不是彼此割裂的，而是相辅相成，彼此印证的。

（三）配方设计科学合理

1. 配方设计应与所声称的保健功能相适应　保健功能筛选应具有科学性、安全性、可行性。配方筛选、原料功效与安全性、功效成分的确定等都应进行充分研究和论证并提供依据。应从以下几个主要方面考虑研究设计：

(1) 配方筛选方法、结果和筛选依据的科学性：配方应根据保健食品法规要求、申报功能与配伍依据、生产企业特点、市场需求状况及资源优势等方面进行筛选。

(2) 所选原料的功效作用、用量、安全性及配伍关系：原料与保健功能应相符，原料来源真实，质量可控，用量安全可靠、配伍合理。适宜人群、不适宜人群、食用方法和食用量等明确。

(3) 功效成分或标志性成分确定应具有合理性：功效成分 / 标志性成分有充足的科学研究及科学文献支持，具有与保健功能基本一致的功效作用，或有合理的质控指标，标测方法成熟、稳定、便于质控，新建立的检测方法应提供方法学考察研究资料。

(4) 辅料筛选应与原料、剂型、生产工艺等相适应。

2. 保健食品配方应注意色香味优化　保健食品好的感官除了在加工工艺中保证外，合理的配方也是极其重要的。某些特有功效成分往往带有一些苦味或其他异味，影响产品的

适口性，需要组方时合理调配，加入适当的添加剂，改善产品的风味。如添加包埋剂或吸附剂进行掩盖，调节酸碱性改变口味，加入甜味剂消除酸味或掩盖苦味，加入赋香剂或果汁改善风味等。

有些保健食品原料异味较重，因此常常把该原料中的功效成分分离出来作为保健食品的配方原料，这样不仅去除了非功效成分产生的异味，而且使功效成分的浓度大幅度提高，有利于增强其保健功能。

（四）配方设计与工艺协调

配方组方的选定还必须结合工艺进行，确保配方与工艺的关联性和可追溯性，即配方对工艺必须是可行的，应结合现代食品科学和药品制备工艺等综合研究。

（五）文献资料充足

申报单位提供的相关文献资料，应出自国内外正式出版的专业技术书籍和发表的专业期刊（以实验性研究资料为主）。

综上，保健食品原料选择和配方设计是一个科学性很强的工作。为了提高我国保健食品研究开发的水平，应将传统中医药学、养生学和现代营养学、食品化学等密切结合起来，设计出功能显著、针对性强、消费者易于接受的高质量的保健食品。

二、保健食品配方的基本要求

保健食品的配方依据是对配方中原辅料及其用量选择的科学性、合理性的说明。包括：原辅料的来源及使用依据，功能选择的依据，产品配方选择的合理性、科学性，推荐食用量安全、有效的依据，适宜人群，不适宜人群，注意事项选择的依据，在研发申报材料中还要求提供本产品研制过程的综述和科学文献资料及综述等。

（一）保健食品配方评审要求

申请保健食品备案的产品配方、原辅料的名称及用量、功效、生产工艺等应当符合法律、法规、规章、强制性标准以及《保健食品原料目录》《保健食品备案产品可用辅料及其使用规定（2021年版）》《保健食品备案产品剂型及技术要求（2021年版）》的规定。

申请保健食品注册的产品配方材料，应包括原辅料的名称及用量、生产工艺、质量标准，必要时还应当按照规定提供原料使用依据、使用部位的说明、检验合格证明、品种鉴定报告等。主要包括：

1. 产品研发报告的完整性、合理性和科学性。
2. 产品配方的科学性及产品安全性和保健功能。
3. 目录外原料及产品的生产工艺合理性、可行性和质量可控性。
4. 产品技术要求和检验方法的科学性和复现性。
5. 标签、说明书样稿主要内容以及产品名称的规范性。

（二）配方依据要求

保健食品申报配方依据的内容包括：①原辅料来源及使用依据；②功能选择的依据；③产品配方选择的合理性、科学性依据；④推荐食用量安全、有效的依据；⑤适宜人群、不适宜人群、注意事项选择的依据；⑥本产品研制过程的综述；⑦科学文献资料及综述等。

1. 原辅料来源及使用依据

（1）原辅料来源：应符合有关规定，如市场监督管理总局、国家卫生健康委员会、中医药管理局联合发布的《保健食品原料目录 营养素补充剂（2020年版）》和《允许保健食品声称的保健功能目录 营养素补充剂（2020年版）》、市场监督管理总局发布的《保健食品备案产品可用辅料及其使用规定（2021年版）》等。参考国家标准（《中国药典》等）、各部委制定的

笔记栏

行业标准或企业标准。如关于西洋参的来源及使用依据，《中国药典》2020年版一部记载的西洋参来源为五加科植物西洋参 *Panax quinquefolium* L. 的干燥根。均系栽培品，秋季采挖，洗净，晒干或低温干燥。

原辅料资质证明包括生产企业营业执照、卫生许可证、药品生产许可证、检验检疫证、检验报告单、购销合同，新食品原料应提供可食用的依据，如省级证明，检索结果等。

(2) 原料个数要求：一般总个数不得超过14个；使用既是食品又是药品的物品之外的动植物物品(或原料)，个数不得超过4个；使用既是食品又是药品的物品和可用于保健食品的物品之外的动植物物品(或原料)，个数不得超过1个，且该物品(或原料)应参照《食品安全性毒理学评价程序》(GB 15193.1—2014)中对食品原料和新食品原料的有关要求进行安全性毒理学评价。以普通食品作为原料生产保健食品的，不受本条规定的限制。

2. 配方及功能选择的合理性、科学性依据

(1) 产品配方原料应具有明确的使用目的：配方主要原料具有功能作用的科学依据应充足，其余原料的配伍必要性应明确。以经简单加工的普通食品为原料的，应提供充足的国内外实验性科学文献依据，重点明确所用原料的功效成分和含量以及量效关系。

(2) 产品组方原理应明确清晰：产品配伍及用量具有声称功能的理论依据及文献依据应充足，配伍使用应有助于协同发挥保健功能。申报两种功能的产品，应充分阐述配方选择的依据，说明“A+B≠AB”的机制。

(3) 配伍应合理：首先应注意审查原料间有无配伍禁忌，对人体安全性是否产生影响；其次应审查原料配伍后所具有申报功能的依据，以中药复方为主要原料者应阐述配伍规律。如西洋参饮片的功能与主治，《中国药典》2020年版一部记载：西洋参味甘、微苦，性凉。归心、肺、肾经。具有补气养阴，清热生津功效，用于气虚阴亏，内热，咳嗽痰血，虚热烦倦，消渴，口燥咽干。每日常用药量为3~6g。

(4) 根据产品配方配伍及用量：具有申报功能的科学依据、保健功能评价试验材料、人群食用评价材料等，确定产品配方、产品标签说明书拟定的原料、辅料、适宜人群、不适宜人群、保健功能、食用方法和食用量等的合理性。

3. 推荐食用量安全、有效的依据　科学、合理确定各原辅料的用量，并阐明依据。主要包括科学文献资料及试验研究资料。

(1) 普通食品：可参考中国营养学会公布的《中国居民膳食营养素参考摄入量(DRI)》与《中国食物成分表》等确定具体用量。

(2) 传统配方组分中的有效成分和用量的确定：以近代科学实验成果为依据，其功效含量的标记要与配方的原材料含量相一致。中药以《中国药典》的记载为主，其用量建议应在《中国药典》记载药物的常用量1/2~1/3范围内(与汤剂、丸剂相比，提取后可以增效，故减少使用剂量)。

性味偏烈的动植物物品用量原则上不应超过国家相关标准规定下限剂量的1/2；性味平和的动植物物品用量不宜超过国家相关标准规定的上限剂量。超过上述剂量应提供食用剂量的安全依据。

(3) 限量使用要求的物质：应符合有关规定。如褪黑素(推荐食用量为1~3mg/日)、芦荟(每日2g)、核酸(每日推荐食用量为0.6~1.2g)、酒类产品(酒精度不超过38°，每日食用量不超过100ml)、不饱和食用油脂(每日食用量不超过20ml)等。

(三) 保健食品保健功能配方文献要求

保健功能论证报告中配方及文献部分的技术要求，主要涵盖产品配方原料使用目的、组方原理、配方配伍及用量具有声称功能的科学依据。配方及文献的研究是拟开发保健食品

在声称功能方面的研究基础，是结合功能评价试验结果综合判断保健食品功能评价及标签标识相关内容是否合理的重要依据。配方材料应规范完善并符合规定，配方的文献依据应充分支持产品声称功能。

1. 文献依据的相关要求

(1) 文献依据的范围：国内外政府机构、权威机构或组织发布的法规、标准、指南、专论等；我国传统中医药古籍记述；国家统编规划教材、专业著作、学术年鉴等；国内核心期刊或国际专业期刊正式发表的科研论文、专家论著及系统综述类文献。

(2) 文献依据的质量要求：文献依据应具有专业性，研究质量可靠、研究数据可信；国内外政府机构、权威机构或组织发布的文献依据、国家统编规划教材、专业著作、学术年鉴等文献依据在专业领域应具有行业、学术权威性和广泛共识性，文献中原料相关作用的表述应与声称功能具有能够证实的相关性；我国传统中医药经典古籍类文献依据中对原料相关作用的表述与声称功能具有相关性；文献依据中原料组成与产品原料相符，主要成分、主要工艺等信息与产品原料具有相关性，使用提取物的应明确其相当于原始物料的量；文献依据出处应明确，法规、标准等文献依据应提供查询方式等溯源性信息；实验性科研论文类文献依据中受试人群或动物模型、研究设计、试验指标等应与声称的功能及适宜人群相对应，试验结果及统计分析合理，试验结论明确，试验剂量能支持原料用量具有声称功能作用；以非经口方式给予受试物的实验及体外实验的论文不作为直接支持保健食品配方原料具有声称功能的科学依据。

2. 产品配方原料文献及论述要求

(1) 明确原料的使用目的：按照主要原料具有声称功能作用、其余原料具有配伍必要性的原则明确原料的使用目的。

(2) 主要原料具有功能作用的文献依据：主要原料包括单一原料和复配原料，其相关文献依据应支持产品主要原料在使用剂量上具有声称功能。

1) 应提供法规、标准、指南、专论、中医药古籍文献记述、科研论文及系统综述类文献依据，客观地反映相关原料的国内外研究、使用现况，并依据所提供的文献综合论述主要原料具有声称功能作用。

2) 应提供实验性科研论文或基于实验性科研论文的文献分析和评价报告，此类文献中篇名、首作者、发表刊物、试验受试物、动物或人群模型、试验剂量及相当人体剂量、评价指标、试验结果及结论等信息可以以文献信息汇总表形式列出，并依据所提供的文献综合论述其支持主要原料具有声称功能作用的用量，必要时提供可能的膳食摄入量情况。

3) 主要原料为经简单加工的普通食品的，还应重点明确原料的功效成分和含量以及量效关系。提供的原料检验报告、产品试验报告等资料，应明确原料功效成分的具体用量；提供的实验性科研论文，能论证功效成分与声称功能的量效关系。

(3) 其余原料配伍必要性文献依据。应提供其余原料与主要原料配伍使用，支持产品具有声称功能的中医药文献记述、科研论文等文献依据，并相应论述其余原料配伍必要性。

3. 产品配方配伍、用量及文献论述要求

(1) 配方规范性：配方组成规范、清晰、完整，日用量明确，相关资料应符合《保健食品注册申请服务指南(2016 年版)》相关要求，使用提取物的应明确其相当于原始物料的量。

(2) 产品组方原理：产品组方原理明确，适宜人群选择合理。结合适宜人群的研究资料，能充分论述产品拟解决的问题、作用特点和意义。

1) 以中医药理论为主指导组方的，应说明组方来源、应用及筛选的依据等情况，对组方

笔记栏

的基本配伍原则及各原料作用加以分析，对组方具有拟声称保健功能进行论述。

2）以现代医学、营养学理论为主组方的，应用现代医学、营养学理论，结合相关科学依据对组方具有拟声称保健功能进行论述。

3）应根据配方原料的性质、生产工艺等特点，结合相应理论论述组方具有拟声称保健功能，重点关注配方中既含传统动植物原料又含非传统动植物原料的组方合理性。

4）申报多个声称功能的产品，应论述声称功能关联的科学性、合理性。

⑶产品配方配伍及用量具有声称功能的综述：应对原料、组方原理相关文献依据进行关键性的分析，呈现相关文献依据中的意义及结论，综合论述产品配方配伍及用量具有声称功能。

三、保健食品配方书写格式

（一）保健食品配方书写格式

保健食品配方的书写格式一般按功能作用的主次顺序列出全部原料及辅料的标准名称，按标准名称规范书写配方中原辅料名称，并注明原料的炮制规格（如生、盐制、蜜制、煅等）；以提取物为原料的，原料名称应以“××× 提取物”标示，如人参提取物；如提取物系申报单位自行提取的，以原料名标示。

（二）配方量

1. 以制成 1 000 个制剂单位的量作为配方量，如制成 1 000 粒 / 片 / 袋等。

2. 营养素补充剂还应标出产品中每种营养素的每人每日食用量，并与推荐食用量对应列表表示。

3. 不得以出膏率、百分比（%）表示。

（三）示例

菊花	450g	决明子	700g	茯苓	700g
淀粉	500g	硬脂酸镁	20g		

制成 1 000 片，0.35g/ 片。

学习小结

1. 学习内容

<table>
<tr><td rowspan="10">保健食品配方</td><td rowspan="3">原辅料选择</td><td colspan="2">原辅料选用的范围和依据</td></tr>
<tr><td>常用原料</td><td>掌握各类来源的常用原料</td></tr>
<tr><td colspan="2">有关要求与注意事项</td></tr>
<tr><td rowspan="3">辅料及其使用</td><td rowspan="2">食品添加剂</td><td>种类</td></tr>
<tr><td>应用</td></tr>
<tr><td colspan="2">其他常用辅料</td></tr>
<tr><td rowspan="4">保健食品配方</td><td>设计</td><td>掌握设计思路与原则</td></tr>
<tr><td>依据</td><td>来源及使用依据；功能确定的依据；配伍的合理性、科学性依据；食用量安全、有效的依据；适宜人群；营养素补充剂类保健食品配方依据；研发报告综述和科学文献资料及综述；科学文献资料及综述。</td></tr>
<tr><td>书写</td><td>书写格式</td></tr>
<tr><td>示例</td><td>掌握示例应用</td></tr>
</table>

2. 学习方法　通过本章的学习,掌握保健食品配方的一般要求、依据和常用配方设计;熟悉常见原辅料及其使用要求,了解相关法规。

要点:根据中医养生思想设计保健食品配方;根据保健功能设计保健食品配方;保健食品原料与辅料的选择;保健食品中食品添加剂的使用。

(贡济宇　陶贵斌)

复习思考题

1. 保健食品原料来源有哪些?
2. 保健食品辅料包括哪些?
3. 保健食品配方的依据有哪些?
4. 保健食品配方对原料个数有哪些要求?
5.《保健食品原料目录》《允许保健食品声称的保健功能目录》目前由何部门制定与颁布?

PPT 课件

第五章 保健食品制备工艺

学习目标

1. 掌握保健食品生产工艺研究的基本知识，包括原料前处理工艺、提取工艺、精制工艺、制剂成型工艺以及包装材料选择。

2. 掌握保健食品常见形态与剂型的特点及制剂要求，理解其与药品剂型的区别与联系。

保健食品生产工艺包括各原辅料的前处理工艺、成型（成品加工过程）及包装三部分。前处理工艺常用的有粉碎、过筛、混合、浸提、分离纯化、浓缩、干燥以及包括一些新技术在内的其他前处理工艺。

在保健食品研发过程中，工艺还需要经过小试、中试、试生产后才能最终确定。从生产工艺设计到最终确定，需要考虑产品配方、原料、形态或剂型、功效成分性质与得率变化、包装形式、设备适用性、生产适用性、质量标准、产品成本等多项因素。不同的保健食品应根据形态剂型等各项客观需求选择适宜的工艺工序，制备出符合相关标准要求的保健食品。

第一节 保健食品前处理工艺

一、粉碎

（一）粉碎的目的

粉碎（crushing）系指借机械力或其他方法将大块固体物料破碎成适宜程度的颗粒或粉末的操作过程。粉碎是制备散剂、颗粒剂、胶囊剂、片剂、丸剂等剂型的重要工序，是制剂生产中的基本操作之一。

物料粉碎的目的：①增加物料的表面积，促进物料的溶解与吸收，提高难溶性物料的生物利用度；②有利于进一步制备多种物料剂型，如散剂、颗粒剂、胶囊剂、片剂、丸剂等；③加速物料中有效成分的浸出和溶出；④便于物料的干燥和贮藏，便于调剂和服用。

（二）粉碎的方法

根据物料的性质、使用要求及粉碎设备的性能，粉碎有以下几种不同的方法：

1. 开路粉碎与循环粉碎　物料只通过粉碎设备一次即得到粉碎产品的粉碎称为开路粉碎。开路粉碎一般适用于粗碎或为进一步细碎做预粉碎。粉碎产品中，若含有尚未达到粉碎粒径的粗颗粒，通过筛分设备将粗颗粒分离出来再返回粉碎设备中继续粉碎，称为循环粉碎（闭路粉碎）。循环粉碎可以达到产品所要求的粒度，适用于细碎或对粒度范围要求较

严格的粉碎。

2. 干法粉碎与湿法粉碎　干法粉碎系指将物料经过适当的干燥处理，使物料中的水分含量降低至一定限度（一般少于 5%）再进行粉碎的方法。多数植物性原料一般均采用干法粉碎。湿法粉碎系指在物料中加入适量液体进行研磨粉碎的方法，又称加液研磨。液体的选用以物料遇湿不膨胀、与物料不发生化学变化、不影响物料发挥功效为原则，通常选用水或乙醇。湿法粉碎由于液体小分子容易通过物料的裂隙渗入到其内部，从而减少物料内部分子间的内聚力而利于粉碎；可以避免物料粉尘飞扬和粉碎过程中粒子的凝聚，减少物料的损失，有利于环境保护和劳动保护。

3. 单独粉碎和混合粉碎　单独粉碎系指将一种物料单独进行粉碎的方法。这种粉碎方法既可以根据粉碎物料的性质选择较为合适的粉碎机械，又可以避免粉碎时因不同物料损耗不同而引起含量不准确的问题。通常需要单独粉碎的物料有：贵重细料，氧化或还原性强的物料，以及质地坚硬不便与其他原料混合粉碎的物料。混合粉碎系指将复方制剂中某些性质和硬度相似的材料全部或部分混合在一起进行粉碎的方法。由于一种物料适度地掺入到另一种物料中，分子间内聚力减少，表面能降低，粉末不易重新聚结，并且粉碎与混合操作同时进行，可以提高生产效率。此外，混合粉碎还可以适当降低含有大量糖分、树脂、树胶、黏液质等黏性材料，含有大量油脂性成分的种子类药材及动物皮、肉、筋、骨等药材单独粉碎的难度。

4. 低温粉碎　低温粉碎系指将物料冷却后或在低温条件下进行粉碎的方法。低温粉碎是利用物料在低温下脆性增强的特性，使物料易于粉碎。采用低温粉碎，不但可以获得粒度较细的产品，较好地保留物料的挥发性成分，而且可以降低粉碎机械的能量消耗。低温粉碎多用于具有热塑性、强韧性、热敏性、挥发性及熔点低的物料。

低温粉碎一般有四种方法：①物料先行冷却或在低温条件下，迅速通过高速撞击或粉碎机粉碎；②粉碎机壳通入低温冷却水，在循环冷却下进行粉碎；③待粉碎的物料与干冰或液氮混合再进行粉碎；④组合运用上述冷却方法进行粉碎。

5. 超微粉碎　超微粉碎系指采用适当的技术和方法将物料粉碎成 10μm 以下粉末的粉碎技术，通过对物料的冲击、碰撞、剪切、研磨、分散等手段而实现。超微粉碎具有速度快、时间短、粒径细、分布均匀、节省原料等特点，可增加原辅料利用率，提高疗效，同时也为剂型改革创造了条件。

超微粉碎的关键是方法和设备，以及粉碎后的粉体分级。在制备过程中除控制粉体的粒径大小外，还要控制粒径的分布，尽可能使粉体的粒径分布在较窄的范围内。

二、筛析

（一）筛析的目的

筛析（sieving）是固体粉末的分离技术。筛即过筛，系指粉碎后的粉料通过网孔性的工具，使粗粉和细粉分离的操作；析即离析，系指粉碎后的粉料借助外力（通常为空气或液体的流动或离心力等）作用使物料的粗粉和细粉得以分离的操作。

筛析的目的：①将粉碎好的粉末或颗粒按不同的粒度范围分成不同等级，以便制备成各种剂型；②对粉料起混合作用，从而保证组成的均一性；③及时将符合细度要求的粉料筛出，可以避免过度粉碎，减少能量消耗，提高粉碎效率。

（二）保健食品用筛的种类与规格

保健食品用筛可以参照《中国药典》规定使用标准药筛。在实际生产中，经常使用工业用筛，这类筛的选用，应与药筛标准相近，且不影响制备质量。根据药筛的制作方法，可

笔记栏

以分成编织筛和冲制筛两种。编织筛是用金属丝(如不锈钢丝、铜丝、镀锌的铁丝等)或其他非金属丝(如尼龙丝、绢丝等)按一定的孔径大小编织而成。因其筛线易于移位致使筛孔变形,故将金属筛线交叉处压扁固定。编织筛具有制作容易,规格齐全,应用面广的优点,但编织筛的孔径在使用不当或使用时间较长后容易因筛线的移动而使其大小发生变化,影响过筛的效果。编织筛适用于粗、细粉的筛分。冲制筛系指在金属板冲压出一定形状的筛孔而成,其筛孔坚固,孔径不宜变动,但孔径不能太细,多用于高速粉碎机的筛板及药丸的分档筛选。

保健食品用筛参考泰勒标准和《中国药典》标准,习惯以目数表示筛号,即每英寸(2.54cm)长度上的筛孔数目表示,如 100 目筛即指每英寸上有 100 个孔,能通过 100 目筛的粉末称为 100 目粉,目数越大,粉末越细。《中国药典》所选用的药筛,选用国家标准的 R40/3 系列,共规定了 9 种筛号,一号筛的筛孔内径最大,依次减小,九号筛的筛孔内径最小(表 5-1)。

表 5-1 《中国药典》筛号、目号、筛孔内径对照表

筛号	目号 / 目	筛孔内径 /μm
一号筛	10	2 000 ± 70
二号筛	24	850 ± 29
三号筛	50	355 ± 13
四号筛	65	250 ± 9.9
五号筛	80	180 ± 7.6
六号筛	100	150 ± 6.6
七号筛	120	125 ± 5.8
八号筛	150	90 ± 4.6
九号筛	200	75 ± 4.1

(三) 粉末的分等

粉碎后的粉料必须经过筛选才能得到粒度比较均匀的粉末,以适应保健食品生产需要。筛选方法是以适当筛号的筛过筛。过筛的粉末包括所有能通过该筛筛孔的全部粉粒。如通过一号筛的粉末,并不都是近于 2mm 直径的粉粒,包括所有能通过二至九号筛甚至更细的粉粒在内。富含纤维的中药在粉碎后,有的粉粒呈棒状,其直径小于筛孔,而长度则超过筛孔直径,过筛时,这类粉粒也能直立地通过筛网,存在于过筛的粉末中。为了控制粉末的均匀度,《中国药典》规定了 6 种粉末规格(表 5-2)。

表 5-2　粉末的分等标准

等级	分等标准
最粗粉	能全部通过一号筛,但混有能通过三号筛不超过 20% 的粉末
粗粉	能全部通过二号筛,但混有能通过四号筛不超过 40% 的粉末
中粉	能全部通过四号筛,但混有能通过五号筛不超过 60% 的粉末
细粉	能全部通过五号筛,并含能通过六号筛不少于 95% 的粉末
最细粉	能全部通过六号筛,并含能通过七号筛不少于 95% 的粉末
极细粉	能全部通过八号筛,并含能通过九号筛不少于 95% 的粉末

三、混合

（一）混合的目的

混合（mixing）系指将两种或两种以上的固体粉末相互分散而达到均匀状态的操作过程。

混合的目的是使多组分物质含量均匀一致，它是散剂、颗粒剂、胶囊剂、片剂、丸剂等固体制剂生产中的一个基本操作单元。混合结果直接关系到产品的外观及内在质量，如散剂混合是否均匀，会直接影响其色泽一致性。片剂生产中，颗粒若混合不均匀，片面可能会出现色斑，对有含量测定的品种还会影响其含量的准确性。因此，混合操作是保证产品质量的重要措施之一。

（二）混合的方法

1. 过筛混合　通过过筛的方法使多种组分的物料混合均匀，但对于密度相差悬殊的组分，过筛之后还要进行搅拌才能混合均匀。

2. 搅拌混合　少量物料配制时，可以通过反复搅拌使之混合。但该法不适用于大量物料组分混合，保健食品生产中常采用搅拌混合机，经过一定时间混合，可使之均匀。

3. 研磨混合　对于一些结晶性物料粉末，可以在研钵中进行研磨混合，但该法不适用于吸湿性组分的混合。

四、浸提

浸提（extraction）系指采用适当的溶剂和方法使物料所含有效成分或有效部位浸出的操作。矿物类和树脂类物料无细胞结构，其成分可直接溶解或分散悬浮于溶剂中；物料经粉碎后，对破碎的细胞来说，其所含成分可被溶出、胶溶或洗脱下来。对具有完好细胞结构的动植物物料来说，细胞内的成分浸出，需经过一个浸提过程。保健食品原料的浸提过程一般可分为浸润、渗透、解吸、溶解、扩散等几个相互联系的阶段。

（一）常用浸提溶剂

用于物料浸提的液体称浸提溶剂。浸提溶剂的选择与应用，关系到有效成分的充分浸出、保健食品的有效性、安全性、稳定性及经济效益的合理性。优良的溶剂应符合以下要求：①最大限度地溶解和浸出有效成分，最低限度地浸出无效成分和有害物质；②不与有效成分发生化学变化，亦不影响其稳定性和功效；③比热小，安全无毒，价廉易得。完全符合这些要求的溶剂是很少的，实际工作中，除首选水、乙醇外，还常采用混合溶剂，或在浸提溶剂中加入适宜的浸提辅助剂。

1. 水　经济易得、极性大、溶解范围广。原料中的苷类、有机酸盐、鞣质、蛋白质、色素、多糖类（果胶、黏液质、菊糖、淀粉等）以及酶和少量的挥发油均能被水浸提。但水的浸提针对性或选择性差，容易浸提出大量无效成分，给制剂的制备带来困难（如难于滤过、制剂色泽不佳、易于霉变、不易贮存等），而且还能引起一些有效成分的水解，或促使某些化学变化。

2. 乙醇　能与水以任意比例混溶。乙醇作为浸提溶剂的最大优点是可通过调节乙醇的浓度，选择性地浸提物料中某些有效成分或有效部位。一般乙醇含量在 90% 以上时，适于浸提挥发油、有机酸、树脂、叶绿素等；乙醇含量在 50%~70% 时，适于浸提生物碱、苷类等；乙醇含量在 50% 以下时，适于浸提苦味质、蒽醌苷类化合物等；乙醇含量在 40% 以上时，能延缓许多物料（如酯类、苷类等成分）的水解，增加制剂的稳定性；乙醇含量在 20% 以上时具有防腐作用。

乙醇的比热小，沸点 78.2℃，气化潜热比水小，故在蒸发浓缩等工艺过程中耗用的热量

笔记栏

较水少。但乙醇具挥发性、易燃性,生产中应注意安全防护。此外,乙醇还具有一定的药理作用,故使用时乙醇的浓度以能浸出有效成分,满足制备目的为度。

3. 其他　其他有机溶剂如乙醚、三氯甲烷、石油醚等在保健食品生产中很少用于提取,一般仅用于某些有效成分的纯化精制。使用这类溶剂,最终产品须进行溶剂残留量的限度测定。

(二) 常用浸提方法

保健食品浸提方法的选择应根据配方原辅料特性、溶剂性质、剂型要求和生产实际等综合考虑。常用的浸提方法主要有煎煮法、浸渍法、渗漉法、回流法、水蒸气蒸馏法等。近年来,超临界流体提取法、超声波提取法等新技术也在保健食品制剂提取研究中应用。

1. 煎煮法　煎煮法(decoction)系指用水作溶剂,通过加热煮沸浸提原料成分的方法,又称煮提法或煎浸法。适用于有效成分能溶于水,且对湿、热较稳定的物料。由于煎煮法能浸提出较多的成分,符合中医传统用药习惯,故对于有效成分尚未清楚的原料或配方进行剂型改进时,通常采取煎煮法粗提。

操作方法:煎煮法属于间歇式操作,即将物料特别是药材饮片或粗粉置煎煮器中,加水使浸没物料,浸泡适宜时间,加热至沸,并保持微沸状态一定时间,用筛或纱布滤过,滤液保存。料渣再依法煎煮 1~2 次,合并各次煎出液,供进一步制成所需制剂。根据煎煮时加压与否,可分为常压煎煮法和加压煎煮法。常压煎煮适用于一般性物料的煎煮,加压煎煮适用于物料活性成分在高温下不易被破坏,或在常压下不易煎透的物料。

2. 浸渍法　浸渍法(maceration)系指用适当的溶剂,在一定的温度下,将物料浸泡一定的时间,以浸提物料活性成分的一种方法。浸渍法按浸提的温度和浸渍次数可分为:冷浸渍法、热浸渍法、重浸渍法。

浸渍法的特点:①浸渍法适用于黏性物料、无组织结构的物料、新鲜及易于膨胀的物料和芳香性物料。②不适于贵重物料及使用高浓度的制剂,因为溶剂的用量大,且呈静止状态,溶剂的利用率较低,有效成分浸出不完全。即使采用重浸渍法,加强搅拌,或促进溶剂循环,只能提高浸提效果,不能直接制得高浓度的制剂。③浸渍法所需时间较长,不宜用水做溶剂,通常用不同浓度的乙醇或白酒,故浸渍过程中应密闭,防止溶剂的挥发损失。

(1)冷浸渍法:又称常温浸渍法,在室温下进行操作。

操作方法:取原料如中药材饮片或粗颗粒,置有盖容器内,加入定量的溶剂,密闭,在室温下浸渍 3~5 日或至规定时间,经常振摇或搅拌,滤过,压榨料渣,将压榨液与滤液合并,静置 24 小时后,滤过,收集滤液。冷浸渍法可直接制得酒剂。若将滤液浓缩,可进一步制备流浸膏、浸膏、颗粒剂、片剂等。

(2)热浸渍法:在一定加热温度下进行操作。

操作方法:将原料如中药材饮片或粗颗粒置特制的罐内,加定量的溶剂(如白酒或稀乙醇),水浴或蒸气加热,在 40~60℃进行浸渍,以缩短浸渍时间,余同冷浸渍法操作。制备酒剂时常用。由于浸渍温度高于室温,故浸出液冷却后有沉淀析出,应分离除去。

(3)重浸渍法:又称多次浸渍法,可减少料渣吸附浸出液所引起的物料活性成分的损失。

操作方法:将全部浸提溶剂分为几份,先用其第一份浸渍后,料渣再用第二份溶剂浸渍,如此重复 2~3 次,最后将各份浸渍液合并处理,即得。重浸渍法能大大地降低浸出成分的损失,提高浸提效果。

3. 渗漉法　渗漉法(percolation)系指将物料粗粉置渗漉器内,溶剂连续地从渗漉器的上部加入,渗漉液不断地从其下部流出,从而浸出物料中有效成分的一种方法。渗漉法根据操作方法的不同,可分为单渗漉法、重渗漉法、加压渗漉法、逆流渗漉法。本章主要介绍单渗

漉法。

单渗漉法操作步骤为：粉碎物料→润湿物料→物料装筒→排除气泡→浸渍物料→收集漉液。

1）粉碎物料：物料的粒度应适宜，过细易堵塞，吸附性增强，浸提效果差；过粗不易压紧，粉柱增高，减少粉粒与溶剂的接触面，不仅浸提效果差，而且溶剂耗量大。

2）润湿物料：料粉在装渗漉筒前应先用浸提溶剂润湿，使其充分膨胀，避免在筒内膨胀，造成装筒过紧，影响渗漉操作的进行。一般加料粉一倍量的溶剂拌匀后，视物料质地密闭放置15分钟至6小时，以料粉充分地均匀润湿和膨胀为度。

3）物料装筒：根据物料性质选择适宜的渗漉器，膨胀性大的物料粉末宜选用圆锥形渗漉筒，膨胀性较小的物料粉末宜选用圆柱形渗漉筒。

操作方法：先取适量脱脂棉，用溶剂润湿后，轻轻垫铺在渗漉筒的底部，然后将已润湿膨胀的料粉分次装入渗漉筒中，每次投药后压平。松紧程度视物料及溶剂而定。

装筒时料粉的松紧及使用压力是否均匀，对浸提效果影响很大。料粉装得过松，溶剂很快流过料粉，造成浸提不完全，消耗的溶剂量多。料粉装得过紧，会使出口堵塞，溶剂不易通过，渗漉速度减慢甚至无法进行渗漉。因此装筒时，要分次装，并层层压平，不能过松过紧。一般装其容积的2/3，留一定的空间以存放溶剂，可连续渗漉，便于操作。

4）排除气泡：料粉填装完毕，先打开渗漉液出口，再添加溶剂，以利于排除气泡，防止溶剂冲动粉柱，使原有的松紧度改变，影响渗漉效果。加入的溶剂必须始终保持浸没料粉表面，否则渗漉筒内料粉易干涸开裂，这时若再加溶剂，则从裂隙间流过而影响浸提。若采用连续渗漉装置，则可避免此种现象。

5）浸渍物料：排除筒内剩余空气，待漉液自出口处流出时，关闭活塞，流出的漉液再倒入筒内，并继续添加溶剂至浸没原料粉表面数厘米，加盖放置24~48小时，使溶剂充分渗透扩散。这一措施在制备高浓度制剂时更重要。

6）收集漉液：渗漉速度应适当，若太快，则有效成分来不及浸出和扩散，药液浓度低；太慢则影响设备利用率和产量。一般1 000g物料的漉速，每分钟1~3ml。大生产的漉速，每小时相当于渗漉容器被利用容积的1/48~1/24。有效成分是否渗漉完全，可由渗漉液的色、味、嗅等以及已知成分的定性反应加以判定。

渗漉液的收集与处理操作也需注意。若采用渗漉法制备流浸膏时，先收集物料量85%的初漉液另器保存，续漉液经低温浓缩后与初漉液合并，调整至规定标准；若用渗漉法制备酊剂等浓度较低的浸出制剂时，不需要另器保存初漉液，可直接收集相当于欲制备量的3/4的漉液，即停止渗漉，压榨料渣，压榨液与渗漉液合并，添加乙醇至规定浓度与容量后，静置，滤过即得。

4. 回流法　回流法（circumfluence）系指用乙醇等挥发性有机溶剂浸提，浸提液被加热，挥发性溶剂馏出后又被冷凝，重复流回浸出器中浸提物料，这样周而复始，直至有效成分回流浸提完全的方法。回流法可分为回流热浸法和回流冷浸法。

(1)回流热浸法：将原料如中药材饮片或粗粉装入圆底烧瓶内，添加溶剂浸没物料表面，瓶口上安装冷凝管，通冷凝水，物料浸泡一定时间后，水浴加热，回流浸提至规定时间，过滤后，料渣再添加新溶剂回流2~3次，合并各次浸提液，回收溶剂，即得浓缩液。

(2)回流冷浸法：小量物料粉末可用索氏提取器提取。大量生产时采用循环回流冷浸装置。

回流法的特点：①回流热浸法溶剂只能循环使用，不能不断更新，为提高浸提效率，通常需更换新溶剂2~3次，溶剂用量较多。回流冷浸法溶剂既可循环使用，又能不断更新，故

笔记栏

溶剂用量较回流热浸法少，也较渗漉法的溶剂用量少，且浸提较完全。②回流法由于连续加热，浸提液在蒸发锅中受热时间较长，故不适用于受热易被破坏的物料活性成分的浸提。

5. 水蒸气蒸馏法　水蒸气蒸馏法（vapor distillation）系指将含有挥发性成分物料与水共蒸馏，使挥发性成分随水蒸气一并馏出的一种浸出方法。

基本原理：根据道尔顿定律，相互不溶也不起化学作用的液体混合物的蒸气总压，等于该温度下各组分饱和蒸气压（即分压）之和。因此尽管各组分本身的沸点高于混合液的沸点，但当分压总和等于大气压时，液体混合物即开始沸腾并被蒸馏出来。因混合液的总压大于任一组分的蒸气分压，故混合液的沸点要比任一组分液体单独存在时为低。

水蒸气蒸馏法适用于具有挥发性、能随水蒸气蒸馏而不被破坏、与水不发生反应又难溶或不溶于水的化学成分的浸提、分离，如挥发油的浸提。水蒸气蒸馏法分为共水蒸馏法（即直接加热法）、通水蒸气蒸馏法及水上蒸馏法 3 种。为提高馏出液的纯度或浓度，一般需进行重蒸馏，收集重蒸馏液。但蒸馏次数不宜过多，以免挥发油中某些成分氧化或分解。

6. 超临界流体提取法　超临界流体提取法（supercritical fluid extraction，SFE）系指利用超临界流体（supercritical fluid，SCF）的强溶解特性，对物料活性成分进行提取和分离的一种方法。SCF 是超过临界温度和临界压力的非凝缩性高密度流体，其性质介于气体和液体之间，既具有与气体接近的黏度及高扩散系数，又具有与液体相近的密度。在超临界点附近压力和温度的微小变化都会引起流体密度的很大变化，从而可有选择地溶解目标成分，而不溶解其他成分，从而达到分离纯化所需成分的目的。

用超临界流体提取法提取物料中成分时，一般用 CO_2 作萃取剂。操作时首先将原料装入萃取槽，将加压后的超临界 CO_2 送入萃取槽进行萃取，然后在分离槽中通过调节压力、温度、萃取时间、CO_2 流量 4 个参数，对目标成分进行萃取分离。

超临界流体萃取主要有两类萃取过程：恒温降压过程和恒压升温过程。前者是萃取相经减压后与溶质分离；后者是萃取相经加热实现溶质与溶剂分离。与传统浸提方法如煎煮法、水蒸气蒸馏法相比，超临界流体提取法既可避免高温破坏，又无溶剂残留，且将萃取和分离合二为一，可节能降耗。超临界流体提取法适用于亲脂性、分子量小的物质的萃取；对于分子量大、极性强的物质萃取时需加改性剂及提高萃取压力。

7. 酶法　酶是以蛋白质形式存在的生物催化剂，能够促进活体细胞内的各种化学反应，可温和地将植物细胞壁分解，较大幅度提高提取效率、提取物的纯度。对于植物中的淀粉、果胶、蛋白质等，可选用相应的酶分解除去。

酶法特点：①具有专一性、可降解性、高效性。②反应条件温和。③能够减少化学品的使用及残留等。

常用于植物提取的酶包括：果胶酶、半纤维素酶、纤维素酶、多酶复合体（包括葡聚糖内切酶、各类半纤维素酶、果胶酶复合体）等。

8. 超声波提取法　超声波提取法（ultrasonic extraction）系利用超声波通过增大溶剂分子的运动速度及穿透力以提取中药有效成分的方法。

超声波提取法的特点：①利用超声波的空化作用、机械作用、热效应等增大物质分子运动频率和速度，增加溶剂穿透力，从而提高物料有效成分浸出率。②与煎煮法、浸渍法、渗漉法等传统提取方法比较，超声波提取法具有省时、节能、提取率高等优点。

9. 微波提取法　微波提取，即微波辅助萃取（microwave assisted extraction，MAE），系指利用微波对中药与适当溶剂的混合物进行辐照处理，从而在短时间内提取中药有效成分的一种新的提取方法。

微波提取的特点：①微波对极性分子选择性加热从而对其选择性溶出。②微波提取只

需几秒到几分钟，大大减少了提取时间，提高了提取速度。③微波提取由于受溶剂亲和力的限制较小，可供选择的溶剂较多，同时减少了溶剂的用量。④微波提取应用于大生产，安全可靠，无污染，生产线组成简单，可节省投资。

五、分离与精制

(一) 分离

将固体 - 液体非均相体系用适当方法分开的过程称为固 - 液分离(separation)。植物提取液的精制、物料重结晶等均要分离操作，饮料澄清除菌也用到分离技术。分离方法一般有3种：沉降分离法、离心分离法和滤过分离法。

1. 沉降分离法　沉降分离法(separation by sedimentation)系指固体物与液体介质密度相差悬殊，固体物靠自身重量自然下沉，用虹吸法吸取上层澄清液，使固体与液体分离的一种方法。中药浸出液经一定时间的静置冷藏后，固体即与液体分层界限明显，利于上清液的虹吸。沉降分离法分离不够完全，通常还需进一步滤过或离心分离，但可去除大量杂质，利于进一步分离操作。适用于溶液中固体微粒多而质重的粗分离，对固体物含量少，粒子细而轻的浸出液不适用。

2. 离心分离法　离心分离法(separation by centrifuge)与沉降分离法皆是利用混合液密度差进行分离的方法。不同之处在于离心分离的力为离心力而沉降分离的力为重力。离心分离操作时将待分离的浸出液置于离心机中，借助离心机的高速旋转所产生的离心力，使浸出液中的固体与液体，或两种密度不同且不相混溶的液体混合物分开。用沉降分离法和一般的滤过分离难以进行或不易分开时，可考虑进行离心分离。在制剂生产中遇到含水量较高、含不溶性微粒的粒径很小或黏度很大的滤浆时也可考虑选用离心分离法进行分离。

3. 滤过分离法　滤过分离法(separation by filtering)系指将固 - 液混悬液通过多孔介质，使固体粒子被介质截留，液体经介质孔道流出，从而实现固 - 液分离的方法。

滤过原理主要有过筛作用和深层滤过作用。影响滤过速度的因素有：①滤渣层两侧的压力差。压力差越大，则滤速越快，故常用加压或减压滤过。②滤器面积。在滤过初期，滤过速度与滤器面积成正比。③过滤介质或滤饼毛细管半径。滤饼半径越大，滤过速度越快，但在加压或减压时应注意避免滤渣层或滤材因受压而过于致密。常在料液中加入助滤剂以减小滤饼阻力。④过滤介质或滤饼毛细管长度。滤饼毛细管长度愈长，则滤速愈慢。常采用预滤、减小滤渣层厚度、动态滤过等加以克服，同时操作时应先滤清液后滤稠液。⑤料液黏度。黏稠性愈大，滤速愈慢。因此，常采用趁热滤过或保温滤过。另外，添加助滤剂亦可降低黏度。

滤过方法主要有：常压滤过法(常用玻璃漏斗、搪瓷漏斗、金属夹层保温漏斗等滤器，用滤纸或脱脂棉作滤过介质)、减压滤过法(常用布氏漏斗、垂熔玻璃滤器)、加压滤过法(常用压滤器、板框压滤机)、薄膜滤过。

(二) 精制

精制(refinement)系采用适当的方法和设备除去植物提取液中杂质的操作。常用的精制方法有：水提醇沉淀法、醇提水沉淀法、大孔树脂吸附法、超滤法、盐析法、酸碱法、澄清剂法、透析法、萃取法等，其中以水提醇沉淀法应用尤为广泛。超滤法、澄清剂法、大孔树脂吸附法愈来愈受到重视，已在植物提取液的精制方面得到较多的研究和应用。

1. 水提醇沉淀法　水提醇沉淀法(water extraction followed by ethanol sedimentation)系指先以水为溶剂提取物料有效成分，再用不同浓度的乙醇沉淀去除提取液中杂质的方法。广泛用于植物水提液的精制，以降低制剂的服用量，或增加制剂的稳定性和澄清度，也可用

笔记栏

于制备具有生理活性的多糖和糖蛋白。

(1)工艺设计依据:①根据物料成分在水和乙醇中的溶解性:通过水和不同浓度的乙醇交替处理,可保留生物碱盐类、苷类、氨基酸、有机酸等有效成分;去除蛋白质、糊化淀粉、黏液质、油脂、脂溶性色素、树脂、树胶、部分糖类等杂质。一般料液中含乙醇量达到50%~60%时,可去除淀粉等杂质,当含醇量达75%以上时,除鞣质、水溶性色素等少数无效成分外,其余大部分杂质均可沉淀而去除。②根据工业生产的实际情况:因为一些中药材体积大,若用乙醇以外的有机溶剂提取,用量多,损耗大,成本高,且有些有机溶剂如乙醚等沸点低,不利于安全生产。

(2)操作方法:将原料先用水提取,再将提取液浓缩至约每毫升相当于原料1~2g,加入适量乙醇,静置冷藏适当时间,分离去除沉淀,回收乙醇,最后制得澄清的液体。具体操作时应注意:

1)提取液的浓缩:水提取液应经浓缩后再加乙醇处理,这样可减少乙醇的用量,使沉淀完全。浓缩时最好采用减压低温,特别是经水醇反复数次沉淀处理后的药液,不宜用直火加热浓缩。

2)提取液温度:在加入乙醇时,提取液温度一般为室温或室温以下,以防乙醇挥发。

3)加醇的方式:多次醇沉、慢加快搅有助于杂质的除去和减少有效成分的损失。

4)含醇量的计算:调提取液含醇量达某种浓度时,只能将计算量的乙醇加入到药液中,而用乙醇计直接在含醇的药液中测量的方法是不正确的。分次醇沉时,每次需达到的某种含醇量,需通过计算求得。

乙醇计的标准温度为20℃,测得乙醇本身的浓度时,如果温度不是20℃,应作温度校正。根据实验证明,温度每相差1℃,所引起的百分浓度误差为0.4。因此,这个校正值就是温度差与0.4的乘积。可用式(5-1)求得乙醇本身的浓度。

$$C_{实}=C_{测}+(20-t)\times 0.4 \quad \text{式(5-1)}$$

式中,$C_{实}$为乙醇的实际浓度(%);$C_{测}$为乙醇计测得的浓度(%);t为测定时乙醇本身的温度。

5)冷藏与处理:醇沉后一般于5~10℃下静置12~24小时(加速胶体杂质凝聚),但若含醇药液降温太快,微粒碰撞机会减少,沉淀颗粒较细,难于滤过。醇沉液充分静置冷藏后,先虹吸上清液,下层稠液再慢慢抽滤。

2. 醇提水沉淀法　醇提水沉淀法(ethanol extraction followed by water sedimentation)系指先以适宜浓度的乙醇提取物料成分,再用水除去提取液中杂质的方法。其原理及操作与水提醇沉淀法基本相同。适用于提取药效物质为醇溶性或在醇水中均有较好溶解性的物料,可避免物料中大量淀粉、蛋白质、黏液质等高分子杂质的浸出;水处理又可较方便地将醇提液中的树脂、油脂、色素等杂质沉淀除去。应特别注意,如果功效成分在水中难溶或不溶,则不可采用水沉处理,如厚朴中的厚朴酚、五味子中的五味子甲素均为功效成分,易溶于乙醇而难溶于水,若采用醇提水沉淀法,其水溶液中厚朴酚、五味子甲素的含量甚微,而在沉淀物中含量却很高。

3. 酸碱法　酸碱法系指针对单体成分的溶解度与酸碱度有关的性质,在溶液中加入适量酸或碱,调节pH至一定范围,使单体成分溶解或析出,以达到分离目的的方法。如生物碱一般不溶于水,加酸后生成生物碱盐能溶于水,再碱化后又重新生成游离生物碱而从水溶液中析出,从而与杂质分离。有时也可用调节浸出液的酸碱度来达到去除杂质的目的,如在浓缩液中加新配制的石灰乳至呈碱性,可使大量的鞣质、蛋白质、黏液质等成分沉淀除去,但也可使酚类、极性色素、酸性树脂、酸性皂苷、某些黄酮苷和蒽醌苷,以及大部分多糖类等成

分沉淀析出。因此，应根据精制目的确定是否选用酸碱法。如水煎浓缩液中含生物碱或黄酮类药效成分，同时含鞣质、蛋白质等无效物质，可采用酸碱法除去鞣质、蛋白质等杂质。

4. 大孔树脂吸附法　大孔树脂吸附法系指将中药提取液通过大孔树脂，吸附其中的有效成分，再经洗脱回收，除掉杂质的一种精制方法。该方法采用特殊的有机高聚物作为吸附剂，利用有机化合物与其吸附性的不同及化合物分子量的大小，通过改变吸附条件，选择性地吸附中药浸出液中的有效成分、去除无效成分，是一种新的纯化方法，具有高度富集药效成分、减小杂质、降低产品吸潮性、有效去除重金属、安全性好、再生产简单等优点。

5. 其他

(1) 盐析法：盐析法系指在含某些高分子物质的溶液中加入大量的无机盐，使其溶解度降低沉淀析出，而与其他成分分离的一种方法。适用于蛋白质的分离纯化，且不致使其变性。此外，提取挥发油时，也常用于提高物料蒸馏液中挥发油的含量及蒸馏液中微量挥发油的分离。

(2) 澄清剂法：澄清剂法系指在浸出液中加入一定量的澄清剂，利用它们具有可降解某些高分子杂质，降低浸出液黏度，或能吸附、包合固体微粒等特性来加速浸出液中悬浮粒子的沉降，经滤过除去沉淀物而获得澄清液体的一种方法。它能较好地保留浸出液中的功效成分(包括多糖等高分子功效成分)、除去杂质，操作简单，澄清剂用量小，能耗低。澄清剂法在保健食品的制备中，主要用于除去浸出液中粒度较大及有沉淀趋势的悬浮颗粒，以获得澄清的浸出液。

(3) 透析法：透析法系指利用小分子物质在溶液中可通过半透膜，而大分子物质不能通过的性质，借以达到分离的方法。可用于除去提取液中的鞣质、蛋白质、树脂等高分子杂质，也常用于某些具有生物活性的植物多糖的纯化。

六、浓缩

浓缩(concentration)系指在沸腾状态下，经传热过程，利用气化作用将挥发性大小不同的物质进行分离，从液体中除去溶剂得到浓缩液的工艺操作。

提取液经浓缩制成一定规格的半成品，或进一步制成成品，或浓缩成过饱和溶液使之析出结晶。蒸发是浓缩提取液的重要手段，此外，还可以采用反渗透法、超滤法等使提取液浓缩。

由于提取液有的稀，有的黏；有的对热较稳定，有的对热极敏感；有的蒸发浓缩时易产生泡沫；有的易结晶；有的需浓缩至高密度；有的浓缩时需同时回收挥散的蒸气。所以，必须根据提取液的性质与蒸发浓缩的要求，选择适宜的蒸发浓缩方法。

1. 常压蒸发　常压蒸发系指料液在一个大气压下进行蒸发的方法，又称常压浓缩。若待浓缩料液中的有效成分是耐热的，而溶剂又无燃烧性，无毒害，则可用此法进行浓缩。

常压浓缩若时，以水为溶剂的提取液多采用敞口倾倒式夹层蒸发锅；若是乙醇等有机溶剂的提取液，则采用蒸馏装置。

常压浓缩的特点：①浓缩速度慢、时间长，物料成分易破坏；②适用于非热敏性物料的浓缩，而对于含热敏性成分的物料溶液则不适用。常压浓缩时应注意搅拌以避免料液表面结膜，影响蒸发，并应随时排走所产生的大量水蒸气，因此常压浓缩的操作室内常配备电扇和排风扇。

2. 减压蒸发　减压蒸发系指在密闭的容器内，抽真空降低内部压力，使料液的沸点降低而进行蒸发的方法，又称减压浓缩。

笔记栏

减压蒸发的特点：①能防止或减少热敏性物质的分解；②增大传热温度差，强化蒸发操作；③能不断地排除溶剂蒸气，有利于蒸发顺利进行；④沸点降低，可利用低压蒸气或废气加热。但是，料液沸点降低，其气化潜热随之增大，即减压蒸发比常压蒸发消耗的加热蒸气的量多。

3. 薄膜蒸发　薄膜蒸发系指使料液在蒸发时形成薄膜，增加气化表面进行蒸发的方法，又称薄膜浓缩。

薄膜蒸发的特点：①蒸发速度快，受热时间短；②不受料液静压和过热影响，成分不易被破坏；③可在常压或减压下连续操作；④能将溶剂回收重复利用。

薄膜蒸发的进行方式有两种：①使液膜快速流过加热面进行蒸发；②使药液剧烈地沸腾而产生大量泡沫，以泡沫的内外表面为蒸发面进行蒸发。前者在短暂的时间内能达到最大蒸发量，但蒸发速度与热量供应间的平衡较难掌握，料液变稠后易黏附在加热面上，加大热阻，影响蒸发，故较少使用。后者目前使用较多，一般采用流量计控制液体流速，以维持液面恒定，否则也易发生前者的弊端。

七、干燥

干燥（drying）系指利用热能除去含湿的固体物质或膏状物中所含的水分或其他溶剂，获得干燥物品的工艺操作。在制剂生产中，新鲜物料除水，原辅料除湿，颗粒剂、片剂、水丸等制备过程中均用到干燥。干燥的好坏，将直接影响到保健食品的内在质量。保健食品制备常用的干燥设备有烘箱、喷雾干燥器、沸腾干燥器、减压干燥器、微波干燥器等。这些设备分别用于半成品（如提取液和浸膏等）或者成品（如颗粒剂和片剂等）的干燥。近些年来，喷雾干燥法在微胶囊、胶剂等新制剂方面的开发应用正受到人们的注目。喷雾通气冻干新技术以及一些国际上新型干燥设备的引入，必将改善保健食品的生产工艺，提高保健食品生产的技术水平，进而提高保健食品制剂的质量。

在保健食品制造业中，由于被干燥物料的形状是多种多样的，有颗粒状、粉末状、丸状，也有浆状（如浓缩液）、膏状（如流浸膏）；物料的性质各不相同，如热敏性、酸碱性、黏性、易燃性等；对干燥产品的要求亦各有差异，如含水量、形状、粒度、溶解性、卫生要求等；生产规模及生产能力各不相同。因此，采用的干燥方法与设备亦是多种多样的。下面重点介绍保健品制造业中常用的几种干燥方法与设备类型。

1. 烘干法　烘干法系指将湿物料摊放在烘盘内，利用热的干燥气流使湿物料水分气化进行干燥的一种方法。由于物料处于静止状态，所以干燥速度较慢。该法常用的设备有烘箱和烘房。

(1) 烘箱：又称干燥箱，适用于各类物料的干燥或干热灭菌，小批量生产。由于是间歇式操作，向箱中装料时热量损失较大，若无鼓风装置，则上下层温差较大，应经常将烘盘上下对调位置。

(2) 烘房：为供大量生产用的烘箱，其结构原理与烘箱一致，但由于容量大，在设计上更应注意温度、气流路线、流速等因素间的相互影响，以保证干燥效率。

2. 减压干燥法　又称真空干燥法，系指在负压条件下进行干燥的一种方法。

减压干燥法的特点：①干燥温度低，干燥速度快；②减少了物料与空气的接触机会，避免污染或氧化变质；③产品呈海绵状、蓬松，易于粉碎；④适用于热敏性或高温下易氧化物料的干燥。但生产能力小，劳动强度大。减压干燥效果取决于负压的高低（真空度）和被干燥物的堆积厚度。

3. 喷雾干燥法　喷雾干燥法是流态化技术用于浸出液干燥的一种较好的方法，系直接

将浸出液喷雾喷于干燥器内使之在与通入干燥器的热空气接触过程中，水分迅速气化，从而获得粉末或颗粒的方法。

该法最大特点是物料受热表面积大，传热传质迅速，水分蒸发极快，几秒钟内即可完成雾滴的干燥，且雾滴温度大约为热空气的湿球温度（一般约为 50℃左右），特别适用于热敏性物料的干燥。此外，喷雾干燥制品质地松脆，溶解性能好，且保持原来的色香味。喷雾干燥法可根据需要控制和调节产品的粗细度和含水量等质量指标。喷雾干燥法的不足之处是能耗较高，进风温度较低时，热效率只有 30%~40%；控制不当常出现干燥物黏壁现象，且成品收率较低；设备清洗较麻烦。

4. 沸腾干燥法　又称流床干燥法，系指利用热空气流使湿颗粒悬浮，呈流态化，似“沸腾状”，热空气在湿颗粒间通过，在动态下进行热交换，带走水气而达到干燥的一种方法。

沸腾干燥法的特点：①适于湿粒性物料，如片剂、颗粒剂制备过程中湿粒的干燥和水丸的干燥；②沸腾床干燥的气流阻力较小，物料磨损较轻，热利用率较高；③干燥速度快，产品质量好，一般湿颗粒流化干燥时间为 20 分钟左右，制品干湿度均匀，没有杂质带入；④干燥时不需翻料，且能自动出料，节省劳动力；⑤适于大规模生产。但热能消耗大，清扫设备较麻烦，尤其是有色颗粒干燥时给清洁工作带来困难。

5. 冷冻干燥法　冷冻干燥法系将浸出液浓缩至一定浓度后预先冻结成固体，在低温减压条件下将水分直接升华除去的干燥方法。

冷冻干燥法的特点：①物料在高度真空及低温条件下干燥，可避免成分因高热而分解变质，适用于极不耐热物品的干燥，如天花粉针、淀粉止血海绵等；②干燥制品外观优良，质地多孔疏松，易于溶解，且含水量低，一般为 1%~3%，利于药品长期贮存。但冷冻干燥需要高度真空及低温，设备特殊，耗能大，成本高。

6. 红外线干燥法　红外线干燥法系指利用红外线辐射器产生的电磁波被含水物料吸收后，直接转变为热能，使物料中水分气化而干燥的一种方法。红外线干燥属于辐射加热干燥。

红外线辐射器所产生的电磁波以光的速度辐射到被干燥的物料上，由于红外线光子的能量较小，被物料吸收后，不能引起分子与原子的电离，只能增加分子热运动的动能，使物料中的分子强烈振动，温度迅速升高，将水等液体分子从物料中驱出而达到干燥。远红外线干燥速率是近红外线干燥的 2 倍，是热风干燥的 10 倍。由于干燥速率快，故适用于热敏性物料的干燥，特别适宜于熔点低、吸湿性强的物料，以及某些物体表层（如硬膏）的干燥。又由于物料表面和内部的物质分子同时吸收红外线，因此物料受热均匀，产品的外观好，质量高。

7. 微波干燥法　微波干燥系指将物料置于高频交变电场内，从物料内部均匀加热，迅速干燥的一种方法。微波是一种高频波，其波长为 1mm 到 1m，频率为 300MHz 到 300GHz。制药工业上微波加热干燥只用 915MHz 和 2 450MHz 两个频率，后者在一定条件下兼有灭菌作用。

微波干燥的特点：①穿透力强，可以使物料的表面和内部能够同时吸收微波，使物料受热均匀，因而加热效率高，干燥时间短，干燥速度快，产品质量好；②有杀虫和灭菌的作用；③设备投资和运行的成本高。适用于含有一定水且受热稳定物料的干燥或灭菌，在保健食品中较多应用于中药饮片、粉末、丸剂等干燥。

8. 其他

（1）鼓式干燥法：鼓式干燥法系指将湿物料蘸附在金属转鼓上，利用传导方式提供气化所需热量，使物料得到干燥的一种方法，又称鼓式薄膜干燥法或滚筒式干燥法。

鼓式干燥法的特点：①适于浓缩药液及黏稠液体的干燥；②可连续生产，根据需要调节药液浓度、受热时间(鼓的转速)和温度(蒸气);③对热敏性物料液体可在减压情况下使用;④干燥物料呈薄片状,易于粉碎。常用于浸膏的干燥和膜剂的制备。

(2)吸湿干燥法:吸湿干燥法系指将湿物料置干燥器中,用吸水性很强的物质作干燥剂,使物料得到干燥的一种方法。数量小,含水量较低的药品可用吸湿干燥法。干燥器可分为常压干燥器和减压干燥器,小型的多为玻璃制成。常用的干燥剂有硅胶、氧化钙、粒状无水氯化钙、五氧化二磷、浓硫酸等。

八、前处理新技术

随着科技水平的提高和研究的深入,人们发现在保健食品的生产加工中,还有不少问题难以用经典的前处理工艺完美解决,如功效成分的稳定性、不良气味或滋味成分的掩盖,以及功效成分的精准释放等。近年来,一些新型的技术逐渐应用于保健食品的研制生产中,如包埋、包合技术、固体分散技术、微囊制备技术和脂质体制备技术。

其中,包埋(embedding)是利用包埋剂将需包埋的材料粉末或其他块体结构包裹起来以提供性能支撑或化学保护的过程。包埋法是制备固定化酶或固定化细胞的一种方法,是将酶或细胞包埋在能固化的载体中。如将酶包裹在聚丙烯酰胺凝胶等高分子凝胶中,或包裹在硝酸纤维素等半透性高分子膜中,前者包埋成格子型,后者包埋成微胶囊型。包埋法常用于微生物、动物和植物细胞的固定化,凝胶包埋法是应用最广泛的细胞固定化方法。

1. 包合技术　包合技术系指一种分子用其空穴结构包藏另一种分子,形成包合物的技术。其中环糊精包合技术使用最为广泛。环糊精(cyclodextrin,CD)系指葡萄糖以 α-1,4-糖苷键连接而成的环状低聚糖化合物。经 X 射线晶体衍射和核磁共振波谱解析证明,环糊精具有略呈锥形的中空圆筒立体环状结构,筒的外部和两端分布有氢氧基团,故呈亲水性;筒的内部存在糖苷键氧原子,受到 C-H 键的屏蔽作用,故为疏水性。常见的 CD 是由 6、7、8 个葡萄糖分子通过 α-1,4-糖苷键连接而成,分别为 α-CD、β-CD、γ-CD,β-CD 较为常用(图 5-1)。

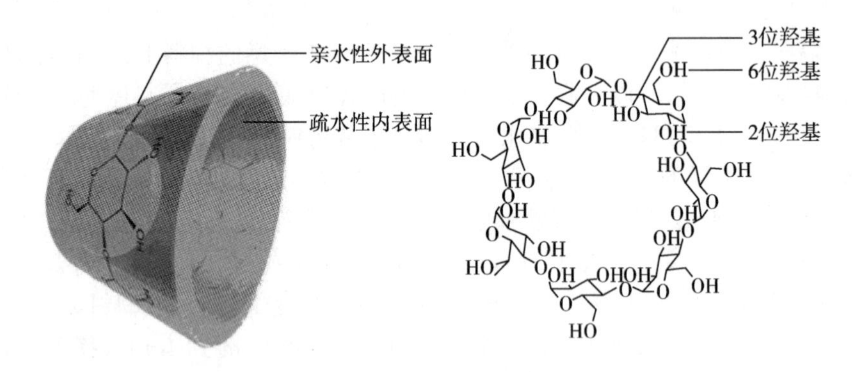

图 5-1　β环糊精的结构

(1)物料经过包合后的特点:①提高物料的溶出,如精油-β-环糊精包合物明显提高了油脂的水溶性;②降低物料的毒副作用或掩盖物料不良气味,如将蚕蛹蛋白等用环糊精包合后,降低对不良气味带来的感官刺激性;③增强物料的稳定性,如肉桂油形成环糊精包合物后稳定性明显提高;④减少挥发性成分损失,如薄荷油、肉桂油等;⑤类似于分子胶囊,可调节物料的释放速率;⑥提高生物利用度。如白藜芦醇包合物比白藜芦醇原料药的生物利用度高。

(2)包合物的制备方法

1)饱和水溶液法:制成 CD 饱和水溶液以后,按一定的比例加入物料,在一定温度下搅

拌或振荡适当的时间，冷藏、过滤、洗涤、干燥，即得。另外，难溶性物料可先溶于一定的有机溶剂后再加入饱和环糊精溶液。

2）研磨法：CD 与其 2~5 倍量水混合，研匀，加入物料，充分研磨混匀成糊状，低温干燥洗涤，干燥，即得稳定的包合物。另外，难溶性物料可先溶于一定的有机溶剂后再加入环糊精溶液中。该法只适用于难挥发性物质。

3）冷冻干燥法：将物料与环糊精混合于水中，搅拌，溶解混悬，通过冷冻干燥法除去溶剂，可以得到粉末状包合物。

其他方法还有超声法和喷雾干燥法等。

2. 固体分散技术　固体分散体系指物料以分子、微晶或无定形状态等高度分散状态均匀分散在适宜载体中形成的固态分散体系。将物料制成固体分散体的技术称为固体分散体技术。

(1) 固体分散体的特点：①不同性质的载体材料可使物料在高度分散状态下达到不同的用药要求。如利用亲水性高分子载体材料增加难溶性物料的溶解和溶出度，利用难溶性高分子载体材料延缓或控制物料释放，利用肠溶性高分子载体材料控制物料于小肠定位释放；②降低物料的刺激性；③增加物料的稳定性；④贮藏过程中易出现老化现象。

(2) 固体分散体的制备方法

1）熔融法：将物料与载体材料同时混匀、加热熔融或者将载体材料加热熔融后加入物料混匀，骤冷成固体即得。

2）溶剂法：即共沉淀法或共蒸发法，将物料与载体材料共同溶于适宜的有机溶剂中，或分别溶于有机溶剂后再混合均匀，蒸去有机溶剂后可得到固体分散体。

3）溶剂 - 熔融法：将物料先溶于适宜有机溶剂中，再加入到已熔融的载体材料中混合均匀，迅速挥去有机溶剂，按熔融法冷却固化即得。

4）研磨法：将物料与载体材料混合后，强力持久地研磨，借助机械力降低物料的粒度，破坏物料分子原来有序的结晶排列，使物料以微晶或分子簇的形式均匀吸附在载体材料粒子表面，同时可能伴有从晶型至无定形的转变，形成固体分散体。

3. 微囊制备技术　微囊系指固态、液态或气态物料被辅料包封成的微小胶囊。微胶囊技术是借助高分子聚合技术，利用一种或两种及其以上的天然或合成的高分子成膜物质把将固体、液体或气体（芯材）包裹形成微小颗粒（粒径一般为 1~1 000μm）的一种技术。

(1) 微囊化的特点：①提高物料的稳定性，掩盖不良气味；②防止物料在胃内失活或减少对胃的刺激性；③减少复方的配伍变化；④使液态物料固态化，便于贮存或再制成各种剂型；⑤改变物料的流动性、可压性、吸湿性等物理特性；⑥使物料具有靶向性。

(2) 微囊的制备方法：可分为物理化学法、物理机械法和化学法三类。常用的微囊制备方法见表 5-3。

表 5-3　微囊的制备方法

分类	制备方法
物理化学法	单凝聚法、复凝聚法、溶剂 - 非溶剂法、改变温度法
物理机械法	喷雾干燥法、喷雾凝结法、多孔离心法、流化床包衣法
化学法	界面缩聚法、辐射交联法

1）物理化学法：又称相分离法，指与载体材料在一定条件下形成新相析出的方法。根据形成新相方法的不同，又分为单凝聚法、复凝聚法、溶剂 - 非溶剂法、改变温度法等。

笔记栏

①单凝聚法：系指将物料分散于囊材的水溶液中，以电解质或强亲水性非电解质为凝聚剂，使囊材凝聚包封于物料表面而形成微囊。②复凝聚法：利用两种具有相反电荷的高分子材料为囊材，将囊心物分散、混悬或乳化在囊材的水溶液中，在一定条件下，相反电荷的高分子互相交联后，溶解度降低，自溶液中凝聚析出而成囊。③溶剂 - 非溶剂法：系指在囊材的溶液中加入一种对囊材不溶的溶剂（称非溶剂），引起相分离，而将物料包裹成囊的方法。④改变温度法：系指通过利用聚合物在不同温度下溶解度的不同控制温度成囊的方法。

2）物理机械法：系指将固态或液态物料在气相中进行微囊化的方法，需要使用设备。①喷雾干燥法：系先将囊心物分散在囊材的溶液中，再用喷雾法将此混合物喷入惰性热气流使液滴收缩成球形，进而干燥即得微囊。常用设备为喷雾干燥设备。②喷雾凝结法：将囊心物分散于熔融的囊材中，再喷于冷气流中凝固而成囊的方法。常用的囊材有蜡类、脂肪酸和脂肪醇等，在室温下均为固体，而在较高温下能熔融。③多孔离心法：利用圆筒的高速旋转使囊材溶液形成液态膜，同时使囊心物在离心力作用下高速穿过液态膜形成微囊，再经过不同方法加以固化（用非溶剂法、凝结或挥去溶剂等），即得微囊。④流化床包衣法：利用垂直强气流使囊心物悬浮在包衣室中，囊材溶液通过喷嘴射撒于囊心物表面，使囊心物悬浮的热气流将溶剂挥干，囊心物表面便形成囊材薄膜而得微囊。⑤其他：物理机械法还有液中干燥法、锅包衣法、挤压法、静电结合法等。

3）化学法：系指利用溶液中的单体或高分子通过聚合反应或缩合反应产生囊膜而制成微囊的方法。特点为不加凝聚剂，先制成 W/O 型乳状液，再利用化学反应或射线辐照交联固化。常用方法为界面缩聚法和辐射交联法。①界面缩聚法：亦称界面聚合法。系指在分散相（水相）与连续相（有机相）的界面上发生单体的聚合反应，将囊心物包裹形成球状膜壳型微囊。②辐射交联法：系指将乳化状态下的明胶，经 γ 射线照射发生交联，制备微囊的方法。

4. 脂质体制备技术　脂质体一般指由胆固醇和磷脂构成的球形微型囊泡的载体制剂。

（1）脂质体包封物料后的特点：①靶向性和淋巴定向性（被动靶向），为脂质体作为物料载体最突出的特征；②长效性（隐形脂质体）；③细胞亲和性与细胞相容性；④降低物料毒性（主动靶向）；⑤提高物料稳定性。

（2）脂质体的制备方法

1）薄膜分散法：系指将膜材和脂溶性物料溶于三氯甲烷或者其他有机溶剂中，经减压蒸发除去有机溶剂，可在器壁上附着薄膜，加入缓冲液（水溶性物料），振摇，可得到粒径不统一的脂质体。

2）注入法：分为乙醇注入法和乙醚注入法。乙醇注入法是指将膜材溶于乙醇溶液中，用细针头快速注入到缓冲液中，得脂质体。乙醚注入法是指将膜材溶于乙醚溶液中，用细针头缓慢注入 55~60℃的缓冲液中，蒸发除去乙醚，可得单层脂质体。

3）逆相蒸发法：系指将膜材溶于三氯甲烷或乙醚或其他有机溶剂中，加入待包封的物料水溶液进行短时超声，直至形成稳定 W/O 型乳状液，然后减压蒸发除去有机溶剂，达到胶态后，滴加缓冲液，旋转使器壁上的凝胶脱落，在减压下继续蒸发，制得水性混悬液，通过分离，除去未包入的游离物料，即得大单室脂质体。

4）冷冻干燥法：系将膜材分散于缓冲液中，经超声波处理与冷冻干燥，再分散到含物料的水性介质中，即得。

5）pH 梯度法：通过调节脂质体内外水相的 pH，使内外水相之间形成一定的 pH 梯度差，根据弱酸或弱碱物料在不同 pH 溶剂中存在的状态不同，产生分子型与离子型物料浓度之差，从而使物料以离子型包封在内水相中。

此外，还有高压乳匀法、超声分散法、二次乳化法、喷雾干燥法、流化床包衣法等。

第二节　保健食品形态与剂型成型工艺

一、保健食品的产品形态与剂型

保健食品的产品形态与剂型主要分为三类：第一类是固体，如胶囊剂、片剂（咀嚼片、含片）、颗粒剂、（滴）丸剂、散剂（粉、晶）、茶（剂）、饼干、糖果、凝胶糖果、糕等；第二类是半固体，如膏滋等；第三类是液体，如口服液、饮料、凉茶、果汁、酒剂等。

保健食品产品形态与剂型是兼顾产品配方中原料的特点、功效成分/标志性成分的理化性质、保健功能的特点和要求、食用人群的顺应性、产品保质期的需要等影响因素，经过综合分析和研究评价确定的，以达到食用安全有效、质量稳定、利于贮存运输和携带且食用方便的目的。

二、保健食品成型工艺

（一）蜜膏

1. 蜜膏的概念及特点　蜜膏是指原料经过加水煎煮，去渣浓缩后，加入蜂蜜制成的稠厚的、半流体状的剂型。蜜膏的特点是浓度高，体积小，稳定性好，利于保存，携带方便，便于服用，作用和缓、持久。蜜膏又叫煎膏剂。煎膏剂中所用的蜂蜜均指炼蜜，糖大多为冰糖或蔗糖，也有用红糖（如益母草膏），糖也必须经过炼制。

2. 蜜膏的制作方法　蜜膏的制作工艺一般分为煎煮、浓缩、收膏、分装四个步骤。

(1) 煎煮：将原料按照要求切成片、段，或粉碎成末，加水加热，进行煎煮，先以大火烧开后，改用小火煎煮 30 分钟即可；将汁液倒入杯中，留渣再加水煎煮，如此反复 3 次，把 3 次的汁液合并在一起，静置，用滤器滤过待用。如果原料为新鲜的果蔬，可用榨汁机榨取汁液，另用其渣加水如常法煎煮，时间可稍短一些，取汁去渣，与前面的汁液合并备用。

(2) 浓缩：将准备好的汁液加热煎煮，不断搅拌，待汁液浓缩到产品所规定的相对密度，即可停火；或者取浓缩液滴在滤纸上，如果滴液四边无渗出的水迹，即达到了要求，我们把这种浓缩膏称为“清膏”。

(3) 收膏：在清膏中加入规定量的炼蜜（一般不超过清膏量的 3 倍），用小火煎熬，不断搅拌，撇去浮沫，当膏液稠度达到所规定的相对密度即可停火。除另有规定外，蜜膏的相对密度一般要求在 1.4 左右。

由于蜂蜜中含有较多的水分和死蜂、蜡质等杂物，故应用前须加以炼制，其目的是去除杂质、破坏酶类、杀死微生物、减少水分含量、增加黏合力。鲜蜂蜜的选择，以半透明、有光泽、香甜味纯、清洁无杂质为好。炼蜜的程度除由制膏原材料的性质而定外，与原料粉末的粗细、含水量的多少、加工季节的气温也有关系，在其他条件相同的情况下，一般冬天用嫩蜜，夏天用老蜜。

(4) 分装：先将容器洗净、干燥、消毒，然后再把放凉的蜜膏装瓶，以免日后发霉变质。一般选用大口容器盛装，存取方便。

（二）软胶囊

1. 软胶囊的概念及特点　软胶囊是指把一定量的原料、原料提取物加上适宜的辅料密封于球形、椭圆形或其他形状的软质囊中制成的剂型。软胶囊的特点表现为以下方面：

笔记栏

(1)软胶囊的可塑性强、弹性大。这是由软胶囊囊材组成的性质决定的,取决于明胶、增塑剂和水三者之间的比例。

(2)软胶囊可弥补其他固体剂型的不足,如含油量高或液态物料不宜制成丸剂、片剂时,可制成软胶囊。

软胶囊除了上述特点外,还具有与硬胶囊剂相同的特点,如方便、利用率高、稳定性好、可以延效等。

2. 软胶囊的制作方法　软胶囊囊材的组成主要是胶料(主要是明胶)、增塑剂(甘油、山梨醇等)、附加剂(防腐剂、香料、遮光剂等)和水。

软胶囊的形状有球形、椭圆形等多种。在保证填充物达到保健量的前提下,软胶囊的容积要求尽可能减小。软胶囊中填充物如为固体物时,原料粉末应通过五号筛,并混合均匀。

软胶囊生产时,填充物品与成型是同时进行的。其制作方法可分为压制法(模压法)和滴制法两种。

(1)压制法:第一步,要配制囊材胶液。根据囊材配方,将明胶放入蒸馏水中浸泡使其膨胀,待明胶溶化后把其他物料一并加入,搅拌混合均匀。第二步,制胶片。取出配制好的囊材胶液,涂在平坦的板表面上,使厚薄均匀,然后用 90℃左右的温度加热,使表面水分蒸发,成为有一定韧性、有一定弹性的软胶片。第三步,压制软胶囊。小批量生产时,用压丸模手工压制;大批量生产时,常采用自动旋转轧囊机进行生产。

(2)滴制法:滴制法是指通过滴制机制备软胶囊的方法。制作时需注意胶液的配方、黏度,以及所有添加液的密度与温度。

（三）散剂

1. 散剂的概念及特点　散剂是指一种或数种原料经粉碎、混合而制成的粉末状剂型。散剂的表面积较大,因而具有易分散、奏效快的特点。

2. 散剂的制作方法　一般应通过粉碎、过筛、混合、分剂量、质量检查、包装等程序。

(1)过筛:将粉碎的物料选择适当的筛过筛。

(2)混合:即指将多种固体粉末相互交叉分散的过程。在散剂制作的过程中,目前常用的混合方法有研磨混合法、搅拌混合法、过筛混合法等。

(3)分剂量:系指将混合均匀的散剂按照所需要的剂量分成相等重量、份数的过程。一般采用重量法、容量法分剂量。大批量生产时可以用散剂定量分包机,其原理与容量法相同。

(4)包装:散剂表面积大,易吸湿受潮而使质量下降,所以选用的包装材料应有利于防湿,常用的材料有光纸、蜡纸、玻璃瓶、硬胶囊等。包装后的散剂要放在干燥、阴凉、空气流通的地方。

(5)质量检查:这是保证散剂质量的重要环节。检查的项目主要是散剂的均匀度、细度与水分。混合均匀度可采用含量测定法。将散剂不同部位所取的样品进行含量测定,再与规定的含量相比较,确定是否达到合格程度。

粉末细度的测定依颗粒大小而采用不同的方法,粗大颗粒用过筛法,微小颗粒则用光学显微镜法。散剂的水分一般不得超过 9.0%。

（四）鲜汁

1. 鲜汁的概念及特点　鲜汁是指直接从新鲜的水果或蔬菜或其他天然原料用压榨或其他方法取得的汁液。以水果为基料配成的汁称为果汁,以蔬菜为基料配成的汁称为蔬菜汁。

鲜汁的具有以下特点:

(1)营养丰富:含有多种营养成分,如碳水化物(以蔗糖、葡萄糖和果糖为多)、维生素、矿

物质、水分等。

⑵感观性能好：一般鲜汁都具有良好的感观性能，味浓色清，能引起人们饮用的欲望。

⑶清凉爽口：此类食品含汁液多，尤适宜夏天饮用。

2. 制作方法

⑴原料的选择与清洗：原料的选择有两种含义，一是挑选合适的品种，如柑橘、柠檬、苹果、桃子、葡萄、菠萝、西番莲、芒果、番石榴、番茄、胡萝卜等果蔬都比较适合加工成鲜汁；二是原料经人工挑选，剔除有霉变腐烂、严重机械伤、青果、病虫害等不符合加工要求的果蔬。加工前需经过清洗机或用人工对原料进行清洗，充分洗去果蔬表面的污泥杂质及残留的农药。洗净的果蔬用消毒液进行消毒。常用 0.1%~0.3% 高锰酸钾溶液浸泡。

⑵榨汁和滤过：多数果蔬采用压榨法榨汁，对于一些难以用压榨法获汁的果实如山楂等，则可采用加水浸提方法来提取果汁。一般榨汁前需进行破碎工序，以提高出汁率。葡萄只要压破果皮即可，而多数果蔬可用打浆机破碎，但要注意果皮和种子不要被磨碎。榨出的果汁要进行澄清和滤过，通过理化或机械方法除去汁液中的混浊物质，才能得到澄清的鲜汁。一般在澄清前粗滤，然后用酶法或澄清剂进行处理，之后果汁送往细滤机滤过。果蔬汁的质地可通过调节细滤机的压力与筛筒的孔径大小加以控制。榨汁机与细滤机的构造与果汁的质量关系密切且影响出汁率，可通过调节加以控制。

⑶调整：通过滤过后的果蔬汁按成品果蔬汁标准加以调整。先测定果蔬汁的酸度，可溶性固形物含量，并检查其色泽和香味。然后按成品果蔬汁的标准规定值添加适量的糖或酸等进行调整。一般调整是分批间歇操作，添加的糖或酸使用前要进行溶解、滤过、冷却。

⑷脱气和均质：经调整后的果蔬汁需进行脱气处理。在加工中果蔬汁内含空气较多，经过脱气处理，可以避免或减少果蔬汁成分的氧化，防止果蔬汁色泽和风味变化，并防止细菌的繁殖或减少对容器内壁的腐蚀。一般采用真空脱气机去掉果蔬汁中的空气。均质的目的是使汁液中的颗粒进一步粉碎，并使之均匀地分布在饮料中。鲜汁只有经过均质加工后，才能保持较好的外观和品质。均质是混浊果蔬汁生产上的特殊工序。均质常用高压均质机或胶体磨两种设备。

⑸杀菌和冷却：杀菌和冷却的目的是防止果蔬汁浓缩过程中受微生物和酶的影响。杀菌方法分为加热杀菌和非加热杀菌两大类，但以前者最为常用。加热杀菌又分为低温杀菌和高温杀菌。低温杀菌用巴氏法，适用于高酸性的果蔬汁。高温杀菌多用于低酸性蔬菜汁的杀菌。杀菌后进行冷却。

⑹浓缩和包装：浓缩的目的是提高糖度和酸度，增加产品的稳定性，抑制微生物的繁殖，提高饮料中固形物的比例，缩小汁液的体积，便于保存和运输。浓缩常用的方法有真空法、冷却法、干燥法。包装最好采用无菌包装，即把已杀菌并冷却的果蔬汁，在无菌条件下，装填并密封在已经杀菌的容器里，以达到非冷藏条件下长期保藏的目的。果汁是采用无菌包装最早的饮料。无菌包装与传统的罐藏方法相比具有更多的优点，如可减少饮料的营养成分的损失，可加工热敏性强的饮料，包装的规格较多。

（五）硬胶囊

1. 硬胶囊的概念及特点　硬胶囊是指把一定量的原料提取物或原料粉末直接充填于空心胶囊中，或将几种原料粉末混合均匀分装于空心胶囊中而制成的保健食品。硬胶囊剂具有以下特点：

⑴外观光洁、美观，可掩盖原料不适当的苦味及臭味，使人易于接受，方便服用。

⑵保健功能因子的生物利用度高，辅料用量少。在制备过程中可以不加黏合剂、不加

笔记栏

压，因此在胃肠道中崩解快，一般服后3~10分钟即可崩解释放功能物质，与丸剂、片剂相比，硬胶囊显效快、吸收好。

(3)稳定性好，光敏物质和热敏物质，例如维生素宜装入不透光的硬胶囊中，便于保存。

(4)可延长释放保健功能物质，可先将原料制成颗粒状，然后用不同释放速度的材料包衣，按比例混匀，装入空胶囊中即可达到延效的目的。

2. 硬胶囊的制作方法

(1)囊材的选择：明胶是制备空胶囊的主要原料。除了明胶以外，制备空胶囊时还应添加适当的辅料，以保证其质量。

(2)空胶囊的制作：空胶囊的制作过程可分为溶胶、蘸胶制坯、干燥、拔壳、截割及整理6个工序，多由自动化生产线完成。

按照国家生产标准，将空心胶囊划分为3个等级，即优等品(指机制空胶囊)、一等品(指适用于机装的空胶囊)、合格品(指仅适用于手工填充的空胶囊)。并对胶囊的外观和理化性状，以及菌检标准都作了相应的规定。

(3)囊内填充物：由于填充物多用容积来控制，而原料的密度、晶态、颗粒大小不同，所占的容积也不相同，因此，一般按照其剂量所占的容积来选用最小的空胶囊。常用空胶囊的规格为0~3号，基本可以满足产品的要求。一般凭经验或试装来决定选择适当号码的空胶囊。

硬胶囊中填充的物品，除特殊规定外，一般均要求是混合均匀的细粉或颗粒。一般小量制备时，可用手工填充法。大量生产时，用自动填充机。

定量粉末在填充时经常发生小剂量的损失而使胶囊含量不足，故在加工时应按实际需要的剂量多准备几份，待全部填充于胶囊后再将多余的粉末拿开。如果填充物是浸膏粉，应该保持干燥，添加适当的辅料，混合均匀后再填充。

(4)胶囊的封口：有平口与锁口两种。生产中一般使用平口胶囊，待填充后封口，以防其内容物漏泄。封口是一道重要工序。

(六) 片剂

片剂的制作方法有颗粒压片法和直接压片法两大类，以颗粒压片法应用较多。颗粒压片法又分为湿颗粒法和干颗粒法两种，前者适用于原料不能直接压片，或遇湿、遇热不起反应的片剂制作。下面重点介绍湿颗粒法。

1. 原料的处理　按配方的要求选用合适的材料，并进行洁净、灭菌、炮制和干燥处理。

(1)适宜粉碎的原料：含淀粉较多的原料如山药、天花粉等；或含有少量芳香挥发性成分的原料和某些矿物原料等，宜粉碎成细粉，过五号筛或六号筛。

(2)适宜提取法的原料：含挥发性成分较多的原材料如薄荷、紫苏叶等，可用单提挥发油或双提法。

(3)适宜煎煮浓缩成稠膏的原料：含纤维较多、质地疏松、黏性较大或质地坚硬的原材料。浸膏片、半浸膏片中的稠膏，一般可浓缩至相对密度1.2~1.3，有的亦可达1.4。

(4)化学品中的主、辅料的处理：某些结晶性或颗粒状物，如大小适宜并易溶于水者，只要进行过筛使成均匀颗粒或经干燥加适量润滑剂即可压片。一般通过五号筛或六号筛较适宜。

2. 制粒　大多数片剂都需要事先制成颗粒才能进行压片，这是由原料物性所决定的。制成颗粒主要是增加其流动性和可压性。增加物料的流动性，减少细粉吸附和容存的空气以减少片剂的松裂，避免粉末分层和细粉飞扬。

不同原料有不同的制粒方法，主要分为全粉制粒法、细粉与稠浸膏混合制粒法、全浸膏

制粒法、提纯物制粒法等。其中全浸膏制粒法比较常用。

(1)全浸膏制粒法:有两种方法。

1)将干浸膏直接粉碎,通过规定的筛子,制成颗粒。

2)用浸膏粉制粒。干浸膏先粉碎成细粉,加润湿剂,制软材,制颗粒。用这种方法制得的颗粒质量好,但费时费力,成本高。近年来,采用喷雾干燥法制得浸膏颗粒,或得到浸膏细粉进而喷雾转动制粒。这些方法比较先进,既可以提高生产率,又提高了片剂的质量,并减少细菌污染。

全浸膏片因不含原材料细粉,服用量较少,容易符合卫生标准,尤其适用于有效成分含量较低的片剂。

(2)提纯物制粒法:是将提纯物细粉(有效成分或有效部位)与适量稀释剂、崩解剂等混匀后,加入黏合剂或润湿剂,制软材,制颗粒。

片剂颗粒所用的黏合剂或润湿剂的用量,以能制成适宜软材的最少用量为原则。如果原料粉末较细且干燥,则黏合剂用量要多些,反之则少些。制成的湿粒要及时进行干燥,含水量应控制在3%~5%。

3. 压片　常用的压片机有单冲压片机和旋转式压片机两种。单冲压片机的产量一般为80片/min,一般用于新产品的试制或小量生产;压片时是由单侧加压(由上冲加压),所以压力分布不够均匀,易出现裂片,噪音较大。旋转式压片机生产能力较高,是目前生产中广泛使用的压片机。

(1)片重的计算:压片前要先计算出片的重量。如果片数和片重未定时,则先称出颗粒总重量然后计算相当于多少个单服重量,再依照单服重量的颗粒之重量,决定每次服用的片数,进一步计算出每片的重量。若配方中规定了每批原材料应制的片数及每片重量时,则所得的干颗粒重应恰等于片数与片重之积,即干颗粒总重量(主料加辅料)等于片数乘以片重。如果干颗粒总重量小于片数乘以片重时,则应补充淀粉等辅料,使两者相等。

半浸膏片的片重,可用下式计算:

片重=(干颗粒重+压片前加入的辅料重量)÷理论片数=[(成膏固体重+原粉重)+压片前加入的辅料重量]÷原物料总重量/每片原物料量=[(物料重量×收膏%×膏中含总固体%+原粉重)+压片前加入的辅料质量]÷(原物料总重量/每片原物料量)

若已知每片主料成分含量时,可通过测定颗粒中主料成分含量再确定片重。

片重=每片含主料成分量÷干颗粒测得的主料成分百分含量

(2)干颗粒法:是指不用润湿剂或液态黏合剂而制成颗粒进行压片的方法。干法制粒的最大优点在于物料不需要经过湿润和加热的过程,可以缩短工时,并可缩短工艺流程,尤其对受湿、热易变质的原料来说,可以提高其产品质量。

(3)粉末直接压片:是指将原料的粉末与适宜的辅料混合后,不经过制颗粒而直接压片的方法,目前国外应用较广泛,国内也有不少研究及生产部门应用。

(七)茶饮

1. 茶饮的概念及特点　茶饮是指以含茶叶或不含茶叶的原料(质地轻薄,或具有芳香挥发性成分的原料),用沸水冲泡、温浸而成的一种专供饮用的液体。常用的原料有植物的花、叶、果实、皮、茎枝、细根等。

茶饮的特点在于配料灵活,使用方便,饮用随意,像喝茶一样频频饮服,边饮边兑加沸水,直至味淡为止。

茶饮分为袋泡茶、茶块两大类,其中袋泡茶最受欢迎。袋泡茶的特点是体积小,利于贮

笔记栏

藏，便于携带，使用方便。袋泡茶适用于质地较轻、疏松，有效成分易于浸出的原材料，尤其适用于含挥发性成分的原材料。

2. 制作方法

(1)袋泡茶：一般可分为全生料型和半生料型两种。

全生料型：将原材料(或含茶叶)粉碎成粗末，经干燥，灭菌后，分装入滤袋中即得。

半生料型：将部分原材料粉碎成粗末，部分原材料(或含茶叶)煎煮后去渣取汁，浓缩成浸膏后吸收到原材料的粗末中，经干燥、灭菌后，分别装入耐温的滤袋中即得。

(2)茶块：将原材料粉碎成粗末、碎片，用面粉作黏合剂。也可将部分原材料煎煮去渣取汁，提取浓缩成稠膏作为黏合剂，与剩余原料粗末混匀，制成软材或颗粒，用模具或压茶机压制成一定的形状，低温干燥而成。

3. 质量检查

(1)外观及水分：外观洁净，色泽一致，闻之清香，品之纯正。袋装茶颗粒大小基本一致。含水量一般不超过 12%。

(2)定性定量：对制剂组分进行定性检查。可用显微镜检查、薄层色谱检查、化学鉴别检查等。含有挥发性成分的茶，可对其中的挥发油含量及水浸液挥发性成分的浸出量进行含量测定。

(3)装量差异：取茶剂 10 份，去掉包装，分别称重，每块(袋、包)内容物的重量与标示重量相比较，装量差异不大。

(八) 酒剂

传统保健酒，从成分来讲，有“酒”“醴”“醪”之分。“酒”主要含普通原料成分；“醴”除含普通原料成分外，尚有糖；而“醪”除含有糖外，尚有酿酒所产生的酒渣成分(即醪糟)。

简单的保健酒制法如下：

(1)冷浸法：把原料按量浸泡在一定浓度的白酒中，经常振摇，储存一个时期即可饮用。

(2)热浸法(煮酒法)：先以原料和酒同煎一定时间，然后再放冷，贮存。这是一种较古老的制作药酒、食用酒的方法，早在汉代就有青梅煮酒的传说。这种方法既能加速浸取速度，又能使一些成分容易浸出。煮酒时要注意防火安全，可采用隔水煮炖的间接加热方法，即把药料和酒先放在小铝锅、搪瓷罐等容器中，然后再放在另一盛水的大锅里煮炖。这样既不会因温度过高损失酒的成分，也比较安全。

(3)药米同酿法：把药料细粉或药汁与米同煮后，再加酒曲，经过发酵制成含糖分较高的醴或醪。

酒剂只适合能饮酒和无肝肾疾病的人饮用，并应控制用量。

(九) 口服液

1. 口服液的概念及特点　口服液是将原材料用水或其他溶剂，采用适宜的方法提取，经浓缩制成的内服液体剂型。其特点是：①能浸出原材料中的多种有效成分；②吸收快，显效迅速；③能大批量生产，免去临用煎药的麻烦，应用方便；④服用量减小，便于携带、保存和服用；⑤多在液体中加入了矫味剂，口感好，易为人们所接受；⑥成品经灭菌处理，密封包装，质量稳定，不易变质。

2. 口服液的制作方法　一般分为浸提、净化、浓缩、分装、灭菌等工艺过程。

(1)浸提：将原材料洗净，加工成片、段或粗粉。一般是按汤剂的煎煮方法进行浸提，由于 1 次投料量较多，故煎煮时间每次为 1~2 小时，取汁留渣，再进行煎煮，如此反复 3 次，合

并汁液，滤过备用。

(2) 净化：为了减少口服液中的沉淀，需采用净化处理，过去多采用水提醇沉静化处理，目前采用酶处理法较好，可降低成本，提高质量。

(3) 浓缩：滤过后的提取液再进行适当浓缩。其浓缩程度，一般以每日服用量在30~60ml为宜。

口服液可根据需要选择添加矫味剂和防腐剂。常用的矫味剂有蜂蜜、单糖浆、甘草酸、甜菊苷等；防腐剂有山梨酸、苯甲酸、丙酸等。

(4) 分装：在分装前，液体中加入了一定剂量的矫味剂、防腐剂，搅拌均匀后，可进行粗滤、精滤，装入无菌、洁净、干燥的指形管或适宜的容器中，密封。

(5) 灭菌：分装后，采用多种灭菌法（如煮沸法、蒸汽法、热压法等）进行灭菌。

3. 口服液的质量检查　可按以下项目进行检查：外观检查（包括澄明度检查）、装量差异检查、卫生学检查、定性鉴别、有效成分含量的测定、相对密度测定等，通过这些项目的检查，基本上能有效地控制口服液的质量。

（十）颗粒剂

1. 颗粒剂的概念及特点　颗粒剂是指原材料的提取物与适宜辅料或与部分原材料细粉混匀，制成的干燥颗粒状（晶状）剂型。颗粒剂中的原材料全部或大部分经过提取精制，体积缩小，运输、携带、服用方便，味甜适口。

2. 颗粒剂的分类及制法　颗粒剂按照溶解性能和溶解状态一般分为两种类型：可溶性颗粒剂、混悬性颗粒剂。

(1) 可溶性颗粒剂：该颗粒剂加水能完全溶解，溶液澄清透明，无焦屑等杂质。制作过程分为：提取、精制、制粒、干燥、整粒、质量检查、包装等步骤。

1) 提取：大多数原材料用煎煮法提取。具体操作是将原材料切成片或段，或研成末，按常法煎煮，取汁留渣，加水再煮，如此反复3次，将汁液滤过合并，加热浓缩至稠膏状备用。也有因原材料成分的不同而采用渗漉法、浸渍法或回流法提取。

2) 精制：将稠膏加入等量的95%乙醇，混合均匀，静置冷藏至少12小时，滤过，滤液回收乙醇后，再继续浓缩至稠膏状。

3) 制粒：将精制过的稠膏或干膏细粉拌入一定量的水溶性赋形剂，混匀，再加入规定浓度的乙醇，之后通过颗粒机上一号筛（12~14目）制成颗粒。可溶性颗粒剂的赋形剂主要是蔗糖和糊精。蔗糖中以白砂糖为好，用前干燥、粉碎、过筛制成糖粉。大多数情况下，稠膏与糖粉的比例是1∶2~1∶4。保健食品不宜含糖量太高，可以用部分糊精代替糖粉，以减少糖粉的用量。

4) 干燥：用烘箱、烘房或远红外干燥机进行干燥。干燥时，一要迅速，二要温度适宜，温度控制在60~80℃较好。干燥程度以颗粒中的水分控制在2%以内为宜。

5) 整粒：颗粒干燥后，可能有黏着结块的现象，需用摇摆式颗粒机重新过筛，使颗粒更加均匀，筛出的细小颗粒可以再制粒。

6) 包装：可以用复合塑料袋包装，其优点是不透湿、不透气、颗粒不易出现潮湿溶化的现象。

(2) 混悬性颗粒剂：该颗粒剂用水冲后不能全部溶解，液体中有浮悬的细小物质。它是将一部分原材料提取制成稠膏，另一部分原材料粉碎成细末，两者混合制成颗粒。这种速溶饮多由含有较多的挥发性或热敏性成分的原材料制成。

混悬性颗粒剂的制作：普通原材料用水加热，煎煮提取汁液，汁液合并滤过，煎煮浓缩至稠膏待用；含有挥发性或热敏性成分的原材料粉碎成细粉，过筛（多用六号筛）备用。将

笔记栏

稠膏、细粉、糖粉按比例混合均匀成软材，通过一号筛（12~14 目）制成湿颗粒，然后进行干燥，干燥后通过一号筛整粒、分装。

（十一）丸剂

1. 丸剂的概念及特点　丸剂系指原料与适宜的辅料制成的球形或类球形固体制剂。

2. 丸剂的特点

⑴优点：①作用迟缓，用于治疗慢性病；②可缓和物料的毒副作用；③可减缓物料挥发性成分的挥散；④某些新型丸剂可用于急救。

⑵缺点：服用剂量大，小儿服用困难，原料多以原粉入药，易染菌等。

3. 丸剂的分类及赋形剂　丸剂按制法分，可分为泛制丸、塑制丸和滴制丸。按赋形剂分，可分成水丸、蜜丸、水蜜丸、糊丸、蜡丸、浓缩丸和滴丸。丸剂的赋形剂常根据中医临床的需要及方剂中物料的性质选用。各类丸剂及其常用赋形剂有：水、黄酒、米醋、稀药汁、糖液、蜂蜜、蜜水、米粉、米糊、面糊、蜂蜡等。

4. 水丸的制备　泛制法制备水丸的一般工艺流程为：原料的准备→起模→成型→盖面→干燥→选丸→质量检查→包装。

⑴原料的准备：不同水丸工序所用的原料细度不同。起模、盖面、包衣用原料粉应过六~七号筛，泛丸用原料粉应过五~六号筛。需煎取药汁的中药饮片应按规定提取，浓缩。

⑵起模：系指将原料粉制成直径为 1mm 大小丸粒的操作，也称起母。这是制备丸粒基本母核的操作，是泛制法操作的关键。模子的形状直接影响丸剂的圆整度，模子的粒度差和数目影响丸剂成型过程中筛选的次数及丸粒的规格。应选用黏性适中的原料粉。起模方法有：

1）粉末泛制起模：在泛丸锅（即包衣锅）中喷少量水润湿，撒布少量原料粉，转动泛丸锅，刷下锅壁附着的粉粒，再喷水、撒粉，如此反复循环多次，粉粒逐渐增大，至直径约为 1mm 左右的球形时，筛取一号筛与二号筛之间的颗粒，为丸模。该法制得的丸模较紧密，但较费工时。

2）湿法制粒起模：将起模用粉用润湿剂制软材，过二号筛制得颗粒，颗粒再经泛丸机旋转摩擦，撞去棱角成为丸模。该方法制备的模子成型率高，大小较均匀，但较松散，适用于批量生产。

起模用粉量应适宜，以制得丸模大小数量符合要求，保证各批次丸剂的生产数量及规格为宜。生产中起模用粉量用式（5-2）计算：

$$X=\frac{0.625\,0\times D}{C} \qquad 式(5\text{-}2)$$

式中，C 为成品水丸 100 粒干重（g）；D 为原料粉总量（kg）；X 为一般起模用粉量（kg）；0.625 0 为标准模子 100 粒重量（g 湿重）。

⑶成型：系指将筛选均匀的丸模逐渐加大至近成品的操作。即在丸模上反复加水润湿，撒粉，滚圆，筛选。

操作中应注意：①每次加水加粉量应适宜，分布均匀。在泛制水蜜丸、糊丸、浓缩丸时，黏合剂的浓度应随着丸粒的增大而提高。②在增大成型的过程中，注意适当保持丸粒的硬度和圆整度，滚动时间应适宜，以丸粒坚实致密而不影响溶散。③成型过程中产生的歪粒，粉块过大、过小粒应随时用水调成糊状（浆头），泛在丸上。④配方中若含有芳香性、特殊气味以及刺激性较大的物料时，应分别粉碎，泛于丸粒中层。

⑷盖面：系指将已经筛选合格的丸粒，继续在泛丸锅内进行表面处理的操作。用中

药饮片细粉或清水继续在泛丸锅内滚动，以达到成品丸粒表面致密、光滑、色泽一致的要求。

常用的方法有：①干粉盖面，即丸粒充分润湿，一次或分次将盖面的原料粉均匀洒在丸上，滚动一定时间，至丸粒湿润光亮。②清水盖面，即加清水使丸粒充分润湿，滚动一定时间，立即取出，干燥。③清浆盖面，即用原料粉或废丸粒加水制成的药液为清浆，洒于丸粒充分润湿，滚动一定时间，立即取出，干燥。

(5)干燥：泛制丸盖面后应及时干燥。干燥温度一般在80℃以下，含挥发性成分的药丸应控制在50~60℃。采用烘箱、烘房干燥，干燥的时间较长。也可采用沸腾干燥和微波干燥。目前生产企业多用微波干燥，有单层或多层微波干燥机，可以连线连续操作，也有箱式真空微波干燥间歇操作。水丸的含水量不得超过9%。

(6)选丸：系指通过筛选获得丸粒圆整、大小均一成品的操作。大生产时采用的设备为滚筒筛、检丸器。①滚筒筛：由布满筛孔的三节金属圆筒组成，进料端至出料端孔径由小到大，可用于筛选干丸和湿丸，自动完成对药丸直径大小的分选。②检丸器：分上下两层，每层装三块斜置玻璃板，玻璃板间相隔一定的距离。当丸粒由加丸漏斗朝下滚动时，由于丸粒越圆整，滚动越快，能越过全部间隙到达好粒容器。而畸形丸粒滚动速度慢，不能越过间隙漏于坏粒容器。检丸器适用于筛选体积小、质硬的丸剂。

5. 蜜丸的制备　塑制法制备蜜丸的一般工艺流程为：物料准备→制丸块→制丸条→分粒→搓圆→干燥→整丸→质量检查→包装。

(1)物料准备：原料如中药饮片经炮制后，粉碎成细粉或最细粉(贵重细料药)。蜂蜜按配方中中药饮片的性质，炼制成适宜程度的炼蜜。

(2)制丸块：系将混匀的原料粉与适宜的炼蜜混合成软硬适宜、可塑性较大的丸块的操作。一般操作是将混匀的原料细粉加入适宜的炼蜜用混合机充分混和，和药后应放置适当时间，使丸块滋润，便于制丸。

制丸块是塑制法制丸的关键工序，影响丸块质量的因素有：

1)炼蜜程度：应根据原料粉的性质、粉末粗细、原料粉的含水量等选择不同程度的炼蜜。否则蜜过嫩，粉末黏合不好，丸粒搓不光滑；蜜过老则丸块发硬，难以搓丸。

2)制丸蜜温：应根据原料粉的性质而定，一般配方热蜜制丸。含多量树脂、胶质、糖、油脂类的原料，以60~80℃温蜜制丸；配方中含有冰片等芳香挥发性物料等，也宜温蜜制丸。配方中含大量的叶、茎、全草或矿物性物质等黏性差的原料粉，使用老蜜趁热制丸。

3)用蜜量：原料粉与蜜的比例一般为1:1~1:1.5。一般含糖类、胶类及油脂类等黏性大的原料粉，用蜜量宜少；含纤维质多或质地泡松而黏性差的原料粉，用蜜量宜多，有的可高达1:2以上。

(3)制丸条、分粒和搓圆：丸块应制成一定粗细的丸条以便于分粒，丸条要求粗细均匀一致，表面光滑，内部充实而无空隙。大量生产采用机器制丸，自动化程度高。常见的机械有：

1)三轧辊大蜜丸机：三轧辊大蜜丸机整机设计符合GMP要求，具有生产能力大、适应性强等特点。

2)自动制丸机：是目前国内外生产丸剂的主要设备(特别是中药小丸)，可生产蜜丸、水丸、水蜜丸、浓缩丸、糊丸等。

(4)干燥：蜜丸制成后一般应立即分装，以保证丸的滋润状态。使用嫩蜜或偏嫩中蜜制成的蜜丸，需在60~80℃干燥，可采用微波干燥、远红外辐射干燥，干燥的同时还能达到灭菌

笔记栏

的目的。

6. 水蜜丸的制备　水蜜丸的制备可用塑制法和泛制法。以塑制法制备时需注意蜜和水的比例，应根据原料粉性质来定。一般黏性中等的原料粉每 100g 用炼蜜 40g，加水量为炼蜜：水 =1：(2.5~3.0)，将炼蜜加水搅匀，煮沸，滤过即可。黏性强的原料粉，炼蜜用量少，原料粉每 100g 加炼蜜 10~15g，加适量水。黏性差的原料粉，每 100g 加炼蜜 50g 左右，加适量水。

采用泛制法制备时，需注意起模时用冷开水，以免黏结。成型中先用低浓度蜜水泛丸，浓度逐渐增高，成型后，再用低浓度蜜水撞光。成丸后应立即干燥，防止霉变。

7. 浓缩丸的制备　浓缩丸系指饮片或部分饮片提取浓缩后，与适宜的辅料或其余饮片细粉，以水、蜂蜜或蜂蜜和水为黏合剂制成的丸剂。

浓缩丸中部分或全部饮片经提取处理，服用量小，易于服用和吸收，贮存、携带方便。但若原料提取或制丸处理不当，有效成分会有损失，影响崩解或疗效。

浓缩丸根据所用黏合剂的不同，分为浓缩水丸、浓缩蜜丸和浓缩水蜜丸。浓缩丸可用泛制法和塑制法制备。

(1) 泛制法：水丸型浓缩丸采用泛制法制备。根据不同情况采用的方法有：①配方中部分原料提取浓缩成膏，作黏合剂，其余原料粉碎成细粉，用浓缩液（或再加炼蜜）泛丸；②将稠膏与细粉混匀，干燥，粉碎成细粉，再以水、蜜水或不同浓度的乙醇为润湿剂泛制成丸。方中膏少粉多时用①法；膏多粉少时用②法。

(2) 塑制法：蜜丸型浓缩丸采用塑制法制备。取配方中部分原料提取浓缩成膏，加入其余原料粉碎成的细粉，再加入适宜炼蜜、混合均匀，制丸条，分粒，搓圆。

8. 滴丸的制备　滴丸系指固体或液体物料与适宜的基质加热熔融后溶解、乳化或混悬于基质中，再滴入不相混溶、互不作用的冷凝液中，由于表面张力的作用使液滴收缩成球状而制成的制剂。

滴丸的特点：①物料在基质中呈分子、胶体或微粉状态分散，基质为水溶性时，可提高生物利用度，达到高效和速效作用；②工艺简单、生产效率高，质量稳定，剂量准确；③物料与基质熔融后，与空气接触面积减小，不易氧化和挥发，非水性基质不易引起水解，增加物料的稳定性；④使液态物料固体化，在滴制成丸型后包薄膜衣或肠溶衣，达到不同用目的；⑤适用于局部使用；⑥载物量小，服用剂量较大。

滴制法制备滴丸的一般工艺流程为：基质选择→熔融→原料的处理混合混匀→滴制、冷凝成型→去冷凝介质、选丸、干燥→质量检查→包装。

(1) 原料处理：因滴丸载物量小，须对原料进行提取、纯化，干燥后粉碎备用。

(2) 基质熔融：根据物料的性质和临床需要，选择适宜的基质，将物料与基质加热熔融，混匀。

(3) 滴制法制备：将混匀的提取液，保温（80~100℃），经过一定大小管径的滴头，匀速滴入冷凝介质中，凝固形成的丸粒，徐徐沉于器底或浮于冷凝介质的表面，取出，洗去冷凝介质，干燥即成滴丸。根据物料的性质与使用、贮藏的要求，在滴丸制成后可包衣。

滴丸自动化生产线由滴丸机、集丸离心机和筛选干燥机组成。药液由贮液罐泵入药液滴罐，经滴头滴入冷凝介质中收缩冷凝，并随冷凝介质沉落后由螺旋循环接收系统直接进入集丸机，实现不间断连续生产。目前针对原料黏度大等特点，可采用气压脉冲滴制和自动控制滴制，以解决丸重小、载药量低等缺点，实现每粒滴丸重达 100mg 以上。

(十二) 其他

其他普通食品形态的糖果、凝胶糖果、糕点、饼干等，也可作为保健食品等剂型形态。

第三节　保健食品包装材料及技术要求

一、保健食品包装材料的选择

《食品安全法》规定“对直接接触食品的包装材料等具有较高风险的食品相关产品,按照国家有关工业产品生产许可证管理的规定实施生产许可”“用于食品的包装材料和容器,指包装、盛放食品或者食品添加剂用的纸、竹、木、金属、搪瓷、陶瓷、塑料、橡胶、天然纤维、化学纤维、玻璃等制品和直接接触食品或者食品添加剂的涂料”。保健食品的包装材料主要参照预包装食品及药品包装材料的技术要求执行,其中与药品剂型一致的保健食品一般采用直接接触药品的包装材料和容器。

选择保健食品包装材料时,应遵循以下基本原则:

1. 与保健食品相容性原则　保健食品包装材料不应与保健食品发生化学反应,不吸附保健食品,而且不会改变保健食品的成分与性能,如安全性、均一性、药效、质量或纯度。

2. 无污染性与协调性原则　首先,保健食品包装材料应该是安全的,按照不同的剂型要求应该达到相应的标准,并且对在贮藏或使用时能损坏或污染保健食品的因素有可预见性。其次,保健食品包装材料应与其包装所承担的功能相协调,并且能抵抗外界气候、微生物、光照、氧化等物理化学作用的影响,确保保健食品在有效期内的质量稳定,同时应密封、防篡改、防替换、防儿童误服用等。

3. 美学性原则　保健食品包装材料是否符合美学要求,在一定程度上会影响保健食品的市场认可度。从保健食品包装材料的选用来看,主要考虑包装材料的颜色、透明度、挺度、种类等,颜色不同,效果大不一样。如采用与保健食品原料相近的颜色外包材料,既可以显示突出其原料特性,又可以增加消费者直观视觉感受。

4. 对等性原则　在选择保健食品包装材料时,除了必须考虑保证保健食品的质量外,还应考虑保健食品相应的价值。对于贵重药品或附加值高的保健食品,应选用价格性能比较高的保健食品包装材料;对于价格适中或较低的常用保健食品,除考虑美观外,还要多考虑经济性,其所用的保健食品包装材料应与之对等。

二、保健食品包装材料的种类

保健食品包装材料主要有纸、竹、木、金属、搪瓷、陶瓷、塑料、橡胶、天然纤维、化学纤维、玻璃等制品。玻璃材料具有高稳定性、不渗透等优点,可用来包装大部分的保健食品,是保健食品的良好容器。目前常用的药用玻璃有硼硅玻璃、钠钙玻璃等。塑料具有质轻、不易破碎等优点,占据了部分保健食品包装材料市场,目前常用的药用塑料有聚乙烯(polyethylene,PE)、聚丙烯(polypropylene,PP)、聚氯乙烯(polyvinyl chloride,PVC)、聚偏二氯乙烯(polyvinylidene chloride,PVDC)、聚对苯二甲酸乙二醇酯(poly ethylene terephthalate,PET)、聚碳酸酯(polycarbonate,PC)等。考虑到国家最新出台的禁塑令,可降解塑料成为最新的保健食品塑料包材趋势。

与药品剂型一致的保健食品一般参考直接接触药品的包装材料和容器。《保健食品注册审评审批工作细则(2016年版)》规定,直接接触保健食品的包装材料要提供其种类、名称、标准号、标准全文、使用依据。原国家食品药品监督管理总局制定并颁布实施了《直接

笔记栏

接触药品的包装材料和容器管理办法》。其附件《实施注册管理的药包材产品目录》中列出了十一类直接接触药品的包装材料。其中保健食品中常用的有第三类药用瓶、第四类药用胶塞、第七类药用硬片(膜)、第八类药用铝箔、第十一类药用干燥剂。

三、保健食品包装材料的技术要求

保健食品包装材料应符合的技术要求有:

1. 一定的机械性能　有衬垫、防震、耐压、封闭等缓冲作用。包装材料应能有效地保护产品,因此应具有一定的强度、韧性和弹性等,以适应压力、冲击、振动等静力和动力因素的影响。

2. 阻隔性能　有防穿透、防泄漏、遮光等阻隔作用。根据对产品包装的不同要求,包装材料应对水分、水蒸气、气体、光线、芳香气、异味、热量、功效成分等具有一定的阻挡。

3. 良好的安全性能　包装材料本身的毒性要小,以免污染产品和影响人体健康;包装材料应无腐蚀性,并具有防虫、防蛀、防鼠、抑制微生物等性能,以保护产品安全。

4. 合适的加工性能　包装材料应宜于加工,易于包装作业的机械化、自动化,以适应大规模工业生产。应适于印刷,便于印刷包装标志。

5. 较好的经济性能　包装材料应来源广泛、取材方便、成本低廉,使用后的包装材料和包装容器应易于处理,不污染环境、以免造成公害。

四、保健食品的包装形式

几千年来,我国中药流传下来的传统剂型多为丸、散、膏、丹、酒、露、汤、饮等,长期使用纸袋、纸盒、玻璃瓶、塑料袋、纸箱进行简单包装。随着保健食品产业的发展,新剂型的增多,以及质量检测控制手段的提高,以往简单的纸盒、塑料袋包装等已无法满足质量控制的要求。随着材料科学的发展和包装设计理念的更新,新的保健食品包装材料不断涌现,保健食品包装材料生产企业发展迅速,迅速摆脱以往包装简单粗糙、款式陈旧、标签含糊不清、说明书无说明的落后形象。

目前,保健食品常根据物态将其分为固体剂型和液体剂型。各种剂型对包装的要求各不相同,如颗粒剂的比表面积较大,其吸湿性与风化性都比较显著,所以颗粒剂的包装基本采用铝塑复合膜袋装。

(一) 保健食品固体制剂的包装

固体制剂包括颗粒剂、胶囊剂、片剂、丸剂、膜剂等,包装材料多种多样。根据剂量可分为单剂量包装和多剂量包装。单剂量包装,如胶囊剂、片剂常采用泡罩式包装(以无毒铝箔为底层材料和热成型塑料薄板经热压形成),由两层膜片(铝塑复合膜、双纸铝塑复合膜等)经黏合或加压形成的窄条式包装;颗粒剂通常采用各种 PE 和铝层或纸层复合膜袋装;丸剂常用蜡纸或锡纸包裹后,置于小硬纸盒或塑料盒内,避免互相黏连和受压。

多剂量包装常用的容器有玻璃瓶(管)、塑料瓶(盒)及由软性薄膜、纸塑复合膜、金属箔复合膜等制成的药袋,容器内间隙处塞入干燥的软纸、脱脂棉或塑料盖内带弹性丝,防止震动。瓶口密封,可用铁螺盖内衬橡皮垫圈或加塑料内盖或以木塞封蜡,再加胶木盖旋紧。易吸湿变质的胶囊剂、片剂等,还可在瓶内加放一小袋烘干的硅胶作吸湿剂。

(二) 保健食品液体制剂的包装

液体制剂包括糖浆剂、露剂、混悬液等,其包装材料包括容器(玻璃瓶、塑料瓶等)、瓶塞(如软木塞、橡胶塞、塑料塞等)、瓶盖(如金属盖、电木盖、塑料瓶帽等)、标签、硬纸盒、塑料盒、说明书、纸箱、木箱等。

笔记栏

学习小结

1. 学习内容

保健食品制备工艺	保健食品的前处理工艺	前处理	粉碎、筛析、混合
		提取与浓缩	煎煮、浸渍、渗漉、回流、水蒸气蒸馏、超临界流体提取等
		分离与精制	沉降分离、离心分离、滤过分离；水提醇沉、醇提水沉、酸碱法沉淀等
		前处理新技术	包合技术、固体分散技术、微囊制备技术和脂质体制备技术
	保健食品的形态与剂型	蜜膏、露、散剂、鲜汁、软胶囊、硬胶囊、片剂、茶饮、口服液、酒剂、颗粒剂、丸剂、其他（糖果、糕点、饼干等）	
	保健食品的包装	包装	包装材料的种类、选择、技术要求

2. 学习方法　通过分析各剂型的特点与要求，掌握保健食品常见形态与剂型的应用；通过对保健食品生产工艺中各单元操作的原理和技术要点的总结，掌握常见的前处理方法、提取与浓缩方法和分离精制方法。

（左蕾蕾　刘永刚　兰　卫　殷金龙）

复习思考题

1. 保健食品前处理工艺有哪些？
2. 保健食品的常见形态和剂型有哪些？
3. 保健食品的形态和剂型与药品可采用的剂型相同吗？为什么？
4. 中药保健食品的生产工艺研究，是否分离精制得越纯越好？为什么？
5. 简述选择保健食品包装材料的基本原则。

笔记栏

PPT 课件

第六章 保健食品安全性与功能评价

学习目标

1. 掌握保健食品安全性评价的基本程序和方法。
2. 掌握保健食品功能评价的程序、方法及一般要求。
3. 了解保健食品安全性与功能评价的相关技术规范。

第一节　保健食品安全性与功能评价一般要求

《食品安全法》第七十五、七十七条规定，保健食品声称保健功能，应当具有科学依据，不得对人体产生急性、亚急性或者慢性危害。保健食品注册时应当提交包括安全性和保健功能评价等材料，并提供相关证明文件。根据《食品安全法》《保健食品注册与备案管理办法》等有关规定，国家食品药品监督管理总局组织制定了《保健食品注册申请服务指南(2016 年版)》，规定保健食品注册申请、使用《保健食品原料目录》以外原料的保健食品和首次进口的保健食品（不包括补充维生素、矿物质等营养物质的保健食品）注册申请，均应递交产品安全性、保健功能、质量可控性的申请材料。已有保健产品变更注册申请材料项目，如增加食用量的变更申请，也应提供按照拟变更的食用量进行毒理学安全性评价的试验资料。

安全性评价试验，是指检验机构按照原国家食品药品监督管理总局规定和规范的要求，对送检的保健食品或其原料进行的以验证食用安全性为目的的试验。保健食品及其原料的毒理学的检验与评价是其安全性评价的重要组成部分。

保健功能评价试验，是指检验机构按照原国家食品药品监督管理总局规定和规范的要求，对送检的保健食品进行的以验证保健功能为目的的试验，包括动物试验和人群食用评价试验。

新修订的《保健食品原料目录》中，已将单一物质的名单扩充为包括原料名称、用量和对应的功效的完整目录，以保障产品的安全和保健功能。保健食品的用量是指保证保健食品安全性和具备相应保健功能应当达到的最低和最高限量。功效是指保健食品原料在一定用量下的功效。原料或者用量的改变都有可能导致功效的改变。为规范保健食品维护广大人民群众健康，根据《食品安全法》，经与国家卫生健康委员会协商一致，国家市场监管总局制定了《保健食品及其原料安全性毒理学检验与评价技术指导原则(2020 年版)》《保健食品原料用菌种安全性检验与评价技术指导原则(2020 年版)》《保健食品理化及卫生指标检验与评价技术指导原则(2020 年版)》《保健食品功能评价技术规范》。本章将介绍保健食品安全性毒理学评价程序及方法，以及与保健食品功能性相关的功效评价原则及方法。

第二节　保健食品安全性评价方法

一、概述

（一）保健食品毒理学评价原则

保健食品及其原料安全性毒理学检验与评价技术的指导原则依据食品国家安全标准GB 15193系列标准制定。

（二）受试物要求

1. 受试物为保健食品或保健食品原料。

2. 资料要求

(1) 应提供受试物的名称、性状、规格、批号、生产日期、保质期、保存条件、申请单位名称、生产企业名称、配方、生产工艺、质量标准、保健功能以及推荐摄入量等信息。

(2) 受试物为保健食品原料时，应提供动物和植物类原料的产地和食用部位、微生物类原料的分类学地位和生物学特征、食用条件和方式、食用历史、食用人群等基本信息，以及其他有助于开展安全性评估的相关资料。

(3) 原料为从动物、植物、微生物中分离的成分时，还需提供该成分的含量、理化特性和化学结构等资料。

(4) 提供受试物的主要成分、功效成分 / 标志性成分及可能含有的有害成分的分析报告。

(5) 保健食品应提供包装完整的定型产品，毒理学试验所用样品批号应与功能学试验所用样品批号一致，并为卫生学试验所用三批样品之一（益生菌、奶制品等保质期短于整个试验周期的产品除外）。在特殊情况下，如原批号样品已过保质期，可使用新批号样品试验，但应提供新批号样品按产品技术要求检验的全项目检验报告。

（三）受试物处理要求

对保健食品检验进行试验时应针对试验特点和受试物的理化性质进行相应的样品处理。

1. 介质选择　介质是帮助受试物进入试验系统或动物体内的重要媒介。应选择适合于受试物的溶剂、乳化剂或助悬剂。所选溶剂、乳化剂或助悬剂本身应不产生毒性作用，与受试物各成分之间不发生化学反应，且保持其稳定性。一般可选用蒸馏水、食用植物油、淀粉、明胶、羧甲基纤维素等材料。

2. 人可能摄入量较大的受试物处理　对人可能摄入量较大的受试物，在按其摄入量设计试验剂量时，往往会超过动物的最大灌胃剂量或超过摄入饲料中的限量（10%，W/W），此时可允许去除既无功效又无安全性问题的辅料部分（如淀粉、糊精等）后进行试验。

3. 袋泡茶类受试物处理　可使用该受试物的水提取物进行试验，提取方法应与产品推荐饮用方法相同。如产品无特殊推荐饮用方法，可采用以下提取条件进行：常压、温度80~90℃，浸泡时间30分钟，水量为受试物重量的10倍以上，提取2次，将提取液合并浓缩至所需浓度，并标明该浓缩液与原料的比例关系。

4. 膨胀系数较高的受试物处理　需要考虑受试物的膨胀系数对受试物给予剂量的影响，以此来选择合适的受试物给予方法（灌胃或掺入饲料）。

5. 液体保健食品　需要采用浓缩处理时，应采用不破坏其中有效成分的方法，如使用

笔记栏

温度 60~70℃,减压或常压蒸发浓缩、冷冻干燥等方法。

6. 含乙醇保健食品处理　当保健食品的推荐量较大时,在按其推荐剂量设计试验时,如该剂量超过动物最大灌胃容量,可将其浓缩。当乙醇浓度低于 15%(V/V)的受试物,浓缩后的乙醇应恢复至受试物定型产品原来的浓度。乙醇浓度高于 15% 的受试物,浓缩后应将乙醇浓度调整至 15%,并将各剂量组的乙醇浓度调整一致。不需要浓缩的受试物乙醇浓度 >15% 时,应将各剂量组的乙醇浓度调整至 15%。当进行 Ames 试验和果蝇试验时应将乙醇除去。在调整受试物的乙醇浓度时,原则上应使用该保健食品的酒基。

7. 含有人体必需营养素等物质保健食品处理　如产品配方中含有某一具有明显毒性的人体必需营养素(维生素 A、硒,等),在按其推荐量设计试验剂量时,如该物质的剂量达到已知毒性作用剂量,在原有剂量设计的基础上,应考虑增设去除该物质或降低该物质剂量(如降至最大未观察到有害作用剂量,NOAEL)的受试物剂量组,以便对保健食品中其他成分的毒性作用及该物质与其他成分的联合毒性作用做出评价。

8. 益生菌等微生物类保健食品处理　益生菌类或其他微生物类等保健食品在进行 Ames 试验或体外细胞试验时,应将微生物灭活后进行。

9. 以鸡蛋等食物为载体的特殊保健食品处理　在进行喂养试验时,允许将其加入饲料,并按动物的营养需要调整饲料配方后进行试验。

二、保健食品毒理学评价试验阶段与试验原则

(一) 保健食品毒理学评价实验内容

依据食品国家安全标准 GB 15193 系列的相关评价程序和方法开展下列试验。药食两用品作原料的保健食品,可以不做毒理学试验。

1. 急性经口毒性试验。

2. 遗传毒性试验　细菌回复突变试验,哺乳动物红细胞微核试验,哺乳动物骨髓细胞染色体畸变试验,小鼠精原细胞或精母细胞染色体畸变试验,体外哺乳动物细胞 HGPRT 基因突变试验,体外哺乳动物细胞 TK 基因突变试验,体外哺乳动物细胞染色体畸变试验,啮齿类动物显性致死试验,体外哺乳动物细胞 DNA 损伤修复(非程序性 DNA 合成)试验,果蝇伴性隐性致死试验。

遗传毒性试验组合:一般应遵循原核细胞与真核细胞、体内试验与体外试验相结合的原则,并包括不同的终点(诱导基因突变、染色体结构和数量变化)。推荐下列遗传毒性试验组合:

组合一:细菌回复突变试验;哺乳动物红细胞微核试验或哺乳动物骨髓细胞染色体畸变试验;小鼠精原细胞或精母细胞染色体畸变试验或啮齿类动物显性致死试验。

组合二:细菌回复突变试验;哺乳动物红细胞微核试验或哺乳动物骨髓细胞染色体畸变试验;体外哺乳动物细胞染色体畸变试验或体外哺乳动物细胞 TK 基因突变试验。

根据受试物的特点也可用其他体外或体内测试替代推荐组合中的一个或多个体外或体内测试。

3. 28 天经口毒性试验。

4. 致畸试验。

5. 90 天经口毒性试验。

6. 生殖毒性试验。

7. 毒物动力学试验。

8. 慢性毒性试验。

9. 致癌试验。

10. 慢性毒性和致癌合并试验。

（二）试验原则

1. 保健食品原料　需要开展安全性毒理学检验与评价的保健食品原料，其试验的选择应参照新食品原料毒理学评价有关要求进行。

2. 保健食品

(1) 保健食品一般应进行急性经口毒性试验、三项遗传毒性试验和28天经口毒性试验。根据试验结果和目标人群决定是否增加90天经口毒性试验、致畸试验和生殖毒性试验、慢性毒性和致癌试验及毒物动力学试验。

(2) 以普通食品为原料，仅采用物理粉碎或水提等传统工艺生产、食用方法与传统食用方法相同，且原料推荐食用量为常规用量或符合国家相关食品用量规定的保健食品，原则上可不开展毒性试验。

(3) 采用导致物质基础发生重大改变等非传统工艺生产的保健食品，应进行急性经口毒性试验、三项遗传毒性试验、90天经口毒性试验和致畸试验，必要时开展其他毒性试验。

3. 特定产品的毒理学设计要求

(1) 针对产品配方中含有人体必需营养素或已知存在安全问题的物质的产品，如某一过量摄入易产生安全性问题的人体必需营养素（如维生素A、硒等）或已知存在安全性问题物质（如咖啡因等），在按其推荐量设计试验剂量时，如该物质的剂量达到已知的毒性作用剂量，在原有剂量设计的基础上，应考虑增设去除该物质或降低该物质剂量（如降至未观察到有害作用剂量）的受试物剂量组，以便对受试物中其他成分的毒性作用及该物质与其他成分的联合毒性作用做出评价。

(2) 推荐量较大的含乙醇的受试物，在按其推荐量设计试验剂量时，如超过动物最大灌胃容量，可以进行浓缩。乙醇浓度低于15%（V/V）的受试物，浓缩后应将乙醇恢复至受试物定型产品原来的浓度。乙醇浓度高于15%的受试物，浓缩后应将乙醇浓度调整至15%，并将各剂量组的乙醇浓度调整一致。不需要浓缩的受试物，其乙醇浓度高于15%时，应将各剂量组的乙醇浓度调整至15%。在调整受试物的乙醇浓度时，原则上应使用生产该受试物的酒基。

(3) 针对适宜人群包括孕妇、乳母或儿童的产品，应特别关注是否存在生殖毒性和发育毒性，必要时还需检测某些神经毒性和免疫毒性指标。

(4) 有特殊规定的保健食品，应按相关规定增加相应的试验，如含有益生菌、真菌等，应当按照《保健食品原料用菌种安全性检验与评价技术指导原则》开展相关试验。

三、保健食品毒理学试验结果判定

（一）急性毒性试验

1. 原料　如LD_{50}小于人的推荐（可能）摄入量的100倍，则一般应放弃该受试物作为保健食品原料，不再继续进行其他毒理学试验。

2. 保健食品

(1) 如LD_{50}小于人的可能摄入量的100倍，则放弃该受试物作为保健食品。如LD_{50}大于或等于100倍者，则可考虑进入下一阶段毒理学试验。

(2) 如动物未出现死亡的剂量大于或等于10g/kg（涵盖人体推荐量的100倍），则可进入

笔记栏

下一阶段毒理学试验。

(3)对人的可能摄入量较大和其他一些特殊原料的保健食品，按最大耐受量法给予最大剂量动物未出现死亡，也可进入下一阶段毒理学试验。

(二) 遗传毒性试验

1. 如三项传毒性试验结果均为阴性，则可继续进行下一步的毒性试验。

2. 如遗传毒性试验组合中两项或以上试验结果阳性，则表示该受试物很可能具有遗传毒性和致癌作用，一般应放弃该受试物应用于保健食品。

3. 如遗传毒性试验组合中一项试验结果为阳性，根据其遗传毒性终点、结合受试物的结构分析、化学反应性、生物利用度、代谢动力学、靶器官等资料综合分析，再选两项备选试验(至少一项为体内试验)。如再选的试验结果均为阴性，则可继续进行下一步的毒性试验；如其中有一项试验结果为阳性，则应放弃该受试物应用于保健食品。

(三) 28天经口毒性试验

对只需要进行急性毒性、遗传毒性和28天经口毒性试验的受试物，若试验未发现有明显毒性作用，综合其他各项试验结果可做出初步评价；若试验发现有明显毒性作用，尤其是存在剂量-反应关系时，应放弃该受试物用于保健食品。

(四) 90天经口毒性试验

根据试验所得的未观察到有害作用剂量进行评价，原则是：

1. 未观察到有害作用剂量小于或等于人的推荐(可能)摄入量的100倍表示毒性较强，应放弃该受试物用于保健食品。

2. 未观察到有害作用剂量大于100倍而小于300倍者，应进行慢性毒性试验。

3. 未观察到有害作用剂量大于或等于300倍者则不必进行慢性毒性试验，可进行安全性评价。

(五) 致畸试验

根据试验结果评价受试物是否为该实验动物的致畸物。若致畸试验结果阳性则不再继续进行生殖毒性试验和生殖发育毒性试验。若在致畸试验中观察到其他发育毒性，应结合28天和(或)90天经口毒性试验结果进行评价，必要时进行生殖毒性试验和生殖发育毒性试验。

(六) 生殖毒性试验和生殖发育毒性试验

根据试验所得的未观察到有害作用剂量进行评价，原则是：

(1)未观察到有害作用剂量小于或等于人的推荐(可能)摄入量的100倍表示毒性较强，应放弃该受试物用于保健食品。

(2)未观察到有害作用剂量大于100倍而小于300倍者，应进行慢性毒性试验。

(3)未观察到有害作用剂量大于或等于300倍者则不必进行慢性毒性试验，可进行安全性评价。

(七) 慢性毒性和致癌试验

1. 根据慢性毒性试验所得的未观察到有害作用剂量进行评价的原则是：

(1)未观察到有害作用剂量小于或等于人的推荐(可能)摄入量的50倍者，表示毒性较强，应放弃该受试物用于保健食品。

(2)未观察到有害作用剂量大于50倍而小于100倍者，经安全性评价后，决定该受试物可否用于保健食品。

(3)未观察到有害作用剂量大于或等于100倍者，则可考虑允许使用于保健食品。

2. 根据致癌试验所得的肿瘤发生率、潜伏期和多发性等进行致癌试验结果判定的原则是

(凡符合下列情况之一,可认为致癌试验结果阳性。若存在剂量-反应关系,则判断阳性更可靠):

(1)肿瘤只发生在试验组动物,对照组中无肿瘤发生。

(2)试验组与对照组动物均发生肿瘤,但试验组发生率高。

(3)试验组动物中多发性肿瘤明显,对照组中无多发性肿瘤,或只是少数动物有多发性肿瘤。

(4)试验组与对照组动物肿瘤发生率虽无明显差异,但试验组中发生时间较早。

致癌试验结果阳性应放弃将该受试物用于保健食品。

四、保健食品毒理学评价需考虑因素

为获得客观正确的保健食品毒理学评价结果,在试验中必须考虑试验统计学意义、人群情况、药物代谢情况等因素。

1. 试验指标的统计学意义、生物学意义和毒理学意义　对试验中某些指标的异常改变,应根据试验组与对照组指标是否有统计学差异、是否存在剂量-反应关系、同类指标结果的一致性、不同性别结果的一致性、与受试物声称的保健功能的关联以及本实验室的历史性对照值范围等,综合考虑指标差异有无生物学意义,并进一步判断是否具有毒理学意义。此外,如在试验组发现某种在对照组没有发生的肿瘤,即使与对照组比较无统计学意义,仍要给予关注。

2. 人体推荐(可能)摄入量较大的受试物　一方面,若受试物掺入饲料的最大加入量(原则上最高不超过饲料的10%)或液体受试物经浓缩后仍达不到未观察到有害作用剂量为人体推荐(可能)摄入量的规定倍数时,综合其他毒性试验结果和实际人体食用或饮用量进行安全性评价。另一方面,应考虑给予受试物量过大时,可能通过影响营养素摄入量及其生物利用率,从而导致某些与受试物无关的毒理学表现。

3. 时间-毒性效应关系　对由受试物引起实验动物的毒性效应进行分析评价时,要考虑在同一剂量水平下毒性效应随时间的变化情况。

4. 人群资料　由于存在着动物与人之间的物种差异,在评价保健食品及其原料的安全性时,应尽可能收集人群接触受试物后的反应资料。人体的毒物动力学或代谢资料对于将动物实验结果推论到人体具有很重要的参考意义。

5. 动物毒性试验和体外试验　资料所列的各项动物毒性试验和体外试验系统是根据目前管理(法规)毒理学规定所得到的重要资料,也是进行安全性评价的主要依据。结合其他来源于计算毒理学、体外试验或体内试验的相关资料,有助于更加全面地解释试验结果,做出科学的评价。

6. 不确定系数即安全系数　将动物毒性试验结果外推到人时,鉴于动物与人的物种和个体之间的生物学差异,不确定系数通常为100,但可根据受试物的原料来源、理化性质、毒性大小、代谢特点、蓄积性、接触的人群范围、保健食品及其原料中的使用量和人的可能摄入量、使用范围及功能等因素来综合确定其安全系数的大小。

7. 毒物动力学试验的资料　毒物动力学试验是对化学物质进行毒理学评价的一个重要方面,因为不同化学物质及剂量大小,在毒物动力学或代谢方面的物种差别往往对毒性作用影响很大。在毒性试验中,原则上应尽量使用与人具有相同毒物动力学或代谢模式的动物品系来进行试验。研究受试物在实验动物和人体内吸收、分布、排泄和生物转化方面的差别,对于将动物实验结果外推到人和降低不确定性具有重要意义。

安全性评价的依据不仅是安全性毒理学试验的结果,而且与当时的科学水平、技术条件以及社会经济、文化因素有关。因此,随着时间的推移,社会经济的发展和科学技术的

笔记栏

进步，当对原料或产品的安全性研究有新的科学认识时，应结合产品上市后人群食用过程中发现的安全性问题以及管理机构采取的与安全有关的管理措施，对产品的安全性进行重新评价。

第三节 保健食品功能评价方法

对功能食品进行功能学评价是保健食品科学研究的核心内容，主要针对保健食品所宣称的生理功效进行动物学甚至是人体试验。本节主要阐述评价保健食品的常见程序和试验规程。

一、保健食品功能学评价的动物实验规程

（一）对受试样品要求

1. 应提供受试物的名称、性状、规格、批号、生产日期、保质期、保存条件、申请单位名称、生产企业名称、配方、生产工艺、质量标准、保健功能以及推荐摄入量等信息。

2. 受试样品必须是规格化的定型产品，即符合既定的配方、生产工艺及质量标准。

3. 提供受试样品的安全性毒理学评价的资料以及卫生学检验报告，受试样品必须是已经过食品安全性毒理学评价确认为安全的食品。功能学评价的样品与安全性毒理学评价、卫生学检验、违禁物质检测的样品应为同一批次。对于因试验周期无法使用同一批次样品的，应确保违禁物质检测样品同人体试食试验样品为同一批次样品，并提供不同批次的相关说明及确保不同批次之间产品质量一致性的相关证明。

4. 应提供受试物的主要成分、功效成分/标志性成分及可能的有害成分的分析报告。

5. 如需提供受试样品兴奋剂、违禁药物等违禁物质检测报告时，应提交与功能学评价同一批次样品的兴奋剂、违禁药物等违禁物质检测报告。

（二）对实验动物要求

1. 根据各项实验的具体要求，合理选择实验动物。常用大鼠和小鼠，品系不限，推荐使用近交系动物。

2. 动物的性别、年龄依实验需要进行选择。实验动物的数量要求为小鼠每组10~15只（单一性别），大鼠每组8~12只（单一性别）。

3. 动物应符合国家对实验动物的有关规定。动物饲料应提供饲料生产商等相关资料。

（三）对给予受试样品剂量及时间要求

1. 各种动物实验至少应设3个剂量组，另设阴性对照组，必要时可设阳性对照组或空白对照组。如需提供受试样品兴奋剂、违禁药物等违禁物质检测报告时，应提交与功能学评价同一批次样品的兴奋剂、违禁药物等违禁物质检测报告。

2. 动物实验给予受试样品以及人体试食的时间应根据具体试验而定，原则上为1~3个月，具体实验时间参照各功能的试验方法。如给予受试样品时间与推荐的时间不一致，需详细说明理由。

3. 各种动物实验至少应设3个剂量组，剂量选择应合理，尽可能找出最低有效剂量。在3个剂量组中，其中一个剂量应相当于人体推荐摄入量（折算为每千克体重的剂量）的5倍（大鼠）或10倍（小鼠），且最高剂量不得超过人体推荐摄入量的30倍（特殊情况除外），受

试样品的功能试验剂量必须在毒理学评价确定的安全剂量范围之内。

（四）受试样品给予方式要求

必须经口给予受试样品，首选灌胃。灌胃给予受试物时，应根据试验的特点和受试物的理化性质选择适合的溶媒（溶剂、助悬剂或乳化剂），将受试物溶解或悬浮于溶媒中，一般可选用蒸馏水、纯净水、食用植物油、食用淀粉、明胶、羧甲基纤维素、蔗糖脂肪酸酯等，如使用其他溶媒应说明理由。所选用的溶媒本身应不产生毒性作用，与受试物各成分之间不发生化学反应，且保持其稳定性，无特殊刺激性味道或气味。如无法灌胃则可加入饮水或掺入饲料中给予，并计算受试样品的给予量。

二、保健食品人体试食试验的基本要求

人体试验必须在完成毒理学试验后进行，基本原则和试食前准备要求如下：

1. 评价的基本原则　原则上受试样品已经通过动物实验证实（没有适宜动物实验评价方法的除外），确定其具有需验证的某种特定的保健功能。原则上人体试食试验应在动物功能学实验有效的前提下进行。人体试食试验受试样品必须是经过动物毒理学安全性评价，并确认为安全的食品。

2. 试验前的准备　包括拟定计划方案及进度，组织有关专家进行论证；根据试食试验设计要求、受试样品的性质、期限等，选择一定数量的受试者；根据受试样品性质，估计试食后可能产生的反应，并提出相应的处理措施。

3. 对受试者的要求　必须严格遵照自愿的原则，根据所需判定功能的要求进行选择；受试者充分了解试食试验的目的、内容、安排及有关事项；受试者必须有可靠的病史；受试者应填写参加试验的知情同意书。

4. 试验实施者的要求　以人道主义态度对待志愿受试者，以保障受试者的健康为前提；试验单位应是具备资质的保健食品功能学检验机构；指导受试者的日常活动，监督检查受试者遵守试验有关规定；采集各种生物样本并详细记录等。

5. 试验观察指标　一般应包括受试前系统的常规体检；受试期间主观感觉（包括体力和精神方面），进食状况，生理指标（血压、心率等），症状和体征；常规的血液学指标，生化指标，功效性指标，即与保健功能有关的指标。

6. 评价保健食品功能时需要考虑的因素　①人的可能摄入量，尤其是特殊的和敏感的人群（如儿童、孕妇及高摄入量人群）；②人体资料，将动物实验结果外推到人时，应尽可能收集人群服用受试样品后的效应资料；③将实验的阳性结果用于评价食品的保健作用时，应考虑结果的重复性和剂量反应关系，并由此找出其最小作用剂量。

学习小结

1. 学习内容

保健食品安全性与功能评价研究	保健食品安全性与功能评价的一般要求	保健食品安全性与功能评价的依据与基本要求
	保健食品安全性评价的方法	保健食品毒理学评价的原则、试验阶段与试验原则、试验目的与试验内容、试验结果判定、保健食品毒品学安全性评价需要考虑因素
	保健食品功能评价的方法	保健食品的保健功能评价试验的基本要求

笔记栏

2. 学习方法 通过分析保健食品安全性与功能性评价一般要求，理解并掌握安全性评价意义及试验内容。通过分析保健食品毒理学评价原则、方法与结果总结，理解并掌握毒理学评价一般实验设计、受试物处理、毒理学试验及安全性判定方法；通过对保健食品功能评价方法归纳，掌握保健功能评价试验的动物实验规程、人体试验基本要求和方法。

（蒋立勤 李寅超 焦凌梅）

复习思考题

1. 保健食品毒理学评价试验阶段包括哪些？
2. 保健食品安全性毒理学评价程序对受试物有什么要求？

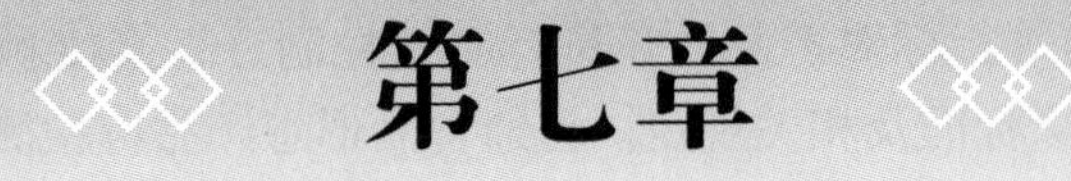

第七章 保健食品质量评价与控制

笔记栏

PPT 课件

学习目标

1. 理解检测保健食品功效成分/标志性成分的意义，掌握常见试验方法。
2. 通过学习保健食品的生产过程质量控制，理解 GMP 对于保健食品的重要性。
3. 掌握保健食品稳定性研究的技术要求，理解稳定性研究对于制定产品保质期的重要性。
4. 了解保健食品生产控制的常用方法。

第一节　保健食品的质量评价

一、概述

保健食品是特殊商品，关系到人们的健康和食用安全，因此应对其进行严格的质量控制。“质量源于设计”，研发时就应对其质量控制方法进行科学研究，并建立可行的质量标准。

保健食品的质量标准主要包括：感官，鉴别，水分，pH，酸价，过氧化值，灰分，污染物（如铅、总砷、总汞等），真菌毒素，农药残留（如六六六、滴滴涕等），国家相关标准及现行规定有用量限制的合成色素和甜味剂等随储存条件和储存时间内不易发生变化的指标，国家相关标准及现行规定有用量限制的抗氧化剂指标、溶剂残留和违禁成分的测定及功效成分/标志性成分检验方法等。

申请注册检验时，应提供该产品的配方、工艺、产品技术要求及功效成分/标志性成分检测方法以及检测方法的适用性、重现性等方法学研究材料。保健食品中原料和辅料应符合保健食品原辅料质量要求的有关规定，有适用的国家相关标准、地方标准、行业标准等的，其质量应符合相关规定。原辅料质量要求内容有缺项难以或无需制定的，应说明原因。复核检验机构应按照申报单位提交的检验方法进行检验并出具复核检验报告。

《保健食品理化及卫生指标检验与评价技术指导原则（2020 年版）》要求保健食品应符合《食品安全国家标准 保健食品》（GB 16740—2014）的各项要求和检验方法规定。该指导原则同时规定了保健食品及其原料、辅料理化及卫生指标检验与评价的基本要求、功效成分/标志性成分检验方法、溶剂残留和违禁成分的测定要求，注册和备案保健食品时应按此要求进行检验。

对于不同配方、不同形态、不同工艺的产品，申请人应同时制定符合要求的理化、功效成

笔记栏

分/标志性成分、微生物等指标对产品质量进行有效控制。直接接触保健食品的包装材料应符合相应食品安全国家标准及相关规定。普通食品形态产品应检测并制定净含量及允许负偏差指标，指标应符合《定量包装商品净含量计量检验规则》（JJF 1070—2016）规定。胶囊等非普通食品形态产品应制定装量或重量差异指标。装量或净含量只检测内容物，不包括隔离材料。最小服用单元含有惰性隔离材料填充的产品，如胶囊，其功效成分或者指标成分、农药残留、灰分、水分等指标以去除隔离材料（胶囊壳）的内容物为检测单元，对于非法添加药物、重金属、铬、色素（如材料带颜色）等则需要进行整体检测，或者检测结果明确标识相关检测部位。原料若为植物提取物或者原料及辅料加工过程中使用、间接引入有机溶剂时，涉及的有机溶剂应符合《食品安全国家标准　食品添加剂使用标准》（GB 2760—2014）附录C中食品工业用加工助剂使用名单规定，或有关规定。企业可根据产品质量控制需要，采用《保健食品理化及卫生指标检验与评价技术指导原则（2020年版）》中第三部分溶剂残留的测定方法将溶剂残留检测列入原料或产品的技术要求。

二、功效成分的质量评价

保健食品功效成分主要分为碳水化合物、蛋白质、酶及氨基酸、脂肪和脂肪酸、维生素、皂苷类、黄酮类以及微量元素，其中碳水化合物主要包括糖类和纤维素。其功效成分的质量直接影响保健食品的质量。因此，针对不同配方、不同形态、不同工艺的产品，建立符合要求的理化、功效成分/标志性成分检测和评价方法至关重要。

对于已知明显功效成分的，应建立其定性、定量方法，无专属性定量方法的，应有专属性强的定性方法；对于无明显功效成分的，应列出主要原料名称，建立其主原料的定性、定量方法，以确定产品中原料的存在及含量。对无专属性测定方法的产品可用共性成分的测定方法为过渡方法。常用的定性鉴别方法有光谱法、色谱法等，其中薄层色谱法应用较为广泛。定量检测方法有化学分析法，光谱法，如紫外-可见分光光度法、原子吸收分光光度法等，色谱法，如高效液相色谱法、气相色谱法等，其他方法如质谱法及其联用技术等。

（一）薄层色谱法

薄层色谱法（thin layer chromatography，TLC）是将供试品溶液点于薄层板上，在展开容器内用展开剂展开，使供试品所含成分分离，所得色谱图与适宜的标准物质按同法所得的色谱图对比，也可用薄层色谱扫描仪进行扫描，供试品在色谱中所显斑点的位置（Rf值）与颜色（或荧光），应与对照物在色谱中所显的斑点相同，以此来对保健食品中的原料或成分进行鉴别。如保健食品中皂苷类、黄酮类以及少部分的碳水化合物、维生素的定性鉴别多用薄层色谱法。

1. 三萜皂苷类成分的薄层色谱法鉴别　常以硅胶作为吸附剂，极性较大的溶剂系统作为展开剂，如常用的展开剂有三氯甲烷-甲醇-水（13∶7∶2，10℃以下放置，下层）、正丁醇-醋酸-水（4∶1∶5，上层）、正丁醇-3mol/L氢氧化铵-乙醇（5∶2∶1）、三氯甲烷-甲醇（7∶3）等。对于分层的展开剂，应注意控制展开剂饱和的温度和时间。展开后可选用不同浓度的硫酸乙醇溶液、25%三氯醋酸-乙醇溶液、香草醛硫酸溶液、15%三氯化锑、磷钼酸、浓硫酸-醋酐、碘蒸气等显色剂显色，或在紫外光灯下观察斑点荧光。

2. 黄酮类成分的薄层色谱法鉴别　常用的吸附剂有硅胶、聚酰胺、纤维素等。硅胶薄层主要用于弱极性黄酮类化合物的分析，其遵循正相色谱规律，化合物极性越强，展开剂的极性亦应增大。分离时硅胶除对黄酮类成分产生吸附外，还与含游离酚羟基的黄酮类成分产生氢键，会产生拖尾现象，因此，在制备硅胶薄层板时可加入适量的氢氧化钠或醋酸钠溶液，以减少拖尾。同时根据黄酮类成分酸碱性的强弱调节展开系统的酸碱性，通常在展开剂

中加入少量有机酸。如分离黄酮苷及苷元可参考使用甲苯-甲醇（95∶5）、甲苯-甲醇-醋酸（35∶5∶5）、甲苯-甲酸乙酯-甲酸（5∶4∶1）等系统；分离苷元衍生物可参考使用甲苯-乙酸乙酯（7.5∶2.5）系统等。黄酮类在紫外灯下可观察到荧光，黄酮醇类常显亮黄色或黄绿色荧光，异黄酮类多呈现紫色荧光。喷三氯化铝试剂后，荧光均加强。

聚酰胺薄层主要用于分离检识含游离酚羟基的黄酮苷及苷元。其原理是聚酰胺分子中的酰胺基可以和黄酮类成分中的酚羟基形成氢键。根据不同化合物中取代基的性质、酚羟基的数目及位置的不同，与聚酰胺形成氢键能力的不同而得到分离。所用展开剂大多含醇、酸、水等。如分离黄酮苷元时可选用乙醇-水-乙酰丙酮（2∶4∶1）、甲苯-丁酮-甲醇（6∶2∶2）等展开剂；分离黄酮苷及苷元时可选用甲醇-水（8∶2）、甲酸-甲醇-乙酸乙酯（1∶1∶8）、醋酸-水（1∶2）等展开剂。

3. 有机酸的薄层色谱法鉴别　常采用硅胶为吸附剂。为消除因有机酸解离而产生的拖尾现象，常在展开剂中加入一定量的甲酸、醋酸等调节展开剂使呈酸性。常用硫酸乙醇等通用显色剂，也可使用溴甲酚绿、溴甲酚紫、溴酚蓝、磷钼酸等 pH 指示剂作为有机酸的显色剂。而绿原酸、阿魏酸等本身具有荧光的有机酸，可直接在荧光灯下观察。

（二）气相色谱法

气相色谱法（gas chromatography，GC）是采用流动相（载气）流经装有填充剂的色谱柱进行分离测定的色谱方法，具有分离效率高、操作简便、灵敏度高等特点，主要用于保健食品中的挥发性成分或经衍生化后能气化的物质以及水分、农药残留、提取物中有机溶剂残留等的测定。

1. 挥发性成分　对于保健食品中的挥发性成分可以通过水蒸气蒸馏或有机溶剂提取后直接测定。例如保健食品中大蒜素的测定。

供试样品的制备　①固体试样：称取已粉碎混合均匀的固体待测试样适量（含待测组分约 5mg，精确到 0.000 1g）于 5ml 容量瓶中，加无水乙醇 2.5ml，密塞，超声（功率 800W，频率 40kHz）提取 20min，取出冷却至室温，加正己烷定容，摇匀，过 0.45μm 微孔滤膜过滤，待上机测试用。②油状试样：称取已混合均匀的油状待测试样适量（含待测组分约 5mg，精确到 0.000 1g）于 5ml 容量瓶中，加正己烷溶解并定容，摇匀，过 0.45μm 微孔滤膜过滤，待上机测试用。③含水液体试样：精密吸取已混合均匀的待测试样适量（含待测组分约 10mg），置于分液漏斗中，加 4ml 正己烷振摇提取 1min，静置分层，取上层清液过无水硫酸钠，提取两次。用适量正己烷冲洗无水硫酸钠，合并至同一 10ml 容量瓶中，用正己烷定容至刻度，摇匀。过 0.45μm 微孔滤膜过滤，待上机测试用。

色谱条件　色谱柱：（5%-苯基）-甲基聚硅氧烷固定相，柱长 30m，内径 0.25mm，膜厚 0.25μm，或其他同等性能色谱柱。柱箱温度：起始温度 100℃保持 3min，10℃/min 速度升至 150℃，再以 20℃/min 速度升至 200℃，保持 20min。进样口温度：220℃。火焰离子化检测器（FID），温度：250℃。载气：高纯氮气，流量 1.0ml/min。氢气：40ml/min；空气：400ml/min。进样量：1μl。

2. 油脂类　保健食品中常见的油脂类化合物如花生四烯酸、α-亚麻酸、γ-亚麻酸等可用气相色谱法测定其含量，方法简便可靠。测定时，需先将油脂试样（或试样提取的脂肪），经氢氧化钾皂化，在三氟化硼存在下甲酯化，然后采用气相色谱法分析，通常采用外标法定量。此外，花生四烯酸（AA，$C_{20:4}$），二十二碳六烯酸（DHA，$C_{22:6}$）还可采用 GC/MS 内标法进行定量测定，此法能较好地排除和避免分析过程中的干扰因素，相对偏差≤0.14%。例如保健食品中 α-亚麻酸、γ 麻亚麻酸的测定。

供试样品的制备　①皂化：称取 0.100g 油脂（或脂肪）和磁力搅拌子一并放入 50ml 磨

笔记栏

口烧瓶中，加入 4ml 0.5mol/L 氢氧化钾甲醇溶液，上部连接回流冷凝管，并固定于磁力搅拌器上，由冷凝管上口向溶液中导入氮气，使反应瓶中始终充满氮气。开启磁力搅拌器，并加热使反应液保持 65℃，搅拌回流约 15min（至无油滴为止）。②甲酯化：从冷凝管上部加入 4ml 三氟化硼甲醇溶液，搅拌（65℃），回流约 2min，冷至室温，从冷凝管上部加入 5ml 正己烷继续搅拌 5min，移去冷凝管，加入 5ml 饱和氯化钠水溶液，摇动数分钟，转移至 25ml 分液漏斗中分离水与有机相，再加 3ml 正己烷洗水相，分离，弃水相，合并有机相并用正己烷定容至 10.0ml（浓度低时吹氮浓缩至 1.0ml），供测定用。

色谱条件　色谱柱：FFAP（改性聚乙二醇 20M，30m × 0.25mm，0.25μm）。柱箱温度：215℃。进样口温度：250℃。火焰离子化（FID）检测器，温度：260℃。氮气：1.5ml/min。可以根据对照品对照同时定性。

（三）高效液相色谱法

高效液相色谱（high performance liquid chromatography，HPLC）法系采用高压输液泵将规定的流动相泵入装有填充剂的色谱柱，对试样进行分离测定的色谱方法。注入的试样，由流动相带入柱内，各组分在柱内被分离，并依次进入检测器，由积分仪或数据处理系统记录和处理得色谱信号。高效液相色谱仪由高压输液泵、进样器、色谱柱、检测器、积分仪或数据处理系统组成。具有高效、快速的分离分析能力。其发展迅速，应用广泛，现已成为保健食品定量分析最常用的方法。如保健食品中糖类、氨基酸、脂肪、维生素、皂苷、黄酮等均可用此法作定性定量分析。

1. 糖类　如常见低聚糖的测定方法见表 7-1。HPLC 在定量的同时也可以用于定性鉴别。

表 7-1　各种低聚糖的 HPLC 分析方法

检测样品	样品处理	检测方法
乳制品： 果糖，右旋葡萄糖，蔗糖，麦芽糖，乳糖	称取均匀的样品 0.5~10g，于 150ml 带有磁力搅拌子的烧杯中，加水约 50g 溶解，缓慢加入乙酸锌溶液和亚铁氰化钾溶液各 5ml，再加水至溶液总质量约为 100g，磁力搅拌 30 分钟，放至室温后，用干燥滤纸过滤，取约 2ml 滤液用 0.45μm 微孔滤膜过滤或离心获取清液至样品瓶	色谱柱：氨基色谱柱（4.6mm × 250mm） 流动相：乙腈 - 水（85 : 15），1.0ml/min 检测器：示差折光
玉米糖浆： 麦芽糖，右旋葡萄糖	称取 1~2g 均匀样品于 50ml 容量瓶，加水至溶液总质量约为 50g，充分摇匀，用 0.45μm 微孔滤膜过滤或离心获取清液至样品瓶中	色谱柱：氨基色谱柱（4.6mm × 250mm） 流动相：乙腈 - 水（85 : 15），1.0ml/min 检测器：示差折光
大豆低聚糖： 水苏糖，棉籽糖	称取 1~3g 粉状样品，加水溶解，定量至 50ml，用 0.45μm 水相膜过滤；若滤液加水溶解后，溶液浑浊，取 5ml 溶液于 10ml 容量瓶中，用 95% 乙醇定容，混匀，用 0.45μm 有机膜过滤	色谱柱：胺结合型柱（氨基键合型柱） 流动相：乙腈 - 水（70 : 30），1.0ml/min 检测器：示差折光
含二氧化碳的饮料： 果糖，葡萄糖，蔗糖，乳糖	吸取去除了二氧化碳的样品 50ml，移入 100ml 容量瓶中，缓慢加入乙酸锌溶液和亚铁氰化钾溶液各 5ml，放至室温后，用水定容至刻度，摇匀，静置 30 分钟，用干燥滤纸过滤，取约 2ml 滤液用 0.45μm 微孔滤膜过滤或离心获取清液至样品瓶	色谱柱：氨基色谱柱（4.6mm × 250mm） 流动相：乙腈 - 水（85 : 15），1.0ml/min 检测器：示差折光

2. 氨基酸类　目前测定氨基酸的 HPLC 法主要有两种，一是离子交换柱分离，柱后衍

笔记栏

生化的方法，衍生化试剂有邻苯二甲醛、茚三酮，此方法分析时间长，色谱柱平衡慢；二是柱前衍生化反相色谱法，衍生化试剂有 6- 氨基喹啉 -*N*- 羟基琥珀酰亚胺基氨基甲酸酯、异硫氰酸苯，此方法分析时间短。保健食品中的氨基酸以游离氨基酸型或蛋白肽形式存在，游离氨基酸可以直接分析，而蛋白质中的氨基酸要水解成游离氨基酸后再分析。水解方法有多种，一般氨基酸分析用酸水解，色氨酸分析用碱水解，半胱氨酸、蛋氨酸分析用氧化酸水解。

3. 脂肪酸类　脂肪酸衍生化后，经反相色谱柱分离，根据脂肪酸含有不同的碳原子数和双键数目，由大到小的顺序流出，紫外检测器 242nm 检测，外标法测定。

4. 皂苷类　皂苷的 HPLC 法可用十八烷基硅烷键合硅胶、氨基键合硅胶等柱，酸性皂苷可用离子对色谱法或离子抑制色谱法，检测器可用紫外检测器（UVD）或蒸发光散射检测器（ELSD）。常见皂苷类成分的分析方法见表 7-2。

表 7-2　常见皂苷类成分的 HPLC 分析方法

组分（按出峰顺序）	样品处理	色谱条件
人参皂苷 Re 人参皂苷 Rg_1 人参皂苷 Rb_1 人参皂苷 Rc 人参皂苷 Rb_2 人参皂苷 Rd	固体试样：取试样研成粉末，并过 20 目筛。称取该粉末样适量（相当于含总人参皂苷约 75mg，精确至 0.001g），于 50ml 容量瓶中，加水 45ml 于超声波清洗器中超声提取 30min，取出，待放至室温后，加水定容至刻度，摇匀，滤过，准确吸取续滤液 10ml，通过 D101 大孔吸附树脂净化柱（大孔吸附树脂使用前先经甲醇浸泡，水洗，装成 10cm 长，直径 1~1.5cm 的小柱），小柱先用 10ml 水冲洗，弃去水液之后，用 70% 甲醇 25ml 洗脱皂苷，收集甲醇溶液，水浴上蒸干，残渣以甲醇溶解并定容至 5.0ml，该样液离心后过 0.45μm 尼龙滤膜，滤液进液相色谱仪分析。 液体试样：取一定量的试样（相当于含总人参皂苷约 75mg），旋转蒸发至干，残渣以 50ml 水超声提取 30min，其余步骤与固体试样相同。 软胶囊试样：称取混合均匀的待测试样内容物适量（相当于含总人参皂苷约 75mg，精确至 0.001g），其余步骤与固体试样相同。	色谱柱：C_{18} 柱（4.6mm× 250mm，5μm），或同等性能的色谱柱。 流动相：A 相为乙腈，B 相为水 梯度洗脱（B 的比例）：0~20min，84% → 82%；20~55min，82% → 60%；55~65min，60%；65~66min，60% → 0%；66~71min，0%；71~72min，0% → 84%；72~85min，84% 流速：1.0ml/min 柱温：35℃ 进样量：5μl 检测器：UV（202nm） ELSD（蒸发温度：105 度；漂移管温度：60 移管；气流速：1.6L/min）
绞股蓝皂苷 XL IX	准确称取摇匀的试样 0.5ml 于 10ml 容量瓶中，加入甲醇 8ml，混匀，超声 5min 后，冷却至室温，用甲醇定容至刻度，混匀，经微孔滤膜过滤，取续滤液进液相色谱仪分析	色谱柱：C_{18} 柱（4.6mm× 100mm，3μm），或性能相当者。 流动相 A：乙腈，流动相 B：水 梯度洗脱（B 的比例）：0~15min，75% → 65%；15~35min，65% → 55%；35~40min，55%；40~41min，55% → 75% 流速：0.5ml/min 柱温：40℃ 检测器：UV（203nm） 进样量：10μl

5. 黄酮类　该类成分大多采用反相高效液相色谱法，以十八烷基键合硅胶作为固定相，流动相常用甲醇 - 水 - 乙酸（或磷酸缓冲溶液）及乙腈 - 水；无羟基的黄酮类化合物也可以采用硅胶柱；含有 1 个羟基的黄酮类混合也可以选择—CN 键合相，含有 2 个以上羟基的也可以选择—NH_2 的正相色谱。主要采用紫外检测器或荧光检测器。一般中药中的黄酮类成分，

笔记栏

只要经过适当的预处理，选择合适的色谱条件，都能得到满意的结果。其代表性成分分析见表 7-3。

表 7-3　黄酮类化合物的 HPLC 分析法

组分(按出峰顺序)	样品处理	色谱条件
槲皮素 山柰素 异鼠李素	精密称取试样适量(相当于含槲皮素、山柰素、异鼠李素总量约 3mg)，加 20ml 甲醇，超声提取(功率 250W，频率 33kHz)30min，滤过，残渣用甲醇约 5ml 洗涤，洗液并入滤液，加入 15ml 盐酸溶液(3.0mol/L)，水浴回流水解 3h，冷却，转移至 50ml 容量瓶中，用甲醇定容至刻度，混匀，经 0.45μm 微孔滤膜过滤，取续滤液，作为试样待测液	色谱柱：C_{18} 柱(3.9mm × 150mm，5μm)，或同等性能色谱柱 检测波长：360nm 流动相：甲醇 -0.4% 磷酸溶液(50∶50) 流速：1.0ml/min 柱温：25℃ 进样量：10μl
葛根素	葛根提取物试样：根据试样含量，称取 0.50~1.00g 试样(精确至 0.001g)，加适量 70% 甲醇，于超声波清洗器中超声提取 20 分钟，冷却至室温，再用 70% 甲醇定容至 10ml，混匀，静置，上清液经 0.45μm 微孔滤膜过滤后，待液相色谱分析	色谱柱：ODS C_{18}(4.6mm × 250 mm，5μm) 流动相：甲醇 -36% 乙酸∶水(25∶3∶72) 流速：0.6ml/min 检测波长：247nm

(四) 紫外 - 可见分光光度法

紫外 - 可见分光光度法(ultraviolet-visible spectrophotometry，UV-Vis)是根据物质分子对紫外 - 可见区(波长为 200~800nm)电磁辐射的特征吸收所建立起来的定性、定量及结构分析方法，具有灵敏度高(可检测到 10^{-7}~10^{-4}g/ml)、准确度高(相对误差 2%~5%)、操作简便等优点。常用于在此波长范围内具有特征吸收或通过显色后具有特征吸收的保健食品中单一成分或某一类别成分(总成分)的含量测定。

保健食品中总皂苷、总黄酮、总蒽醌、总多糖及部分糖类、蛋白质、维生素等的含量测定可用此法。常见类别成分测定见表 7-4。

表 7-4　常见类别成分的 UV 法测定

组分	样品处理	UV 条件
总蒽醌	精密取混合均匀的待测试样适量(相当于含总蒽醌 2~17mg)，置 100ml 圆底烧瓶中，精密加入甲醇 - 盐酸(10∶1)混合溶液 25ml，称重，在 80℃水浴中加热回流 30 分钟，放冷，用甲醇补足减失的重量，摇匀，滤过，弃去初滤液，精密量取续滤液 15ml 至分液漏斗中，加水 25ml，用二氯甲烷萃取 3 次(50ml、40ml、30ml)，合并提取液，并用水洗涤 3 次，每次 40ml，洗涤至中性，弃去水洗液，二氯甲烷层转移至蒸发皿中水浴蒸干，或转移至圆底烧瓶于 40℃水浴中减压蒸馏至干，残渣加甲醇使溶解并转移至 10ml 容量瓶中，用甲醇定容至刻度，摇匀。精密量取 2ml，置 25ml 容量瓶中，加混合碱溶液(等体积 10% 氢氧化钠溶液和 4% 氨溶液混合)至刻度，混匀，作为待测液	对照品：1，8-二羟基蒽醌 测定波长：525nm 显色时间：避光 30min 显色温度：室温
总黄酮	称取一定量的试样，加乙醇定容至 25ml，摇匀，超声提取 20min，放置，吸取上清液 1.0ml，于蒸发皿中，加 1g 聚酰胺粉)吸附，水浴挥去乙醇，然后转入层析柱(层析柱内径可根据每个产品具体情况确定)。先用 20ml 甲苯洗脱，弃去甲苯液；然后用甲醇洗脱，合并洗脱液并定容至 25ml，即得	对照品：芦丁 测定波长：360nm

（五）其他检测方法

其他方法如滴定分析法、热分析法、免疫分析法等也用于保健食品分析。

三、原辅料的质量评价

保健食品中原料和辅料应符合保健食品原辅料质量要求的有关规定，说明质量要求的来源和依据；质量要求为国家标准、地方标准、行业标准的，应列出标准号和标准全文；质量要求为企业标准的，应列出标准全文。

质量要求内容一般包括原料名称（对品种有明确要求的，应明确其具体品种和拉丁学名）、制法（包括主要生产工序、关键工艺参数等）、组成、提取率（得率）、感官要求、一般质量控制指标（如水分、灰分、粒度等）、污染物（铅、总砷、总汞、溶剂残留等）、农药残留量、功效成分或标志性成分、微生物等。内容缺项，应说明原因。

原料若为植物提取物或者原料及辅料加工过程中使用、间接引入有机溶剂时，涉及的有机溶剂应符合《食品安全国家标准　食品添加剂使用标准》（GB 2760—2014）附录C中食品工业用加工助剂使用名单规定，或有关规定。企业可根据产品质量控制需要，采用《保健食品理化及卫生指标检验与评价技术指导原则》第三部分溶剂残留的测定方法将溶剂残留检测列入原料或产品的技术要求。提取物质量要求应按《保健食品注册申请服务指南》11.2.1制定，包括原料来源（动植物类包括拉丁名称）、制法（提取溶剂、溶剂量、温度、时间、次数；干燥方法、温度；灭菌方法、参数等）、提取率（范围）、感官要求、一般质量控制指标、污染物指标、农药残留量、标志性成分指标、微生物指标等。

原辅料质量要求应引用具有专属性的质量标准，而非通用标准或使用标准。若无相关标准，应参考《保健食品注册申请服务指南》5.2.2.4（5）制定。例如：苹果粉不应引用《固体饮料》（GB/T 29602—2013），大豆油不应引用《食品国家安全标准　植物油》（GB 2716—2018），某食品添加剂不应引用《食品安全国家标准　食品添加剂使用标准》（GB 2760—2014），复配原料不应引用《食品安全国家标准　复配食品添加剂通则（含第1号修改单）》（GB 26687—2011）。明确空心胶囊、淀粉种类。例如：明胶空心胶囊应符合《中国药典》的规定，玉米淀粉应符合《中国药典》的规定。

对于有国家相关标准和现行规定的原辅料，质量要求应不得低于国家相关标准和现行规定。例如：氯化高铁血红素质量要求应参照《食品安全国家标准　营养强化剂氯化高铁血红素（征求意见稿）》制定。硫酸软骨素钠质量要求中应明确原料来源，猪软骨来源的应符合《中国药典》规定；其他动物软骨来源的，除比旋光度外应符合《中国药典》规定。山楂质量要求中应制定展青霉素指标。

为改善保健食品的色、香、味以及防腐和加工的需要，常在保健食品中加入一些化学合成物或天然物质，即食品添加剂。常见的添加剂有防腐剂、甜味剂、抗氧剂、着色剂，如山梨酸、苯甲酸等。一般方法为添加剂与特定试剂在一定条件下发生颜色或沉淀反应以及重量法以判断其有无，用色谱法判断其含量。

此外，保健食品的原料在生长、采集、贮存等过程中，由于受环境条件等各个方面因素的影响，易存在农药残留及毒素，影响保健食品质量，且在其加工处理过程中易出现微生物、重金属或食品添加剂等含量不符合规定，因此还需对其进行卫生质量分析。其中微生物的检验一般是选用特定培养基培养再经生化试验进行鉴定。

四、违禁成分的检测

保健食品是为特定人群设计的具有特定保健功能的一类食品，具有调节机体功能的作

笔记栏

用。近年来出现人为添加一些可以促进疗效化学药物的情况，由于非法添加随意性大，剂量不明确，长期服用易引起毒性，导致了巨大隐患。例如，随着国家对保健食品中非法添加化学药物监管的不断加强，相继颁布了《保健食品中可能非法添加的物质名单(第一批)》(食药监办保化〔2012〕33号)、《保健食品中75种非法添加化学药物的检测》(BJS 201710)、《保健食品理化及卫生指标检验与评价技术指导原则》等法规。

目前可用于检测保健食品中非法添加化学药物的方法较多，主要有：薄层色谱法(TLC)、气相色谱-质谱联用法(GC-MS)、高效液相色谱法(HPLC)、液相色谱串联质谱法(LC-MS/MS)、超高效液相色谱-飞行时间质谱法(UPLC/Q-TOF-MS)、高效毛细管电泳法(HPCE)、免疫层析法(ICA)和酶联免疫吸附法(ELISA)。其中，LC-MS/MS法因具有高灵敏度和高选择性是检测保健食品中非法添加药物的常用方法，根据目标物质的保留时间、母离子和子离子的精确质量数可实现对非法添加化学药物的高通量定性和定量分析。保健食品中非法添加化学药物检测前，常用的保健食品样品前处理净化技术主要有：液-液萃取、固相萃取、免疫亲和柱净化、多功能净化柱净化等。

第二节　保健食品的卫生学检验

依据《食品安全国家标准　食品生产通用卫生规范》(GB 14881—2013)、《食品安全国家标准　保健食品》(GB 16740—2014)，保健食品需要进行卫生学检验，包括微生物限量、污染物限量、真菌毒素限量等卫生学检验。

一、卫生学检验的基本原则

食品的卫生学检验的目的是检查食品中是否含有或被污染有毒、有害物质，判定其是否符合卫生标准的要求，从而保证食用的安全性。保健食品作为食品的一个种类，确定卫生学检验项目的原则有以下几点：

1. 产品应符合《食品安全国家标准　保健食品》(GB 16740—2014)中各项卫生指标的要求　对砷、铅、汞、菌落总数、大肠菌群、霉菌和酵母、金黄色葡萄球菌、沙门菌提出了限量规定，所有的保健食品的检验指标都应符合这个标准。

2. 检验保健食品的食品原料是否符合卫生标准要求　相当一部分保健食品是在正常食品中(如奶粉、酒类)加入一些特殊成分后构成的，这些正常的食品应符合相应的卫生标准要求。

3. 保健食品的功效成分应对人体不构成危害　保健食品与普通食品的最大区别在于前者含有特殊功效成分，这些成分往往是外来加入的非正常食用物质，其中含有或可能含有对人体构成危害的有毒、有害物质。如鱼油、磷脂中含有过多的过氧化物、低级羧酸类，对人体有一定的毒性作用，对它们的含量应有一定的限制。此外，有些保健食品的功效成分本身具有一定的毒性。如三价铬具有调节血糖的作用，但如被氧化、形成或带有六价铬，则对人体具有毒性，检测它们的含量，使其控制在安全毒理学评价范围之内。

二、保健食品中金属元素污染物的检测

保健食品金属元素污染物限量应符合《食品安全国家标准　食品中污染物限量》(GB 2762—2017)中相应类属食品的规定，无相应类属食品的应符合《食品安全国家标准　保健食品》(GB 16740—2014)中对铅、砷、汞的限量规定(表7-5)。

表 7-5　保健食品中铅、砷、汞限量要求

项目	限量要求	检验方法
铅[a](Pb)/(mg/kg)	2.0	GB 5009.12
总砷[b](As)/(mg/kg)	1.0	GB/T 5009.11
总汞[c](Hg)/(mg/kg)	0.3	GB/T 5009.17

注:[a] 袋泡茶剂中铅≤ 5.0mg/kg; 液态产品中铅 ≤ 0.5mg/kg; 婴幼儿固态或半固态保健食品中铅≤ 0.3mg/kg; 婴幼儿液态保健食品中铅 ≤ 0.02mg/kg。

[b] 液态产品中总砷 ≤ 0.3mg/kg; 婴幼儿保健食品中总砷 ≤ 0.3mg/kg。

[c] 液态产品(婴幼儿保健食品除外)不测总汞; 婴幼儿保健食品中总汞 ≤ 0.02mg/kg。

保健食品中金属元素污染物的检测方法有:化学分析法、原子吸收光谱法(AAS)、原子荧光光谱法(AFS)、电感耦合等离子体发射光谱法(ICP-AES)、电感耦合等离子体质谱法(ICP-MS)等。另外,高效液相色谱(HPLC)与原子荧光光谱、ICP-MS 联用可以用于元素形态分析,已在食品及保健食品分析中得到广泛应用,如《食品安全国家标准 食品中总汞及有机汞的测定》(GB 5009.17—2021)中规定食品中甲基汞的测定采用 HPLC-AFS 和 ICP-MS 方法 。

原子吸收光谱法,又称原子吸收分光光度法,是一种根据特定物质基态原子蒸气对特征辐射的吸收来对元素进行定量分析的方法。最常用的分析方法为标准曲线法,即配制一系列不同浓度的标准溶液,在相同测定条件下用空白溶液调整零吸收,根据标准溶液浓度和吸光度绘制吸光度 - 浓度标准曲线,测定试样溶液的吸光度,并用内插法在标准曲线上求得试样中被测定元素的含量。

（一）食品中总砷的测定

食品中总砷的测定应依照《食品安全国家标准 食品中总砷及无机砷的测定》(GB 5009.11—2014)方法测定。

1. 电感耦合等离子体质谱法(ICP-MS)(第一法)原理　样品经酸消解处理为样品溶液,样品溶液经雾化由载气送入 ICP 矩管中,经过蒸发、解离、原子化和离子化等过程,转化为带电荷的离子,经离子采集系统进入质谱仪,质谱仪根据质荷比进行分离。对于一定的质荷比,质谱的信号强度与进入质谱仪的离子数成正比,即样品浓度与质谱信号强度成正比。通过测量质谱的信号强度对试样溶液中的砷元素进行测定。

2. 氢化物发生原子荧光光谱法(第二法)原理　试样经湿法消解或干灰化法处理后,加入硫脲使五价砷预还原为三价砷,再加入硼氢化钠或硼氢化钾使还原生成砷化氢,由氩气载入石英原子化器中,分解为原子态砷,在高强度砷空心阴极灯的发射光激发下产生原子荧光,其荧光强度在固定条件下与被测液中的砷浓度成正比,与标准系列比较定量。

3. 银盐法(第三法)原理　样品经消化后,以碘化钾、氯化亚锡将高价砷还原为三价砷,然后与锌粒和酸产生的新生态氢生成砷化氢,经银盐溶液吸收后,形成红色胶态物,与标准系列比较定量。

（二）食品中铅的测定

食品中铅的测定应依照《食品安全国家标准 食品中铅的测定》(GB 5009.12—2021)方法测定。

食品中铅含量测定的方法有石墨炉原子吸收光谱法(第一法)、电感耦合等离子体质谱法(第二法)、火焰原子吸收光谱法(第三法)和二硫腙比色法(第四法)。以称样量 0.5g(或

笔记栏

0.5ml)计算,石墨炉原子吸收光谱法的检出限为0.02mg/kg(或0.02mg/L),电感耦合等离子体质谱法的检出限为0.02mg/kg,火焰原子吸收光谱法的检出限为0.4mg/kg(或0.4mg/L),二硫腙比色法的检出限为1mg/kg(或1mg/L)。

(三) 食品中总汞的测定

食品中总汞的测定法应依照《食品安全国家标准 食品中总汞及有机汞的测定》(GB 5009.17—2021)方法测定。

食品中总汞含量测定的方法有原子荧光光谱法(第一法)、直接进样测定法(第二法)、电感耦合等离子体质谱法(第三法)和冷原子吸收光谱法(第四法)。当称样量0.5g,定容体积为25ml时,原子荧光光谱法的检出限为0.003mg/kg;冷原子吸收光谱法的检出限为0.002mg/kg。

三、保健食品中微生物和黄曲霉毒素的检测

保健食品微生物卫生指标的检验方法应以国家标准检测方法为准。我国现行的规范性卫生检测方法有:《食品安全国家标准 食品微生物学检验 总则》(GB 4789.1—2016)、《食品安全国家标准食品 微生物学检验 菌落总数测定》(GB 4789.2—2016)、《食品安全国家标准 食品微生物学检验 大肠菌群计数》(GB 4789.3—2016)、《食品安全国家标准 食品微生物学检验 沙门氏菌检验》(GB 4789.4—2016)、《食品安全国家标准 食品微生物学检验 金黄色葡萄球菌检验》(GB 4789.10—2016)、《食品安全国家标准 食品微生物学检验 霉菌和酵母计数》(GB 4789.15—2016)等。保健食品微生物限量应符合《食品安全国家标准 食品中致病菌限量》(GB 29921—2013)中相应类属食品和相应类属食品的食品安全国家标准的规定,无相应类属食品规定的应符合表7-6的规定。

表7-6　微生物限量

项目	采样方案[a]及限量		检验方法
	液态产品	固态或半固态产品	
菌落总数[b]/(CFU/g或ml)　≤	10^3	3×10^4	GB 4789.2—2016
大肠菌群(MPN/g或ml)　≤	0.43	0.92	GB 4789.3—2016
霉菌和酵母(CFU/g或ml)　≤	50		GB 4789.15—2016
金黄色葡萄球菌　≤	0/25g(ml)		GB 4789.10—2016
沙门菌　≤	0/25g(ml)		GB 4789.4—2016

注:[a] 样品的采样及处理按《食品安全国家标准 食品微生物学检验 总则》(GB 4789.1—2016)执行。
[b] 不适用于终产品含有活性菌种(好氧和兼性厌氧益生菌)的产品。

真菌毒素(mycotoxin)是真菌产生的次级代谢产物。某些保健食品及其原料易受真菌污染,并产生真菌毒素。真菌毒素主要有:黄曲霉毒素(包括黄曲霉毒素B_1、B_2、G_1、G_2、M_1、M_2等)、脱氧雪腐镰刀菌烯醇、展青霉素、赭曲霉毒素A及玉米赤霉烯酮等种类。其检测方法有高效液相色谱法、液相色谱-串联质谱法、酶联免疫法等。真菌毒素限量应符合《食品安全国家标准 食品中真菌毒素限量》(GB 2761—2017)中相应类属食品的规定和/或有关规定。

四、保健食品中农药残留的检测

保健食品中的农药残留物(pesticide residue)是指某产品及原料中出现的农药特定物

质，包括被认为具有毒理学意义的农药衍生物，如农药转化物、代谢物、反应物、杂质等。

常见的农药种类有有机磷类、有机氯类、二硫代氨基甲酸酯类、氧酸类除草剂、植物性农药、无机农药等。其检测方法有气相色谱法、液相色谱法、气相色谱-质谱法、液相色谱-质谱法和酶抑制法（EIM）等。

酶抑制法是由于有机磷农药能抑制乙酰胆碱酯酶（AChE）的活性，使该酶分解乙酰胆碱的速度减慢或停止，再利用一些特定的颜色反应来反映被抑制程度，用目测颜色的变化或分光光度计测定吸光度值，计算出抑制率，就可以判断出样品中农药残留的情况。

具体测定方法和限量要求可参见《食品安全国家标准 食品中农药量大残留限量》（GB 2763—2021）。

第三节 保健食品生产过程的质量控制

一、保健食品生产管理规范

为规范保健食品生产质量管理，根据《食品安全法》及其实施条例，制定了《保健食品良好生产规范》（GB 17405—1998），对保健食品生产企业的机构与人员、厂房与设施、设备、物料与成品、生产管理、质量管理和文件管理等方面的基本要求做了规定。企业应当严格执行本规范，坚持诚实守信，禁止任何虚假、欺骗行为，确保产品质量安全。

（一）生产管理

企业应当根据保健食品注册批准的内容，制定企业内控标准、生产工艺规程及岗位操作规程，以确保保健食品生产质量，并按照生产工艺规程和岗位操作规程进行生产，并做好相关记录。

1. 建立编制生产批号和确定生产日期的规程。每批保健食品均应当编制唯一的生产批号。生产日期不得迟于产品成型或灌装（封）前经最后混合的操作日期。每批产品均应当有相应的批生产记录，可追溯该批产品的生产与质量相关的情况。批生产记录的内容至少应当包括：生产指令、各工序生产记录、工艺参数、生产过程控制记录、清场记录、质量控制点监控记录及偏差处理等特殊问题记录。

生产指令的内容至少应当包括：产品名称、规格、批号、生产数量、主要原辅料及包装材料理论消耗量、签发人和签发日期。

生产记录的内容至少应当包括：操作前准备情况记录、操作过程中生产设备状态记录、具体操作的参数记录、生产操作者及复核者的签名。

2. 生产前应当按规定对生产场所进行确认和清洁，确认生产场所没有上批生产的遗留物品和与本次生产无关的物品，生产车间、设备、管道、工具和容器经清洁、消毒达到本次生产的卫生要求。确认和清洁应当按要求填写记录并按规定进行复核，合格后方可进行生产。

每批产品生产应当按生产指令要求领用原辅料和包装材料，并进行严格复核，确认其品名、规格、数量和批号（编号）与生产指令一致，并确认没有霉变、生虫、混有异物或其他感官性状异常、超过保质期等情形。

物料应当经过物料通道进入车间。进入洁净室（区）的必须除去外包装或进行清洁消毒。配料、称量和打印批号等工序应当经二人复核无误后方可进行生产，操作人和复核人应当在记录上签名。

笔记栏

3. 生产过程应当按工艺规程和岗位操作规程控制各工艺参数，及时填写生产记录。中间产品应当进行产品质量控制和复核。中间产品必须制定储存期限和条件，并在规定的时间内完成生产。

4. 不同品种、规格的产品的生产操作应当采取隔离或其他有效防止混淆的措施。为防止污染，生产操作间、生产设备和容器应当有清洁状态标识，标明其是否经过清洁以及清洁的有效期限。

5. 每批产品应当进行物料平衡检查。如有显著差异，必须查明原因，在得出合理解释，确认无潜在质量隐患后，方可按正常产品处理。

生产过程中出现偏差时，应当按规定程序进行偏差处理，并如实填写偏差处理记录。每批产品生产结束应当按规定程序进行清场，剩余原辅料和包装材料应当及时包装退库，废弃物品应当按规定程序清理出车间并及时销毁，工具、容器应当经清洁消毒后按定置管理要求放入规定位置，并做好清场记录。

6. 批生产记录应当按批号归档，保存至产品保质期后一年，不得少于两年。

7. 生产用水必须符合国家生活饮用水要求，工艺用水应当根据工艺规程需要制备，并定期检验，检验应当有记录。

（二）质量管理

生产企业应建立有效的质量保证体系，质量保证体系应当涵盖实施本规范和控制产品质量要求的所有要素。应当建立完整的程序来规范质量管理体系的运行，并监控其运行的有效性。

1. 制定完善的质量管理制度。制度的内容至少应当包括：部门和关键岗位的质量管理职责；物料、中间产品和成品放行制度；物料供应商管理制度；物料、中间产品和成品质量标准和检验规范；取样管理制度；留样观察和稳定性考察制度；生产过程关键质量控制点的监控制度和监控标准；清场管理制度；验证管理制度；生产和检验记录管理制度；不合格品管理制度；质量体系自查管理制度；文件管理制度；质量档案管理制度；实验室管理制度；上市产品安全性监测及召回制度等。

2. 制定企业内控标准。包括原辅料、包装材料、中间产品和成品的内控质量标准，其不低于国家有关规定。按质量标准的要求对原辅料、中间体、成品进行逐批检验，检验项目应当包括功效成分或标志性成分，合格后方可出厂，定期对产品进行安全性监测和稳定性考察。每批产品的检验记录应当包括中间产品和成品的质量检验记录，可追溯该批产品所有相关的质量检验情况。

3. 根据所生产的品种和工艺确定生产过程的关键工艺参数和质量控制点，对关键工艺参数和质量控制点应当进行监控并如实记录。制定和执行偏差处理程序，重大偏差应当有调查报告。

4. 质量管理部门应当独立行使物料、中间产品和成品的放行权。放行前应当审核相关的生产和检验记录。审核内容包括：物料、中间产品和成品的检验记录、配料及复核记录、关键工艺参数和质量控制点监控记录、清场记录、偏差处理记录和物料平衡等。应当对不合格品的处理结果进行审核，监督不合格品的销毁。不合格品的处理和销毁应当如实记录。

5. 定期对洁净车间的洁净度、生产用水进行监控，对监测中发现的异常和不良趋势应当及时采取措施。监测和处理应当有记录。

6. 应当制定计量器具和检测仪器检定制度，定期对生产和检验中使用的计量器具和检测仪器进行校验。

7. 每批产品均应当有留样。留样的包装形式应当与市售的产品相同；留样数量应当至少满足对该产品按质量标准进行三次全检的需要，或至少4个独立包装产品；留样应当存放于专设的留样库（或区）内，按品种、批号分类存放，并有明显标志；应当按标示的储存条件至少保存至产品保质期后一年。

8. 应当定期对产品进行安全性和稳定性考察。应当建立完善的企业产品质量档案，质量档案内容包括：产品申报资料和注册批准文件、生产工艺和质量标准、原辅料来源及变更情况。

9. 至少每年组织一次质量体系自查。按照预定的程序，对人员、厂房设施、设备、文件、生产管理、质量管理、产品销售、用户投诉和产品召回等项目进行全面检查，证实与本规范的一致性。对检查中发现的问题及时进行整改。自查和整改应当形成完整记录。

二、生产过程在线质量控制

保健食品的质量是在生产过程中形成的，与生产过程中每个环节的影响因素密切相关，除对终级产品要按照质量标准进行严格分析、检验、把关外，更有必要建立从原料（包括辅料）到产品生产全过程的（包括在线的）质量控制体系和分析技术标准，对其生产全过程进行实时监测和自动化质量控制，从而真正确保质量均一、稳定。

随着科学技术的发展，特别是各种传感器和计算机技术的发展，过程分析（process analytical technology，PAT）在许多工业生产领域（包括制药工业、食品工业及保健食品生产等）中得到了广泛的应用。PAT被定义为一种可以通过测定关键性的过程参数和指标来设计、分析、控制药品生产过程中的机制和手段。其技术的核心是对及时获取生产过程中间体的关键质量数据和工艺过程的各项数据，掌握中间体或物料质量，跟踪工艺过程的状态，并对工艺过程进行监控，使产品质量向预期的方向发展，以此减少由生产过程造成的产品质量差异。

通过在产品生产过程中使用PAT技术，可以提高对工艺设计、生产过程和产品各阶段的重视及质量保证。PAT与常规产品质量分析的主要区别在于过程分析的基础是在线、动态的质量控制，即通过检测找到引起产品质量变动的影响因素，再通过对所使用的原材料、工艺参数、环境和其他条件设立一定的范围，使产品的质量属性能够得到精确、可靠的预测，从而达到控制生产过程的目的。这对于在保健食品生产行业中引入新技术、降低生产成本和损耗、降低生产风险、减少生产中的人为因素、减少污染、节省能源、提高管理效率、保证生产安全等都具有重要意义。同时还可以加深员工对生产过程和产品的理解，提高设备利用率。

PAT技术是一个多学科参与的综合化技术，包括化学、物理学、生物学、微生物学过程的分析、数学与统计学数据的分析、风险分析等。目前国际上通常使用的PAT工具包括：过程分析仪器、多变量分析工具、过程控制工具、持续改善/知识管理/信息管理系统等。

（一）保健食品过程分析系统与模式

保健食品生产过程是一个多环节的复杂工艺体系。从工程分析的角度，其质量控制的主要对象包括两部分：一是工艺过程，如温度、压力、溶剂比等确保工艺过程重现的工艺参数；二是质量指标，包括生产过程原辅料、中间体及成品的各项理化指标，如pH、密度、重量差异、水分、功效成分含量等品质指标。质量控制模式亦包括生产设备自有控制系统和分析仪器植入生产线控制。其总体内容构成的基本框架如图7-1所示。

笔记栏

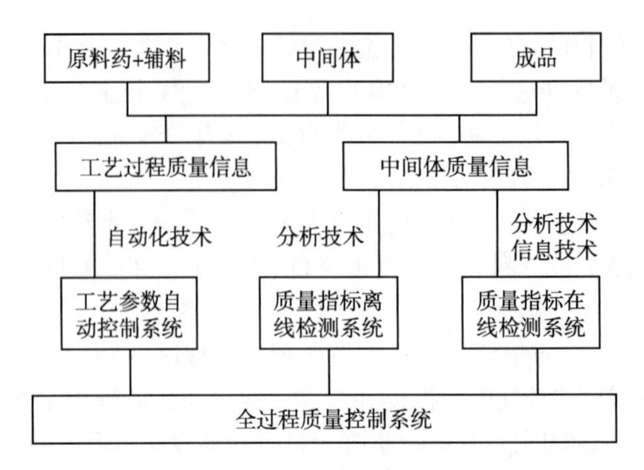

图 7-1　保健食品生产过程质量控制系统框架图

保健食品生产过程质量分析采用各种传感器检测被控参数的数值，将其与工艺设定的数值对比，并根据偏差进行调控，使其维持在设定的范围内，以保证生产工艺遵循设定的路线进行（表 7-7）。工艺过程参数的控制技术已非常成熟，并在其他工业生产过程中广泛应用。对于质量指标的控制，根据操作程序的不同，可分为离线分析法（off-line）和在线分析法（on-line）两种模式。离线分析是对原辅料或工艺环节完成后的中间体进行质量指标检测，其方法为常规的实验室分析法；在线分析是在工艺环节进行过程中对中间体的质量指标进行在线检测，包括在线质量控制指标的选择、在线检测、在线质量评价模型的建立、质量控制模型的建立等程序。在实际工作中可采用几种不同的分析模式和方法，而以连续式的在线分析为首选。

表 7-7　保健食品生产过程分析模式

过程分析模式	操作方法技术	方法技术特点
离线分析法（off-line）	离线分析（off-line）	从生产现场取样，再回到实验室进行分析，准确度较高，但分析速度慢，信息滞后
	现场分析（at-line）	人工取样后，在现场进行分析，分析速度较快，但不能实时监测
在线分析法（on-line）	在线分析（on-line）	采用自动取样和样品处理系统，将分析仪器与生产过程直接联系起来，进行连续或间歇连续的自动分析
	原位分析（in-situ）或内线分析（in-line）	将传感器（如探头、探针等）直接插入生产流程中，所产生的信号直接进入检测器，并通过微机系统实现连续或实时自动分析监测
	非接触分析（noninvasive）	利用遥感技术对生产过程进行检测，分析探头（或探针）不与试样直接接触，无需采样预处理，进行遥感和无损检测

（二）保健食品生产过程分析特点

1. 分析对象的复杂性　由于保健食品生产工艺的复杂性，决定了其分析对象的复杂性，从整个过程看，包括提取分离、干燥粉碎、制剂、包装、清洁等过程；从待测物聚集状态看，包括气态、固态、液态等。不同的对象所选用的分析方法和要求亦各不相同，但总体应具有快速、简便、重现性好等特点。

2. 采样与样品处理的特殊性　由于制药工业生产物料量大，组成有时不均匀，故采样点是关键，必须注意代表性。样品自动和在线采集及预处理是过程分析的发展趋势。

3. 分析方法的时效性　产品过程分析方法是建立在对其产品生产过程深刻理解的基础上的。样品采集于生产线，要求在较短时间内迅速获取分析结果信息，并及时反馈，以便监测生产环节，调节生产参数，控制生产过程，减小生产风险，从而达到控制生产过程质量的目的，因此，过程分析与一般成品分析要求不同，时效性是第一要求，而准确度则可以根据实际情况在允许限度内适当放宽。

如物料混合均匀度、混合终点的确定，可选择近红外光谱法、激光诱导荧光法、热扩散法等；制粒的含量均匀度、颗粒粒径和密度的测定可选用近红外光谱法、拉曼光谱法、聚焦光束反射测量法、声学发射法等；颗粒粒径分布可采用激光衍射法、成像分析方法等；水分的测定可采用近红外光谱法；压片和装胶囊的含量均匀度、硬度、孔隙率及重量差异等可选用近红外光谱法、激光诱导荧光法；包衣厚度和均匀度、包衣终点、喷枪与片床距离等测定可选用近红外光谱法、光反射法等。

4. 应用化学计量学建模的重要性　过程分析化学计量学是过程检测和过程控制的软件系统，是 PAT 建立和发展的重要基础，其主要作用是：①检测信号的提取和解析；②过程建模；③过程控制。在制药过程控制中常用的方法包括主成分分析、主成分回归、多变量统计过程控制、偏最小二乘法、聚类分析和人工神经元网络等。

5. 过程分析仪器的匹配性　离线分析方法和所用仪器与一般常规分析方法相同。在线分析仪器应具备对试样的化学成分、性质及含量进行在线自动测量的特点：①具有自动取样和试样预处理系统；②具有全自动化控制系统；③稳定性好，使用寿命长、易维护，能耐受高温、高湿、腐蚀、振动、噪声等工作环境，结构简单，测量精度可以适当放宽。

为了与过程分析相匹配，其仪器结构亦与普通分析仪器有所不同，其自动及在线取样和样品处理系统是关键(图 7-2)。

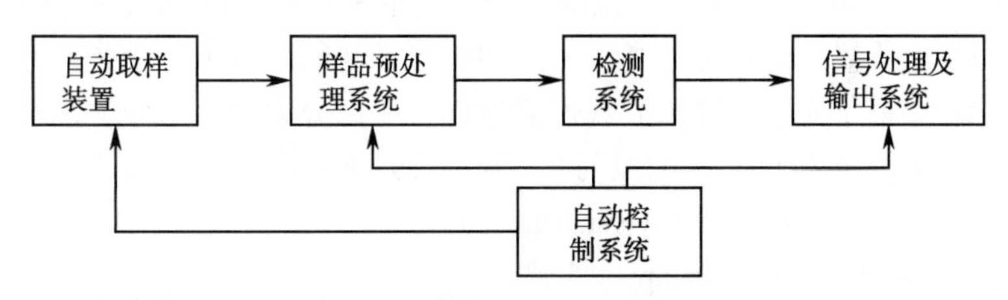

图 7-2　过程分析仪器结构示意图

(三) 保健食品生产过程在线质量控制方法与技术简介

保健食品生产过程在线质量控制方法与技术主要有红外光谱、近红外光谱、拉曼光谱、核磁共振谱、计算机视觉、热成像、光声光谱等，近年来还引入了断层成像、电子鼻和电子舌、太赫兹等新兴技术。下面简介几种主要方法技术。

1. 紫外可见分光光度法　用于过程分析的紫外 - 可见分光光度计的光源、色散元件、光检测器与普通仪器相同，只是将样品池改为流通池。

其测定原理依据 Lambet-Beer 定律，若需进行显色反应，则在取样器和分光光度计之间增加一个反应池。一般用自动采样器从生产工艺流程中取样，同时进行过滤、稀释、定容等预处理，然后进入反应池，依法加入相应试剂，如显色剂等，反应后流入比色池测量。本法适用于在紫外可见区有吸收或能产生一定显色反应且无其他干扰的液体样品。

2. 近红外光谱分析法　近红外(nearinfrared，NIR)谱区是波长范围为 780~2 500nm(或 12 800~4 000cm^{-1})的电磁波，近红外吸收光谱主要由分子中 C-H、N-H、O-H 和 S-H 等基团基频振动的倍频吸收与合频吸收产生。NIR 信号频率比 MIR 高，易于获取和处理，信息丰

笔记栏

富，但吸收强度较弱，谱峰宽、易重叠，因此必须对所采集的 NIR 数据经验证的数学方法处理后，才能对被测物质进行定性定量分析。

在线 NIR 分析系统由硬件、软件和模型三部分组成。硬件包括近红外分光光度计，以及取样、样品预处理、测样、防爆等装置。其中近红外分光光度计是核心部分，由光源、分光系统、检测系统、数据处理及评价系统等组成。

近红外光谱分析工作基本流程如图 7-3 所示。

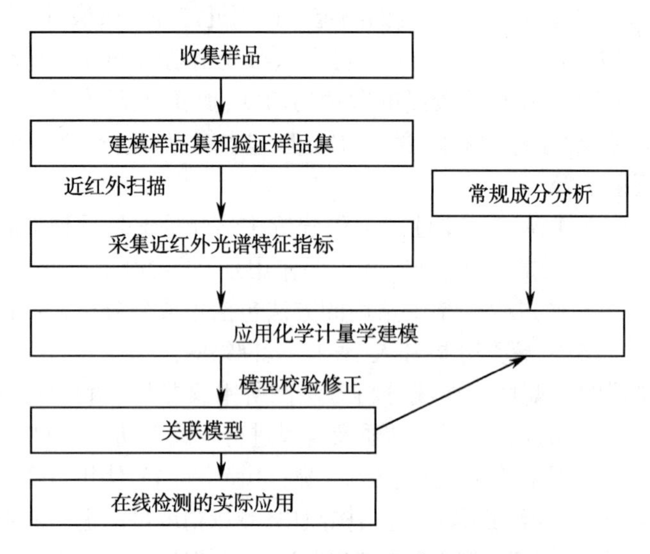

图 7-3　NIR 分析工作流程图

3. 拉曼光谱法　当按一定方向传播的光子与样品相互作用时，会有一部分光子改变传播方向，向不同角度传播的现象称为光散射。如果光子与物质分子发生非弹性碰撞，相互作用时有能量交换，结果是光子从分子处获得能量或将一部分能量给予分子，散射频率发生变化，这时将产生与入射光波长不同的散射光，相当于分子振动 - 转动能级能量差，这一现象称为拉曼效应，这种散射光称为拉曼（Raman）散射光。

拉曼光谱法（Raman spectroscopy）是建立在拉曼散射基础上的光谱分析法，主要用于物质鉴别、分子结构及定量分析。激光拉曼光谱仪器结构如图 7-4 所示。

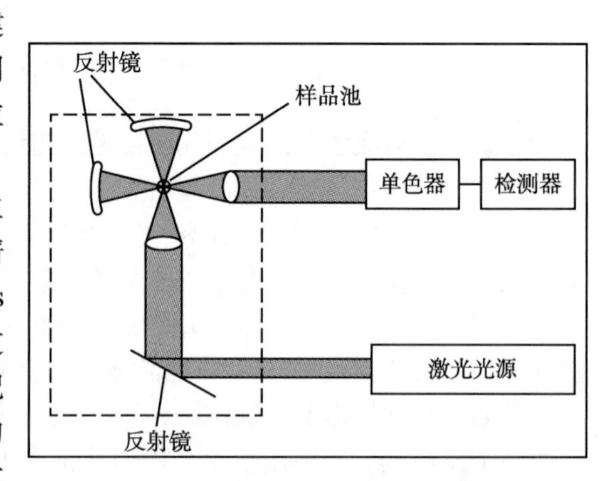

图 7-4　激光拉曼光谱仪器结构示意图

4. 过程色谱分析法　用于工业生产过程分析的色谱，一般称为工业色谱（inducstrial chromatography）或过程色谱（process chromatography）。与常规实验室分析不同，在过程色谱中，从样本采集、预处理至分析、检测、记录、显示等操作环节都是自动化的。但一般的过程色谱不能进行连续分析，而是间歇、循环式分析。通常循环周期为几分钟到几十分钟。

过程色谱主要由取样与样品处理系统、分析系统和程序控制系统等组成。图 7-5 为典型的色谱在线分析系统。

笔记栏

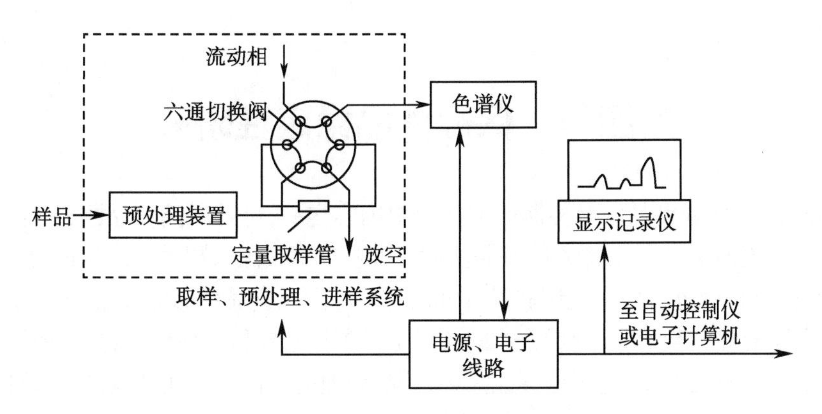

图 7-5 在线色谱系统结构示意图

过程色谱在发酵过程、反应废液分析、易挥发性成分分析、分离纯化等方面都有较好的应用。

5. 光纤传感器技术 传感器(sensor)是一种检测装置,能接收被测定信息,并将其按一定规律转换成电信号或其他可识别的信息输出,通常分为物理传感器(physical sensor)和化学传感器(chemical sensor)。前者如生产过程监控中的温度、压力传感器等;后者主要是由分子识别原件(感受器)和转换部分(换能器)组成。感受器用来识别被测对象,并通过引起某些光、热、化学变化等物理或化学变化以及直接诱导产生电信号,然后再利用电学测量方法进行检测和控制。

光纤传感器具有以下特点:①可以同时获得多元多维信息,并通过波长、相位、衰减分布、偏振和强度调制、时间分辨、收集瞬时信息等加以分辨,通过多通道光谱分析和复合传感器阵列的设计,实现对复杂混合物中目标物的检测;②光线的长距离传输还可实现生产过程的快速在线遥测或多点同时检测。如近红外光谱仪器可以在线检测 100m 以外的样品;③易于制成便携式仪器,通过光纤探头,可直接插入生产装置的非正直、狭小的空间中,进行原位、实时、无损定位分析。同时也可以在困难或危险环境中采样分析。

(四) 生产中自动化质量控制

自动控制(automatic control)是指在没有人直接参与的情况下,利用外加的设备或装置(称控制器)使机器、设备或生产过程(称被控对象)的某个工作状态自动地按照预定的参数(即被控量)运行。

自动控制可以解决人工控制的局限性与生产要求复杂性之间的矛盾。生产实行自动控制具有提高产品质量,提高劳动生产率,降低生产成本,节约能源消耗,减轻体力劳动,减少环境污染等优越性。自 20 世纪中叶以来,自动控制系统及自动控制技术得到了飞速的发展,制剂生产中利用自动控制越来越广泛。例如:物料的加热、灭菌温度的自动测量、记录和控制;洁净车间中空调系统的温度、湿度及新风比的自动调节;多效注射用水机中对所产注射用水的温度、电导率的检测的控制等。

如在保健食品片剂生产中,片重差异是片剂的重要质量指标之一。影响片重差异的因素很多,如果不对每片进行称量,难于保证不合格的片子不进入合格产品中。具有自动剔除片重不合格片子功能的压片机的基本工作原理为:压片中对冲头采用液压传动,所施加的压力已确定,当片重小于或大于合格范围后,冲头所发生的压力也将小于或大于设定值,通过压力传感器将信号传送给压力控制器,通过微机与输入的设定值比较后,将超出设定范围的信号转换成剔除废片的信号,启动剔除废片执行机构,将废片剔除。

第四节　保健食品稳定性研究

稳定性研究是保健食品质量控制研究的重要内容之一，也是保健食品注册、监管工作的重要依据之一。保健食品注册申请人应按照法律、法规、规章及国家相关标准等的有关要求，根据产品具体情况，合理地进行稳定性试验设计和研究。原国家食品药品监督管理总局办公厅印发了《保健食品稳定性试验指导原则》，自 2014 年 1 月 1 日起施行。保健食品注册检验机构应按照国家相关规定和标准等要求，根据样品具体情况，合理地进行稳定性试验设计和研究。

一、概述

稳定性试验是通过一定程序和方法的试验，考察产品在不同环境条件下（如温度、相对湿度等）的感官、化学、物理及生物学随时间增加其变化程度和规律，从而判断申报产品包装、贮存条件和保质期内的稳定性。

保健食品稳定性试验的目的是确定产品安全有效的保质期；方法是在既定的保质期内，监测保健食品的各项指标符合该产品的质量标准要求。保健食品的保质期根据《保健食品管理办法》规定，一般为 18~24 个月，一些质量不稳定的特殊品种根据试验的结果，另制定产品保质期。

二、稳定性试验方式

根据样品特性不同，稳定性试验可采取短期试验、长期试验或加速试验。

1. 短期试验　该类样品保质期一般在 6 个月以内（含 6 个月），在常温或说明书规定的贮存条件下考察其稳定性。

2. 长期试验　该类样品一般保质期为 6 个月以上，在说明书规定的条件下考察样品稳定性。

3. 加速试验　该类样品一般保质期为 24 个月，为缩短考察时间，可在加速条件下进行稳定性试验，在加速条件下考察样品的感官、化学、物理及生物学方面的变化。目前，保健食品注册检验稳定性试验方式采用加速试验方法。

在具体研究过程中，稳定性试验方法通常采用两种方式：一种是根据产品要求的贮存条件，放置 18~24 个月，按照产品质量标准进行第一次检验，然后按照规定的贮存条件检验，将所有的检验结果进行对比，制定该产品的保质期。该方法的优点是：客观地、真实地反映产品的质量变化情况。适合于成分不稳定的保健食品。另一种方法是人工模拟条件进行试验，即把产品贮存在温度 37~38℃、相对湿度 70%~80%，并分别在开始保存后的 0 天、30 天、60 天、90 天对产品进行检验分析，制定保质期。完全通过 90 天试验的产品的保质期可定为 24 个月。该方法的特点是：试验周期短，全部试验可在 3 个月完成，但这种方法由于条件单一，不能完全反映产品的质量变化情况，含有不稳定成分的产品及要求特殊贮存条件的产品不适用，含有不稳定成分的产品需根据有效成分的特性选择试验条件。无论用哪种方法进行稳定性，都要用至少三个批号的产品。

三、稳定性试验要求

1. 产品类别　不同的产品，其剂型、原辅料、成分等不同，对稳定性试验的要求、方法、判定标准也不同。主要分为两类，一类属于普通产品，对贮存条件没有特殊要求，可在常温

条件下贮存，如固体类产品（片剂、胶囊剂、颗粒剂、粉剂等）；液体类产品（口服液、饮料、酒剂等），可在通常加速条件下进行考察。另一类属于特殊产品，对贮存条件有特殊要求，如益生菌类、鲜蜂王浆类等，其考察条件就要有相应变化，如温度。

2. 样品批次、取样和用量　应符合现行法规的要求。目前采用三批样品进行稳定性试验，用量等于一次检验用量乘以检验次数。

3. 样品包装及试验条件　样品试验放置条件、试验时间、稳定性试验的产品所用包装材料、规格和封装条件应与产品质量标准、说明书中的包装要求完全一致。

(1) 普通样品　加速试验应置于温度 37℃ ±2℃、相对湿度 75%±5%、避免光线直射的条件下贮存 90 天，每 30 天检测一次，稳定性试验报告包括三批样品加速试验前（卫生学）、加速 30 天、加速 60 天、加速 90 天的样品检验结果。

普通样品长期试验一般考察时间应与样品保质期一致，如保质期定为 2 年的样品，则应对 0、3、6、9、12、18、24 个月样品进行检验。0 月数据可以使用同批次样品卫生学试验结果。

(2) 特殊样品　应采用在样品声称的保存条件下进行保存后进行稳定性试验。保质期在 3 个月之内的，应在贮存 0、终月（天）进行检测；保质期大于 3 个月的，应按每 3 个月检测一次（包括贮存 0、终月）的原则进行考察。

四、稳定性试验考察指标及确定原则

稳定性试验应按照国家有关部门颁布的或者企业提供的检验方法对申请人送检样品的卫生学及其与产品质量有关的考察指标在保质期内的变化情况进行检测。

稳定性试验选定检验指标的确定原则如下：

1. 保健食品的功效成分应作为稳定性试验的必检指标　保健食品之所以具有保健作用，是由于它含有的功效成分所起的作用。检验功效成分含量的变化情况，是制定保质期的主要依据。在保质期内的功效成分不应发生较大幅度的变化，符合产品的标准要求。需要指出的是，一部分保健食品由于功效成分不能通过稳定性试验，主要有以下几个原因：

(1) 产品生产过程中由于工艺不稳定，导致产品质量不均一的，检查指标将不具有代表性，会影响试验结果。

(2) 对功效成分的理化及生物学特点不了解，导致采用不当的试验条件，会影响试验结果。

(3) 检验技术和方法不成熟，对功效成分缺少数据支撑和深入的研究，会影响试验结果。

(4) 产品的包装类型和密封程度影响结果的准确性。例如双歧杆菌是一种具有调节胃肠道菌群作用的厌氧菌，加入这种菌构成的保健食品，如不是真空包装，会影响试验结果。

2. 有卫生学意义的指标是稳定性试验的内容之一　在产品的保质期内绝对不能超出所制定的卫生标准。稳定性试验的卫生指标应包括菌落总数、大肠菌群、致病菌、霉菌、酵母菌及与产品类型有关的指标，如含脂类多的产品应检测酸价、过氧化值等。

3. 与产品质量相关的指标　主要包括对产品外部的感官检验和产品质量标准中规定指标的理化检验，如水分、酸度等。

五、稳定性试验结果评价

保健食品稳定性试验结果评价是对试验结果进行系统分析和判断，稳定性试验检测结果应符合产品质量标准规定。

1. 贮存条件的确定　应参照稳定性试验研究结果，并结合产品在生产、流通过程中可能遇到的情况，同时参考同类已上市产品的贮存条件，进行综合分析，确定适宜的产品贮存条件。

2. 直接接触产品的包装材料、容器等的确定　一般应根据产品具体情况，结合稳定性

笔记栏

研究结果，确定适宜的包装材料。

3. 保健食品保质期的确定　保健食品保质期应根据产品具体情况和稳定性考察结果综合确定。采用短期试验或长期试验考察产品质量稳定性的样品，总体考察时间应涵盖所预期的保质期，应以与0月数据相比无明显改变的最长时间点为参考，根据试验结果及产品具体情况，综合确定保质期；采用加速试验考察产品质量稳定性的样品，根据加速试验结果，保质期一般定为24个月；同时进行了加速试验和长期试验的样品，其保质期一般主要参考长期试验结果确定。

ER-7-1

保健食品试验注册检验规范（征求意见稿）

学习小结

1. 学习内容

保健食品质量评价研究	保健食品质量控制方法	功效成分 / 标志性成分的选择、鉴别、含量测定
	保健食品卫生学试验	重金属及砷盐的检查
		农药残留的检查
		微生物学检查
	保健食品稳定性研究	短期稳定性试验
		长期稳定性试验
		加速稳定性试验

2. 学习方法　通过分析保健食品功效成分 / 标志性成分的化学结构与理化性质，理解并掌握鉴别试验和含量测定的方法；通过分析试验过程，理解保健食品卫生学试验中各项试验的原理；通过对稳定性试验有关要求的归纳，掌握保健食品稳定性试验的项目与方法。

（曹纬国　王艳梅　许天阳　潘　正）

复习思考题

1. 检测保健食品中违禁成分的目的和方法有哪些？
2. 确定保健食品卫生学检验项目的原则包括哪些？
3. 稳定性试验的方式有哪些？

笔记栏

PPT 课件

第八章 保健食品市场分析与策略

学习目标

1. 掌握保健食品市场营销的基本概念和市场调查方法。
2. 熟悉保健食品品牌的内涵，保健食品产品包装的特点，以及广告宣传的方式。
3. 了解直销模式和传统模式的特点，以及服务理念。

第一节 保健食品市场分析

一、概述

狭义的市场指商品集中、交易的场所；广义的市场泛指商品交易的领域。人口、购买力、购买欲望是市场形成、存在、发展的三个根本要素，相关的系统、机构、程序、法律、基础设施是保障和促进市场交易的支持体系。市场是商品经济的范畴，是一种以商品交换为内容的经济联系形式，对于企业来说，市场是营销活动的出发点和归宿。

市场是商品和服务价格建立的过程，市场促进贸易并促成社会中的分配和资源分配，并允许任何可交易项目进行评估和定价；市场或多或少自发地出现，或者可以通过人际互动刻意地构建，以便交换服务和商品的权利。

市场营销（marketing）又称市场学、市场行销或行销学，指企业人员针对市场开展经营活动、销售行为的过程。市场营销是在创造、沟通、传播和交换产品中，为顾客、客户、合作伙伴以及整个社会带来价值的活动、过程和体系。市场营销既为客户及社会创造价值，也为自身带来收益。市场营销通常包含市场调查、企业形象、产品特点、广告、价格、营销模式、服务等方面内容。

市场营销的指导思想是“以市场为导向，以营销为中心”。对于保健食品来说，“以市场为导向”要求企业通过不断创新去提高保健食品的研发质量、产品的生产质量和产品的市场服务质量。“以营销为中心”要求企业的每一步经营管理必须围绕消费者需求开展，要树立全心全意为消费者服务的理念，消费者需要什么产品，企业就应当研发、生产、销售什么产品；要求企业重视市场调研，在消费需求的动态变化中不断发现那些尚未得到满足的市场需求，并集中一切资源和力量进行创新去适应和满足这种需求，这样才能在消费者心目中占据一定的地位，取得一定的口碑，在市场上树立良好企业形象及突出的产品特点，取得广告、价格、营销模式竞争活动中的主动权，在保健食品市场得以生存和发展。

笔记栏

二、市场调查

在我国市场经济体制环境下，市场是一个多变量、多因素共同作用的复合体。保健食品市场调查就是采用科学的方法，有目的、有系统地对保健食品从生产领域到达消费者领域过程中所发生的有关市场信息和资料进行收集、汇总、整理、分析，以了解保健食品市场现状，预测今后的发展趋势，为保健食品企业的营销寻找潜在消费市场的一种活动。保健食品市场调查包括市场环境调查、市场现状调查、销售可能性调查，以及对消费者需求、同类产品价格、影响销售的社会和自然因素、销售渠道等开展调查。进行保健食品市场调查预测与细分的根本目的，在于摸清目前消费者的消费习惯、预测市场今后可能的走向，并在其中为企业寻找营销机会。

保健食品的市场调查应遵循有针对性、有时效性、有广泛性、有系统性、有准确性、有预见性的原则，并制订严密的调查方案。市场调查方案应该包括调查项目、调查目的、调查时间、调查地区、调查对象、调查方法、样本数量、信息统计处理方式等内容。

（一）常用的市场调查方法

1. 现场观察法　现场观察法是指通过市场调查人员现场观察被调查事物和现象的一种市场调查方法。

2. 实验法　实验法是指在设定的条件下，以引起实验对象一定的反应或行为并加以观察记录和分析的一种调查方法。

3. 问卷法　问卷法是指通过访谈、邮寄、电话、互联网等方式将调查内容以问卷的形式由调查对象作答并回收分析的一种调查方法。

4. 文献法　文献法是指利用各种文献、档案资料搜集信息的一种调查方法。

5. 分析法　市场调查会得到大量的原始资料，但这些原始资料未经过加工整理和分析，是不能用以说明任何问题的，因此，市场调查原始资料还应该经过筛选、分类、汇总、制表等几个工作流程加以整理和分析，使之系统化和条理化，并以集中、简明的方式反映调查对象的总体情况。

6. 预测法　市场调查还应该在得到的各种信息和资料基础上，运用一定方法或数学模型，对市场的未来状况作出预测与判断，它可以为企业的营销决策者提供可靠、客观、具有高度可操作性的依据。经过精心周密的市场调查，才能了解目前消费者的消费能力、消费习惯，以及今后的需求倾向，并在其中找出潜在的目标市场，并顺应市场、开发产品、促进销售。

（二）市场调查的内容

作为保健食品企业来说，市场调查应该为企业营销决策者提供以下信息：

1. 社会经济大环境状况　包括当前的社会经济发展水平、人口结构、法规政策、科技水平等。

2. 保健食品消费者的经济状况　包括保健食品的消费者收支水平、储蓄和信贷情况、消费能力等。

3. 保健食品消费者的消费习惯　包括保健食品消费者购买的动机、频度，购买地点，购买的决策者、实施者，品牌忠诚度，购买偏好，使用量等。

4. 消费者的保健食品需求倾向　包括消费者对保健食品的功能需求，价格接受度，新产品是否认同、接受等。

5. 保健食品消费市场潜量　包括市场宏观和微观潜量、长中短期潜量、总体和区域潜量等。

6. 拟开发保健食品的竞争对手状况　包括竞争对手的技术实力、产品情况、营销形式、途径、产品的不足等。

7. 拟开发保健食品的产品初步设想方案　包括拟开发产品的保健功能、原辅料、剂型、技术指标、规格、包装等。

8. 供应商和中间商状况　包括拟开发保健食品的各种原辅料供应商及产品最终送达消费者手中所经过的各种渠道中间商的状况等。

只有通过翔实、严谨的市场调查，保健食品企业才能找到潜在的市场，找到目标消费者，并给予拟开发的产品准确的市场定位。

三、企业形象

（一）企业形象的基本指标

企业形象是指通过企业的外部标识和内在精神在公众心目中建立起的总体印象，是企业文化建设的核心，是一个完整的有机整体，包括知名度和美誉度两个最基本的指标。

1. 外部标识　外部标识是通过文字、图案、符号或具体物品等表现出来的。主要包括：企业名称、商标、产品、广告、标准色、包装，甚至装潢风格、建筑式样等方面。

2. 内在精神　内在精神即企业的气质和风格，主要包括：创新与开拓精神、诚信正直的作风、对质量不懈的追求、严谨高效的办事效率、运营管理的特色等方面。

3. 知名度　指企业被公众知晓、了解的程度。

4. 美誉度　指企业获得公众信任、赞美的程度。

企业的知名度与美誉度互为基础、共同成长。良好的企业形象是最宝贵的无形资产，可以为企业在消费者心目中创造出信赖感与消费信心，有利于新产品的推广与销售，同时也可以增强企业的凝聚力，吸引和保留人才。

（二）建立企业形象的基本程序

保健食品企业形象最主要的要素是稳定性、信赖感、技术、规模。建立企业形象的基本程序为：

1. 制定明确的发展战略与运营理念。
2. 进行外部标识的设计与全方位应用。
3. 重视对员工的培训与管理。

（三）企业形象的提升和推广

1. 企业内部形象的提升　企业内部的提升具体包括企业产品、服务质量和企业的员工素质等方面内容。

(1) 提升产品和服务质量。一是提高产品质量，形成品牌效应，产品的设计，生产质量，甚至包装都应严格的把关，这样会给企业带来良好信誉；二是要注重服务，尤其是售后服务，满足消费者的最大需求。

(2) 建设企业文化。加强企业内涵建设，形成具有鲜明特色的企业文化，营造良好的企业环境，提升员工的整体素质。

2. 企业外部形象的提升和推广

(1) 处理好用户关系。积极主动的与公众沟通联络。以诚信为基础，以质量为灵魂，以完善的服务为保障，这一切都是为了在公众面前建立稳固与诚信的形象。

(2) 利用媒体平台做好宣传推广。通过在商贸平台、博客、广告宣传、论坛发布企业信息，展示企业成果，来让更多的用户了解企业，信任企业。

四、产品特点

保健食品产品特点是指企业的保健食品具有独特的，能够通过和同类产品相比较而展

笔记栏

现出与众不同之处的特有属性和亮点。

（一）保健食品的产品特点

保健食品的产品特点主要通过产品定位、品牌、原辅料、包装、装量、生产工艺、文字说明等来实现。产品的定位、品牌、原辅料、生产工艺等是形成产品特点的根本途径，保健食品的包装及文字说明是向消费者介绍产品特点和亮点的直观方式。

1. 保健食品的产品定位　保健食品的产品定位是根据市场调查的结果，为产品赋予一定的特色，树立一定的形象，以满足目标消费者的某种需求或偏好。保健食品的产品定位直接关系到保健食品的声誉和销售，目标市场的环境，决定了一款保健食品是定位为优质高端，还是定位于物美价廉。按此制定与其相契合的销售策略，才能获得销量。

2. 保健食品的品牌　保健食品的品牌包括产品商标、名称、标志等。品牌设计时，要做到以下几点：①命名要简洁易记；②有独特性和艺术性；③要清楚地表达出保健食品的特色；④要避开各种忌讳；⑤要遵守国家或地区相关法律法规的要求。

3. 保健食品的原辅料　保健食品的原辅料是指生产加工保健食品过程中使用的所有主要原料和各种辅助材料的组成。原辅料也是决定一款保健食品产品定位的重要因素，如果原辅料价低易获，产品定位就可以物美价廉，但如果原辅料珍贵难得，产品就只能定位于优质高端。

4. 包装　保健食品的包装，是为了保证产品质量和数量，便于储运、装卸、运输、销售，而采取适当的材质制成与产品相适应的容器，并加以标志和装潢的活动和措施。消费者购买产品时，首先看到的是产品的包装、品牌、外观，而不是产品本身，因此，保健食品的包装将会给消费者留下至关重要的第一印象。好的包装可以吸引消费者的注意力，促进销售。

5. 装量　保健食品的装量应根据保健食品的食用方法和食用量合理确定，便于定量食用。

6. 生产工艺　保健食品的生产工艺应根据保健食品的特点和现有能够达到的生产技术共同确定，不能采用脱离于实际技术条件的生产工艺。

7. 保健食品的文字说明　保健食品的文字说明要求简明扼要、通俗易懂、重点突出，应严格按照《保健食品说明书标签管理规定》的要求来编写。

（二）保健食品包装要求

1. 促销性包装设计的目的之一就是增强视觉冲击力，便于消费者识别产品，刺激消费者产生购买欲，促进销售。

2. 时代性包装设计必须适应现代化的生产和销售的方式，消费者的消费方式和审美要求。

3. 产品性包装设计是从属于产品的，任何包装设计都应该为产品服务，表现出产品形象，以及符合法规对保健食品包装展示版面的要求。

4. 工艺性包装设计必须和生产条件相适应，如果脱离生产实际，再好的设计也是毫无意义的。

5. 一致性包装设计应符合企业和产品本身的特点，与企业形象保持一致，从而达到刺激消费，提高企业知名度的目的。

（三）包装方案

为发挥包装的识别、联想、促销等功能，在保健食品的包装设计上，可采取不同的措施，从而形成不同的方案。

1. 类似包装方案　类似包装方案指一个企业所生产的不同产品，采用具有明显共同特

征的包装，让消费者能够很容易地识别到是同一家企业的产品。

2. 附带赠品包装方案　附带赠品包装方案指在包装设计时，附带上赠品，以提高产品对消费者的吸引力。

3. 配套包装方案　配套包装方案是指根据消费者的购买习惯，将多种相关的保健食品配套包装在同一包装物内。

4. 再生包装方案　再生包装方案是指包装物内的保健食品使用完以后，消费者还可以将包装物用来作其他用途。

5. 变换包装方案　变换包装方案指一家企业的保健食品在推向市场一段时间后，推陈出新，变换包装，塑造新形象的方案。

企业在保健食品的营销过程中，应重点在产品定位、品牌、原辅料、包装、装量、生产工艺、文字说明等方面与同类竞争产品进行详尽的对比和分析，总结出自身产品的优势及特点，并在营销过程中向消费者进行清晰的展示，刺激消费者的购买欲望，让特点转化为卖点，从而达到推动自身产品销量的目的。

第二节　保健食品市场策略

保健食品的市场营销贯穿于一款保健食品从立项研制到最终消费者使用后进行信息反馈的全过程。这是因为一款保健食品若想畅销，只有根据市场的需求来组织开发、生产，有需求才会有市场；保健食品生产出来后，还需要依靠各种物流方式和营销渠道才能到达用户的手上，进入使用环节。

一、广告

广告即广而告之。广告最为重要的功能就是传播信息，保健食品广告是为了传播企业形象和产品特点信息。企业发布广告的最终目的就是为了促进产品的销售。

优秀的保健食品广告，能够立竿见影，既能提升企业和产品的形象，又能够迅速被目标消费者所接受，刺激出消费欲望，促进产品的销售。保健食品广告如何投放，需要从市场和媒体两方面来综合考量。

1. 市场方面

(1) 目标消费者的属性：消费者是依其个人品位来选择适合的媒体的，不同学历或职业的消费者，对媒体的接触习惯都不相同。有的消费群体偏重于报刊杂志，有的消费群体偏重于广播电视，有的消费群体是偏重于互联网。因此，要根据目标消费群体的性别、年龄、教育程度、职业、地域性等属性来决定投放何种媒体。

(2) 保健食品的特性：每种保健食品的特性不一样，应该按保健食品的特性来考虑媒体。有的保健食品价廉物美，适宜的目标人群很广；有的优质高档，适宜于特定的人群，显然，广告投放的媒体应当有所不同。

(3) 保健食品的销售范围：保健食品究竟是准备全国性的销售，还是限于某个地方区域性市场的销售，关系到广告受众的范围大小，由此才可决定选择何种较经济有效的媒体，以避免使用不适当的广告媒体而毫无促销效果。

2. 媒体方面

(1) 媒体的基本盘：即考虑媒体的综合素质、口碑，以及报纸的发行量、杂志的发行量、电视的收视率、电台的收听率等。

笔记栏

(2)媒体的受众：即考虑媒体的受众类型，应仔细分析其层次，以期与保健食品的潜在消费者的层次相符。

(3)广告投放的效率：即慎重考虑投放广告的成本费用，不仅要考虑广告的实际支付费用，同时应考虑受众每人次的单位成本。

当消费者购买保健食品时，面对目前琳琅满目、功能相差无几的同类保健食品时，最容易产生认同并刺激起购买欲的是其头脑中已有印象的品牌。优秀的广告，能够增强广告本身的可记忆性和易记忆性，使消费者在潜移默化中记住广告宣传的内容。通常使用以下几种方式来达到这种效果：

(1)广告要重复出现：面对铺天盖地的媒体资讯，广大受众对大部分内容往往过目即忘。要想加深消费者的印象，只有依靠广告的重复。这种重复不是机械地重复，有很大的技巧性，巧妙的重复既能加深消费者的印象，又不使人产生厌恶感。

(2)广告要简洁易懂：广告内容尤其是广告语，一定要简洁易懂，这是让消费者能够记住的一个基本条件。简洁就是要用最少、最顺畅的文字来传递一定的信息，使消费者能够记住其中的精华；易懂就是所用文字清晰浅显，便于消费者明白其含义。

(3)充分运用节奏与韵律：有节奏感和韵律的文字最容易被人们记住，在制作广告时，应充分把握这一特点，使用节奏鲜明、韵律优美、朗朗上口的广告语，便于消费者记忆。

(4)充分运用联想功能：联想是指由某种事物而想到其他相关的事物。联想是回忆的基础，人们的很多回忆都是通过联想完成的。联想分为相似联想、接近联想、对比联想、因果联想。在广告制作时，要充分运用联想功能，增强广告的记忆效果。

(5)广告要有新颖性：无论是何种广告形式，都一定要新颖，新颖的事物受到的关注度最高，也最容易被记住。

二、价格

价格是商品价值以货币的形式表现。在企业的整个营销体系中，销售能否成功，取决于产品、渠道、促销和价格的恰当配合，而价格是让企业获得运营收入和利润的关键因素。在营销体系中，价格是灵活性最强的一个环节，也是决定销售成功与否的重要因素。保健食品价格的制定应该考虑成本、质量、品牌、市场需求、消费能力、售后服务等因素。

企业在制定保健食品价格的时候，应注意以下几个问题：

1. 充分考虑保健食品的成本、购买力、潜在消费者的心理承受力、竞争等这些影响价格的主要因素。

(1)成本是定价的基础，低于成本的价格是企业不能接受的，成本是定价的最低界限。

(2)购买力是决定需求的重要因素，也是消费者接受产品的最大能力，是定价的最高界限。

(3)潜在消费者的心理承受力不同，定价需要充分考虑，不同类型的消费者有不同的消费心理，从而产生不同的期望价格。

(4)企业在给保健食品定价的时候，还要考虑市场竞争等因素。

2. 掌握科学的定价方法　保健食品市场由于产品众多，竞争激烈，因此定价应多采取成本加成定价法、理解价值定价法和竞争导向定价法。

(1)成本加成定价法：指根据保健食品的单位总成本，加上预期的利润来制定价格。成本加成定价法是以价值为基础来定价的，它是最普遍、最简单的定价方法。

(2)理解价值定价法：是以消费者对于保健食品价值的感受和理解程度作为定价的基础，再与产品成本相结合，定价时更偏重于消费者的感受的一种定价方式。理解价值

定价法既能使保健食品满足消费者的需求标准，又在其心理预期的价位内，从而刺激消费欲。

3. 保健食品企业对于价格的确定　除了采取一般的定价方法外，还应该充分根据市场环境和灵活地运用定价技巧来促进销售。

4. 做好对定价的解释

⑴为什么定价高：可通过与同类竞争产品详细的对比和分析，强调自己产品的突出特点和长处，以及为了达到这些竞争对手所没有的优点而增加的不菲成本。

⑵是否值得消费：要让消费者明白，价格高出的那一部分是用到哪里去了，并让其感受到所多花费的部分给自己带来的利益或好处。

三、营销模式

营销模式是指企业在市场营销过程中采取的各种方式或方法。目前的保健食品市场，营销环境不断变化，市场竞争不断加剧，营销模式也推陈出新，层出不穷。不同的保健食品由于产品定位的不同，需要采取不同的营销模式，保健食品常见的销售类型有两类，即直销模式和传统销售模式。

1. 直销模式　直销是指直销企业招募直销员，由直销员在固定营业场所之外直接向最终消费者推销产品的销售方式。常见的直销形式有电视直销、网络直销等，凡是不经过批发环节而直接零售给消费者的形式，都称之为直销。

直销模式具有以下几个特点：

⑴直销模式通过简化中间商环节，降低了保健食品在中间环节的流通成本，以求顾客利益最大化。

⑵直销更好地将消费者的意见、需求迅速反馈回企业，有助于企业能够及时对市场环境作出评估，并迅速作出相应调整。

⑶直销能有效缩短流通环节、更贴近消费者，将产品快速送到顾客手中，加快销售进度和货款的回流。

直销模式并非适用于一切保健食品，事实上其适用范围是有局限性的。能够采取直销模式的保健食品一般是以下两类：

⑴第一类是生产成本占产品的价格比例很小，而采取传统经销模式的中间流通成本非常高的保健食品。

⑵第二类是那种几乎每个消费者都可以使用，并能够形成持续消费行为的保健食品。

因此，营养素补充剂类保健食品，生产成本较低且适宜人群广泛，能够形成持续消费行为，比较适宜采取直销模式；而功能性保健食品则由于生产成本较高，适宜人群受限等因素存在，不太适合采取直销模式。当然这不是绝对的，需要根据保健食品的个体情况进行具体的分析和论证。

2. 传统销售模式　传统营销模式即保健食品企业生产出产品后通过批发商、零售商等中间环节销售给消费者的销售模式。

相对于直销模式，传统营销模式有以下特点：

⑴消费者的消费习惯、价值观念等都比较倾向于传统消费模式。

⑵消费者能够直接感受到产品，降低了购买风险，售后方面也更有保障。

⑶促销人员面对面地对消费者进行生动形象的产品解说，往往更能成功的激发消费者的购买欲。

但是，与直销模式相比，传统营销模式也存在以下不足：

笔记栏

(1)产品一般需要经历好几个环节才能到达消费者手中,冗长的供应链不仅降低了产品的时效性,而且增加了流通环节的成本。

(2)存在很大的地域局限性,一般只能针对当地的消费者销售。

(3)经营成本较高,营业场所的费用花费较大。

(4)产品推广方式受到营业场所的约束,推广的受众范围小。

直销模式和传统销售模式在保健食品的营销应用上并不是一成不变、泾渭分明的。只有根据产品自身的定位和特点,选择出适合的营销模式,或两种模式兼收并蓄,共同开展,再加上优质的服务,才是营销成功的关键。

四、服务

销售服务是指企业在产品销售活动过程中,为顾客提供的各种劳务的总称。企业向顾客销售产品时总要伴随着一定的劳务付出,这些劳务付出是围绕着为顾客提供方便,满足顾客的需要,使顾客在购买产品前后感到满意而进行的,也是围绕着在顾客中建立树立企业形象,促进产品销售,增强企业竞争力而进行的。

销售服务的根本宗旨是让顾客满意。

优质的服务应该做到以下几点:

1. 树立顾客是上帝的观念

(1)当前的保健食品市场完全是买方市场,面对众多的保健食品,消费者更乐于接受质量优、服务好的产品。因此必须最大限度地满足消费者的需求。

(2)服务的研究、设计和改进,都应该站在消费者的角度,而不是站在企业的角度。

(3)完善服务系统,加强售前、售中、售后服务,对消费者无论是售前、售中、售后,都要及时回应与跟进,使消费者感到极大的方便,给予最良好的心理感受。

(4)高度重视消费者反馈的意见,及时作出回应和修正,把处理消费者的意见作为使其满意的重要一环。

2. 具备使消费者感到满意的三要素

(1)产品满意:产品满意是指企业产品带给消费者的满足状态,包括产品的内在质量、价格、设计、包装、时效等方面的满意。产品的质量满意是构成顾客满意的基础因素。

(2)服务满意:服务满意是指产品售前、售中、售后以及产品生命周期的不同阶段采取的服务措施令顾客满意。这主要是在服务过程的每一个环节上都能设身处地为顾客着想,做到有利于顾客、方便顾客。

(3)形象满意:形象满意指企业的综合实力和整体形象获得社会公众的一致认可。企业形象能否真实反映企业的精神文化,以及能否被社会各界和公众舆论所理解和接受,在很大程度上取决于企业和员工自身的主观努力。

3. 具有5S服务理念　5S服务理念是指微笑(smile)、速度(speed)、诚实(sincerity)、灵巧(smart)、专业(study)。

(1)微笑:指服务态度。面对消费者,要真诚、热心、体贴、耐心、细致、服务周到。

(2)速度:指反应的速度。要第一时间解决消费者遇到的问题。

(3)诚实:指真诚的心态。以真诚的态度尽心尽力地为消费者服务,能让消费者以小见大,帮助塑造优秀的企业形象。

(4)灵巧:指灵巧的方式。学习接待与应对的技巧,以干净利落的方式来获得顾客信赖。

(5)专业:指专业的素养。要时刻学习和熟练掌握专业知识,提高专业素养,才能更好地为消费者的咨询排忧解惑。

学习小结

1. 学习内容

<table>
<tr><td rowspan="7">保健食品的应用</td><td rowspan="3">保健食品市场分析</td><td>概念</td><td>市场、市场营销、企业形象、产品特点</td></tr>
<tr><td>方法</td><td>市场调查方法，企业形象进行提升和推广方法，产品包装方法，品牌设计方法</td></tr>
<tr><td>程序</td><td>建立企业形象的基本程序</td></tr>
<tr><td rowspan="4">保健食品的市场推广策略</td><td>广告</td><td>保健食品广告注意事项，保健食品广告投放方式</td></tr>
<tr><td>价格</td><td>制定保健食品价格注意事项及价格制定方式</td></tr>
<tr><td>营销模式</td><td>直销模式特点，目前的保健食品营销分类</td></tr>
<tr><td>服务</td><td>优质的服务基本标准，消费者满意三要素，5S 服务理念</td></tr>
</table>

2. 学习方法　通过保健食品市场调查学习，明白产品特点的重要性；通过市场营销的内涵学习，理解企业形象和产品特点在市场营销中重要性，结合价格学基本知识，加强理解保健品价格制定的标准和依据；通过比较直销营销模式和传统营销模式学习保健食品营销模式；从消费者需求出发，学习优质服务在保健食品营销过程中重要性。

（李　立　赵永强　殷金龙　梁举春）

复习思考题

1. 简述企业形象提升和推广方法。
2. 简述保健食品品牌设计方法。
3. 简述保健食品广告注意事项。
4. 简述目前的保健食品营销分类。
5. 常用的市场调查方法有哪些？

各　　论

笔记栏

PPT 课件

第九章 有助于维持血脂、血糖、血压健康水平功能保健食品

学习目标

1. 掌握有助于维持血脂健康水平功能保健食品的评价程序；熟悉常用功能原料；了解高脂血症的发病机制和临床症状；理解利用保健食品改善高血脂的意义。

2. 掌握有助于维持血糖健康水平功能保健食品的评价程序；熟悉常用功能原料；了解高血糖的发病机制和临床症状；理解利用保健食品改善高血糖的意义。

3. 掌握有助于维持血压健康水平功能保健食品的评价程序；熟悉常用功能原料；了解高血压的发病机制和临床症状；理解利用保健食品改善高血压的意义。

第一节 有助于维持血脂健康水平功能保健食品

一、概述

近年来，心脑血管疾病的死亡率呈明显上升趋势。高脂血症是一种常见的心血管疾病，其与动脉硬化以及心脑血管疾病的发生发展有紧密的联系，已经成为严重威胁人类健康的危险因素。因此，研究有助于维持血脂健康水平功能保健食品具有重要意义。

（一）高脂血症的定义

高血脂是指血中胆固醇（TC）和/或甘油三酯（TG）过高或高密度脂蛋白胆固醇（HDL-C）过低。血浆总脂高于正常血脂水平称为高脂血症（hyperlipidemia），侧重强调血浆脂蛋白水平高则称为高脂蛋白血症（hyperlipoproteinemia），但在实际中，高脂血症和高脂蛋白血症常常混用。正常血脂浓度值：甘油三酯 20~110mg/100ml，胆固醇及酯 110~220mg/100ml，磷脂 110~120mg/100ml。临床上的高脂血症主要是指血液中胆固醇含量高于 220~230mg/100ml、甘油三酯含量高于 130~150mg/100ml（表 9-1）。

（二）高脂血症的分类

1. 根据血浆中脂蛋白水平高低分类　20 世纪 60 年代，根据血浆中总胆固醇（TC）、甘油三酯（TC）、低密度脂蛋白胆固醇（LDL-C）以及前 β- 脂蛋白的含量，将高脂血症分为六型，即Ⅰ型、Ⅱa 型、Ⅱb 型、Ⅲ型、Ⅳ型和Ⅴ型。

2. 按发病原因分类　临床上将高脂血症按照发病原因分为原发性与继发性两种，前者多与遗传基因有关或病因不明；后者主要是继发于其他疾病或饮食不合理，病因比较明了。

笔记栏

表 9-1　我国高脂血症的诊断标准

脂水平	血浆总胆固醇（TC）		血浆甘油三酯（TG）	
	mmol/L	mg/dl	mmol/L	mg/dl
合适水平	<5.2	<200	<1.7	<150
临界高值	5.2~5.7	201~219	2.3~4.5	200~400
高脂血症	>5.7	>220	>1.7	>150
低高密度脂蛋白血症	<0.9	<35		

（1）原发性高脂血症：遗传可通过多种机制引起高脂血症，某些可能发生在细胞水平上，主要表现为细胞表面脂蛋白受体缺陷以及细胞内某些酶的缺陷（如脂蛋白脂酶的缺陷或缺乏），也可发生在脂蛋白或载脂蛋白的分子上，多由基因缺陷引起，有家族遗传性和散发性两种。

（2）继发性高脂血症：不合理饮食和不良生活习惯是引起继发性高脂血症的主要原因；不合理饮食主要表现为过多摄入高热能、高胆固醇、高饱和脂肪食物，高脂蛋白血症患者有相当大的比例与饮食因素密切相关。熬夜、吸烟、酗酒及缺乏运动等不良生活习惯也是继发性高脂血症诱导因素，长期的高脂血症与糖尿病、甲状腺功能减退、肾病等其他疾病的发生密切相关。

3. 中医对高脂血症的认识及分类　中医学观点认为血脂异常与遗传、体质、饮食、年龄之间存在密切的关系，概而言之可分为外因和内因两个方面。外因为过食膏粱厚味，致脾气滞，进而痰湿生；内因则是因为脏腑功能紊乱，致痰浊化生、脉络瘀阻，归属于中医的"痰证""饮证""瘀血证""血浊"等范畴。病理则为本虚标实，本虚与肝、脾、肾等器官的功能失调有密切的关系，主要分为肝肾阴虚、气阴两虚、痰湿闭阻、湿热壅滞、气血瘀滞和脾肾两虚六种临床证候。而在治疗上，主要从血脂异常的病因病机着手，治标多从痰浊、血瘀、气滞入手；治本多从调理肝、脾、肾三脏功能入手；标本兼治，通过扶正，增强脏腑功能，改善脂质代谢。

（三）高脂血症的危害

高脂血症引起的血液及其他组织器官中脂类及其代谢产物异常，造成大量的脂质沉积于动脉内皮下基质，被平滑肌、巨噬细胞等吞噬形成泡沫细胞；促进血管内炎症因子释放，打破氧化应激和内质网应激平衡，导致肠道菌群失调等系列反应，临床表现为动脉粥样硬化、非酒精性脂肪性肝病、肥胖等相关疾病的发生发展。研究表明，肝脏是进行脂质和脂蛋白加工、生产和分解、排泄的主要器官，一旦肝脏有病变，则脂质和脂蛋白代谢也必将发生紊乱。此外，肥胖症最常继发引起血中甘油三酯含量升高，部分患者血胆固醇含量也可能会升高，大多主要表现为Ⅳ型高脂蛋白血症，其次为Ⅱb 型高脂蛋白血症。糖代谢与脂肪代谢之间有着密切的联系，临床研究发现，约 40% 的糖尿病患者可继发引起高脂血症。

（四）高脂血症的预防

良好的生活习惯，合理的膳食与适当的运动，是预防高脂血症的有效手段。在中医理论指导下，日常饮食加入中药，如"三七汽锅鸡""荷叶凤脯""银杏鸡丁"等药膳，也可预防高脂血症。明确的高脂血症人群，日常坚持服用有助于维持血脂健康水平功效的保健品，并控制总能量和总脂肪的摄入量，限制膳食饱和脂肪酸和胆固醇摄入，保证充足的膳食纤维和多种维生素，补充适量的矿物质和抗氧化营养素，可有效防止高脂血症对机体的损害，防治高脂血症导致的系列病变。

1. 控制总能量摄入，保持理想体重　能量摄入过多是肥胖的重要原因，而肥胖又是高

笔记栏

血脂的重要危险因素，故应控制总能量的摄入，并适当增加运动，保持理想体重。

2. 限制饱和脂肪酸脂肪和胆固醇摄入　饱和脂肪酸主要来源于动物脂肪，此外氢化植物油（奶精、植脂末、人造奶油、代可可脂），反式脂肪酸的摄入，也是引起脂质代谢异常的主要因素。而猪脑和动物内脏等高胆固醇食物的长期大量摄入（≥ 300mg/d），会使血液中胆固醇含量升高，引起高脂血症。

3. 增加植物性蛋白的摄入，少吃甜食　蛋白质摄入应占总能量的 15%，植物蛋白中的大豆有很好的降低血脂的作用，所以应增加大豆及大豆制品的摄入量。碳水化合物应占总能量的 60% 左右，要限制单糖和双糖的摄入，少吃甜食和含糖饮料。

4. 保证充足的膳食纤维和益生菌摄入　膳食纤维能明显增加肠道中粪便杆菌属等益生菌菌群数量，减少拟杆菌属菌群数量，降低血胆固醇，因此应多摄入含膳食纤维高的食物，如燕麦、玉米、蔬菜等；肠道内双歧杆菌、乳酸菌等菌属是人类肠道内的优势菌群，对降低血脂水平的作用尤为突出。因此，摄入含有发酵乳酸菌的食物，如酸奶等也可以预防和缓解高脂血症。

5. 供给充足的维生素和矿物质　维生素 E 和很多水溶性维生素以及微量元素具有改善心血管功能的作用，特别是维生素 E 和维生素 C 具有抗氧化作用，应多食用新鲜的蔬菜和水果。

6. 适当多吃保护性食品　植物性食物具有心血管健康促进作用，鼓励多吃富含植物化学物的植物性食物，如紫苏油、亚麻籽油、月见草油等富含 ω-3（α- 亚麻酸）系列的多不饱和脂肪酸的植物油，可降低人体血清中总胆固醇、甘油三酯、低密度脂蛋白、极低密度脂蛋白的含量，同时增加高密度脂蛋白的含量。

7. 保持良好的生活习惯　不酗酒、不熬夜、戒烟，也可改善和预防高脂血症。此外，临床研究表明，八段锦、太极拳等传统健身气功对肥胖中老年人血脂水平、血液流变学异常有明显的改善作用。

二、有助于维持血脂健康水平功能保健食品的常用原料

（一）有助于维持血脂健康水平保健食品的一般要求

有助于维持血脂健康水平的保健食品应有降低总胆固醇和 / 或甘油三酯的作用；应有改善血液流变学异常、微循环障碍和血流动力学异常现象的作用和对受损的血管内表壁进行修复、恢复血管弹性作用，使血管内表壁光滑，使血液垃圾及脂质斑块不容易吸附到血管壁上，防止动脉硬化形成；并应具有抗血小板凝聚和保护心血管的作用等。一些缓解精神紧张、调整内分泌代谢紊乱、有减肥作用和改善引发继发性高脂血症的疾病状态的物质，可以应用到有助于维持血脂健康水平保健食品之中。

（二）有助于维持血脂健康水平功能的保健食品原料

针对高脂血症的血瘀、痰浊、气滞等病因病机，中医药在防治高脂血症方面逐渐体现出其特有优势；原国家食品药品监督管理总局批准具有辅助降血脂（有助于维持血脂健康水平）功能的常用中药有 87 种，是食品或保健食品开发的常用原料。依据中医药理论，主要为：①活血化瘀类中药，如三七、银杏叶、山楂、沙棘、红花、葛根等；②清热化湿解毒类中药，如荷叶、绞股蓝、茶叶、金银花、猪苓、茯苓、陈皮、刺五加、昆布、甘草等；③补益类中药，如人参、西洋参、党参、黄芪、红景天、山药、枸杞等。

研究表明，大豆、绿豆等含有植物固醇的食物可以竞争性结合酯化酶使胆固醇不能酯化，从而减少胆固醇的吸收；而海藻、蒲黄类药物因其内含有的谷固醇与胆固醇结构类似，则直接在肠内竞争性吸收，减少外源性胆固醇的吸收。富含不饱和脂肪酸（γ- 亚麻酸、α- 亚麻

酸、DHA、EPA）的植物油脂，如亚油酸、红花油、沙棘油、月见草油、小麦胚芽油、紫苏油、玉米油、亚麻籽油，可促进外源性胆固醇代谢，减少内源性胆固醇生成，抑制肝脏胆固醇转运相关基因的表达，抑制肝脏载脂蛋白的产生，防治高脂血症。

肠道菌群是肠道微生态系统的重要组成部分，作为“人体第二基因组”，其动态平衡对机体生理功能具有至关重要的作用，口服益生菌（如双歧杆菌和乳酸菌）可通过调节肠道微生物群有效降低血清胆固醇水平，与胆固醇代谢有直接关系，低聚乳糖、低聚果糖、低聚异麦芽糖、大豆低聚糖等益生元，可增加肠道菌群中的有益菌；含有乳酸菌（菌体及代谢产物）、双歧菌的乳制品，可产生结合胆盐水解酶，水解结合胆盐转变为游离胆盐，与胆固醇共沉淀，并使其经过肠道的重吸收减少而外排，同时肝脏利用循环中的胆固醇合成胆汁酸，完成胆固醇转化。近期研究也肯定了薏苡提取物、白藜芦醇和槲皮素等活性成分能够通过调节肠道菌群，改善高脂血症的发生发展。

常用于维持血脂健康水平保健食品开发的功效成分及其来源见表 9-2。

表 9-2　有助于维持血脂健康水平保健食品功效成分功能及其来源

功效成分	降胆固醇	降甘油三酯	来源
多糖（10 个以上糖分子组成）		√	灵芝、香菇、枸杞、银耳、螺旋藻、冬虫夏草、猪苓、党参、人参、昆布、黑木耳、山药、刺五加、黄芪、茯苓
低聚糖（2~9 个糖分子）：低聚乳糖、低聚果糖、低聚异麦芽糖、大豆低聚糖	√		发酵工业制品原料：大豆、玉米、淀粉、半乳糖等；酵母菌等发酵产品
皂苷类（皂苷）、红景天苷	√		人参、西洋参、绞股蓝、山药、三七、红景天
膳食纤维	√		粮食（粗）、蔬菜、水果
壳聚糖（几丁聚糖）		√	虾、蟹壳的提取物
不饱和脂肪酸：油酸、亚油酸、亚麻酸、γ-亚麻酸、EPA、DHA、角鲨烯、鲨鱼软骨素	√		植物油（红花油、大豆油、葵花子油、玉米胚芽油、米糠油、芝麻油、菜籽油、月见草油、黑加仑、沙棘子油、紫苏油）；螺旋藻、小球藻；鱼油（金枪鱼、沙丁鱼、鲨鱼、鱿鱼、鲐鱼、乌贼、马面豚肝）
黄酮（生物类黄酮）：银杏黄酮、茶叶黄酮	√		银杏叶、茶叶、大豆、山楂、沙棘、蜂蜜、陈皮、红花、甘草、金银花、银杏和茶叶的提取物
磷脂：大豆磷脂、卵磷脂	√	√	大豆、蛋黄
异黄酮类：黄豆苷原、葛根素、大豆黄素	√		大豆、甘蓝、蔷薇果、木瓜、葛根、柑橘类、洋葱、青椒、绿茶、谷粒
活性肽类：二肽、多肽	√	√	蛋白质的水解产物如酪蛋白磷酸肽、大豆水解产物
多酚类：茶多酚、香豆素、木酚素	√		茶叶、大蒜、黄豆、亚麻子、甘草根、亚麻子、蔬菜、水果、全谷粒制品
花青素	√		葡萄籽
大蒜素	√	√	大蒜
虫草素	√		冬虫夏草、发酵制品
洛伐他汀红曲素 K	√	√	红曲提取物
益生菌：乳酸菌（菌体及代谢产物）、双歧菌	√		乳酸菌（LB9416）、乳杆菌、链球菌、明串珠菌及乳球菌属、嗜酸乳酸杆菌、保加利亚杆菌、植物乳酸杆菌、两歧双歧杆菌、婴儿双歧杆菌、短双歧杆菌、长双歧杆菌

笔记栏

三、有助于维持血脂健康水平功能保健食品的功能学评价程序

（一）试验项目

1. 混合型高脂血症动物模型法和高胆固醇血症模型法（任选一种）

（1）血清中胆固醇含量测定。

（2）血清甘油三酯含量测定。

（3）血清高密度脂蛋白胆固醇含量测定。

（4）血清低密度脂蛋白胆固醇含量测定。

2. 人体试食试验

（1）血清胆固醇含量测定。

（2）血清甘油三酯含量测定。

（3）血清高密度脂蛋白胆固醇含量测定。

（4）血清低密度脂蛋白胆固醇含量测定。

（二）试验原则

动物试验与人体试食试验相结合，综合进行评价。人体试食试验应加测一般性健康指标，如血常规、肝功能和肾功能等。

（三）结果判定

动物实验结果为阳性时，可初步判定该受试物具有调节血脂作用。

人体试食试验结果为阳性时，可判定该受试物对血脂偏高人群具有调节血脂作用。

在总胆固醇、甘油三酯、高密度脂蛋白胆固醇三项指标中，当总胆固醇降低 >10%，甘油三酯降低 >10%，高密度脂蛋白胆固醇上升 >0.104mmol/L 时，结果判定为有效；未达到有效标准的则为无效。

实例

目前国家市场监督管理总局批准了保健功能为辅助降血脂（有助于维持血脂健康水平）的国产保健食品 523 个、进口保健食品 13 个。

××牌葛明胶囊

保健功能：辅助降血脂（有助于维持血脂健康水平）。

功效成分 / 标志性成分含量：每 100g 含总蒽醌 430mg、葛根素 28mg。

主要原料：决明子、葛根、丹参、山楂、制何首乌、泽泻、淀粉。

适宜人群：血脂偏高者。

不适宜人群：少年儿童、孕妇、哺乳期妇女、慢性腹泻者。

食用方法及食用量：每日 3 次，每次 4 粒。

产品规格：0.5g/ 粒。

保质期：24 个月。

贮藏方法：密封，置干燥处。

注意事项：本品不能代替药物；食用本品后如出现腹泻，请立即停止食用。

第二节　有助于维持血糖健康水平功能保健食品

一、概述

糖尿病是由于体内胰岛素不足而引起的以糖、脂肪、蛋白质代谢紊乱为特征的常见慢性病。它严重危害人类的健康，据统计，世界上糖尿病的发病率为3%~5%，50岁以下的人均发病率为10%。2013年流行病学统计数据显示，世界范围内糖尿病患者约有3.8亿，预计到2030年会达到6亿。糖尿病成为继心脑血管疾病、肿瘤之后的第3位严重危害健康的慢性非传染性疾病。在美国，每年死于糖尿病并发症的人数超过16万。在中国，随着经济的发展和人们饮食结构的改变以及人口老龄化，糖尿病的发病率为9.7%~11.6%，患病人数长时间居世界首位，预计仍将持续较长时间增长。正常血糖浓度值为3.89~6.11mmol/L，临床上的糖尿病主要是指空腹血糖≥7.0mmol/L，并且餐后2h血糖<7.77mmol/L（表9-3）。

表9-3　糖尿病的诊断标准

类别	空腹血糖 / [mmol/L（mg/dl）]	75g 葡萄糖负荷后 2h 血糖 / [mmol/L（mg/dl）]
糖尿病	≥7.0（126）*	≥11.1（200）*
糖耐量低减（IGT）	<7.0（126）	≥7.8（140）且<11.1（200）
空腹血糖受损（IFG）	≥6.1（110）且<7.0（126）	<7.8（140）
正常	<6.1（110）	<7.8（140）

注：* 有症状者 1 次可诊断。

（一）糖尿病的分类

一般来说，糖尿病分为1型、2型、妊娠糖尿病和其他特异型四种，常见的有：

1. 1型糖尿病　又称胰岛素依赖型糖尿病（IDDM），多发生于青少年。临床症状为起病急、多尿、多饮、多食、体重减轻等，有发生酮症酸中毒的倾向，必须依赖胰岛素维持生命。

2. 2型糖尿病　又称非胰岛素依赖型糖尿病（NIDDM），可发生在任何年龄，但多见于中老年。一般来说，这种类型糖尿病起病慢，临床症状相对较轻，但在一定诱因下也可发生酮症酸中毒或非酮症高渗性糖尿病昏迷。通常不依赖胰岛素，但在特殊情况下有时也需要用胰岛素控制高血糖。

3. 妊娠糖尿病　是妇女在怀孕期间患上的糖尿病。临床数据显示大约2%~3%的女性在怀孕期间会发生糖尿病，患者在妊娠之后糖尿病自动消失。妊娠糖尿病更容易发生于肥胖和高龄产妇。有近30%的妊娠糖尿病妇女以后可能发展为2型糖尿病。

（二）糖尿病的症状

1. 多食　由于葡萄糖的大量丢失、能量来源减少，患者必须多食以补充能量来源。不少人空腹时出现低血糖症状，饥饿感明显，心慌、手抖和多汗。如并发自主神经病变或消化道微血管病变时，可出现腹胀、腹泻与便秘交替出现现象。

2. 多尿　由于血糖超过了肾糖阈值而出现尿糖，尿糖使尿渗透压升高，导致肾小管吸收水分减少，尿量增多。

3. 多饮　糖尿病患者由于多尿、脱水及高血糖导致患者血浆渗透压增高，引起患者多

笔记栏

饮,严重者出现糖尿病高渗性昏迷。

4. 体重减少　非依赖型糖尿病早期可致肥胖,但随时间的推移出现乏力、软弱、体重明显下降等现象,最终出现消瘦。依赖型糖尿病患者消瘦明显。晚期糖尿病患者都伴有面色萎黄、毛发稀疏无光泽。

(三) 糖尿病的危害

大量研究资料表明,糖尿病的并发症较多,糖尿病的急性并发症有:低血糖、糖尿病酮症酸中毒、糖尿病非酮症高渗综合征、糖尿病乳酸中毒;糖尿病的慢性并发症主要是全身性器官坏死或丧失功能,包括:眼睛、脑部、心脏、肾脏和脚部。其中危害最大的是糖尿病的慢性并发症,研究表明患糖尿病 20 年以上的患者中有 95% 出现视网膜病变,糖尿病患者患有心脏病的可能性较正常人高 2~4 倍,患中风的危险性高 5 倍,一半以上的老年糖尿病患者死于心血管疾病。除此之外,糖尿病患者还可能患肾病、神经病变、消化道疾病等。由于糖尿病并发症可以累及各个系统,因此,给糖尿病患者精神和肉体上都带来很大的痛苦,而避免和控制糖尿病并发症的最好办法就是控制血糖水平。

(四) 糖尿病的诱发因素

目前,关于糖尿病的病因尚未完全明确,通常认为遗传因素、环境因素及两者之间复杂的相互作用是最主要的原因。

1. 遗传因素　国外研究表明,糖尿病患者中有糖尿病家族史者占 25%~50%,尤其是 2 型糖尿病患者。

2. 自身免疫因素　糖尿病患者及其亲属伴有自身免疫性疾病,如恶性贫血、甲状腺功能亢进症、桥本甲状腺炎等。同时患有自身免疫性肾上腺炎者在糖尿病患者中约占 14%,比一般人群中的患病率高 6 倍。1 型糖尿病患者常有多发性自身免疫性疾病,如同时或先后发生肾上腺炎、桥本甲状腺炎,这 3 种症状并存称 Schmidts 综合征。

在糖尿病患者中出现细胞免疫的直接证据是发现了具有淋巴细胞浸润的胰小岛炎,这种病理表现多见于发病后 6 个月内死亡的 1 型糖尿病患者中,但在发病后 1 年以上死亡的病例胰岛中无此发现。故胰小岛炎可能是短暂性的,发病后不久便消失。将牛羊类同种胰岛素注入动物引起自身免疫性胰小岛炎,将同种内分泌胰组织混悬液注入啮齿类动物引起抗胰组织过敏性反应及胰小岛炎,并伴有糖耐量降低。人类流行病学调查表明,这种胰小岛炎可能是由于病毒感染后引起的免疫反应。因此,可以说病毒感染因素与自身免疫因素是相辅相成的。

在 1 型糖尿病的发病机制中,有较明确的证据表明自身免疫反应包括细胞免疫与体液免疫,但引起免疫反应的原因目前还未明确,它与遗传因素的关系也有待进一步研究。

3. 病毒感染因素　人们已发现几种病毒,例如柯萨奇 B_4 病毒、腮腺炎病毒、脑心肌炎病毒等,可以使动物出现病毒感染,大面积破坏 β 细胞,造成糖尿病。经病毒感染的动物,可出现几种不同的结果。例如用脑心肌炎病毒感染小鼠后,有的出现高血糖,有的仅在给予葡萄糖负荷后出现高血糖,有的不出现糖尿病。因此,显然存在对病毒感染"易感性"或"抵抗性"方面的差异。这种差异可能与胰岛素 β 细胞膜上的病毒受体数目有关,也可能与免疫反应有关,即病毒感染激发自身免疫反应,从而导致胰岛素进行性破坏。

在 1 型糖尿病患者中,胰岛素细胞抗体阳性与胰岛炎病变支持了自身免疫反应在发病机制上的重要作用。然而,病毒易感性和自身免疫都由遗传因素所决定。病毒感染导致人类糖尿病的证据还不够充分,仅有一些报道认为糖尿病人群中某些病毒抗体阳性率高于正常对照,在病毒感染流行后糖尿病的患病率增高等。

4. β 细胞功能与胰岛素释放异常　在 1 型糖尿病中,胰岛炎会使 β 细胞功能遭受破坏,

笔记栏

胰岛素基值很低甚至测不出，糖刺激后β细胞也不能正常分泌释放或分泌不足。在2型糖尿病中上述变化虽较不明显，但β细胞功能障碍无论表现为胰岛素分泌延迟还是增多，胰岛素分泌的第一时相（快速分泌）均降低或缺乏，而且与同时血糖浓度相比，胰岛素分泌仍低于正常，这是出现餐后高血糖的主要原因。

5. 胰岛素受体异常、受体抗体与胰岛素相抵抗　胰岛素受体有高度特异性，仅能与胰岛素或含有胰岛素分子的胰岛素原结合，结合程度取决于受体数、亲和力以及血浆胰岛素浓度。当胰岛素浓度升高时，胰岛素受体数往往会下降，呈现胰岛素的不敏感性，称胰岛素抵抗性。上述情况常见于肥胖者或肥胖的非依赖患者，当他们通过减肥减轻体重时，脂肪细胞膜上胰岛素受体数增多，与胰岛素结合力加强而血浆胰岛素浓度下降，需要量减少，肥胖与糖尿病均减轻，且对胰岛素的抵抗性减低而敏感性增高。此种胰岛素不敏感性可由于受体本身缺陷，也可由于发生受体抗体或与胰岛素受体结合，使胰岛素效应减低，导致胰岛素抵抗性糖尿病。此种受体缺陷与受体后缺陷若同时存在，会使抵抗性更为明显。

6. 神经因素　近年研究发现，刺激下丘脑外侧核（LHA）可兴奋迷走神经，使胰岛素分泌增多，刺激下丘脑腹内侧核（VMH），则兴奋交感神经，使胰岛素分泌减少，这说明下丘脑中存在胰岛素生成调节中枢及胰岛素剥夺中枢。刺激LHA可使血糖下降增加进食量，刺激VMH可使血糖上升，减少进食量，这说明下丘脑对胰岛素分泌有调节作用。脑啡肽存在于脑、交感神经及肾上腺髓质和肠壁中，作为一种神经递质，当对脑啡肽的敏感性增高时会出现高血糖，这是2型糖尿病的一种病因。

7. 胰岛素拮抗激素的存在　在正常生理条件下，血糖浓度的波动范围较小，这是由于在神经支配下存在两组具有拮抗作用的激素调节糖代谢过程，维持血糖处于动态的平衡状态。唯一可使血糖下降激素的是胰岛素，而使血糖升高的激素包括胰升糖素、生长激素、促肾上腺皮质激素、泌乳素、甲状腺激素、胰多肽等。这类抗拮激素所致的糖尿病，大都属于继发性糖尿病或糖耐量异常。

（五）糖尿病的发病机制

不论是1型还是2型糖尿病，均有遗传因素存在。但遗传仅涉及糖尿病的易感性而非致病本身。除遗传因素外，必须有环境因素相互作用才会发病。

1型糖尿病的发病机制大致是，病毒感染等因素扰乱了体内抗原，使患者体内的T、B淋巴细胞致敏。由于机体自身存在免疫调控失常，导致了淋巴细胞亚群失衡，B淋巴细胞产生自身抗体，K细胞活性增强，胰岛β细胞受抑制或被破坏，导致胰岛素分泌的减少，从而产生疾病。

2型糖尿病的发病机制与胰岛素抵抗和β细胞功能障碍有关。包括以下三个方面：

(1) 胰岛素受体或受体后缺陷，尤其是肌肉与脂肪组织内受体必须有足够的胰岛素存在，才能让葡萄糖进入细胞内。当受体及受体后缺陷产生胰岛素抵抗性时，就会减少糖摄取利用而导致血糖过高。这时，即使胰岛素血浓度不低甚至增高，但由于降糖失效，导致血糖升高。

(2) 在胰岛素相对不足与拮抗激素增多条件下，肝糖原沉积减少，分解与糖异生作用增多，肝糖输出量增多。

(3) 由于胰岛β细胞缺陷、胰岛素分泌迟钝、第一高峰消失或胰岛素分泌异常等原因，导致胰岛素分泌不足引起高血糖。

持续或长期的高血糖，会刺激β细胞分泌增多，但由于受体或受体后异常而呈胰岛素抵抗性，最终会使β细胞功能衰竭。

笔记栏

（六）糖尿病与高脂血症的关系

糖尿病患者发生以动脉粥样硬化疾病为特征的大血管病变的危险，是非糖尿病人群的3~4倍，而且病变发生早进展快，是糖尿病患者死亡的最主要原因。这种大血管病变导致的死亡，与糖尿病患者的血脂代谢异常密切相关。

糖尿病患者血脂异常的特点是：

(1)甘油三酯升高(有30%~40%的患者甘油三酯水平>2.25mmol/L)。

(2)餐后血脂水平高于普通人群。

(3)高密度脂蛋白胆固醇下降。

(4)致病性很强的低密度脂蛋白由于糖化和氧化，消除速率减慢，因此，其对糖尿病大血管病变的危害性最大。

在2型糖尿病的危险因素中，第一位是低密度脂蛋白胆固醇的升高。2型糖尿病患者低密度脂蛋白-胆固醇降低1mmol/L，可以使冠心病的危险减少57%，将高密度脂蛋白-胆固醇升高0.1mmol/L，使冠心病的危险显著减少。把具有高胆固醇血症，或高低密度脂蛋白血症的糖尿病患者胆固醇或低密度脂蛋白-胆固醇水平控制在正常的范围内5~7年，可使糖尿病患者的心肌梗死、脑卒中的发生事件比未控制胆固醇和低密度脂蛋白-胆固醇水平的糖尿病患者低30%~40%。

有美国学者提出，诱发糖尿病进一步恶化的最危险因素不是糖而是脂肪。如患者能接受低脂饮食，将摄入脂肪所供的热量从40%减至10%，糖尿病就会得到很好的控制。因此，糖尿病患者血清胆固醇水平应控制在5.3mmol/L以下，低密度脂蛋白-胆固醇水平应控制在2.6mmol/L以下，甘油三酯水平应控制在1.7mmol/L以下，高密度脂蛋白-胆固醇应保持在1.4mmol/L以下，这样就可在一定程度上减轻或延缓糖尿病患者动脉粥样硬化的发生和发展，对糖尿病的慢性血管病变，特别是大血管病变起到一定的防治作用。

二、有助于维持血糖健康水平保健食品的常用原料

有助于维持血糖健康水平功能的原料种类繁多，按其主要功能因子分为多糖类、皂苷及甾体类、多肽、黄酮类、多酚类等。目前我国有助于维持血糖健康水平保健品审批数量较多。市场上的有助于维持血糖健康水平功能的保健食品原料，主要以传统普通食品原料、药食同源原料和可用于保健食品原料为主。

原国家食品药品监督管理局批准有助于维持血糖健康水平功能的常用原料有：红曲、三七、葛根、泽泻、何首乌、黄芪、黄精、人参、乌梅、知母、生地、决明子、山药、山楂、红花、甘草、有机铬、苦瓜、魔芋精粉、麦芽糖醇、木糖醇、山梨酸糖醇、异麦芽糖醇、乳糖醇、蜂胶、桑叶、D-甘露糖醇、百合。

中药在降血糖方面的应用历史悠久、资源丰富、效果明显，具有得天独厚的优势。将中医药理论应用于有助于维持血糖健康水平保健食品的研发过程，能有力助推保健食品的研发。我国规定药食两用及可用于保健食品原料的中药有上百种，都是进行保健食品开发的重要原料。

三、有助于维持血糖健康水平功能保健食品的功能学评价程序

（一）试验项目

1. 动物实验分为方案一(胰岛损伤高血糖模型)和方案二(胰岛素抵抗糖/脂代谢紊乱模型)两种

笔记栏

(1)方案一(胰岛损伤高血糖模型)

1)体重

2)空腹血糖

3)糖耐量

(2)方案二(胰岛素抵抗糖/脂代谢紊乱模型)

1)体重

2)空腹血糖

3)糖耐量

4)胰岛素

5)总胆固醇

6)甘油三酯

2. 人体试食试验

(1)空腹血糖

(2)餐后2小时血糖

(3)糖化血红蛋白(HbA1c)或糖化血清蛋白

(4)总胆固醇

(5)甘油三酯

(二)试验原则

1. 动物实验和人体试食试验所列指标均为必做项目。

2. 根据受试样品作用原理不同,方案一和方案二动物模型任选其一进行动物实验。

3. 除对高血糖模型动物进行所列指标的检测外,应进行受试样品对正常动物空腹血糖影响的观察。

4. 人体试食试验应在临床治疗的基础上进行。

5. 应对临床症状和体征进行观察。

6. 在进行人体试食试验时,应对受试样品的食用安全性做进一步的观察。

(三)结果判定

1. 动物实验

方案一:空腹血糖和糖耐量两项指标中一项指标阳性,且对正常动物空腹血糖无影响,即可判定该受试样品有助于维持血糖健康水平功能动物实验结果阳性。

方案二:空腹血糖和糖耐量两项指标中一项指标阳性,血脂(总胆固醇、甘油三酯)无明显升高,且对正常动物空腹血糖无影响,即可判定该受试样品有助于维持血糖健康水平功能动物实验结果阳性。

2. 人体试食试验空腹血糖、餐后2小时血糖、糖化血红蛋白(或糖化血清蛋白)、血脂四项指标均无明显升高,且空腹血糖、餐后2小时血糖两项指标中一项指标阳性,对机体健康无影响,可判定该受试样品有助于维持血糖健康水平功能的作用。

实例

目前国家市场监督管理总局批准了保健功能为辅助降血糖(有助于维持血糖健康水平)的国产保健食品315个、进口保健食品13个。

笔记栏

（一）×× 牌三七黄芪胶囊

保健功能：辅助降血糖（有助于维持血糖健康水平）。

功效成分 / 标志性成分含量：每 100g 含总皂苷 3.09g、总黄酮 0.14g、铬 2.16mg。

主要原料：黄芪提取物、桑叶提取物、苦瓜提取物、女贞子提取物、三七总皂苷、富铬酵母。

适宜人群：血糖偏高者。

不适宜人群：少年儿童。

食用方法及食用量：每日 3 次，每次 3 粒。

产品规格：0.3g/ 粒。

保质期：24 个月。

贮藏方法：密封、避光、阴凉、干燥。

注意事项：本品不能代替药物；本品添加了营养素，与同类营养素同时食用不宜超过推荐量。

（二）×× 牌黄芪玉知胶囊

保健功能：辅助降血糖（有助于维持血糖健康水平）。

功效成分 / 标志性成分含量：每 100g 含总黄酮 120mg、总皂苷 0.4g。

主要原料：黄芪、山药、葛根、玉竹、枸杞子、生地黄、知母、微晶纤维素、二氧化硅。

适宜人群：血糖偏高者。

不适宜人群：少年儿童、孕期及哺乳期妇女。

食用方法及食用量：每日 3 次，每次 3 粒。

产品规格：0.35g/ 粒。

保质期：24 个月。

贮藏方法：密封，置阴凉干燥处。

注意事项：本品不能代替药物。

第三节　有助于维持血压健康水平功能保健食品

一、概述

高血压对人类健康具有极大的危害性。最新调查数据显示，目前我国约有 3 亿高血压患者。中国是卒中高发地区，高血压患者的卒中 / 心肌梗死发病比例为 5∶1，因此积极防治高血压是预防卒中的重要措施。高血压存在着“三高”和“三低”的发病特点。“三高”是指：发病率高，致残率高，死亡率高。“三低”是指：知晓率低，治疗率低，控制率低。我国六次高血压患病率调查结果显示，虽然各次调查总人数、年龄和诊断标准不完全一致，但患病率总体呈增高的趋势。其中，2015 年对 31 个省、市、自治区的调查结果显示，18 岁以上成人高血压患病率为 27.9%。2015 年调查显示，18 岁以上人群高血压的知晓率、治疗率、控制率分别为 51.6%、45.8%、16.8%，较 1991 年和 2002 年明显增高，但仍处偏低状态。人群高血压患病率随年龄增加而显著增高，但青年高血压亦值得注意，据 2012—2015 年全国调查，18~24 岁、25~34 岁、35~44 岁的青年高血压患病率分别为 4.0%、6.1%、15.0%。因此，对高血压的研究、预防和

治疗日益迫切，降血压功能性食品的研究开发也显现出越来越重要的作用。

(一) 高血压的定义

根据《中国高血压防治指南》(2018 年修订版)，高血压的简明定义是：在未使用降压药物的情况下，非同日 3 次测量诊室血压，收缩压≥140mmHg 和 / 或舒张压≥90mmHg。根据血压升高水平，又进一步将高血压分为 1、2、3 级。收缩压≥140mmHg 和舒张压<90mmHg 单列为单纯收缩期高血压。这与国际高血压学会(ISH)发布的《ISH 2020 国际高血压实践指南》对高血压的定义一致。如果患者既往有高血压史，目前正在使用降压药物，血压虽然低于 140/90mmHg，亦应诊断为高血压。

(二) 高血压的分类

1. 按病因分类

(1) 原发性高血压：在人群中所发现的血压升高者，有 90% 以上查不出具体、明确病因，称为原发性高血压，简称高血压。原发性高血压的病因无法简单确定，因为它是由遗传和环境因素共同起作用的多病因、多基因疾病。

(2) 继发性高血压：是指已有明确病因的高血压，如肾实质性高血压、肾血管性高血压、内分泌性高血压等。

(3) 妊娠高血压：妊娠高血压可以是一种继发性高血压，也可以是原发性高血压在妊娠期呈现和加重。妊娠期首次出现高血压，收缩压≥140mmHg 和 / 或舒张压≥90mmHg，于产后 12 周内恢复正常。妊娠高血压是妊娠期最为严重的并发症。

(4) 老年高血压：由于老年时，大动脉血管内弹性纤维逐渐由胶原纤维取代，致使血管壁弹性降低。对 65 岁以上(含 65 岁)老年人高血压分类见表 9-4。

表 9-4　老年高血压分类

类别	收缩压		舒张压	
	kPa	mmHg	kPa	mmHg
老年高血压	>21.3	>160	≥12.0	≥90
单纯临界高血压	18. 7~21.3	140~160	<12.0	<90

2. 按血压水平分类　根据《中国高血压防治指南》(2018 年修订版)的分类，血压分为正常、正常高值及高血压，具体分类见表 9-5。

表 9-5　血压水平的定义和分类

类别	收缩压 /mmHg	舒张压 /mmHg
正常血压	<120 和	<80
正常高值	120~139 和 / 或	80~89
高血压	≥140 和 / 或	≥90
1 级高血压(轻度)	140~159 和 / 或	90~99
2 级高血压(中度)	160~179 和 / 或	100~109
3 级高血压(重度)	≥180 和 / 或	≥110
单纯收缩期高血压	≥140 和	<90

《ISH 2020 国际高血压实践指南》简化了高血压分级，将高血压分为 2 级，取消了 3 级高血压(表 9-6)。

表 9-6 《ISH 2020 国际高血压实践指南》高血压分级

类别	收缩压 /mmHg	舒张压 /mmHg
正常血压	<130 和	<85
正常高值	130~139 和 / 或	85~89
1 级高血压	140~159 和 / 或	90~99
2 级高血压	≥ 160 和 / 或	≥ 100

（三）高血压发病危险因素

1. 长期精神紧张　精神长期处于紧张状态是当今青年人患高血压的主要原因。精神长期高度紧张，易造成大脑皮质功能失调，影响交感神经和肾上腺素，促使心脏收缩加速，血输出量增多，导致血压升高。

2. 食盐多和肥胖　肥胖和高盐摄入的人群易患高血压已得到国际社会的广泛认可。因此胖人应合理安排饮食，少食盐，控制体重。

3. 吸烟、嗜酒　虽然没有直接的证据证明吸烟、嗜酒会导致高血压的发生，但对高血压患者的调查中发现有吸烟嗜酒等不良习惯的人占有相当大的比例。所以已有高血压倾向的人必须戒烟、戒酒。

4. 其他因素　除以上因素外，年龄、高血压家族史、缺乏体力活动、糖尿病、血脂异常等也是高血压发病危险因素。

（四）高血压的危害

高血压是当今最大的慢性病，是心脑血管疾病的罪魁祸首，具有发病率高、控制率低的特点。高血压的真正危害性在于对心、脑、肾的损害，造成这些重要脏器的严重病变。

1. 脑卒中　脑卒中是高血压最常见的一种并发症。脑卒中最为严重的就是脑出血，而高血压是引起脑出血的最主要原因，称为高血压性脑出血。高血压会使血管的张力增高，也就是将血管"绷紧"，时间长了，血管壁的弹力纤维就会断裂，引起血管壁的损伤。同时血液中的脂溶性物质就会渗透到血管壁的内膜中，使脑动脉失去弹性，造成脑动脉硬化。而脑动脉外膜和中层本身就比其他部位的动脉外膜和中层要薄。在脑动脉发生病变的基础上，当患者的血压突然升高，就会发生脑出血的可能。如果患者的血压突然降低，则会发生脑血栓。

2. 冠状动脉粥样硬化性心脏病　简称冠心病，是指冠状动脉粥样硬化导致心肌缺血、缺氧而引起的心脏病。血压升高是冠心病发病的独立危险因素。研究表明，冠状动脉粥样硬化患者 60%~70% 有高血压，高血压患者发生冠状动脉硬化的概率较血压正常者高四倍。

3. 对肾脏的损害　高血压危害最严重的部位是肾血管，会导致肾血管变窄或破裂，最终引起肾功能的衰竭。

4. 高血压心脏病　高血压心脏病是高血压长期得不到控制的必然结果，高血压会使心脏泵血的负担加重，心脏变大，泵的效率降低，出现心律失常、心力衰竭而危及生命。

（五）高血压的防治原则

1992 年国际心脏会议提出高血压预防的主要内容是"健康四大基石"，即"合理膳食、适量运动、戒烟限酒、心理平衡"，其核心就是健康的生活方式，可使高血压的发病率下降 55%。

1. 合理膳食　合理的膳食很重要，以低脂、低钠、低胆固醇的饮食为主，食盐摄入量的标准为每天少于 6g。少吃高脂肪、高盐、高热量的食品，多吃新鲜蔬菜、水果和坚果，从饮食上控制体重的增加。

2. 适量运动　进行适度的体育锻炼，如快走、慢跑、健身操等，以促进热量的消耗。

3. 戒烟限酒　吸烟和过量饮酒均会刺激心率增加和血管收缩，导致血压升高，更重要

的是，吸烟是脑卒中的重要危险因素。因此，为了降低心血管疾病的危险因素，吸烟的人应争取戒烟。每日饮少量的酒，能有效地降低高血压及冠心病的患病率和病死率。适量饮酒能缓解紧张情绪，过量则适得其反。

4. 心理平衡　紧张、急躁和焦虑会使血压升高，要做到劳逸结合，心情放松，保持足够的睡眠，养成良好的生活习惯。

知识链接

高血压日

世界高血压日：1978 年 4 月 7 日，世界卫生组织和国际心脏病学会联合会决定将每年的 5 月 17 日定为“世界高血压日”，旨在引起人们对防治高血压的重视。

全国高血压日：为提高广大群众对高血压危害健康严重性的认识，引起各级政府、各个部门和社会各界对高血压工作的重视，动员全社会都来参与高血压预防和控制工作，普及高血压防治知识，增强全民的自我保健意识，卫生部决定自 1998 年起，将每年的 10 月 8 日定为全国高血压日。

每年的世界高血压日、全国高血压日都会设立一个主题。你知道最近的世界高血压日、全国高血压日的主题是什么吗？

（六）中医药理论对高血压的认识及应用研究

高血压属于中医学中的“头痛”“眩晕”“中风”等病证范畴。中医学认为高血压的病因主要与情志失调、饮食不节、久病体虚、年高肾衰、痰瘀内阻等因素有关。其病变涉及多个脏腑，主要与心、肝、脾、肾功能失调关系密切。目前，对高血压的中医证候分型和证候诊断还没有统一的认识。《中药新药治疗高血压病的临床研究指导原则》将高血压分为肝火亢盛、阴虚阳亢、阴阳两虚、痰湿壅盛四种证型。由于该指导原则是规范性文件，因而在临床研究中得到较为广泛的应用。围绕这些分型，中医临床上以清热类、平肝息风类、化痰利水类、补益类等单味中药或方剂治疗高血压。其中属药食同源类、也是有助于维持血压健康水平功能保健食品的常用原料的有葛根、决明子、天麻、三七、杜仲、菊花、山楂、黄精、黄芪、当归、枸杞子等。这些药食同源中药的价格适中，应用安全有效，有长期的临床应用基础。因而，以中医药理论为指导，选用中药作为原料进行配方研究，开发有助于维持血压健康水平功能的保健食品越来越受到研究者的重视，也受到保健品消费者的青睐。

二、有助于维持血压健康水平功能保健食品的常用原料

（一）开发有助于维持血压健康水平功能保健食品的一般要求

引发高血压的因素很多，主要是导致人体发生血液流变学异常、微循环障碍和血流动力学异常时出现异常的血压升高症状。因此有助于维持血压健康水平的保健食品应以调整人体血液流变学、微循环和血流动力学为基础，以降低异常的血压升高为目标。

（二）有助于维持血压健康水平功能的保健食品原料

研究有助于维持血压健康水平的保健食品的重点在于降低血压。现代医学研究证明，西医降压药和中医降压药各有其优缺点。西药并未解决导致高血压升高的病理因素，一旦停药血压就会很快反弹升高，使患者必须终身服药。中药的降压效果虽不如西药，但能通过其对脏腑功能的调节，改善导致血压升高的病理因素而达到防止血压升高的效果。且中医认为药补不如食

笔记栏

补，具有药食两用的药物更是高血压患者的理想选择。研究表明，在现有批准的辅助降血压功能保健食品的功效成分中，来自于中药的有总黄酮、总皂苷、总蒽醌、粗多糖、原花青素、葛根素、灵芝三萜、天麻素、丹参酮Ⅱ$_A$、丹酚酸B、大黄素、大豆异黄酮、绿原酸。其他来源的成分则包括茶多酚、蜜环菌素、洛伐他丁、牛磺酸、α-亚麻酸、亚油酸、海藻酸钾、维生素E、钾等。

有助于维持血压健康水平功能保健食品常用原料有：绿茶、杜仲、杜仲叶、罗布麻叶、葛根、决明子、丹参、天麻、泽泻、三七、绞股蓝、菊花、海藻酸钾、牛磺酸、山楂、银杏叶、红花、夏枯草、玉米油、维生素E、藜蒿、槐米、昆布、桑白皮、牡蛎、葡萄籽提取物、酸枣仁、黄精、生地黄、制何首乌、苦丁茶、木瓜、桑叶、乌龙茶、黄芪、沙棘、五味子、紫苏子油、莱菔子、地骨皮、熟地黄、首乌藤、川芎、龟甲、女贞子、薤白、甜菊糖苷、大豆提取物、益母草、甘草、当归、枸杞子、茶多酚、铁皮石斛、微晶纤维素、蜜环菌菌丝体、γ-氨基丁酸、茶氨酸、低聚糖类、降血压肽、红曲粉、大豆油、食用植物油（菜籽油）、灵芝、海藻酸低聚糖、酿造醋、芹菜等。

下面就几种常见的、重要的具有有助于维持血压健康水平功能的物质进行介绍。

1. 罗布麻　罗布麻具有利尿、消肿和降血压作用。罗布麻中总黄酮类化合物是其主要成分和保健功能成分，含量在0.2%~1.14%，主要包括槲皮素、金丝桃苷、异槲皮苷、三叶豆苷、紫云英苷、异槲皮苷-6-*O*-乙酰基、三叶豆苷-6-*O*-乙酰基。其中槲皮素、异槲皮苷、金丝桃苷、芦丁是罗布麻降血压、降脂、抗氧化的主要活性物质，其他还有绿原酸、香树精、异嗪皮啶等。

2. 杜仲和杜仲叶　杜仲提取物中具有降血压功能的活性成分为木脂素类化合物、芦丁、槲皮素等。木脂素类化合物是目前杜仲化学成分中研究最多、结构最明确、成分最明确的一类化合物，从杜仲中分离出的木脂素类化合物已有27种，多数为苷类化合物，其中的松脂醇二葡萄糖苷是最主要的降压成分。

3. 葛根　葛根主要成分包括异黄酮类、葛根苷类、三萜皂苷类、生物碱及其他化合物等。异黄酮中的葛根素具有扩张血管、降血压等作用。葛根素的扩张血管作用在应用L-硝基精氨酸和破坏内皮细胞后明显减弱，提示血管内皮细胞合成的NO可能参与了葛根素的扩张血管作用。高脂血症家兔注射给药葛根素和乳化葛根素后，血清NO、NO合成酶及前列腺素水平均升高。子痫前期大鼠注射葛根素后，可提高体内NO水平，降低血压和尿蛋白含量。这些研究表明葛根素的扩张血管作用可能是由于内皮细胞内NO合成酶活性增加，NO生成增多，从而激活鸟苷酸环化酶，使平滑肌细胞内环磷酸鸟苷水平升高，游离Ca^{2+}浓度降低，引起血管舒张效应。葛根素能明显降低胰岛素抵抗高血压模型大鼠的血压和血管紧张素Ⅱ水平，表明其降压机制可能与调节肾素-血管紧张素（renin-angiotensin-system，RAS）系统有关。

4. 茶氨酸　茶氨酸是茶叶中特有的游离氨基酸，又称L-茶氨酸，化学名为谷氨酸-γ-乙基酰胺，是茶叶中生津润燥的主要成分。茶氨酸有保护大脑及松弛神经、降血压、抗疲劳、改善睡眠和辅助抑制肿瘤作用。研究证明茶氨酸能有效地降低大鼠自发性高血压，其显示出的降低高血压效果在一定程度上也可以被看作是一种安定作用，而这种安定作用则无疑会有助于身心疲劳的恢复。

5. 降血压肽　目前，从天然蛋白质中分离的功能性肽多种多样，如促进钙吸收肽、降血压肽、降血脂肽、免疫调节肽等，这就是所谓的蛋白质第三功能（tertiary function）。特别是降血压肽的研究更是活性肽研究的热点，研究表明降血压肽是一种血管紧张素转化酶（angiotension converting enzyme，ACE）抑制剂。高血压患者服用ACE抑制剂，则血管紧张素Ⅱ的生成和激肽的破坏均减少，血压下降，从而达到治疗高血压的目的。降血压肽除能降低血压外，还有排钠保钾的作用，证实降血压肽只对高血压患者起作用，同时还具有多功能性。人们从更多的蛋白质源中获得ACE抑制剂，如磷虾、金枪鱼、沙丁鱼、鲣鱼、玉米、大豆、酒糟、酪蛋白。

6. γ-氨基丁酸　γ-氨基丁酸（γ-aminobutyric acid，GABA）是一种在神经系统中具有重

笔记栏

要作用的抑制性神经递质，具有降血压、抗抑郁、抗焦虑、改善脑功能等多种生理功能。根据对激动剂和拮抗剂敏感性的不同，GABA 受体可以分为 A 型（$GABA_A$）、B 型（$GABA_B$）、C 型（$GABA_C$）三种类型。GABA 与有扩张血管作用的突触后 $GABA_A$ 受体和对交感神经末梢有抑制作用的 $GABA_B$ 受体相结合，能够促进血管扩张，从而达到降血压的目的。人体内的 GABA 含量会随着人的年龄以及外界环境压力的增加而日益减少，因此在日常饮食中补充 GABA 对改善人体健康具有重要意义。

我国已研究筛选出 100 多种单味降压中药，利用其毒性小、效果好的特点或利用对心血管系统具有保护作用的天然食物（或营养素）开发成降压保健食品，将会造福人类。

三、有助于维持血压健康水平功能保健食品的功能学评价程序

（一）试验项目

动物实验：测血压。

人体试食试验：测血压和观察临床症状。

（二）试验原则

动物实验和人体试食试验所有项目必测，人体可加测一般性健康指标。

动物实验首选自发性高血压大鼠，其次为肾血管型高血压大鼠，人体试食试验可在治疗基础上进行。

（三）结果判定

动物实验血压明显下降，人体试食试验血压明显下降、症状改善，可判定受试物具有调节血压的作用。人体试验为必做项目。

达到以下任何一项者判定为有效：舒张压下降 ≥ 10mmHg 或降至正常；收缩压下降 ≥ 20mmHg 或降至正常。未达到以上标准者为无效。

实例

目前国家市场监督管理总局批准了保健功能为辅助降血压（有助于维持血压健康水平）的国产保健食品 82 个。

（一）× × 牌罗麻丹胶囊

研发思路与市场前景：结合中医理论，根据高血压产生的机制，以及现代药理研究，以“平肝息风、活血化瘀、补益肝肾”为治则，选用药食同源中药，开发有助于维持血压健康水平功能保健食品，从而达到调理机体、未病先防、已病防变的作用。该产品所用原料为药食同源中药，既可治病又可防病，有长期的临床应用基础，价格适中，符合消费者对药食同源食品的强烈渴望。

配方配伍科学性：选用平肝安神的罗布麻叶以及平肝息风的天麻，再配以活血化瘀的丹参，同时佐以补益肝肾的杜仲进行组方，诸药合用，使脏腑阴阳平和的同时，血液正常地运行于全身，脏腑组织得到充分的濡养，脏腑功能得到充分的发挥。经动物功能及人体试食试验证明，本品具有有助于维持血压健康水平的作用。

产品工艺流程：将丹参、杜仲、罗布麻叶、天麻四味药材，检验合格后分别净制；取适量天麻，在 60℃下进行干燥，然后粉碎，过 100 目筛，收取配方量细粉，用 5.0kGy 剂量的 ^{60}Co 辐照灭菌后，备用；取丹参、杜仲、罗布麻叶加入 70% 乙醇回流提取 2 次，每次加 10 倍量溶剂回流 2 小时，去渣滤过，合并滤液，减压回收乙醇，浓缩得清膏，备用；清膏减压干燥，所得干膏粉碎成细粉，过 80 目筛，备用；将天麻细粉与干膏粉混匀，

笔记栏

用 85% 乙醇制成软材，16 目筛制粒，55~60℃干燥，14 目筛整粒，装入 0 号胶囊，每粒 0.4g，抛光，包装，检验，即得成品。

保健功能：辅助降血压（有助于维持血压健康水平）。

功效成分 / 标志性成分含量：每 100g 含总黄酮 500mg。

主要原料：丹参、杜仲、罗布麻叶、天麻。

适宜人群：血压偏高者。

不适宜人群：少年儿童、孕妇及哺乳期妇女。

食用方法及食用量：每日 2 次，每次 3 粒，口服。

产品规格：0.4g/ 粒。

保质期：24 个月。

贮藏方法：阴凉干燥处保存。

注意事项：本品不能代替药物。

（二）×× 牌怡和胶囊

研发思路与市场前景：高血压与高盐分、高血脂、高血液黏度，以及肥胖等有关，排盐（钠）补钾，延缓脂类吸收和稀释血液黏度是降低或有效控制血压的有效途径。基于这些认识，筛选具有上述作用的原料，根据中医“君、臣、佐、使”原则组方，从而开发具有防治高血压的功能食品。该产品含 3 种原料，组分少，味清淡，对各种原因所致的高血压均有较为明显且平稳的辅助降血压作用，服用后具有饱腹感，有较好的减肥效果，切合消费者对降血压功能食品的要求。

配方配伍科学性：选用海藻酸钾、牛磺酸、柠檬酸钾为原料。海藻酸钾中的羧基与 Na^+ 结合而排出体外，达到排 Na^+ 补 K^+ 的作用；柠檬酸钾是低钾离子的补充剂，协助海藻酸钾提高人体正常的含钾量；牛磺酸对 Na^+、K^+、Ca^{2+} 等多种离子起调节作用，当体内的 Na^+ 含量高时，促进 K^+、Ca^{2+} 与 Na^+ 的亲和力，Na^+ 被 K^+、Ca^{2+} 置换而下降，当体内 Na^+ 含量低时 K^+、Ca^{2+} 与 Na^+ 的亲和力下降，避免 K^+、Ca^{2+} 的流失；此外，海藻酸钾是高纯度膳食纤维，可延缓机体对糖的消化吸收，起到降糖减肥作用，有效预防高血压并发症。上述三种原料都有不同程度辅助降血压的作用，将它们按一定的比例组合，从而产生协同作用而增强疗效。经动物功能及人体试食试验证明，具有有助于维持血压健康水平的保健功能。

产品工艺流程：将原料干燥、粉碎至 80 目以上的细度；将粉剂组分按比例混合后，按填充胶囊工序填充胶囊、装瓶、包装。使用 γ 射线辐照，进行灭菌、消毒，产品的实际吸收剂量为 5.0kGy。

保健功能：辅助降血压（有助于维持血压健康水平）。

功效成分 / 标志性成分含量：每 100g 含钾 16.6g、牛磺酸 31.2g。

主要原料：海藻酸钾、牛磺酸、柠檬酸钾。

适宜人群：血压偏高者。

不适宜人群：少年儿童。

食用方法及食用量：每日 3 次，每次 3 粒，饭前或空腹食用，多饮水。

产品规格：500mg/ 粒。

保质期：24 个月。

贮藏方法：密封，置阴凉干燥处。

注意事项：本品不能代替药物；本品添加了营养素，与同类营养素同时食用不宜超过推荐量。

笔记栏

学习小结

1. 学习内容

有助于维持血脂健康水平功能	高脂血症的定义、分类、防治原则
	有助于维持血脂健康水平保健食品的研发要求与功能评价
有助于维持血糖健康水平功能	高血糖症的定义、分类、防治原则
	有助于维持血糖健康水平保健食品的研发要求与功能评价
有助于维持血压健康水平功能	高血压的定义、分类、防治原则
	有助于维持血压健康水平保健食品的研发要求与功能评价

2. 学习方法　通过熟悉有关生化指标正常范围，掌握高脂血症、高血压、高血糖的定义；通过对病因的分析，掌握高血症、高血压、高血糖的分类与防治原则，以及相应保健食品的研发要求；通过对有助于降低血脂、血压、血糖的功效成分及来源的归纳，了解研发有助于降低血脂、血压、血糖保健食品的原料范围；通过功能评价试验项目、试验原则和结果判定原则的总结，掌握有助于降低血脂、血压、血糖保健食品的功能评价基本方法。

（潘　正　马雅鸽　普元柱）

复习思考题

1. 高脂血症的危害有哪些？
2. 患有高脂血症的人群可以吃鸡蛋吗？
3. 糖尿病的典型症状有哪些？阐述引起相应症状的机制。
4. 糖尿病的危害有哪些？
5. 如何评价保健食品的有助于维持血脂/血压/血糖健康水平？

笔记栏

PPT 课件

第十章 有助于抗氧化、增强免疫力功能保健食品

学习目标

1. 掌握有助于抗氧化功能、增强免疫力功能保健食品的评价程序。
2. 熟悉有助于抗氧化功能、增强免疫力功能保健食品的常用原料。
3. 了解自由基的特点，了解免疫及相关基本概念以及保健食品有助于增强免疫力功能的作用机制。

第一节 有助于抗氧化功能保健食品

一、概述

研究表明，人类亚健康状态及近百种慢性疾病与自由基（氧化）有关，包括免疫力低下、衰老、阿尔茨海默病等。因此，有助于抗氧化功能的保健食品的研制受到广泛的关注。

（一）自由基及其形成

自由基（free radical）系指具有未配对电子的原子、原子团、分子和离子，是人们生命活动中多种生化反应的中间产物。自由基有氧自由基和非氧自由基之分，其中人体内氧自由基最为常见，所占比例也最大（95% 以上），包括超氧阴离子自由基（$\cdot O_2^-$）、羟自由基（$\cdot OH^-$）、氢过氧自由基（$H_2O\cdot$）、脂氧自由基（$LO\cdot$）、脂过氧自由基（$LOO\cdot$）、氧化氮自由基（$NO\cdot$）等，而过氧化氢（H_2O_2）、单线态氧（$1O_2$）、次氯酸（HClO）及上述含量自由基等性质活泼的含氧物质又统称为活性氧（ROS）。

人体细胞在正常的代谢过程中及机体受到电离辐射时都会产生自由基。一般情况下，人体内自由基的产生与清除处于动态平衡。人体存在少量的氧自由基，不但对人体没有害处，而且可以促进细胞增殖，能刺激白细胞和吞噬细胞杀灭细菌，又可消除炎症、分解毒物。

（二）自由基对机体的损害

自由基中含有未成对电子，性质非常活泼。自由基若要稳定必须向邻近的原子或分子夺取电子，可使被夺去电子的原子或分子成为新的自由基而引发连锁反应，该过程称为氧化。当自由基产生过多或清除过慢即机体过度氧化时，可与蛋白质、脂肪、核酸等大分子物质反应，破坏细胞内这些生命物质的化学结构，干扰细胞功能，造成机体在分子水平、细胞水平及组织器官水平的各种损伤，加速机体的衰老进程并诱发各种疾病。氧化导致疾病的重

要原因之一是血液中的不饱和脂肪酸因氧化而成为过氧化物质，经小肠吸收后经淋巴液和血液进入各组织，从而发生有害作用。特别是过氧化脂质可直接攻击血管内壁，而含有过氧化脂质的血清可以增加血管的障碍，成为脑出血、动脉硬化的初期病变。细胞内产生的过氧化脂质可使有关的细胞膜和局部组织受到伤害，如果溢出细胞可使血清过氧化脂质水平升高，使神经末梢组织受到伤害，也可通过脂褐质的形成使细胞老化。

二、有助于抗氧化功能保健食品的常用原料

随着年龄的增长，机体内产生自由基清除剂的能力逐渐下降，机体清除自由基的能力也随之而降低。同时，老年人抗氧化剂又常摄入不足，氧自由基在体内积累，造成脂褐质和过氧化脂质含量上升，从而减弱了对自由基损害的防御能力，使机体组织器官容易受损，加速了机体的衰老，引发一系列的疾病。为了防止此类现象的发生，可以由膳食补充抗氧化剂，从而达到防御疾病、延缓衰老的目的。近年来抗氧化已成为保健食品行业重要的发展方向。

（一）抗氧化剂

抗氧化剂是指能清除自由基或能阻断自由基参与氧化反应的物质。人体在产生自由基的同时，也产生抵抗自由基的抗氧化物质，以抵消自由基对人体细胞的氧化攻击，称为内源性抗氧化剂，如超氧化物歧化酶（superoxide dismutase，SOD）、谷胱甘肽过氧化物酶（glutathione peroxidase，GSH-Px）、过氧化氢酶（catalase，CAT）等酶类自由基清除剂以及辅酶Q等。此外，还有维生素类、原花青素（proantho cyanidins，PC）、类胡萝卜素（carotenoids）、多酚类（polyphenols）、活性肽类（bioactive peptides）、微量元素硒以及中药中的黄酮类（flavonoids）、多糖类（polysaccharides）、生物碱类（alkaloids）、皂苷类（saponins）等外源性抗氧化剂。现分述如下：

1. 内源性抗氧化剂

（1）酶类自由基清除剂

1）超氧化物歧化酶：超氧化物歧化酶是生物体内重要的抗氧化酶，对氧自由基有强烈清除作用。SOD可使超氧负离子发生歧化反应，生成过氧化氢和分子氧。过氧化氢可再经过谷胱甘肽过氧化物酶或过氧化氢酶的作用，进一步分解为水。

2）谷胱甘肽过氧化物酶：谷胱甘肽过氧化物酶是机体内广泛存在的一种重要的过氧化物分解酶，可使脂质过氧化物还原为脂肪酸和醇类，与SOD共同组成清除自由基的酶防御系统。

3）过氧化氢酶：过氧化氢酶存在于细胞的过氧化物体内，可以催化过氧化氢分解成氧气和水，是生物防御体系的关键酶之一。过氧化氢浓度越高，分解速度越快。

（2）辅酶Q：辅酶Q是生物体内广泛存在的脂溶性醌类化合物，不同来源的辅酶Q其侧链异戊烯单位的数目不同，人类和哺乳动物是10个异戊烯单位，故称辅酶Q_{10}。辅酶Q在体内呼吸链中质子移位及电子传递中起重要作用，是细胞呼吸和细胞代谢的激活剂，也是重要的抗氧化剂和非特异性免疫增强剂。辅酶Q_{10}可以抑制脂质和线粒体的过氧化，保护生物膜结构的完整性。

2. 外源性抗氧化剂

（1）维生素类

1）维生素A：为脂溶性色素，它的抗氧化作用与其具备多烯烃疏水链有关。其能淬灭氧自由基、羟自由基、脂质过氧化自由基以及其他自由基，结合和稳定过氧化氢结构。当维生素A缺乏时，机体的抗氧化屏障缺失，细胞膜上含有丰富的多不饱和脂肪酸，自由基及活性氧使其发生链式反应，氧化生成饱和脂肪酸，造成细胞膜的破坏，使自由基进一步攻击

笔记栏

DNA,造成DNA损伤。适量维生素A能发挥较好的抗氧化作用。

2)维生素C:为水溶性色素,具有强还原性,可逐级供给电子而转变为半脱氧抗坏血酸和脱氢抗坏血酸,通过此过程可清除体内自由基。

3)维生素E:为生育酚、生育三烯酚以及具有天然维生素活性的生育酚乙酸酯等衍生物的总称,是维持机体正常代谢和功能的必需维生素。维生素E是体内重要的脂溶性阻断型抗氧化剂,能保护生物膜及脂溶性蛋白免受氧化。大部分情况下,维生素E可与脂氧自由基或脂过氧自由基反应,使脂质过氧化链式反应中断,从而实现抗氧化作用。它既是自由基清除剂,又是脂质过氧化物的阻断剂。

(2)原花青素:原花青素是一种有着特殊分子结构的生物类黄酮,由不同数量的儿茶素(catechin)或表儿茶素(epicatechin)结合而成。最简单的原花青素是儿茶素、表儿茶素或儿茶素与表儿茶素形成的二聚体,此外还有三聚体、四聚体等直至十聚体。按聚合度的大小,通常将二聚体至五聚体称为低聚体(OPC),将五聚体以上的称为高聚体(PPC)。原花青素是国际公认的清除体内自由基非常有效的天然抗氧化剂,能有效清除体内多余的自由基,保护人体细胞组织免受自由基的氧化损伤。其抗氧化能力是维生素E的50倍,是维生素C的20倍。

(3)类胡萝卜素:类胡萝卜素是一类重要的天然色素的总称,普遍存在于动物、高等植物、真菌、藻类中的色素之中,一般为黄色、橙红色或红色。抗氧化性较强的类胡萝卜素主要有β胡萝卜素(β-carotene)、番茄红素(lycopene)、叶黄素(xanthophylls)、虾青素(astaxanthin)等。

1)β胡萝卜素:是自然界中最普遍存在、也是最稳定的天然色素,是维生素A的前体成分,具有较强的抗氧化性,是维护人体健康不可缺少的营养素。

2)番茄红素:为类胡萝卜素的一种,与β胡萝卜素是同分异构体。其抗氧化能力是维生素E的100倍,是维生素C的1 000倍。

3)叶黄素:为α胡萝卜素的衍生物,在自然界中与玉米黄素(zeaxanthin)共同存在。叶黄素可通过物理或化学淬灭作用灭活单线态氧,抑制氧自由基的活性,阻止自由基对正常细胞的破坏,从而保护机体免受伤害。

4)虾青素:为在河螯虾外壳、牡蛎和鲑鱼中发现的一种红色类胡萝卜素,在体内可与蛋白质结合而呈青、蓝色。虾青素被称为超级抗氧化剂,其抗氧化的能力比β胡萝卜素高10倍,比维生素E高550倍,是OPC的20倍。

(4)多酚类:多酚类化合物广泛存在于植物体内,是指分子结构中含有多个酚羟基的成分的总称,具有很强的抗氧化作用。依据来源不同,主要包括茶多酚(tea polyphenols)、葡萄多酚(grape polyphenols)、苹果多酚(apple polyphenols)、荞麦多酚(buckwheat polyphenols)等。

1)茶多酚:为茶叶中多酚类物质的总称,包括黄烷醇类、花色苷类、黄酮类、黄酮醇类和酚酸类等,是茶叶中主要保健功能成分之一。茶多酚具有较强的抗氧化作用,其抗氧化作用随温度的升高而增强。

2)葡萄多酚:广泛存在于葡萄籽、葡萄皮与果汁中,在葡萄籽与葡萄皮中含量较高。研究表明,红葡萄的果皮中多酚含量可达25%~50%,种子中则可达50%~70%。因此,目前国内外研究使用的葡萄多酚一般均为从葡萄籽中提取。葡萄多酚能通过抑制LDL的氧化而有助于防止冠心病、动脉粥样硬化的发生,这些物质能保护LDL上与细胞膜结合的特定位点上的氨基酸残基,因此具有较强的抗氧化性。

3)苹果多酚:为苹果中所含多元酚类物质的通称,含量因成熟度而异。未熟果的多

元酚含量为成熟果的10倍。苹果多酚清除氧自由基速度较快，其抗氧化能力与葡萄多酚相近。

4）荞麦多酚：在荞麦壳、籽粒、茎、叶、花的提取物甚至花蜜中广泛存在，主要为黄酮类衍生物，具有很强的抗氧化作用。

（5）活性肽类：具有抗氧化性质的多肽类物质被称为抗氧化活性肽，主要是各种天然蛋白酶解物中具有一定抗氧化活性的低分子混合肽，如大豆肽、玉米肽、小麦肽、米糠肽、花生肽等。此外，在黑米、菜籽、灵芝、桂花、枸杞等植物蛋白质原料中也获得了具有抗氧化作用的活性肽。

（6）微量元素硒：硒是GSH-Px酶系的组成成分，它能催化GSH，使过氧化物还原成羟基化合物，同时促进H_2O_2的分解，从而保护细胞膜的结构及功能不受过氧化物的干扰及损害。

（7）中药提取物类

1）黄酮类：黄酮类泛指两个苯环通过中央三碳链相互连接而成的一系列具有C_6-C_3-C_6结构特征的化合物，主要是指以2-苯基色原酮为母核的化合物，如芦丁、橙皮苷、槲皮素、山柰酚、木犀草素等。黄酮类大多是有效的抗氧化剂，能够与有毒金属结合并将它们排出体外，且与维生素C有协同效应，可使维生素C在人体组织中趋于稳定。

2）多糖类：多糖广泛存在于自然界，主要分为植物多糖、动物多糖及微生物多糖三大类，大多具有提高抗氧化酶活性、清除自由基、抑制脂质过氧化而保护生物膜等作用，如茯苓多糖、灵芝多糖、枸杞多糖、山药多糖、香菇多糖等。

3）生物碱类：生物碱是一类大多具有复杂含氮环状结构的有机化合物，绝大多数分布在双子叶植物中。具有抗氧化作用的生物碱类主要有四氢小檗碱、去甲乌药碱、苦豆碱、川芎嗪、小檗碱、药根碱、木兰碱、番荔枝碱等。影响生物碱抗氧化功能的因素主要是立体结构和电性，杂环中氮原子越“裸露”在外，越有利于充分地接近活性氧并与之反应，抗氧化效果就越好；供电子基团或者可使氮原子富有电子的结构因素，也可增加其抗氧化活性。

4）皂苷类：皂苷是中药中一类重要的活性成分，根据苷元的化学结构不同分为甾体皂苷和三萜皂苷两类。研究表明，大多数皂苷具有显著的抗氧化功能，如人参皂苷、黄芪皂苷、大豆皂苷、绞股蓝皂苷、苦瓜皂苷、罗汉果皂苷等。

在功效成分类型方面，已注册抗氧化功能的保健食品中，仅含单一功效成分的品种较少，配方多以2种或2种以上的功效成分组成，其中以原花青素为主要功效成分的有44种，以维生素E为主要功效成分的有29种，以总黄酮为主要功效成分的有24种。此外，主要功效成分类型还涉及番茄红素（16种）、辅酶Q_{10}（15种）、维生素C（12种）、总皂苷类（12种）、粗多糖类（12种）等。

（二）有助于抗氧化功能保健食品的主要原料

抗氧化功能保健食品的原料主要来源于动物、植物、微生物及其代谢产物，所包含的功能因子种类较为广泛，如类胡萝卜素类、酶类、维生素类、类黄酮类、多糖类、多酚类、微量元素等多种类型。

有助于抗氧化功能的常用物质有：维生素A、维生素C、维生素E、硒、OPC、SOD、辅酶Q_{10}、DHA、茶多酚、β胡萝卜素、牛磺酸、螺旋藻、槐米、槐角、厚朴、刺五加、紫苏子、月季花、合欢花、香薷、荷叶、苦丁茶、知母、酸枣仁、覆盆子、黄芪、吴茱萸、益智、西洋参、罗布麻、川芎、木贼、玄参、厚朴花、牡丹皮、金荞麦、诃子、当归、玫瑰花、芦荟、桂枝、石斛、金银花、赤芍、荔枝核、枳壳、夏枯草、金樱子等。同时也包括用上述食物为原料经过科学加工或直接所制得的提取物，并经有助于抗氧化功能评价试验证明，确实有助于抗氧化。

笔记栏

（三）中医药理论在提高抗氧化功能方面的应用

目前，以中医学整体观念和辨证论治的理论观点开发具有抗氧化功能的保健食品的模式已被广泛应用。根据传统中医药理论，可从扶正固本、益气养阴、活血补血等方面着手，筛选具有抗氧化功能的天然药物，研究开发安全、有效、价格合理的保健食品。研究发现，中药补益药为首选药，如人参、西洋参、黄芪、刺五加、当归、枸杞子、山药、何首乌、石斛、麦冬等。此外，丹参、葛根、茯苓、五味子、山楂、诃子、紫苏、八角茴香、槐米、玄参、银杏叶、牡丹皮、橘红、干姜、肉桂、芡实等中药也有应用。

有助于抗氧化功能保健食品在近年我国保健食品研究领域中所占比重较小（延缓衰老功能的品种除外），与预期巨大市场潜力相比，其种类和数量远远不能满足市场的需求，须引起保健食品研究领域的关注。同时，现有产品中约半数均以原花青素为主要功效成分，提示市场同类产品较多，配方重复率较高，市场份额竞争较为激烈。此外，以源自药食同源的中药的总黄酮提取物、总皂苷提取物以及粗多糖提取物的产品所占比例相对较小。因此，亟待利用我国特色的功能性原料，立足于传统中医药理论和现代营养学、医学研究成果的有机结合，在阐明构效关系、组效关系的基础上，开发具有显著抗氧化功能的保健食品新产品，这对满足市场需求，提高我国国民健康水平具有重要的社会意义和实际应用价值。

三、有助于抗氧化功能保健食品的功能学评价程序

为贯彻落实《食品安全法》及其实施条例对保健食品实行严格监管的要求，严格保健食品准入管理，切实提高准入门槛，2012 年 5 月国家食品药品监督管理总局修订发布了(有助于)抗氧化、缓解视疲劳、辅助降血糖(有助于维持血糖健康水平)等 9 个保健食品功能的评价方法。该功能评价方法主要提高了判断标准，完善了动物实验模型，细化了人体试食试验的受试人群要求，优化了试验方法，从而进一步提高了方法的科学性和可操作性。

（一）试验项目

1. 动物实验

(1)体重。

(2)脂质氧化产物：丙二醛或血清 8- 表氢氧异前列腺素。

(3)蛋白质氧化产物：蛋白质羰基。

(4)抗氧化酶：超氧化物歧化酶或谷胱甘肽过氧化物酶。

(5)抗氧化物质：还原性谷胱甘肽。

2. 人体试食试验

(1)脂质氧化产物：丙二醛或血清 8- 表氢氧异前列腺素。

(2)超氧化物歧化酶。

(3)谷胱甘肽过氧化物酶。

（二）试验原则

1. 动物实验和人体试食试验所列的指标均为必测项目。

2. 脂质氧化产物指标中丙二醛和血清 8- 表氢氧异前列腺素任选其一进行指标测定，动物实验抗氧化酶指标中超氧化物歧化酶和谷胱甘肽过氧化物酶任选其一进行指标测定。

3. 氧化损伤模型动物和老龄动物任选其一进行生化指标测定。

4. 在进行人体试食试验时，应对受试样品的食用安全性做进一步的观察。

（三）结果判定

1. 动物实验　脂质氧化产物、蛋白质氧化产物、抗氧化酶、抗氧化物质四项指标中三项

笔记栏

阳性,可判定该受试样品抗氧化功能动物实验结果阳性。

2. 人体试食 试验脂质氧化产物、超氧化物歧化酶、谷胱甘肽过氧化物酶三项指标中两项阳性,且对机体健康无影响,可判定该受试样品具有抗氧化功能的作用。

实例

1996—2019年,我国共批准含有抗氧化功能的保健食品产品245个(含以抗氧化功能为主要功能的多功能品种),涉及204种原料。

××牌葡萄籽维E软胶囊

研发思路与市场前景:葡萄籽为葡萄的资源性副产物,活性成分丰富且功能特性明显,具有极高的利用价值。目前,以此为原料的具有抗氧化功能的产品在保健品市场占有重要地位,产品需求量及销售份额增长速度较快,市场前景广阔。

配方配伍科学性:葡萄籽中富含多种抗氧化多酚,包括儿茶素、原花青素及其低聚物(OPC)等,其中OPC为水溶性,具有无毒、无过敏反应等优点,是迄今为止源于植物的最高效的抗氧化剂之一。维生素E也具有显著的抗氧化活性,两者合用有助于防止细胞老化、抵御自由基损害,配伍科学合理。

产品工艺流程:配料、溶胶、压丸、定型、洗丸、干燥、包装,即得。

保健功能:抗氧化。

功效成分/标志性成分含量:每100g含原花青素16.0g、维生素E 0.973g。

主要原料:葡萄籽提取物、维生素E、葵花籽油、蜂蜡、明胶、甘油、水、氧化铁红。

适宜人群:中老年人。

不适宜人群:少年儿童。

食用方法及食用量:每日2次,每次1粒,口服。

产品规格:500mg/粒。

保质期:24个月。

贮藏方法:置阴凉、干燥防潮处。

注意事项:本品不能代替药物;本品添加了营养素,与同类营养素同时食用不宜超过推荐量。

第二节 有助于增强免疫力功能保健食品

一、概述

在生物进化过程中,免疫系统出现于脊椎动物身上并趋于完善。经典的免疫是指机体对传染性疾病的抵抗能力,而且认为免疫对机体都是有利的。但随着研究的深入,人们发现,在功能正常的条件下,对异己抗原产生排异反应,发挥免疫保护作用;在免疫功能失调的情况下,免疫反应可造成机体自身损伤,引起变态反应性疾病,如过敏反应和因免疫监视功能低下而造成的肿瘤发生等;在自稳功能降低时,可打破对自身抗原的耐受性,免疫应答可产生自身免疫现象,造成组织损伤,发生自身免疫疾病。因此,免疫反应在正常的情况下对

笔记栏

机体是有益的，而在异常情况下，对机体又是有害的。

免疫力功能的不足或低下会对机体健康产生极为不利的影响，使多种传染病与非传染病的发病率与死亡率提高。造成机体免疫力下降的原因有多种，如营养失调、精神或心理因素、年龄增大、慢性疾病、应激性刺激、内分泌失调、遗传因素等。具有有助于增强免疫力功能的保健食品，是指能增强机体对疾病的防御力、抵抗力以及维持自身生理平衡的食品。

（一）免疫及相关概念

免疫是机体的一种保护性生理反应，是机体在进化过程中能识别“自己”或“非己”并发生特异性的免疫应答以排除抗原性异物，或被诱导而处于对这种抗原物质呈不活化状态（免疫耐受），借此以维持机体内环境平衡和稳定的一种重要生理功能。在排异的过程中可保护机体，亦可损伤机体。

1. 抗原　抗原是指所有能诱导抗体产生免疫应答的物质即能被T/B淋巴细胞表面抗原受体（TCR/BCR）特异性识别与结合，活化T/B细胞，使之增殖分化，产生免疫应答产物并能与相应产物在体内外发生特异性结合的物质。

2. 抗体　抗体是指能与相应抗原特异性结合的、具有免疫功能的球蛋白。免疫球蛋白按结构分为五类：IgG、IgA、IgM、IgD、IgE。

3. 补体　补体是人（或动物）体液中正常存在的一组与免疫有关的且具有配活性的球蛋白。

4. 免疫系统　免疫系统由免疫器官和免疫细胞组成。免疫器官按其在免疫中起的作用不同而分为中枢性免疫器官和外周性免疫器官两类。

5. 免疫应答　免疫应答是指从抗原刺激作用开始，到机体的淋巴细胞识别抗原及其后发生的一系列变化，最终表现出一定的效应，这一过程称为免疫应答。

（二）免疫系统的组成

免疫系统主要是指人和脊椎动物的特异性防疫系统。它与神经系统、内分泌系统、心血管系统等一样，也是机体的一个重要系统。人体免疫系统由免疫器官、免疫细胞和免疫分子组成。免疫器官、免疫细胞和免疫分子相互关联，相互作用，共同协调，完成机体免疫功能。

1. 免疫器官　免疫器官是指执行免疫功能的器官和组织，因为这些器官主要由淋巴组织组成，故也称淋巴器官。按功能不同，免疫器官分为：

（1）中枢淋巴器官：由骨髓及胸腺组成，主要是淋巴细胞的发生、分化、成熟的场所，并具有调控免疫应答的功能。

（2）周围淋巴器官：由淋巴结、脾脏及扁桃体等组成。成熟免疫细胞在这些部位执行应答功能。

2. 免疫细胞　免疫细胞是泛指所有参与免疫反应的细胞及其前身。包括造血干细胞、淋巴细胞、单核巨噬细胞、树突状细胞、粒细胞等。免疫细胞可分为以下几大类：

（1）淋巴细胞：包括T细胞、B细胞、杀伤细胞（K）、自然杀伤细胞（NK）、淋巴因子激活的杀伤细胞（LAK）和肿瘤浸润淋巴细胞（TIL）。

（2）辅佐细胞：包括巨噬细胞、树突状细胞等。

（3）其他细胞：包括肥大细胞、有粒白细胞等。

免疫活性细胞对抗原分子的识别、自身活化、增殖、分化及产生效应的全过程称之为免疫应答，包括非特异性免疫和特异性免疫。非特异性免疫系统包括皮肤、黏膜、单核-吞噬细胞系统、补体、溶菌酶、黏液、纤毛等，而特异性免疫系统又分为T淋巴细胞介导的细胞免疫和B淋巴细胞介导的体液免疫两大类。

3. 免疫分子　免疫分子分为膜型和分泌型两类：膜型包括 BCR（B 细胞识别抗原的受体）、TCR（T 细胞识别抗原的受体）、MHC 分子（主要组织相容性基因复合体）、CD 分子（白细胞分化抗原）等，分泌型包括抗体、补体和细胞因子等。

（三）免疫系统的功能

免疫功能包括免疫防护、免疫自稳和免疫监视三方面内容。免疫系统通过对自我和非我物质的识别和应答以维持机体的正常生理活动。

1. 免疫防护功能　指正常机体通过免疫应答反应来防御及消除病原体的侵害，以维护机体的健康和功能。在异常情况下，若免疫应答反应过高或过低、则可分别出现过敏反应和免疫缺陷症。

2. 免疫自稳功能　指正常机体免疫系统内部的自控机制，以维持免疫功能在生理范围内的相对稳定性，如通过免疫应答反应消除体内不断衰老、颓废或毁损的细胞和其他成分，通过免疫网络调节免疫应答的平衡。若这种功能失调，免疫系统对自身组织成分产生免疫应答，可引起自身免疫性疾病。

3. 免疫监视功能　正常细胞在化学因素（二噁英、黄曲霉毒素等污染物）、物理因素（紫外线、X 射线）、病毒等致癌物、致突变因素的诱导下可以发生突变，其中有一些可能变为肿瘤细胞。事实上，每天机体内都有一些细胞在各种诱因的作用下发生基因复制和转录的错误，进而发生突变和恶变。免疫监视功能可以监视和识别体内出现的突变细胞，并通过免疫应答反应消除这些细胞，以防止肿瘤的发生或持久的病毒感染。在年老、长期使用免疫抑制剂或其他原因造成免疫功能丧失时，机体不能及时消除突变的细胞，则易形成肿瘤。

（四）免疫功能失常引起的危害

1. 免疫力低下　各种原因使免疫系统不能正常发挥保护作用，则机体极易招致细菌、病毒、真菌等感染，一般兼有体质虚弱、营养不良、精神萎靡、疲乏无力、食欲降低、睡眠障碍等表现，而且常常反复发作，长此以往会导致身体和智力发育不良，还易诱发重大疾病。

2. 免疫力过高　免疫力超常也会产生对身体有害的结果，如引发过敏反应、自身免疫疾病等。此时几乎所有物质都可成为变应原，比如尘埃、花粉、药物或食物，它们作为抗原刺激机体产生不正常的免疫反应，从而引发变应性鼻炎、过敏性哮喘、荨麻疹（风疹块）、变应性结膜炎、食物过敏、食物不耐受等情况，严重的可能导致对身体内部自己的组织细胞产生反应，患上自身免疫疾病，如类风湿关节炎、系统性红斑狼疮、慢性甲状腺炎、青少年型糖尿病、慢性活动性肝炎、恶性贫血等。

（五）防治方法

1. 保持营养均衡　营养均衡是保持健康状态的基本要求。一般的要求是，每天摄取主食大约三到六份，牛奶两杯，蛋、鱼、肉、豆类大约四到五份，蔬菜至少三份（以深绿色蔬菜为佳），水果两份，油脂二至三汤匙。健康饮食要求每餐一定要吃蔬菜水果，并且饮食多样化，以免造成营养的偏废。

2. 适量补充维生素和矿物质　机体内干扰素及各类免疫细胞的数量与活力都与维生素、矿物质有关，每天应适当补充维生素和矿物质。

3. 保持充足的睡眠和乐观情绪　睡眠与人体免疫力密切相关。熬夜会导致睡眠不足，造成免疫力的下降。良好的睡眠可使体内的两种淋巴细胞数量明显上升，同时，会促进人体产生胞壁酸，此成分又被称为睡眠因子，可提高巨噬细胞活跃性，增强肝脏解毒功能，从而杀灭侵入的细菌和病毒。乐观的态度可以维持人体处于最佳的状态。现代社会人们面临的压力较大，巨大的心理压力会导致对人体免疫系统有抑制作用的成分增多，容易受到感冒或其

笔记栏

他疾病的侵袭。同时,研究发现,适当运动也会使机体抵抗力相对增加。

4. 改善体内生态环境　用微生态制剂提高免疫力的研究和使用由来已久。研究表明,以肠道双歧杆菌、乳酸菌为代表的有益菌群具有广谱的免疫原性,能刺激负责人体免疫的淋巴细胞分裂繁殖,同时还能调动非特异性免疫系统,产生多种抗体,提高人体免疫能力。

二、有助于增强免疫力功能保健食品的常用原料

免疫力是机体对外防御和对内环境维持稳定的反应能力。营养不良、疲劳、生活不规律时均会造成人体的免疫力降低,应注意及时调整和纠正。研究显示,补充适宜的物质可以改善机体免疫力。具有有助于增强免疫力功能的保健食品种类很多,其调节机体免疫的作用机制各有不同。

(一) 有助于增强免疫力功能保健食品的作用机制

1. 参与免疫系统的构成　蛋白质是直接参与人体免疫器官、抗体、补体等重要活性物质的构成。蛋白质是机体免疫防御功能的物质基础,如上皮、黏膜、胸腺、肝脏等组织器官以及血清中的抗体和补体等都是主要由蛋白质参与构成的。当蛋白质营养不良时可导致淋巴器官发育缓慢,胸腺、脾脏重量减轻,淋巴组织器官中淋巴细胞数量减少,外周巨噬细胞数量和吞噬细胞活力显著降低,淋巴细胞对有丝分裂原的反应性降低。同时,细胞免疫和体液免疫能力也随之下降,使机体对传染病的抵抗力降低。哺乳期妇女蛋白质营养不足则影响泌乳力及乳品质,乳中蛋白质含量尤其是初乳中免疫球蛋白的含量可影响幼儿的免疫力。

2. 促进免疫器官的发育和免疫细胞的分化　体内外大量研究发现,维生素A、维生素E、锌、铁等微量营养素通常可通过维持重要免疫细胞的正常发育、功能和结构完整性而不同程度地提高机体免疫力。

维生素A对免疫系统功能的维护至关重要。维生素A缺乏可增加机体对疾病的易感性。缺乏维生素A时,淋巴细胞对有丝分裂原刺激引起的反应降低,抗体生成量减少,自然杀伤细胞活性降低,人体对传染病的易感性增加。维生素A与类胡萝卜素在吸收前必须在肠道中经胆汁乳化,然后被分解为视黄醇而被吸收入肠黏膜细胞,并以视黄醇的形式储存。视黄醇可有效刺激嗜中性粒细胞产生大量的超氧化物,从而增强其杀菌力。

微量元素中已知与免疫关系较密切的有铁、铜和锌。当机体缺乏铁元素时,主要引起T细胞数减少而且可抑制活化T淋巴细胞产生巨噬细胞移动抑制因子,嗜中性粒细胞的杀菌能力也减弱,因此可导致对感染敏感性的增加。锌缺乏主要导致T细胞功能明显下降,抗体产生能力降低。有实验证实T辅助细胞是一类依赖锌的细胞亚群。人与动物缺锌则生长迟缓,胸腺和淋巴组织萎缩,容易感染。动物实验表明,妊娠中、后期锌不足可使后代抗体产生能力降低。人患锌缺乏症时,血中胸腺活性、白细胞介素-2活性以及T细胞的亚群比例、T杀伤细胞的活性可降低。锌还可调节白细胞分泌TNF、白细胞介素-1β以及白细胞介素-6,它在T淋巴细胞中有独持的作用。

3. 增强机体的细胞免疫功能和体液免疫功能　维生素E能有效防止细胞内不饱和脂肪酸被氧化破坏,而且影响花生四烯酸的代谢和前列腺素E的功能。前列腺素E干扰免疫系统的功能,比如淋巴细胞的活动、增殖以及巨噬细胞的一系列功能,其免疫保护作用与前列腺素水平直接相关。维生素E通过抑制前列腺素-1和皮质酮的生物合成,促进体液、细胞免疫和细胞吞噬作用以及提高白细胞介素-1含量来增强机体的整体免疫功能。

笔记栏

适量补充维生素 E 可提高人群和实验动物的体液和细胞介导免疫功能，增加吞噬细胞的吞噬效率。

实验研究还表明，许多营养因子还能提高血清中免疫球蛋白的浓度，并促进免疫功能低下的老年动物体内抗体的形成。

（二）有助于增强免疫力功能保健食品的主要原料

有助于增强免疫力功能的原料和功能因子多种多样，主要包括动物、植物、微生物及其代谢产物。目前增强免疫力功能的保健食品中主要为多糖类、黄酮类、皂苷类、萜类、蛋白质、氨基酸、脂类、维生素、微量元素等多种营养素。

常见的具有免疫调节功能的食物有：人参、西洋参、大枣、黄芪、蜂王浆、蜂胶、花粉、金针菇、香菇、猴头菇、黑木耳、银耳、灵芝、云芝、枸杞子、芡实、刺五加、茯苓、党参、红花、天麻、何首乌、芦荟、白芷、山药、大蒜、肉苁蓉、银杏叶、螺旋藻、绞股蓝、黑豆、黑芝麻、米草、中华鳖、牡蛎、（羊）胎盘、羊肚菌、珍珠、鳖鱼软骨、蛇胆、雄蚕蛾、蚕蛹、龟、乌贼墨、鱼鳔、蝎子、海马、蛇、鲍鱼、鳄鱼、鹿血、扇贝、牛初乳、阿胶、淫羊藿、沙棘油、鲨鱼肝油、蚂蚁、骨髓等。

常见的具有免疫调节活性的物质有：真菌多糖、β胡萝卜素、茶多酚、葡萄籽提取物、蛋黄卵磷脂、大豆卵磷脂、猪脾多肽、核酸、蝇蛆蛋白、氨基酸钙、核苷酸、牛磺酸、免疫球蛋白、金属硫蛋白、酶解卵蛋白、甲壳素、SOD、有机硒等。双歧杆菌、乳酸菌等益生菌可用作调节免疫功能的物质。经过加工的食品中含有上述物质，并经免疫调节功能评价试验证明确实有免疫调节功能的，也属于增强免疫力功能食品的范畴。

（三）中医药理论在增强免疫力功能方面的应用

有助于增强免疫力功能的产品中应用药食同源中药原料的约为 3 200 个品种，约占该功能已批准产品的 70%。根据传统中医药理论，可从扶正固本、补脾益气、补血活血、滋补肾阳等方面着手，筛选具有增强免疫力功能的天然药物，研究开发安全、有效的保健食品新产品。从目前已经批准的产品看，配方中出现频率较高的补益药为枸杞子、灵芝、黄芪、人参、茯苓、山药、大枣、黄精、当归、阿胶、淫羊藿、甘草、红景天、党参等，涵盖了中药补益药的四大类，包括补气药（如灵芝）、补血药（如当归）、补阴药（如黄精）、补阳药（如淫羊藿），而中医药理论中的补益药，正是以补益人体气血阴阳亏损、增强人体活动功能、提高抗病能力、消除虚弱证候为主要作用的一类中药。此外，还可见活血药（如红花）、清热药（如鱼腥草）等中药原料的应用，通过多方面调节人体功能而达到增强免疫力的功效。

中药中增强免疫力的成分主要有：人参多糖、枸杞多糖、灵芝多糖、银耳多糖、香菇多糖、淫羊藿多糖、猪苓多糖、云芝多糖、刺参多糖、白芍总苷、人参总苷、绞股蓝总苷、黄芪甲苷、三七总皂苷、甘草皂苷等。

三、有助于增强免疫力功能保健食品的功能学评价程序

（一）试验项目

1. 动物实验

（1）脏器 / 体重的比值、胸腺 / 体重的比值、脾脏 / 体重的比值。

（2）细胞免疫功能测定：小鼠脾淋巴细胞转化试验、迟发型变态反应。

（3）体液免疫功能测定：抗体生成细胞检测、血清溶血素测定。

（4）单核 - 巨噬细跑功能测定：小鼠碳粒廓清试验、小鼠腹腔巨噬细胞吞噬鸡红细胞试验。

（5）NK 细胞活性测定。

笔记栏

2. 人体试食试验

(1)细胞免疫功能测定：外周血淋巴细胞转化试验。

(2)体液免疫功能测定：单向免疫扩散法测定 IgG、IgA、IgM。

(3)单核 - 巨噬细胞功能测定：吞噬与杀菌试验。

(4)NK 细胞活性测定。

(二) 试验原则

要求选择一组能够全面反映免疫系统各方面功能的试验，其中细胞免疫、体液免疫和单核 - 巨噬细胞功能三个方面至少各选择一种试验，在确保安全的前提下尽可能进行人体试食试验。

(三) 结果判定

在一组试验中，受试物对免疫系统某方面的试验具有增强作用而对其他试验无抑制作用，可以判定该受试物具有该方面的免疫调节效应；对任何一项免疫试验具有抑制作用可判定该受试物具有免疫抑制效应。

在细胞免疫功能、体液免疫功能、单核 - 巨噬细胞功能及 NK 细胞功能检测中，如有两个以上(含两个)功能检测结果阳性，即可判定该受试物具有免疫调节作用。

实例

目前，已批准的增强免疫力功能的保健食品数量接近 5 300 个，占总批准产品数量的 30% 以上，在所有声称功能的保健食品中数量排名第 1 位。

××牌灵芝西洋参胶囊

研发思路与市场前景：灵芝与西洋参均为常用的具有免疫调节功能的食物，具有极高的利用价值。已注册的保健食品中含有灵芝的产品有 814 种，含有西洋参的有 567 种，在增强免疫力功能的产品中占有重要地位。目前，产品需求量及销售份额占比较高，产品附加值高，市场前景广阔。

配方配伍科学性：灵芝与西洋参均为滋补良药。灵芝提取物中含有大量可调节人体免疫系统功能的活性成分(主要为多糖、三萜类化合物)，西洋参补而不燥，也含有大量多糖及三萜皂苷类化合物。两者合用，功能成分类型及溶解性相近，能提高免疫力功能，配伍科学合理。

产品工艺流程：配料、混合、制粒、干燥、填充胶囊、包装，即得。

保健功能：(有助于)增强免疫力。

功效成分 / 标志性成分含量：每 100g 含粗多糖 4.85g、总皂苷 3.5g。

主要原料：灵芝提取物、西洋参提取物、微晶纤维素、硬脂酸镁。

适宜人群：免疫力低下者。

不适宜人群：少年儿童、孕妇、哺乳期妇女。

食用方法及食用量：每日 2 次，每次 2 粒，口服。

产品规格：0.4g/ 粒。

保质期：24 个月。

贮藏方法：密闭，置于阴凉干燥处。

注意事项：本品不能代替药物；适宜人群外的人群不推荐食用本产品。

学习小结

1. 学习内容

<table>
<tr><td rowspan="8">有助于抗氧化功能、增强免疫力功能保健食品</td><td rowspan="4">有助于抗氧化功能保健食品</td><td colspan="2">自由基的形成原因及对机体的危害</td></tr>
<tr><td colspan="2">保健食品中常见的抗氧化功效成分</td></tr>
<tr><td rowspan="2">有助于抗氧化功能保健食品</td><td>主要原料</td></tr>
<tr><td>功能学评价</td></tr>
<tr><td rowspan="4">有助于增强免疫力功能保健食品</td><td colspan="2">免疫及相关概念与免疫系统</td></tr>
<tr><td colspan="2">保健食品增强免疫力功能的作用机制</td></tr>
<tr><td rowspan="2">有助于增强免疫力功能保健食品</td><td>主要原料</td></tr>
<tr><td>功能学评价</td></tr>
</table>

2. 学习方法　有助于抗氧化功能内容的学习，应重点掌握自由基的结构特点以及机体过度氧化造成的伤害，在此基础上学习抗氧化剂的种类及作用特点，从而进一步掌握国家批准的抗氧化功能的主要原料，最后学习掌握有助于抗氧化功能保健食品的功能学评价方法。

有助于增强免疫力功能内容的学习，应在熟悉免疫（及相关概念）以及免疫系统组成的基础上，掌握免疫功能失常引起的危害，从而进一步学习保健食品有助于增强免疫力功能的作用机制，掌握国家批准的有助于增强免疫力功能的主要原料，最后学习掌握有助于增强免疫力功能保健食品的功能学评价方法。

（关　枫　臧玲玲　何　凡）

复习思考题

1. 机体过度氧化可造成哪些损害？
2. 请列举常用抗氧化剂的类型。
3. 有助于抗氧化功能保健食品的主要原料有哪些？
4. 具有增强免疫力功能的食物主要有哪些？
5. 简述增强免疫力功能保健食品的功能学评价中的试验原则。

笔记栏

PPT 课件

第十一章 有助于改善痤疮、黄褐斑、皮肤水分状况功能保健食品

学习目标

1. 掌握有助于改善痤疮功能、有助于改善黄褐斑功能、有助于改善皮肤水分功能保健食品的功能评价程序。

2. 了解有助于改善痤疮功能、有助于改善黄褐斑功能、有助于改善皮肤水分功能保健食品的特点、常用原料与配方。

3. 了解痤疮、黄褐斑、皮肤干燥的病因及临床症状。

第一节 有助于改善痤疮功能保健食品

一、概述

痤疮属于慢性毛囊炎症，主要发生于青春期的面部，又称为青春痘。在发病初期，毛囊口处形成圆形小丘疹，内含淡黄色皮脂栓，即粉刺。常见的粉刺有黑头与白头两种。黑头粉刺的毛孔开放，也称为开放性粉刺。黑头粉刺常表现为皮脂栓顶端干燥，因长期暴露在外的皮脂容易被空气氧化和尘埃污染而呈黑色，用手挤压可挤出 1mm 左右的乳白色脂栓。白头粉刺毛囊口不开放，也称为封闭性粉刺，为针头大小的灰白色小丘疹，用手挤压不易挤出脂栓。痤疮的发病进程受各种内在因素和外在因素的影响，可演变成炎性丘疹、脓包、结节、囊肿，甚至破溃流脓等。炎性丘疹，淡红至暗红色，米粒至绿豆大小，有的中心有黑头。炎症较重的或化脓感染的丘疹则会发展成脓包。结节，呈紫红或暗红色，高出皮肤表面，呈半球形或圆锥形，可逐渐吸收或化脓溃破，最后产生瘢痕。囊肿，暗红色或褐色，是皮脂毛囊口阻塞、囊内组织坏死所致。较大的囊肿挤压有波动感，并能排出大量脓血，出现破溃流脓。

(一) 现代医学病因

现代医学认为，痤疮的发病主要与雄激素、皮脂分泌增多、皮脂腺导管角化异常、免疫因素、微生物感染、心理等因素有关。

1. 雄激素及皮脂腺功能异常　现代研究表明，内分泌因素尤其是雄激素的代谢水平是痤疮发生的重要因素。雄激素在痤疮的发病机制中主要是刺激皮脂腺的活性，使得雄激素分泌旺盛，进而刺激皮脂腺细胞的增生与分泌。雄激素中的睾酮在酶的作用下，与相应受体结合，调控毛囊皮脂腺的活动，致使毛囊皮脂腺的异常角化。角化细胞相互粘连，堵塞毛囊管口，从

笔记栏

而导致痤疮的发生。雄激素水平的改变及雄激素与相应受体结合后进入细胞核,调控基因的表达,雄激素刺激皮脂腺细胞的增生和分泌,在痤疮的发生发展中起到相辅相成的作用。

皮脂腺功能异常主要是指自由脂肪酸、亚油酸、鲨稀酸等皮脂溢出过多导致皮脂腺功能异常,形成过多脱屑,引起细菌的滞留和繁殖,阻塞皮脂通道进而产生局部炎症。

2. 免疫因素及遗传　皮肤自身的免疫系统可以防止皮肤病的发生,但近几年的研究表明,皮肤的免疫系统参与痤疮的发病过程——主要是一种天然免疫分子 TLR-2 在痤疮的发病过程中具有重要作用。Toll 样受体 2(TLR-2)是一种可以参与非特异性免疫和特异性免疫的蛋白质分子。无论是毛囊皮脂腺角质形成细胞的过度增生,还是炎性皮损处都可能有免疫系统的参与。

3. 环境因素　环境因素会影响微生物的产生与变异,皮肤微生物群与宿主、环境之间在生理、动态的平衡下不会形成痤疮等生理疾病。一旦该微生态平衡被打破,患者面部菌群受到感染就会发生异常,菌群结构和数量发生改变,就增加了形成痤疮的机会。

4. 心理因素　痤疮形成后常表现为粉刺、脓疱、结节、囊肿、瘢痕等,这不仅使人们美观受损,而且对患者自尊有不利影响。心情长期郁闷,导致肝郁气滞、肝火旺盛,使得病情更加严重。在这方面女性较男性受影响更明显,病情越长,心理障碍越重,导致病情越来越严重。心理因素也是很重要的因素,治疗时需要与患者进行沟通,心理治疗辅助药物治疗效果会更好,有利于病情的恢复。

5. 微生物因素　痤疮的炎性皮损中常可以检测到多种细菌,包括痤疮丙酸杆菌、颗粒丙酸杆菌、贪婪丙酸杆菌、金黄色葡萄球菌、表皮葡萄球菌、马拉色菌等,这些微生物在痤疮发生时的毛囊皮脂单位中明显增多。目前认为与痤疮发生关系最为密切的是痤疮丙酸杆菌。在痤疮患者的皮损处和毛囊导管内存在大量的厌氧性革兰氏阳性的类白喉杆菌,该细菌通过细胞外酶获得毛囊中的甘油三酯的甘油部分作为能量而大量繁殖,迅速生长,脱脂化产生的脂肪酸留在皮脂中,其含量与该种细菌的数量成正比,皮脂中的这些游离脂肪酸可以产生炎症刺激,引起痤疮。痤疮丙酸杆菌本身还可活化补体系统,释放一些酶及一些趋化性物质,引起皮肤的局部炎症反应和诱导角质形成细胞增殖。青春期皮脂分泌率增加与皮肤炎症环境为痤疮丙酸杆菌的生长提供了有利条件。总之,痤疮丙酸杆菌是引起痤疮炎症反应必不可少的因素之一。

(二) 中医病因

中医认为素体阳热偏盛,火邪灼伤阴血,炼津成痰,灼血成瘀,痰瘀互结;过食辛辣肥甘之品,肺胃积热,循经上熏,壅于面部;情志刺激,肝气郁结,郁而化火,火性上炎,熏蒸于面;素体阳虚或治疗不当(如反复用清热解毒药)导致人体元气、脾胃虚弱,下元虚寒,不能运化津液上润肺胃,致虚阳上浮于面,火郁于内而发疹。

(三) 表现形式

痤疮的表现形式主要有三种:第一种是寻常型痤疮,这种痤疮较常见也较容易治愈,一般发生在青春期,主要长在面部,其次长在胸背部,初发时一般为粉刺并伴有皮脂溢出,与饮食和生活作息密切相关,青春期过后和调整饮食后会自动治愈;第二种是聚合型痤疮,是痤疮中较重的一种,多发生于体格强壮的毛孔粗大、代谢旺盛的男性,起初为粉刺、脓疱,随着病程迁延,囊肿会破溃形成窦道、瘢痕等,偶尔在急性发作时会有发热等身体不适的症状;第三种是反常型痤疮,这种痤疮会反复发生,多发生在大汗腺分布的褶皱部位,如股沟、臀褶、臂部、颈项部等部。

总之,痤疮往往不是单一病因引起的,其发病机制可以用现代医学和中医药理论两方面来解释。它既有生理、病理性的原因,也有环境与心理的原因,也可能是多种病因交互作用

笔记栏

的结果，这使得该病在预防和治疗上更加复杂和多样化。

知识链接

痤疮的治疗方法

痤疮的治疗可通过中医辨证论治，也可通过西药治疗。治疗方法主要有三种：一是西医外治，常会使用一些外用的激素类药物，如可用于治疗多种皮肤疾病的维A酸类药物。目前临床治疗痤疮较常见的外用药物还包括：水杨酸、壬二酸和硫磺制剂等。二是中医外治，根据中医的辨证论治的治疗方法，常采用的治疗方法有外用中药制剂、针灸、刮痧疗法、耳穴贴压、刺血疗法、火针疗法、刺络拔罐等方法。三是物理疗法，主要有电疗（微电凝器）法、光疗法、微波法、激光疗法等。

课堂互动

(1) 痤疮是不是青年人独有的疾病？痤疮一般长在哪里？

(2) 如何理性对待痤疮？

二、有助于改善痤疮功能保健食品的常用原料

（一）有助于改善痤疮功能保健食品的一般要求

有助于改善痤疮功能的保健食品应具有与雄激素竞争结合雄性激素受体的特性，同时具有可以抑制酶的活性从而减少雄烯二酮睾酮转化的功能，使得皮脂腺分泌减少，此类可以缓解痤疮病情的食品或药物可以用于有助于改善痤疮功能的保健食品和药物中。

（二）有助于改善痤疮功能保健食品的原料

有助于改善痤疮功能保健食品的常用原料主要有：芦荟、金银花、锌、决明子等。

1. 芦荟　芦荟中含有的多糖和多种维生素对人体皮肤有良好的营养、滋润、增白作用。翠叶芦荟，即库拉索芦荟，具有使皮肤收敛、柔软化、保湿、消炎、漂白的作用，还有解除硬化、角化，改善伤痕的作用，不仅能防止小皱纹、眼袋、皮肤松弛，还能保持皮肤湿润、娇嫩，同时，还可以治疗皮肤炎症，对粉刺、雀斑、痤疮，以及烫伤、刀伤、虫咬等亦有很好的疗效。

2. 金银花　金银花自古以来就因其药用价值广泛而著名。其功效主要是清热解毒，主治温病发热、热毒血痢、痈疽疔毒等，有增强免疫力、抗感染的作用。

3. 决明子　决明子味苦、甘、咸，性微寒，入肝、肾、大肠经，对肝火旺盛有一定的治疗作用。

知识链接

八　白　散

八白散，别名八白饮，方中含白丁香、白僵蚕、白牵牛、蒺藜、白及、白芷、白附子、白茯苓、皂角、绿豆八味中药。本方是金章宗宫中宫女的洗面方。常用本方药末洗脸，不仅对痤疮、雀斑有良好的治疗作用，也可美容面部，使脸面洁白光泽。

三、有助于改善痤疮功能保健食品的功能学评价程序

（一）人体试食试验项目

1. 痤疮数量。
2. 皮损状况。
3. 皮肤油分。

（二）试验原则

1. 所列的指标均为必做项目。
2. 试验前后应针对固定皮肤范围内的痤疮数量及皮损状况进行分析。
3. 在进行人体试食试验时，应对受试样品的食用安全性作进一步的观察。

（三）结果判定

试食组痤疮数量明显减少且大于等于20%，皮损程度积分明显减少，差异均有显著性，皮肤油分不显著增加，可判定该受试样品具有有助于改善痤疮功能的作用。

（四）有助于改善痤疮功能检验方法

1. 受试者纳入标准

选择临床痤疮Ⅰ～Ⅲ度的自愿受试患者，男女均可。

2. 受试者排除标准

（1）年龄在14岁以下或65岁以上者，妊娠或哺乳期妇女，以及对本保健食品过敏者。

（2）合并有心、肺、脑血管、肝、肾和造血系统等严重性疾病及精神病患者。

（3）短期内服用与受试功能有关的物品，影响对结果的判断者。

（4）未按规定服用受试样品的受试者，资料不全影响功效或安全性判断者。

3. 试验设计及分组要求　采用自身和组间两种对照设计。按受试者的痤疮情况随机分为试食组和对照组，尽可能考虑影响结果的主要因素如年龄、性别、病程等，进行均衡性检验，以保证组间的可比性。每组受试者不少于50例。

4. 受试样品的剂量和使用方法　试食组按推荐服用方法、服用量服用受试产品，对照组可服用安慰剂或采用空白对照。受试样品给予时间30天，必要时可以延长至45天。受试者在试验期间停止使用其他口服及外用有关养颜祛痤疮的用品。试验期间不改变原来的饮食习惯，正常饮食。

5. 观察指标

（1）安全性指标

1）一般状况包括精神、睡眠、饮食、大小便、血压等。

2）血、尿、便常规检查。

3）肝、肾功能检查。

4）胸片、心电图、腹部B超检查（在试验开始时检查一次）。

（2）功效性指标

1）皮肤油分的测定：用干净棉球蘸蒸馏水清洁被测皮肤部分（以颜面部为主），擦干15分钟后测定皮肤油分。

测定参照标准：油分9~27为正常、<9为低油、>27为高油。

2）痤疮皮疹：观察受试者试食前后整个颜面部位的痤疮皮疹改变情况。

试食前后分别记录颜面部白头粉刺、黑头粉刺、炎性丘疹、脓疱、囊肿、结节数目及皮损的程度。

笔记栏

6. 数据处理及结果判定

(1)功效判定:

有效:痤疮数量减少≥30%,皮损程度减轻一度。

无效:痤疮数目减少<30%,皮损程度无变化。

根据皮损程度、痤疮数量等临床情况进行分级,对试食前后痤疮数量、皮损程度积分进行统计,同时计算有效率。

皮损程度分级和积分:

Ⅰ度:黑头粉刺,散发至多发,炎性丘疹散发;计1分。

Ⅱ度:Ⅰ度+浅在性脓疱,炎性丘疹数目增加,局限在颜面;计2分。

Ⅲ度:Ⅱ度+深在性炎性丘疹、结节,发生颜面、颈部、胸背部;计3分。

Ⅳ度:Ⅲ度+囊肿,易形成瘢痕,发生于上半身;计4分。

试验数据为计量资料,可用 t 检验进行分析。凡自身对照资料可以采用配对 t 检验,两组均数比较采用成组 t 检验,后者需进行方差齐性检验,对非正态分布或方差不齐的数据进行适当的变量转换,待满足正态方差齐后,用转换的数据进行 t 检验;若转换数据仍不能满足正态方差齐要求,改用 t' 检验或秩和检验;但变异系数太大(如 $CV>50\%$)的资料应用秩和检验。

有效率采用 χ^2 检验进行检验。四格表总例数小于40,或总例数等于或大于40,但出现理论数等于或小于1时,应改用确切概率法。有效率采用 χ^2 检验。

(2)结果判定:试食组痤疮数量平均明显减少,且大于等于20%,皮损程度积分明显减少,差异均有显著性,皮肤油分不显著增加,可判定该受试样品具有有助于改善痤疮功能的作用。

实例

目前国家市场监督管理总局批准了保健功能为有助于改善痤疮的国产保健食品65个、进口保健食品3个。

(一)××牌美肤康片

保健功能:美容(祛黄褐斑、祛痤疮)。

功效成分/标志性成分含量:每克含总皂苷80mg,丹参酮1.2mg。

主要原料:丹参、三七、枸杞、茯苓、百合、甘草。

适宜人群:有黄褐斑、痤疮者。

不适宜人群:儿童。

食用方法及食用量:口服,每日2次,每次3片。

产品规格:0.33g/片。

保质期:24个月。

贮藏方法:置阴凉干燥处。

注意事项:本品不能代替药物;置幼儿不易触及处。

(二)××牌瑞丽胶囊

保健功能:祛痤疮。

功效成分/标志性成分含量:每100g含粗多糖7.0g、丹参酮Ⅱ$_A$40mg。

主要原料:益母草、丹参、当归、红花、白芷。

适宜人群:有痤疮者。

不适宜人群：儿童、孕产妇及月经过多者。

食用方法及食用量：每日 2 次，每次 2 粒，口服。

产品规格：0.35g/ 粒。

保质期：24 个月。

贮藏方法：阴凉干燥处保存。

注意事项：本品不能代替药物。

第二节 有助于改善黄褐斑功能保健食品

一、概述

（一）黄褐斑的形成与分型

黄褐斑是一种常见的慢性、获得性面部色素沉着性皮肤病，表现为面部淡褐色或深褐色的不规则的斑片，多见于中青年女性。有的患者在妊娠期发病，称为“妊娠斑”，有的黄褐斑形态像展翅的蝴蝶，称为“蝴蝶斑”，中医认为黄褐斑多与情志不畅、肝气郁结有关，亦称“肝斑”，由于斑的颜色如同污垢，中医又称为面尘、熏黑斑。

黄褐斑常局限于皮肤的暴露部位，对称发生，呈蝶翼样外观，大小不一，数目不定，多分布于面部，一般对称地分布在眼部周围、额部、颧部、颊部、鼻旁和口唇周围，偶尔也可伴有乳晕及外生殖器的色素沉着，通常为淡棕色、灰色、棕灰色、棕黑色甚至深蓝灰色的片状色素斑，一般表面无鳞屑，无浸润，皮损多数边界清楚，未凸出皮肤，无皮屑脱落，阳光照射会加深其色素，但当色素沉着较少时，其边缘也可不清楚，而呈弥漫状分布。黄褐斑病程发展缓慢，可持续数月或数年，多数患者无任何自觉症状，一般不伴红斑、丘疹等其他病损，皮损处表皮黑色素细胞数量及活性轻度增加，黑色素颗粒增加，真皮上部可见噬黑素细胞，无炎症细胞浸润。

黄褐斑按照不同的分型方法可以分为多种类型。

（1）按皮损发生部位分：分为蝶形型、面上部型、面下部型和泛发型 4 种类型。蝶形型皮损主要分布在两侧面颊部，呈蝴蝶形对称性分布。面上部型皮损主要分布在前额、颧部、鼻部和颊部。面下部型皮损主要分布在颊下部、口周和唇部。泛发型皮损泛发在面部大部区域。

（2）按产生原因分：分为特发型和继发型 2 种类型。特发型无明显诱因可查，继发型常因妊娠、绝经、口服避孕药、日光等原因引起。

（3）按皮损发生部位分：分为面部中央型、面颊型和下颌型 3 种类型。面部中央型最常见，皮损分布于前额、颊、上唇、鼻和下颌部。面颊型皮损主要位于双侧颊部和鼻部。下颌型皮损主要位于下颌，偶累及颈部 V 形区。

（4）按皮损的颜色对比变化分：分为表皮型、真皮型、混合型及未定型 4 种类型。

（5）按黑色素颗粒沉积的皮肤部位分：分为表皮型、偏表皮混合型、偏真皮混合型和真皮型 4 种类型。

（6）按皮肤血液流变学检查结果分：分为色素型、血管型、色素优势型和血管优势型 4 种类型。

中医认为多数黄褐斑患者多因情志不畅、肝气郁结、脾胃虚弱、气血亏虚、肾阴不足、水不制火、气滞血瘀、瘀阻经络、肠虚便秘、痰浊内停所造成，一般将黄褐斑分为 5 种类型进行辨证论治，分别为肝郁气滞型、肾阴不足型、气滞血瘀型、肝脾两虚型、脾虚湿浊型。

（二）黄褐斑的形成机制

黄褐斑的形成机制极其复杂，可能与内分泌紊乱、紫外线照射、氧自由基、遗传敏感性、口服避孕药物、妊娠、内脏疾病、微生态失衡等因素有关。内分泌异常是黄褐斑发病的重要原因，尤其是女性患者，体内雌激素和孕激素升高，雄性激素下降，均可促使黑色素增加，酪氨酸酶的活性增高，导致面部色素斑的形成。有些妊娠期妇女面部出现黄褐斑，是由于雌激素增高刺激黑色素细胞分泌黑素体，孕激素增高促使黑素体的运转和扩散所致，常在分娩之后色斑逐渐消失。一些妇科疾病患者面部容易出现黄褐斑，如月经不调、痛经、盆腔炎、附件炎、子宫肌瘤、卵巢囊肿、不孕症、泌尿生殖道感染、乳腺小叶增生等。一些慢性肝病与其他慢性消耗性疾病患者亦可出现黄褐斑，如胃病、结核病、肿瘤、肝炎、肝硬化、慢性酒精中毒、甲状腺疾病等。长期的思想紧张、精神刺激、神经衰弱等精神因素，均可导致内分泌功能紊乱而生黄褐斑。过多接受紫外线照射，可增强黑色素细胞活性，引起色素沉着，面部极易生出黄褐斑，应用遮光剂可使病情减轻。体内缺乏维生素 A、C、E、烟酸、氨基酸、谷胱甘肽等，面部易生出黄褐斑。长期使用劣质化妆品，外用含有激素的软膏，或长期口服避孕药、盐酸氯丙嗪、苯妥英钠等药物，也会导致面部色素沉着。黄褐斑还与遗传造成的黄褐斑体质有关，30% 的患者家庭中有黄褐斑病史。此外，黄褐斑还与微生态失衡有关，包括氧化与抗氧化失衡、局部皮肤菌群的改变等。

中医学认为黄褐斑是全身功能失调的外在表现之一，其变化与肝郁、脾虚、肾虚相关。肝失条达，气机郁结，郁久化火，灼伤阴血，血行不畅，可导致颜面气血失和；脾气虚弱，运化失健，不能化生精微，则气血不能润泽于颜面；肾阳不足，肾精亏虚等病理变化均可导致颜面发生黄褐斑。

知识链接

黄褐斑的治疗方法

黄褐斑的治疗应查清病因、标本兼治、数管齐下、综合治疗。在生活中保持心情舒畅，避免过分忧虑和疲劳，保证充足的睡眠时间，多食含维生素 C 和 E 的食物，尽量避免日光照射，合理选用化妆品，停止服用避孕药，有助于防止皮肤衰老和色素沉着。黄褐斑的全身治疗常需口服或静注维生素 C，维生素 C 能将颜色较深的氧化型色素还原成色浅的还原型色素，并将多巴醌还原成多巴，从而减少色素沉着。黄褐斑的局部治疗一般外用氢醌类制剂、维甲酸制剂、双氧水、遮光剂、抗皮肤衰老剂、中草药去斑护肤品等。氢醌类制剂包括：10%~20% 氢醌单苯醚霜、3%~5% 氢醌霜、3% 对苯二酚单丙酸酯等。氢醌为酪氨酸酶抑制剂，主要阻断从酪氨酸到多巴的反应过程，阻止酪氨酸氧化成二羟苯丙氨酸，从而有效地阻止黑色素的生成。联合局部外用 0.1% 维甲酸、5.0% 氢醌、0.1% 地塞米松，4~6 周后可使色素明显减退。遮光剂可保护皮肤免受紫外线光损伤，防止色素沉着，常用的遮光剂包括对氨基苯甲酸、水杨酸苯酯、二氧化钛等。外用维生素 E 能抑制自由基诱导的脂质过氧化，防止皮肤衰老和色素沉着。沙棘内含维生素 C、维生素 E 及多种氨基酸，5% 沙棘乳剂具有抗衰老和减轻色素沉着作用。此外，局部外用含果酸类成分的中药护肤品也有一定的祛斑作用。

中医中药治疗黄褐斑方法很多，常对不同患者进行辨证论治：肝郁气滞型用逍遥丸或养血疏肝丸，肾阴不足型用六味地黄丸、杞菊地黄丸等加减，气滞血瘀型用八珍丸、当归丸、益母草膏等加减，肝脾两虚型以二陈汤、四君子汤加减，脾虚湿浊型以参苓白术散加减。此外，针灸、耳穴疗法对本病亦有一定疗效。

笔记栏

课堂互动

查阅黄褐斑的图片或黄褐斑防治案例，讨论：

(1) 有人认为痤疮皮肤容易产生黄褐斑，你认为正确吗？

(2) 黄褐斑好发于中青年女性，原因是什么？

二、有助于改善黄褐斑功能保健食品的常用原料

（一）有助于改善黄褐斑功能保健食品开发的一般要求

黑色素是决定皮肤色泽的主要因素。黑色素是酪氨酸在酪氨酸酶作用下合成的，酪氨酸酶在黑素体的生成及其黑素化过程中起重要作用。开发有助于改善黄褐斑功能保健食品主要是通过影响色素形成相关酶的作用，减少色素的生成，或减弱紫外线效应降低黑素细胞活性从而减少色素形成，或去除已存在的过量色素，以达到有助于改善黄褐斑的目的。

（二）有助于改善黄褐斑功能保健食品原料

具有有助于改善黄褐斑功能保健食品的常用原料包括：大豆异黄酮、维生素C、维生素E、人参提取物、珍珠粉、丹参、当归提取物、西洋参、芦荟、马鹿胎粉、蜂王浆冻干粉、葡萄籽提取物、谷氨酸、赖氨酸等。其中，大豆异黄酮和维生素C是最常用的有助于改善黄褐斑功能保健食品原料。

1. 大豆异黄酮　大豆异黄酮类成分主要包括大豆苷、大豆苷元、染料木苷、染料木素、黄豆黄素、黄豆黄素苷元等。大豆异黄酮广泛存在于豆类、谷类、水果、蔬菜等300多种植物中，日常饮食中主要有大豆及其制品。

大豆异黄酮是一种植物性雌激素，又称为植物动情激素，是一种天然荷尔蒙。异黄酮是黄酮类化合物中的一种，主要存在于豆科植物中，是大豆生长中形成的一类次级代谢产物。大豆异黄酮的雌激素作用影响到激素分泌、代谢生物学活性、蛋白质合成、生长因子活性，是天然的癌症化学预防剂，能够弥补30岁以后女性雌性激素分泌不足的缺陷，改善皮肤水分及弹性状况，缓解更年期综合征和改善骨质疏松。大豆异黄酮具有抗氧化作用、雌激素样作用、对心血管系统的作用、防癌和抗癌作用等。黄褐斑发病主要原因与血中雌激素水平高相关，因此大豆异黄酮是有助于改善黄褐斑功能保健食品常用原料。

2. 维生素C　维生素C，又称L-抗坏血酸，为酸性己糖衍生物，是烯醇式己糖酸内酯，维生素C主要来源新鲜水果和蔬菜，是高等灵长类动物与其他少数生物的必需营养素。维生素C有L-型和D-型两种异构体，只有L-型才具有生理功能，还原型和氧化型都有生理活性。维生素C具有促进抗体及胶原形成，组织修补（包括某些氧化、还原作用），苯丙氨酸、酪氨酸、叶酸的代谢，铁、碳水化合物的利用，脂肪、蛋白质的合成等功能，也是维持机体免疫功能、保持血管完整、促进非血红素铁吸收等所必需。此外，维生素C还具有抗氧化、抗自由基生成，抑制酪氨酸酶合成的活性。因此，维生素C是有助于改善黄褐斑功能保健食品常用原料，可以达到美白、淡斑的效果。

知识链接

益寿永贞膏

益寿永贞膏是明代的一个宫廷秘方，方中含鲜地黄、人参、枸杞、麦冬、天冬、茯苓、

笔记栏

蜂蜜。相传明代永乐年间，皇帝为了长葆青春，降旨太医院拟定服食驻颜长寿专方。经过御医们的集体讨论，在著名的补益气阴的古方“琼玉膏”基础上加上枸杞、麦冬、天冬，永乐皇帝服用这药膏后，效果十分显著，精神焕发、容颜不老，于是“龙心大悦”，给此方剂赐了“益寿永贞”的美名。常服此膏，可消除皮肤色斑（黄褐斑）、皱皱衰老。

三、有助于改善黄褐斑功能保健食品的功能学评价程序

（一）试验项目

人体试食试验项目

(1) 黄褐斑面积。

(2) 黄褐斑颜色。

（二）试验原则

1. 所列的指标均为必做项目。

2. 试验前后应针对固定皮肤范围内的黄褐斑面积及颜色进行分析。

3. 在进行人体试食试验时，应对受试样品的使用安全性作进一步的观察。

（三）结果判定

试食组黄褐斑面积明显减少且大于等于10%，颜色积分明显下降，差异均有显著性，且不产生新的黄褐斑，即可判定该受试样品具有有助于改善黄褐斑功能。

（四）有助于改善黄褐斑功能检验方法

1. 受试者纳入标准

(1) 面部淡褐色至深褐色，界限清楚的斑片，通常对称性分布，无炎性表现及鳞屑。

(2) 无明显自觉症状。

(3) 主要发生在青春期后，女性多发。

(4) 有一定的季节性，夏重冬轻。

(5) 无明显内分泌疾病，并排除其他疾病引起的色素沉着。

2. 受试者排除标准

(1) 年龄在18岁以下或65岁以上者，妊娠或哺乳期妇女，过敏体质及对本保健食品过敏者。

(2) 合并有心血管、脑血管、肝、肾和造血系统等严重疾病及内分泌疾病，精神病患者。

(3) 嗜酒者或吸烟者。

(4) 短期内服用与受试功能有关的物品，影响对结果的判断者。

(5) 未按规定服用受试样品，无法判定功效或资料不全影响功效或安全性判断者。

3. 试验设计及分组要求　采用自身和组间两种对照设计。按受试者的黄褐斑颜色、面积情况随机分为试食组和对照组，尽可能考虑影响结果的主要因素如户外活动情况、性别、年龄等，进行均衡性检验，以保证组间的可比性。每组受试者不少于50例。

4. 受试样品的剂量和使用方法　试食组按推荐服用方法、服用量服用受试产品，对照组可服用安慰剂或采用空白对照。受试样品给予时间30天，必要时可以延长至60天。受试者在试验期间停止使用其他口服及外用有关养颜祛斑的用品。试验期间不改变原来的饮食习惯，正常饮食。

5. 观察指标

(1) 安全性指标

1) 一般状况（包括精神、睡眠、饮食、大小便、血压等）。

笔记栏

2)血、尿、便常规检查。

3)肝、肾功能检查。

4)心电图、胸片、腹部B超检查(在试验开始前检查一次)。

(2)功效性指标

1)颜面部黄褐斑面积大小检测:用标尺测量受试前后整个颜面部黄褐斑的面积(mm^2)。

2)颜面部黄褐斑颜色深浅检测:按照中国科学院地理研究所设计研制,测绘出版社1992年出版的《实用标准色卡》中的棕色(Y+M+BK,即黄+品红+黑的叠色)色卡为黄褐斑深浅的判断标准:Ⅰ度(15、20、5),Ⅱ度(30、40、10),Ⅲ度(40、60、15)。

6. 数据处理和结果判定对试食前后黄褐斑颜色积分和面积变化进行统计,同时计算有效率。色卡Ⅰ度、Ⅱ度和Ⅲ度分别计1分、2分和3分。

(1)功效判定标准

有效:黄褐斑颜色下降Ⅰ度,面积减少大于10%,且不产生新黄褐斑。

无效:黄褐斑颜色及面积无明显变化。

试验数据为计量资料,可用t检验进行分析。凡自身对照资料可以采用配对t检验,两组均数比较采用成组t检验,后者需进行方差齐性检验,对非正态分布或方差不齐的数据进行适当的变量转换,待满足正态方差齐后,用转换的数据进行t检验;若转换数据仍不能满足正态方差齐要求,改用t'检验或秩和检验;但变异系数太大(如$CV>50\%$)的资料应用秩和检验。

有效率采用χ^2检验进行检验。四格表总例数小于40,或总例数等于或大于40但出现理论数等于或小于1时,应改用确切概率法。有效率采用χ^2检验。

(2)结果判定:试食组黄褐斑面积平均减少,且大于等于10%,颜色积分明显下降,自身前后比较及与对照组比较,差别均有显著性,且不产生新的黄褐斑,可判定该受试样品具有有助于改善黄褐斑功能的作用。

实例

目前国家市场监督管理总局批准了保健功能为有助于改善黄褐斑的国产保健食品346个、进口保健食品15个。

(一)××牌鹿胎丹白颗粒

保健功能:祛黄褐斑。

功效成分/标志性成分含量:每100g含大豆异黄酮500mg、大豆苷325mg、大豆苷元150mg、染料木素2.3mg、染料木苷18mg、蛋白质7.0g。

主要原料:马鹿胎冻干粉、丹参、葛根、白芍、大豆异黄酮、糊精、甘露醇、羧甲基纤维素钠。

适宜人群:有黄褐斑的成年女性。

不适宜人群:少年儿童、孕妇和哺乳期妇女、妇科肿瘤患者及有妇科肿瘤家族病史者。

食用方法及食用量:每日2次,每次1袋,冲饮。

产品规格:5g/袋。

保质期:24个月。

贮藏方法:置阴凉干燥处存放。

注意事项:本品不能代替药物;不宜与含大豆异黄酮成分的产品同时食用;长期食用注意妇科检查。

笔记栏

（二）××牌舜华胶囊

保健功能：祛黄褐斑。

功效成分/标志性成分含量：每100g含总黄酮0.30g。

主要原料：当归、白芍、白芷、菊花、茯苓、珍珠粉、淀粉、硬脂酸镁。

适宜人群：有黄褐斑者。

不适宜人群：少年儿童。

食用方法及食用量：每日3次，每次3粒。

产品规格：0.38g/粒。

保质期：24个月。

贮藏方法：避光、密封，置干燥阴凉处。

注意事项：本品不能代替药物。

第三节 有助于改善皮肤水分状况功能保健食品

一、概述

水是人体之本，胎儿体内水分约占90%，婴儿为80%，青壮年为70%，中老年为60%甚至50%，人的老年化过程也是一种水分丢失的过程。皮肤是人体最大的器官之一，约占体质量的16%，人体皮肤表层水分在12%~15%时，皮肤光滑而有弹性。一旦缺少水分，引起的干燥则严重影响肌肤的健康。研究表明，眼睛处于干燥状态3小时，会在一天内黯淡无光，没有神采；手部处于干燥状态1天，需要3天恢复原有的弹性；脸部处于干燥状态3天，皮肤会起皮、长皱纹、皮肤色素沉积加快，干燥时间超过7天，会产生色斑，堆积毒素，需要3个月恢复；全身干燥状态超过30天，生成各种顽固性色斑、皱纹，皮肤老化速度加快3年。

皮肤干燥有两种类型：一种是简单型，即皮肤缺乏油脂，使皮肤的水分容易蒸发，经常发生在35岁以下的女性中；一种是复杂型，发生在老年人中，既缺乏油脂又缺乏水分，特别是皮肤松皱、皮肤脱色或有色斑，主观感觉为皮肤紧巴。皮肤干燥主要发生在面部和手部，原因是膳食中缺乏维生素A和B族维生素，以及皮肤受风吹日晒的缘故。作为补水美肤类材料的主要功能在于向构成皮肤的表皮和真皮补充其主要成分。随着年龄增长，皮肤角质层中的天然保湿因子（natural moisturing factors，NMF）减少以及皮肤水合能力的下降，使皮肤细胞的水分减少，导致细胞皱缩、老化，出现小细纹，因此补充皮肤水分可以在一定程度上延缓皮肤的衰老。

根据中国保健协会统计数据显示，截至目前，国家批准改善皮肤水分状况功能的保健食品共计35个，其中国产为29个，进口为6个。且多种产品同时申报了两种以上的保健功能，包括改善睡眠、祛黄褐斑、延缓衰老等。

就改善皮肤水分而言，以前更多的关注在化妆品上，现在对美丽的追求趋向于“由外而内”，人们开始注重内部的调节，“食疗”受到越来越多的青睐。美容养颜类保健食品成为保健品产业内最大的细分市场之一，女性美容型保健品将有着巨大的市场需求，2019年国内美容保健品市场规模近200亿元，未来销售额还将继续增长。

二、有助于改善皮肤水分状况功能保健食品的常用原料

有助于改善皮肤水分状况功能保健食品的常用原料有：珍珠、白芷、葛根、透明质酸、大豆异黄酮、维生素 E、牛磺酸、刺五加、芦荟、当归、鱼油、乌梅、见草油、山药、胶原蛋白、枸杞子、昆布、桑椹、红花等。

中药美容有着悠久的历史，并且可以从整体上对人体进行调理，标本兼治。中药可以改善人体皮肤的"缺水"状态，从而缓解皮肤干燥、瘙痒、衰老等因缺水造成的症状。如《日华子本草》中载："天冬润五脏，益皮肤，悦颜色"。改善皮肤水分状况功能的常用中药有：制首乌、当归、熟地黄、白芍、桃仁、红花、川芎、蜂蜜、水。

三、有助于改善皮肤水分状况功能保健食品的功能学评价程序

（一）试验项目

人体试食试验项目：皮肤水分含量。

（二）受试者纳入标准

受试者的年龄为 30~50 岁，皮肤水分 ≤ 12。

（三）受试者排除标准

1. 妊娠或哺期妇女，过敏体质及对本保健品过敏者。

2. 合并有心脑血管、肝、肾和造血系统性疾病和精神病史者。

3. 未按试验要求进行试食受试样品，无法判定功效或资料不全影响疗效或安全性判断者。

（四）有助于改善皮肤水分状况功能保健食品的检验方法

1. 试验设计及分组要求　采用组间和自身两种对照设计。按受试者的皮肤水分情况随机分为试食组和对照组，尽可能考虑影响结果的主要因素如年龄等，进行均衡性检验，以保证组间的可比性。每组受试者不少于 50 例。

2. 受试样品的剂量和使用方法　试食组按推荐服用方法、服用量服用受试产品，对照组可不进行任何处理，也可服用安慰剂或具有同样作用的阳性物。观察时间不少于 30 天，必要时可适当延长。受试者在试验期间不得服用其他保持皮肤水分的物品及影响结果判定的化妆品。试验期间不改变原来的饮食习惯，正常饮食。

3. 观察指标

(1) 安全性指标

1) 一般状况包括精神、睡眠、饮食、大小便、血压等。

2) 血、尿、便常规检查。

3) 肝、肾功能检查。

4) 胸部 X 线、心电图、腹部 B 超检查（仅在试验开始前检查一次）。

(2) 功效性指标：测试前额眉间皮肤的水分。

测定环境：在宽敞、通风条件良好，温度、湿度等空间环境稳定的检查室进行。在安静状态下用洁净棉球蘸蒸馏水清洁被测部位，擦干后 15 分钟进行水分的测定，试验前后测定工作由同一人进行。

4. 数据处理和结果判定　对试食前后皮肤水分变化进行统计。

(1) 功效判定标准

有效：水分得到改善，并经统计学检验有显著性差异。

无效：水分没有得到显著改善。

笔记栏

试验数据为计量资料，可 t 检验进行分析。凡自身对照资料可以采用配对 t 检验，两组均数比较采用成组 t 检验，后者需进行方差齐性检验，对非正态分布或方差不齐的数据进行适当的变量转换，待满足正态方差齐后，用转换的数据进行 t 检验；若转换数据仍不能满足正态方差齐要求，改用 t' 检验或秩和检验；但变异系数太大（如 $CV>50\%$）的资料应用秩和检验。

(2) 结果判定：试食组皮肤水分明显改善，试食前后自身比较及与对照组比较，差异均有显著性，可判定该受试样品具有改善皮肤水分的作用。

四、服用有助于改善皮肤水分状况功能保健食品注意事项

（一）适宜与不适宜人群

适宜人群：国家规定改善皮肤水分状况功能的适宜人群为皮肤干燥者，多指 18 岁以上的成年女性。

不适宜人群：国家没有规定该功能的不适宜人群，但多数该功能保健食品都不适合儿童食用。含红花成分的保健食品不适合孕妇食用。

（二）美容保健食品与化妆品不可混淆

有些企业将保健食品宣称为“可食性化妆品”，但保健食品不像化妆品那样迅速见效，人体通过保健食品达到皮肤表面的改善和修复是一个漫长的过程，至少需要半个月的时间。

（三）不同功能的美容保健食品不可混用

美容保健食品可分为两类：改善皮肤水分、改善皮肤油分属于滋养类产品；祛痤疮、祛黄褐斑属于泻火类产品。两者配伍成分的作用恰恰相反，万不可同时食用。有些企业为了扩大销售对象，在产品外包装上只标注美容，而不标注具体功能，自然会对消费者造成误导。人体出现痤疮和黄褐斑，往往是由于激素偏高造成内分泌紊乱，如果再吃含有动植物激素成分的滋养类美容保健品，必然会加剧内分泌功能的紊乱。

（四）大豆异黄酮不可长期服用

大豆异黄酮是大豆生长中形成的一类次级代谢产物，与雌激素有相似结构，可延缓容颜衰老，短期并适量服用是安全的，但长期并大量服用雌激素容易引发子宫颈癌、卵巢癌、乳腺癌等妇科癌症。同时，大豆异黄酮中的金雀异黄素属于低毒物质，可引起实验动物性早熟、假孕、胎盘吸收、死胎、流产、不育等生殖毒性作用，超大剂量时可引起动物死亡。

（五）要认准保健食品批准文号

目前，具有批准文号的美容类保健食品包括祛黄褐斑、改善皮肤水分状况、祛痤疮三类，凡宣传有美白作用的保健食品就可认定其违法。

（六）改善皮肤水分状况的误区

1. 将补水与保湿混为一谈　补水是直接补给肌肤角质层细胞以所需要的水分，滋润肌肤的同时，更可改善微循环，增加肌肤滋润度。保湿则仅仅是防止肌肤水分的蒸发，无法解决肌肤的缺水问题。

2. 油性皮肤不需要补充水分　秋冬季节，各类型皮肤都处于缺水状态，但补水方式不尽相同。对于油性皮肤而言，低气温和低湿度反而会令油分恢复正常，但油分多不等于水分够，因为皮脂与水分失调，皮肤入冬即使仍然油光满面，也可能会有脱皮现象。水分的及时补充对油性肌肤来说同样重要，也是必不可少的环节。

3. 年纪超过 30 岁才应注意皮肤保养　女性到了青春期，体内激素分泌出现重大变化，这时就需要加强皮肤的护理和保养，若等到皮肤干燥时，才开始保养，恐怕为时已晚。特别是那些在青春期就开始化妆的女性，尤其需要使用一些产品来补充皮肤失去的水分。

笔记栏

4. 补水就要多喝水　准确地说，身体“渴”与肌肤“渴”并没有直接关联。不过从健康角度说，人体每天要补充 1 500~1 800ml 水，肌肤状况也能部分反映身体的健康状况。除了喝水，还可以用喝汤、吃水果的方式摄取水分。

5. 忽视导致肌肤老化的缺水问题　肌肤含水量的下滑直接导致了肌肤干燥、发黄、发暗、肌肤无光泽、松弛、皱纹早生等现象，因此必须重视肌肤缺水问题，尤其在秋季，更要重视肌肤补水。

实例

目前国家市场监督管理总局批准了保健功能为有助于改善皮肤水分状况的国产保健食品 29 个、进口保健食品 6 个。

(一) ×× 牌鱼胶原大豆异黄酮粉

保健功能：改善皮肤水分。

功效成分 / 标志性成分含量：每 100g 含蛋白质 57g、羟脯氨酸 4g、大豆异黄酮 0.9g。

主要原料：鱼胶原蛋白粉、大豆异黄酮、珍珠粉、低聚果糖、羧甲基纤维素钠、柠檬酸、苹果酸、三氯蔗糖。

适宜人群：皮肤干燥的成年女性。

不适宜人群：少年儿童、孕期及哺乳期妇女、妇科肿瘤患者及有妇科肿瘤家族病史者。

食用方法及食用量：每日 2 次，每次 1 袋，冲食。

产品规格：3g/ 袋。

保质期：24 个月。

贮藏方法：置阴凉干燥处。

注意事项：本品不能代替药物；不宜与含大豆异黄酮成分的产品同时食用；长期食用注意妇科检查。

(二) ×× 牌雅沁胶囊

保健功能：改善皮肤水分。

功效成分 / 标志性成分含量：每 100g 含羟脯氨酸 5.0g、大豆异黄酮 2g、大豆苷 0.29g、大豆苷元 1.3g、染料木素 0.46g、染料木苷 0.07g、原花青素 4g、维生素 E 2.6g。

主要原料：胶原蛋白、大豆提取物、葡萄籽提取物、维生素 E、微晶纤维素、二氧化硅、硬脂酸镁。

适宜人群：皮肤干燥的成年女性。

不适宜人群：少年儿童、孕妇、哺乳期妇女、妇科肿瘤患者及有妇科肿瘤家族病史者。

食用方法及食用量：每日 2 次，每次 3 粒，温水送食。

产品规格：0.32g/ 粒。

保质期：24 个月。

贮藏方法：密封，置阴凉干燥处。

注意事项：本品不能代替药物。本品添加了营养素，与同类营养素同时食用不宜超过推荐量；不宜与含大豆异黄酮类成分的产品同时食用；长期食用注意妇科检查。

笔记栏

学习小结

1. 学习内容

有助于改善痤疮功能、有助于改善黄褐斑功能、有助于改善皮肤水分状况功能保健食品	有关病症的病因及防治原则
	该类保健食品的原料与配方的特点
	该类保健食品功能评价的基本方法
	相关实例

2. 学习方法　结合有关医学基本知识，理解痤疮、黄褐斑、干性皮肤成因及防治原则；结合实例理解这类保健食品的原料与配方的特点；结合临床治疗方法理解相关的功能评价方法。

（王厚伟　孟　江　时　军）

复习思考题

1. 痤疮的可能病因是什么？
2. 如何评价保健食品的有助于改善痤疮功能？
3. 如何评价保健食品的有助于改善黄褐斑功能？
4. 简述服用改善皮肤水分功能保健食品的注意事项。

第十二章 缓解体力疲劳、耐缺氧功能保健食品

笔记栏

PPT 课件

学习目标

1. 掌握缓解体力疲劳功能保健食品的评价程序；熟悉常用功能原料；了解导致体力疲劳的有关机制，了解研发具有缓解体力疲劳功能的保健食品的策略。

2. 掌握耐缺氧功能保健食品的评价程序；熟悉常用功能原料；了解缺氧症状的表现，了解研发具有耐缺氧功能的保健食品的研发思路。

第一节　缓解体力疲劳功能保健食品

一、概述

(一) 疲劳的基本概念与分类

疲劳是人们连续学习或工作以后效率下降的一种现象，可以分为生理疲劳与心理疲劳两种。临床上一般将疲劳分为体力疲劳、脑力疲劳、心理疲劳、病理疲劳和综合性疲劳。

体力疲劳又叫躯体性疲劳。人持续长时间、高强度的体力活动时，体内会产生大量的代谢物，如乳酸、二氧化碳、血清尿素等，这类物质在体内积聚，刺激人体的组织细胞和神经系统，就会使人产生疲劳感。

脑力疲劳是人们长时间用脑后引起大脑血液和氧气供应不足导致的，具体可出现注意力不集中、头昏眼花、反应迟钝、四肢乏力或嗜睡等症状，严重的可引起失眠、多梦、恶心、呕吐、性格改变等诸多问题。

心理疲劳是现代生活中最常见和较复杂的一种疲劳，其产生与心理、社会环境及生活方式等因素有密切关系，如精神紧张和学习工作过量、繁杂的信息轰击、住房拥挤、噪声、工作条件恶劣、疾病、家庭不和、人际关系紧张、事业遭到挫折等，均是诱发心理疲劳的重要因素。人长期从事一些单调、机械的工作或学习活动，中枢局部神经细胞由于持续紧张而出现抑制，致使人对工作、生活的热情和兴趣明显降低，直至产生厌倦情绪。产生心理疲劳的人，轻者出现厌恶与逃避工作、学习及生活的症状，重者还可出现抑郁症、神经衰弱、强迫行为以及诸如开始吸烟、酗酒等生活习惯改变的现象。长年累月便在心理上造成心理障碍、心理失控甚至心理危机，在精神上造成精神萎靡、精神恍惚甚至精神失常，引发多种心身疾患，如紧张不安、动作失调、失眠多梦、记忆力减退、注意力涣散、工作效率下降等，以及引起诸如偏头痛、荨麻疹、高血压、缺血性心脏病、消化性溃疡、支气管哮喘、月经失调、性欲减退等疾病。

病理疲劳是由于某些疾病所造成的人体虚弱、无力等症状。疲劳是这些病的先兆之一，

笔记栏

比如病毒性肝炎、肺结核、糖尿病、心肌梗死、贫血、血液病、癌症等都可使患者感到莫名其妙的疲劳。这种疲劳与体力、脑力、心理性疲劳性质完全不同,它有三个特点:一是在健康人不应该出现疲劳时出现;二是疲劳的程度严重,消除慢;三是这种疲劳常伴有其他症状,如低热、全身不适、食欲不振或亢进等,只有在疾病治愈后,疲劳才会消除。

综合性疲劳往往不是单一原因引起的,它既有体力、脑力的原因,也有心理、社交的原因,也可能还夹杂着疾病的原因,使各种单一疲劳的"症状"不很突出和典型,这种非单一因素引起的疲劳称为综合性疲劳。

(二)体力疲劳的特点与缓解体力疲劳保健食品的本质

1. 体力疲劳的特点　体力疲劳属于生理疲劳。由于运动引起机体生理生化功能改变而导致机体运动能力暂时降低的现象被称为运动性疲劳。疲劳是防止机体发生威胁生命的过度功能衰竭而产生的一种保护性反应,它的产生提醒工作者应降低工作强度或中止运动以避免机体损伤。当肌肉和器官完全不可能维持其运动功能时,即精疲力竭。

2. 缓解体力疲劳保健食品的本质　卫生部于2003年5月出台了《保健食品检验与评价技术规范》,将1996年发布的《保健食品功能学评价程序与检验方法》中的"抗疲劳"保健功能改为"缓解体力疲劳"功能(市场上这类保健食品的保健功能项下仍有书写当时批准的"抗疲劳"功能)。国家规定"缓解体力疲劳"功能的检验方法是结合运动试验和三项生化指标的结果判定。从试验内容和生化指标可以看出,"缓解体力疲劳"功能是指缓解劳动、运动后的体力疲劳即运动性疲劳。

3. 缓解体力疲劳保健食品适宜人群　缓解体力疲劳保健食品的适宜人群是"易疲劳者",主要是指以下人群:

(1)运动员及爱好运动、健身的人群。

(2)高温作业人员。

(3)军事活动人员。

(4)高原地区作业人员。

(5)其他人员,包括夜班工作人员、长途司机等。

此外,短暂剧烈运动、旅游引起的疲劳人员也都属于易疲劳人群。

国家规定此类保健食品的不适宜人群是少年儿童,这是由于很多可以缓解体力疲劳的成分会影响少年儿童的生长发育。缓解体力疲劳类保健食品需要加做兴奋剂检测试验。

(三)体力疲劳的机制

根据疲劳发生的部位可将体力疲劳分为中枢疲劳和外周疲劳。

1. 中枢疲劳及其机制　中枢疲劳是指发生在脑至脊髓部位的疲劳。其特点是:

(1)由于中枢神经系统发生功能紊乱,改变了运动神经元的兴奋性。疲劳时神经冲动的频率减慢,使肌肉工作能力下降。

(2)中枢内代谢功能失调,表现为大脑细胞中腺苷三磷酸(ATP)水平明显降低,血糖含量减少,γ-氨基丁酸含量升高,特别是5-羟色胺和脑氨升高,引起多种酶活性下降,ATP再合成速率下降,从而使肌肉工作能力下降导致疲劳。

2. 外周疲劳及其机制　外周疲劳主要指运动器官肌肉的疲劳。其主要表现为:肌肉中供能物质输出的功率下降,使机体不能继续保持原来的劳动强度;肌肉力量下降。肌肉中供能物质的变化机制与疲劳的发生之间的关系如下:

(1)磷酸原贮备减少而发生疲劳:研究发现当机体进行短时间极限强度的运动时,由于肌肉中ATP含量极少,仅能够维持1~2秒的肌肉收缩。当肌肉中ATP含量减少后,磷酸肌酸将所贮存的能量随磷酸基团迅速转移给腺苷二磷酸(ADP),以重新合成ATP。肌肉中磷

笔记栏

酸肌酸的含量尽管比 ATP 高 3~4 倍，但也只能使剧烈运动持续约 10 秒。可见短时间的极限强度的运动导致的疲劳与 ATP、磷酸肌酸的大量消耗有关。

(2) 糖贮备减少而发生疲劳：糖是肌肉活动时能量的重要来源，在超过 10 秒的高强度运动中，糖是主要的供能物质。当肌肉中的糖原被大量消耗时，机体活动能力降低，出现疲劳。长时间运动时肌肉不仅消耗糖原，同时还大量摄取血糖。当摄取速度大于肝糖原的分解速度时，血糖水平降低。中枢神经系统主要靠血糖供能，血糖降低引起中枢神经系统供能不足，从而导致全身性疲劳的发生。在正常情况下，机体内糖的合成与代谢是在动态平衡下进行的。血糖水平降低导致疲劳的产生，致使运动成绩下降，严重的时候，如马拉松赛跑，由于体内肝糖原几乎耗尽，会引发运动员晕厥甚至昏迷等现象。

(3) 乳酸与肌肉疲劳的发生：肌体进行超过 10 秒的剧烈运动，其肌肉不能得到充足的氧气时，主要靠糖原的无氧酵解来获得能量。乳酸是在缺氧条件下糖酵解的产物，随着糖酵解速度的增加，肌肉中的乳酸量不断增加。在剧烈的运动时，肌肉中乳酸含量可比安静时增加 30 倍。尽管机体对于堆积的乳酸经三条代谢途径清除，但由于这三条代谢途径起始时都要经过将乳酸氧化成丙酮酸的过程，这一过程在缺氧时是不能进行的。因此在剧烈的运动或劳动中，肌肉中的乳酸量将逐渐积累，解离的氢离子使肌细胞 pH 下降，进而引起一系列生化变化。其变化使 ATP 酶活性下降，不利于 ATP 的恢复；使磷酸果糖激酶活力下降，磷酸果糖激酶是糖酵解反应的限速酶，其活力下降将使糖酵解供能过程减慢，当 pH 下降到 6.3~6.4 时，该酶活性几乎完全丧失，使糖酵解过程中断；影响肌浆网中钙离子的释放及其与肌钙蛋白的偶联调节，缩短了肌球、肌动蛋白的连接收缩过程，从而使肌力下降；破坏了细胞内外离子平衡，使肌细胞膜电位下降，导致肌力下降；使分解脂肪作用降低，脂肪供能减少，导致肌力下降。实验证明，快肌的乳酸堆积的速度要高于慢肌，故快肌容易疲劳。可见体育工作者的肌细胞中乳酸堆积和肌肉工作能力有关。

(4) 脂肪动用与疲劳：体内脂肪的贮备量较多，在理论上可供 120 小时以上的中强度的运动。但实际上在脂肪尚未大量动用之前，机体已因疲劳而停止运动。当运动员以脂肪作为能源时，糖的消耗会减少，但利用脂肪供能时由于其输出功率仅是糖有氧氧化供能的一半，是糖酵解的 1/4，因而产生运动的力量和速度都会降低，意味着疲劳出现。

由此可见，运动性疲劳的产生大致可归纳为以下几点：

1) 能源、物质过度消耗。如 ATP、肌糖原和肝糖原过度消耗。

2) 内环境的紊乱。除了乳酸堆积外，机体渗透压、离子分布、pH、水分、温度等内环境条件的变化，使体内酸碱平衡、渗透平衡、水平衡等失调，导致机体工作能力下降而发生疲劳。

3) 神经系统、酶、激素在运动时的代谢调控失调等。

二、缓解体力疲劳功能保健食品的常用原料

（一）缓解体力疲劳保健食品开发的一般要求

体力疲劳是体力劳动、运动引起体力下降的感觉，不同于疾病、脑力劳动和心理压力伴随的“体力疲劳”感。“体力疲劳”与身体承受的体力负荷大小直接相关。有科学研究提示，补充适宜的物质可以帮助缓解体力疲劳感。保健食品缓解体力疲劳的重要手段是补充能源和纠正机体内环境，特别是体液系统的不平衡。另外，通过提高机体器官的功能，特别是循环系统的功能，加速体内代谢物质的清除、排出，对缓解体力疲劳具有重要意义。目前市场上缓解体力疲劳的产品大致可以分为补充能量型、补充人体必需维生素和微量元素型、提高机体器官的功能型及综合型。糖等营养素以及乙醇均有一定的抗疲劳作用。以载体和功效成分组成的受试样品，当载体本身可能具有相同功能时，应将载体作为对照。按此

笔记栏

原则，含糖的保健食品糖量超过 30%，或每日绝对摄入量超过 30g 应设糖对照组；含乙醇的保健食品应设乙醇对照组（当乙醇含量超过 15% 时，应用原产品的酒基，将乙醇浓度调至 15%）。

（二）营养素与运动能力的关系

良好的体能是运动员在比赛中充分发挥潜能的重要保证，超量的训练负荷依赖于长期的营养供给，为此体育界将营养学运动能力恢复作为训练计划的一个重要组成部分，放在仅次于训练的重要位置。通过营养手段来提高运动员的运动能力，促进其体力恢复，预防运动性疾病是运动营养学的重要内容。合理的营养摄入有助于内环境的稳定，全面调节器官的功能，并使代谢过程顺利进行，有利于运动能力的提高。运动员营养不足或过剩不但会降低运动能力，甚至会产生某些运动性疾病。

1. 糖与运动能力　糖是人体主要的供能物质，糖容易被肠道吸收并易于氧化，糖的热价最高，它代谢的终产物二氧化碳和水不改变体液的酸碱度。因而随着运动员运动强度的增加，参与代谢的糖的比例也增加。

人体内的糖有三种，即存在血液中的葡萄糖、存在肝脏中的糖原和肌肉中的糖原。肝糖原可以由葡萄糖、半乳糖、果糖等单糖生成，也可由甘油、乳酸和成糖氨基酸等非糖物质生成，它不仅可以氧化以供应肝脏本身活动的需要，还可分解成葡萄糖进入血液，通过血液循环供其他组织利用，故肝糖原对于血糖水平的维持有重要作用。肌糖原只能由葡萄糖合成。当肌肉活动时，肌糖原分解可以产生大量能量供给肌肉活动需要，但由于肌肉中缺乏葡萄糖 -6- 磷酸酶，肌糖原不能直接分解成血糖供给其他组织利用。运动员由于肌肉发达，单位肌肉质量的糖原含量也高，所以运动员体内的肌糖原贮备较正常人高。

一般认为体内糖原的贮备和运动耐力呈正相关。如在赛跑中的前 1 小时，肌糖原的含量与运动能力无关，但在 1 小时后肌糖原含量高的受试者可保持其运动能力，因此可用肝糖原和肌糖原贮备为指标来评价机体缓解体力疲劳的能力。

2. 脂肪与运动能力　正常成人的脂肪含量占体重的 10%~20%，肥胖者可达 20%~30%。体脂是人体主要的能量贮备，因为贮存脂肪比贮存糖更为经济。在供氧充足时，脂肪是人体主要的能量来源。如安静时，85% 的能量供应是氧化来自动脉血的游离脂肪酸，仅 15% 来自血糖。在进行轻微活动时，脂肪供能大约占总能量供应的 60%。长时间的活动，如马拉松、越野跑时，体内氧供应充足，脂肪仍为主要能源，特别是马拉松至后半程，其脂肪供能可达 90%，可见脂肪是长时间运动的主要能源。对于长时间供氧充足的运动，增强脂肪分解，充分动员脂肪供能，无疑会提高机体的缓解体力疲劳能力。

脂肪在体内氧化供能时需要充足的氧的供应，如果运动时体内处在缺氧状态，脂肪得不到彻底氧化，其中间产物——酮体就会在血液及组织中堆积起来。另外，由于脂肪动员受脂肪酶活力的影响，而在长时间运动时，由于 ATP 大量分解生成 ADP 和 AMP，AMP 进一步分解为腺苷。积聚的腺苷与脂肪细胞上 AL 受体结合，会抑制脂肪细胞内激素敏感型脂肪酶的活性，从而抑制了脂肪的动员和利用。

3. 蛋白质与运动能力　蛋白质的生理活性对提高机体在运动中的生理功能具有重要意义，如通过提高线粒体中氧化酶的活性、提高血液中血红蛋白与肌肉中肌红蛋白的含量，在剧烈运动中机体能够更好地利用有氧代谢途径供能，从而降低疲劳程度。实验证明，在运动训练中有针对性地供给必需的蛋白质不仅可预防运动性贫血，而且可以提高训练效果。在考虑蛋白质供给量时，机体热能需要量必须充分满足。如果热能供给不足，则摄入的蛋白质就不能有效地被利用，甚至不能维持氮平衡。所以对人体而言，只有供给充足的能量才能发挥蛋白质应有的作用。随着运动强度的增加，热能消耗增加，人体对热能和蛋白质的需要

笔记栏

都有所增加，适应运动型的保健食品要保证热能和蛋白质的补充。但由于蛋白质分解代谢的产物及其排泄会增加肝脏和肾脏的负担，因此蛋白质补充也要适量。

4. 维生素与运动能力　机体中缺少维生素 B_1 会影响一些氨基酸的转氨作用，破坏机体氮平衡。资料表明，缺乏维生素 B_1 时机体水分和盐的代谢也会发生失常，这些都直接影响机体的活动能力。机体缺乏维生素 B_2 将直接影响氧化供能系统，使机体在活动中由于得不到充足的能量而产生疲劳感。维生素 B_6 是转氨酶的辅酶，其缺乏将影响蛋白质的活力。维生素 C 能够加强氧化还原过程，提高组织的吸氧能力，使组织的代谢营养功能加强，从而增强机体耐力，使之不易产生疲劳感。维生素 E 具有抗氧化作用，可以增强人体对缺氧的抵抗力，使机体耗氧减少，提高缓解体力疲劳的能力。

5. 无机盐与运动能力　无机盐是构成机体组织的重要成分，也是很多酶系的激活剂或组成成分。无机盐与蛋白质协同维持着组织细胞的渗透压，在体液移动和贮备过程中起重要作用。酸性、碱性无机盐离子及其原子团的相互配合维持着机体的酸碱平衡。各种无机离子在机体中保持一定比例是维持神经肌肉兴奋性和细胞膜通透性的必要条件。其中钙离子与运动能力之间的关系为：肌肉神经正常兴奋性及其兴奋传导都必须有一定的钙离子存在，血清钙量下降可使神经和肌肉的兴奋性增高而引起抽搐；钙还是许多酶的激活剂，如钙能激活肌细胞的 ATP 酶，促进肌肉收缩。镁在细胞内集中于线粒体中，对许多酶系统，特别是对与糖代谢及氧化磷酸化有关的酶系统起促进作用；镁与钙、钾、钠共同维持神经肌肉的兴奋性，并参与维持心脏正常功能的作用。磷除了是构成骨骼的原料之外，还是构成核酸、磷脂和许多辅酶的材料；磷参与许多与劳动能力有直接关系的生理功能，如糖和脂肪的代谢过程中需要有磷酸化合物的存在，腺苷三磷酸和磷酸肌酸中的磷起着贮存和转移能量的作用，磷酸盐从尿中排出的数量和形式有助于机体酸碱平衡的调节。铁在成人体内的含量约为 5g，其中血红蛋白里含有 73%，肌红蛋白里含有 3%，0.2% 存在于细胞色素酶、过氧化氢酶、过氧化物酶等一些酶系中。铁在机体中的主要作用是参与氧的转运、交换和组织呼吸过程。

（三）缓解体力疲劳的主要物质

1. 营养素　营养素的补充是缓解体力疲劳的重要方法，主要补充糖、脂肪、蛋白质、维生素和微量元素等。

2. 碱性食物　长期剧烈的运动会产生大量乳酸，从而降低血中的 pH，因此碱性食物能起缓冲作用，保持内环境的稳定及与肌肉运动有关的酶的功能正常。如柠檬酸钠或柠檬酸钾、碳酸氢钠能起缓冲作用；天冬氨酸的钾盐与镁盐有防止疲劳的作用，能消除一般的疲劳症状与长途行军中的疲劳。服用天冬氨酸盐能防止疲劳的积累，特别是能延缓运动到衰竭的时间。此外，天冬氨酸能转变为谷氨酸，加强中枢神经系统功能，增强运动员的意志。

3. 抗自由基及抗脂质过氧化物质　自由基与体力、脑力活动也有密切关系。可利用抗自由基与抗脂质过氧化的原理来防止在长期和过量的体育运动中肌肉细胞的损伤，如服用人体内固有的酶，包括超氧化物歧化酶、过氧化氢酶、谷胱甘肽过氧化物酶、谷胱甘肽转硫酶和葡萄糖磷酸脱氢酶，或服用营养素和生化物质，如维生素、胡萝卜素、谷胱甘肽、辅酶 Q_{10} 及微量元素锌、硒、锰和金属硫蛋白等。

4. 麦芽油　麦芽油是从小麦胚芽中提取的油类，含有胆碱、植物固醇等营养物质，还有二十八碳醇、谷胱甘肽及多种微量元素，是国际公认的抗疲劳物质，是美国最流行的缓解体力疲劳的物质之一。运动员在训练时服用麦芽油，能明显改善训练效果，增加机体的活动能力，增进机体对糖原的代谢。

5. 林蛙油　林蛙油能延长小鼠负重游泳时间、减少小鼠游泳时血清尿素的含量、增加

笔记栏

肝糖原含量、减少血乳酸的浓度,说明林蛙油是较好的抗体力疲劳物质。

6. 具有抗疲劳作用的中药 人参、刺五加等许多中药具有适应原样作用,它们有双向调节功能,与人体本身产生的应激反应不同,能增强机体对外界刺激的抵抗能力,使反应向着有利机体的方向进行;能改善神经系统功能,减轻疲劳,加速疲劳的恢复。如刺五加苷可提高敏锐度和物理耐力,可改善运动肌肉对氧的使用,可维持更久的有氧运动并更快地从运动疲劳中恢复。人参水煎液和人参皂苷具有明显的抗疲劳作用,可延长小鼠游泳时间,抑制游泳大鼠肌糖原的降低;可减轻疲劳大鼠的肾上腺皮质超微结构的病理变化;对疲劳大鼠的活动减少、运动能力下降、记忆力下降等各项指标均有改善作用;还可提高小鼠耐缺氧、抗寒冷、抗高温的能力。

红景天是景天科植物,是生长在海拔 800~5 000m 高寒无污染地带的珍稀野生植物。小鼠服食红景天提取物后,能明显延长长途游泳时间,刺激细胞内线粒体中 ATP 的合成或再合成,说明红景天有助于增强体能以及促进剧烈运动后身体的恢复。服用红景天提升或保持运动员的比赛或训练期间的耐力在体育界较为普遍。

常用的缓解体力疲劳的中药还有三七、灵芝、五味子、麦冬、西洋参、黄精、黄芪、枸杞、淫羊藿、巴戟天、补骨脂、桑椹、当归、山药、百合、绞股蓝等。

此外蝙蝠蛾拟青霉菌粉、拟黑多刺蚁、牡蛎提取物、L- 盐酸赖氨酸、牛磺酸、烟酰胺等也被广泛用于缓解体力疲劳的保健食品中。

三、缓解体力疲劳功能保健食品的功能学评价程序

(一) 试验项目

1. 负重游泳试验。
2. 血乳酸测定。
3. 血清尿素测定。
4. 肝糖原或肌糖原测定。

(二) 试验原则

1. 试验前必须对同批受试样品进行违禁药物的检测。
2. 运动试验与生化指标检测相结合。

(三) 结果判定

运动耐力的提高是抗疲劳能力加强最直接的表现。负重游泳试验结果阳性,且血乳酸、血清尿素、肝糖原 / 肌糖原三项生化指标中任二项指标阳性,可判定该受试样品具有缓解体力疲劳功能的作用。

实例

国家批准的保健功能为缓解体力疲劳的国产保健食品约 1 000 余个、进口保健食品 20 余个。

(一) ×× 牌正力胶囊

保健功能:缓解体力疲劳。

功效成分 / 标志性成分含量:每 100g 含总皂苷 0.54g、粗多糖 9.47g。

主要原料:人参、黄芪、淫羊藿、枸杞子、茯苓、淀粉、硬脂酸镁。

适宜人群:易疲劳者。

不适宜人群:少年儿童、孕期及哺乳期妇女。

食用方法及食用量：每日 3 次，每次 2 粒。

产品规格：0.45g/ 粒。

保质期：24 个月。

贮藏方法：室温、避光密封。

注意事项：本品不能代替药物。

（二）×× 牌参杞胶囊

保健功能：缓解体力疲劳。

功效成分 / 标志性成分含量：每 100g 含粗多糖 1.54g、总黄酮 202mg。

主要原料：西洋参、灵芝、蝙蝠蛾拟青霉菌粉、淫羊藿、枸杞子。

适宜人群：易疲劳者。

不适宜人群：少年儿童、孕期及哺乳期妇女。

食用方法及食用量：每日 3 次，每次 2 粒。

产品规格：0.35g/ 粒。

保质期：24 个月。

贮藏方法：置阴凉干燥处。

注意事项：本品不能代替药物。

第二节　耐缺氧功能保健食品

一、概述

（一）缺氧的含义

氧是人体生理代谢的基本物质，在生命活动中不可缺少。成人在静息状态下每分钟耗氧 250ml，活动时耗氧量增加。人体内氧储量极少，依赖于空气中的氧通过呼吸进入血液，再经血液循环传输到全身组织，这种不断地摄取和运输氧的活动保证生命的需要。人或动物在生长、发育过程中，当组织细胞得不到代谢活动所必需的氧时，便会产生缺氧症，简称缺氧。这是由于氧气的摄入不足以供给机体所需，导致肺泡氧分压和血氧饱和度降低，组织细胞不能从血液获得所需的氧进行正常氧化代谢而出现的一系列症状。

缺氧症状广泛存在于人类的生活与工作中，尤其在高原环境、高空或剧烈的运动过程中，以及呼吸和循环系统的某些疾病或急性失血等不同病理情况下。

根据引起缺氧的原因不同可将其分为缺氧性缺氧症、贫血性缺氧症、局部缺氧性缺氧症和组织中毒性缺氧症。若按缺氧发生速度分类，则分为暴发性缺氧症、急性缺氧症、亚急性缺氧症和慢性缺氧症。

（二）缺氧症状的一般表现

缺氧对机体是一种紧张性刺激，影响机体各种代谢，特别是影响机体的氧化功能。由于引起缺氧的原因和发生的部位不同，其表现有一定的差别：

（1）心脏缺氧，表现为心悸、胸闷、气促、口干、嘴唇发紫，甚至出现恶心、呕吐等。

（2）脑缺氧，表现为头晕、目眩、失眠、记忆障碍、神志不清等。

（3）躯体肌肉缺氧，表现为机体反应迟钝、酸痛、乏力、手脚发麻等。

笔记栏

缺氧的危害

不论是哪一类缺氧症，其共同的基本特征是：对机体的危害视缺氧程度而定，一般短暂而且程度轻的缺氧，可刺激机体从外界获得更多的氧气以满足体内氧气的不足；长时间或急剧的缺氧，则可由于机体氧化代谢受阻，能量产生不足甚至耗竭，引起严重的功能障碍或病理性改变，出现许多相关性的疾病，并可能最终导致生命活动的终止。

（三）中医药理论对缺氧耐受的认识及应用研究

根据中医学整体观念和辨证论治的理论观点，从益气养阴、活血补血、泻肺利水等治则的角度出发，筛选出提高缺氧耐受力的天然药物，研究开发出安全、有效、低廉的保健食品是供需双方的理想追求。在目前药食同源的中药中，补益药为首选药，如人参、西洋参、党参、黄芪、甘草、刺五加、当归、熟地黄、龙眼肉、枸杞子、沙参、三七、麦冬、红景天等。此外，丹参、五味子、葛根、菊花等中药也有应用。这些药食同源中药的价格适中，应用安全有效。

以中医学整体观念和辨证论治的理论观点开发提高缺氧耐受力的保健食品的模式已被广泛应用。

（四）藏医药理论对缺氧耐受的认识及应用研究

藏医药学具有完整的、科学的理论体系和临床实践体系，它强调疾病预防、身体保健、延年益寿的理念。作为名副其实的传统“高原医学”，藏医理论认为，在高原低氧环境下，外缘突然侵入导致机体血液中消化、吸收和分解的“三火”代谢功能发生紊乱，导致精华不化、糟粕侵入，是高原病的主要发病机制，治疗常采用起居疗法、饮食疗法、药物疗法、外治疗法等多种方法相结合。藏医临床中所用药物大都生长在青藏高原，受高原特殊的生长环境的影响，藏药体内具有低海拔地区药用植物所不具有的适应原物质，这也决定了藏药在防治高原疾病方面的优势。在国家卫生计生委公布的《既是食品又是药品的物品名单》和《可用于保健食品的物品名单》中，有余甘子、沙棘、红景天、诃子等传统藏药。现代药理研究表明，红景天、沙棘、蕨麻、冬虫夏草等藏药可以提高缺氧耐受力，改善心肌氧的供求，调节机体耗氧量。在藏医药理论体系指导下，应用红景天、沙棘、余甘子、蔓菁、蕨麻等药食同源藏药，以及由红景天组成的藏药复方制剂，受到人们的广泛青睐和应用。

二、耐缺氧功能保健食品的常用原料

缺氧指氧气含量和大气压力较低的环境，与疾病引起的体内缺氧不同。改善机体对缺氧环境的适应和耐受能力，应注意调整饮食、运动和其他生活方式等因素。有科学研究提示，补充适宜的物质可以帮助机体耐受和适应低氧环境。耐缺氧保健食品的适宜人群为“处于缺氧环境者”。航空航天、高原、井下等特殊岗位作业人群，常常存在低压、缺氧等应激因素，短期、轻度的缺氧可很快恢复，不至于产生不良后果；而长期、累积性缺氧可能渐进性损害身心功能，加重疲劳，降低工作效率，甚至诱发安全事故。因此，研究制定预防缺氧或提高机体缺氧耐受力的措施与对策具有重要的现实需求和重大的社会、经济效益。

（一）耐缺氧功能保健食品开发的一般要求

开发耐缺氧功能的保健食品，目的是使机体在低氧分压下不发生或少发生病理改变，以增强机体的缺氧耐受力，维持组织能量代谢接近于正常，从而维持心、脑等器官的正常功能。该类保健食品的研究，对在高原环境、高空或剧烈的运动过程中易缺氧人群增强机体的缺氧耐力有着十分重要的意义。

（二）常见的能提高缺氧耐受力的物质

1. 维生素　维生素在耐缺氧功能保健食品中应用比较普遍。维生素C可改善机体低氧时的氧化过程和氧的利用，延长动物的寿命；维生素B_1、维生素B_2、烟酰胺等是机体能量代谢中辅酶的辅助因子，这些维生素的缺乏将导致组织细胞对氧的利用和ATP的生成发生

障碍。

2. 微量元素　微量元素提高缺氧耐受力作用已得到现代药理学实验证实，并在保健食品中普遍应用。铜、铁、锰等离子是细胞内多种金属酶的组成成分和激活因子，如铜和铁的就与细胞色素氧化酶、琥珀酸脱氢酶、过氧化氢酶及铜蓝蛋白有密切关系。运动员的运动能力与细胞中这些元素的含量有关。有研究指出，在有训练经历的运动员血细胞中，这些元素的含量比新运动员高。细胞内铜、锌、铁、锰含量的增加和血液运氧能力的增强，可以看作是机体对运动负荷适应的表现。适量地补充这些微量元素，能明显改善机体对低氧环境的适应能力，增加机体呼吸功能，并使多种在造血功能方面有重要作用的金属酶的活性增强。

3. 角鲨烯　角鲨烯最初是从鲨鱼的肝油中发现的，属于开链三萜类化合物，又称鱼肝油萜，具有提高体内超氧化物歧化酶活性、增强机体免疫能力、改善性功能、抗衰老、抗疲劳、抗肿瘤等多种生理功能。角鲨烯广泛分布在人体内膜、皮肤、皮下脂肪、肝脏、指甲、脑等组织和器官内，其促进血液循环和活化身体功能细胞的功能可预防及治疗因功能细胞缺氧而引致的病变，如胃溃疡、十二指肠溃疡、肠炎、肝炎、肝硬化、肺炎等。角鲨烯有良好的供氧功能，尤其在身体组织缺氧时更容易供给氧气，具有类似红细胞摄氧的功能，生成活化的氧化鲨烯，随血液循环运输到机体末端细胞以释放出氧，从而增加了机体组织对氧的利用效率和能力。

4. 茶多酚　茶多酚是从茶树或茶叶中提取的天然抗氧化物质，对脑缺血有优良的保护作用。

5. 海藻硫酸多糖　近年来学者们发现海藻硫酸多糖可显著地抑制运动性及其他缺氧所致的心肌和肝组织自由基增加，降低血、骨骼肌、心肌、肝组织脂质过氧化物（MDA）水平，具有良好的提高缺氧耐受力、缓解体力疲劳的作用。

6. 红景天　在抗疲劳作用方面，红景天有适应原样作用，能恢复运动疲劳，提高运动成绩。其影响运动员生理功能及运动能力的机制是能改善运动员的心肺功能，显著提高运动时的最大耗氧量和分钟通气量，增加血红蛋白含量等，从而提高比赛成绩。藏药狭叶红景天提高缺氧耐受力的作用相近或略优于刺五加，优于红参水煎剂。目前提高缺氧耐受力的保健食品以红景天为原料的较多，国产、进口均有。以红景天冠名的保健食品也较多，剂型也较多，如红景天口服液、红景天保健茶、红景天酒等。

7. 人参　人参在中医学中被列为补气养阴、扶正固本药。现代药理研究证明，人参能增强机体非特异性抵抗力，对高温、低温、超重、电离辐射、缺氧、有毒物质等对机体的损害有保护作用，并具有缓解体力疲劳、抗衰老作用。它对中枢神经系统特别是高级部位有特殊作用，能最优地调节其兴奋和抑制过程，从而提高功效并减少能量的消耗。人参皂苷在 7 000m 高空缺氧条件下，对脑皮层神经元细胞器的超微结构有明显的保护作用，而且还可抑制内源性糖原的利用，增强组织呼吸，促进无氧糖酵解，在缺氧条件下提高产能水平，一方面降低能耗，一方面提高产能，所以能保护神经元免受缺氧损害。另外，人参皂苷可以增加红细胞的 2,3- 二磷酸甘油酸的浓度，降低血红蛋白对氧的亲和力，从而向组织释放更多的氧，满足其对氧的需要；此外人参还有清除自由基的作用。

8. 其他常用的提高缺氧耐受力的原料　枸杞多糖能显著地增加小鼠肌糖原、肝糖原储备量，提高运动前后血液乳酸脱氢酶总活力，降低小鼠剧烈运动后血尿素氮的增加量，加快运动后血尿素氮的清除速率，表明枸杞多糖对提高负荷运动的适应能力较强，对加速消除疲劳的作用十分明显。黄精提高缺氧耐受力的作用显著：机体缺血 / 缺氧会引发急性期神经元坏死及慢性期神经元凋亡的损伤，黄精可抑制神经细胞凋亡的发生，有利于防止缺血性脑血管疾病的发生。冬虫夏草的抗疲劳、耐缺氧作用显著：通过对小鼠负重游泳试验得出冬虫

笔记栏

夏草可延长小鼠负重游泳时间，可明显降低游泳后血的乳酸含量，可降低游泳后血清的尿素含量。冬虫夏草水提取物在体外对剧烈运动后红细胞的变形有明显的改善作用，可增强机体对运动耐力的适应性和保护作用。冬虫夏草还具有抗心肌缺血、缺氧，扩张冠状动脉，增加心输出量和冠脉血流量，增加心脑组织对氧的摄取利用，改善心肌缺血，降低心肌耗氧量及抗氧化的作用。绞股蓝对犬的脑干缺血有较好的保护作用，其机制可能与升高超氧化物歧化酶活性有关。此外党参、西洋参、川芎、当归、刺五加、灵芝、黄芪、三七、银杏叶、红花等均有对抗机体缺血 / 缺氧的功能，可改善缺血 / 缺氧条件下的机体状况。

市场上对耐缺氧功能保健食品的需求较高，特别是体育界。开发出既不是兴奋剂又能提高缺氧耐受力的保健食品对提高比赛成绩很有帮助。寻找提高缺氧耐受力的新物质一直是研究工作者的科研热点之一。

三、耐缺氧功能保健食品的功能学评价程序

（一）试验项目

1. 常压耐缺氧试验。
2. 亚硝酸钠中毒存活试验。
3. 急性脑缺血性缺氧试验。

（二）试验原则

所列指标均为必做项目。

（三）结果判定

常压耐缺氧试验、亚硝酸钠中毒存活试验、急性脑缺血性缺氧试验三项试验中任二项试验结果阳性，可判定该受试样品具有耐缺氧功能的作用。

实例

国家批准的保健功能为耐缺氧功能的国产保健食品约 150 余个、进口保健食品中该类别较少。

（一）× × 牌红景天真珍胶囊

保健功能：缓解体力疲劳、提高缺氧耐受力。

功效成分 / 标志性成分含量：每 100g 含红景天苷 0.16g、总皂苷 1.78g。

主要原料：红景天、五味子、巴戟天、西洋参、淀粉、微晶纤维素。

适宜人群：处于缺氧环境者、易疲劳者。

不适宜人群：少年儿童。

食用方法及食用量：每日 2 次，每次 3 粒。

产品规格：300mg/ 粒。

保质期：24 个月。

贮藏方法：置阴凉干燥处。

注意事项：本品不能代替药物；无补氧作用。

（二）× × 牌伏尔肯胶囊

保健功能：提高缺氧耐受力。

功效成分 / 标志性成分含量：每 100g 含人参总皂苷 1.346g、总黄酮 1.374g。

主要原料：西洋参、葛根提取物、丹参提取物、银杏叶提取物、珍珠粉、玉米淀粉。

适宜人群：处于缺氧环境者。

笔记栏

不适宜人群：无。
食用方法及食用量：每日2次，每次2粒。
产品规格:0.35g/粒。
保质期:24个月。
贮藏方法：密闭、避光，阴凉干燥处保存，避免受潮受热。
注意事项：本品不能代替药物；本品无补氧功能。

学习小结

1. 学习内容

缓解体力疲劳、耐缺氧功能保健食品	缓解体力疲劳功能	疲劳的基本概念与分类、体力疲劳的特点与缓解体力疲劳保健食品的本质、中枢疲劳及其机制、外周疲劳及其机制、缓解体力疲劳保健食品开发的一般要求、营养素与运动能力的关系、缓解体力疲劳的主要物质
	耐缺氧功能	缺氧的含义、耐缺氧功能保健食品开发的一般要求、常见的能提高缺氧耐受力的物质、中医药理论在提高缺氧耐受力方面的应用

2. 学习方法　通过分析体力疲劳的机制、营养素与体力疲劳的关系，了解缓解体力疲劳保健食品的有关原料与研发策略；通过学习缺氧症状的一般表现，了解耐缺氧功能保健食品的有关原料与研发思路。

（王满元　王毓杰）

复习思考题

1. 简述体力疲劳的机制。
2. 缺氧症状的一般表现有哪些？
3. 可用于保健食品的、缓解体力疲劳的物质有哪些？
4. 可用于保健食品的、提高缺氧耐受力的物质有哪些？

笔记栏

PPT 课件

第十三章 有助于调节体内脂肪功能、改善生长发育功能保健食品

学习目标

1. 掌握有助于调节体内脂肪功能(减肥功能)保健食品的评价程序;熟悉常用功能原料;了解导致肥胖的原因,了解此类功能食品的开发原则。

2. 掌握改善生长发育功能保健食品的评价程序;熟悉常用功能原料;了解人体生长发育的规律及营养需求。

第一节 有助于调节体内脂肪功能保健食品

一、概述

据有关研究报告统计,十年来,超重与肥胖已成为世界范围内严重威胁人类健康的流行疾病。全球肥胖人数从2016年的9.9亿人增至2020年的12.1亿人,预计到2025年全球肥胖人数将达到15.5亿人,并于2030年达到19.9亿人。目前,全球由超重和肥胖导致死亡的人数逐年上升。社会负担的排名中肥胖仅次于吸烟和武装暴力,排在第三名。因此肥胖已成为世界共同面对的主要公共卫生危机。肥胖不仅影响外貌,也可引发代谢疾病,如2型糖尿病、心血管疾病、骨关节炎、乳腺癌、结肠癌、胰腺癌、子宫颈癌、黑素瘤等,已成为当今社会危害人类身体健康的3种慢性病之一。同时,肥胖也会使肥胖者产生一系列的心理问题,如躯体自信较低、存在社会适应障碍、行为障碍等。

(一)肥胖的基本概念

世界卫生组织(WHO)对超重和肥胖界定为异常或过量脂肪积累,并对健康造成了严重危害。肥胖症具体是指体内脂肪细胞数目增多或体积增大,脂肪大量堆积,使体重超过标准体重的20%以上的病理状态。体重指数(BMI)是目前国际上常用的衡量人体胖瘦程度的重要标准,人体的体重(kg)除以身高(m)的平方得出的数字就是BMI值。男性正常体重的BMI值标准为20~25,女性正常体重的BMI值标准为19~24;当男性与女性的BMI值分别低于20与19时人的体重面临过轻;BMI值男性在25~30,女性在24~29时人体的体重正面临过重,如果BMI值男性超过30,女性超过29则面临着肥胖的危险。

(二)肥胖的分类

根据肥胖的病因一般将其分为原发性肥胖、继发性肥胖以及遗传性肥胖。

1. 原发性肥胖

(1) 单纯性肥胖：肥胖是临床上的主要表现，无明显神经、内分泌系统形态和功能改变，但伴有脂肪、糖代谢调节过程障碍，此类肥胖最为常见，包括体质性肥胖和营养性肥胖。一般在城市里，以 20~30 岁妇女多见，中年以后男、女也有自发性肥胖倾向，绝经期妇女更易发生。

(2) 特发性浮肿：此型肥胖多见于生殖期与更年期女性。其发生可能与雌激素增加所致毛细血管通透性增高、醛固酮分泌增加、静脉回流减慢等因素有关，导致脂肪分布不均匀，以小腿、股、臀、腹部及乳房为主。

2. 继发性肥胖

(1) 内分泌障碍性肥胖：由于下丘脑发生病变或是因垂体病变而影响下丘脑引起的。其主要表现为中枢神经症状、自主神经和内分泌代谢功能障碍：因下丘脑食欲中枢损害致食欲异常，因多食而导致肥胖。

(2) 垂体性肥胖：垂体前叶分泌过多某些激素类物质，使双侧肾上腺皮质增生，可产生继发性性腺、甲状腺功能低下，导致肥胖。

(3) 其他继发性肥胖：由于甲状腺功能减退而引起肥胖；由于肾上腺皮质腺瘤或腺癌而引起肥胖；轻型 2 型糖尿病早期，常因多食而肥胖。

3. 遗传性肥胖　遗传性肥胖多由于染色体异常所致，常见于以下人群：先天性卵巢发育不全症、先天性睾丸发育不全症、Laurence-Moon-Biedl 综合征、糖原累积病 Ⅰ 型、颅骨内板增生症等。

（三）肥胖产生的机制

1. 传统中医学理论　肥胖与饮食不节、劳逸失常、七情失调、体质、年龄、性别及地域等因素有关。李东垣在其《脾胃论》中云："脾胃俱旺，能食而肥……或少食而肥，虽肥而四肢不举，盖脾实而邪气盛也。" 各种致病因素使得人体阳气虚弱、脏腑功能失调、运化疏泄乏力、气机郁滞、升降失常、血行失畅，脂浊痰湿堆积体内，日久形成肥胖。

2. 现代医学理论

(1) 下丘脑摄食中枢的功能异常：在人类大脑的下丘脑部位存在对摄食进行直接调控的神经细胞，分别为丘脑腹内侧核和下丘脑腹外侧核。刺激前者或破坏后者均可产生饱腹感，引起食欲下降或拒绝进食，反之则产生食欲亢进，进食量增多。

(2) 高胰岛素血症：高血压患者、糖尿病患者、血脂异常及尿酸异常人群更易出现肥胖。肥胖者和正常人相比，其血浆胰岛素水平较高，且血中胰岛素水平和肥胖度呈正相关。在肥胖者体重下降后，血中胰岛素浓度也随之下降。

(3) 脂肪细胞与肥胖：人体内的脂肪组织有三种形式，分别为白色脂肪、米色脂肪和棕色脂肪。肥胖人群普遍存在白色脂肪细胞的数目多且体积大的现象，且其棕色化的程度较低；棕色脂肪细胞功能低下，产热功能异常，也会使摄入体内的能量以热的形式散发减少，在人体内转变为脂肪。激活棕色可以增强脂肪细胞的发热量，减少脂肪积累。

(4) 肥胖基因：肥胖是一个复杂的遗传失调过程，其主要由遗传易感性、表观遗传、宏基因组和环境共同作用导致。人类的肥胖(ob)基因位于 7 号染色体上，该基因编码了一种蛋白质，命名 Leptin(瘦素)。瘦素可作用于下丘脑的体重调节中枢，引起食欲降低、能量消耗增加，从而减轻体重。此外维生素 D 已被证实与瘦素存在一定关系，而部分肥胖儿童的血中维生素 D 水平较正常儿童低。

(5) 饮食习惯：肥胖者通常具有食欲旺、食量大，爱甜食、零食与油腻食品的饮食偏好，导

笔记栏

致人体摄入过多的能量，最终转化为脂肪，造成肥胖。同时，饮食不规律也会导致肥胖，例如：睡前进食、晚餐多食、早餐少食或不食均有可能导致肥胖。另外，进食次数较少的人易发生肥胖。因此，肥胖者正确认识自身体重，接受进食方式及食物选择的科学指导有助于增加与保持减肥的效果。

（四）减肥的主要方式

1. 改善膳食结构与饮食偏好　减少畜禽肉及油脂的摄入，增加谷类食物消费。目前我国城市居民的脂肪功能比为 35%，超过了世界卫生组织推荐的 30% 上限，而其谷物的消费为 47%，明显低于 55%~65% 的合理范围。目前，部分代餐膳食与生酮膳食都具有减肥的作用。

2. 中医学中的药物减肥方法　补法，也叫益气补肾法，以健脾、温阳为原则；泻法也叫通腑消导法，以祛痰、利水、通腹、消导为原则；活血化瘀法，以化湿、疏肝理气为原则。

3. 中医学中的非药物减肥方法　针灸通过刺激下丘脑 - 垂体 - 肾上腺皮质和交感 - 肾上腺髓质两大系统，调节多种代谢途径，提高基础代谢率，加快脂肪的消耗，调整气血阴阳平衡，对于整体减肥与局部脂肪消除都具有一定的效果。除此之外，穴位埋线、穴位敷贴、艾灸、火罐、按摩等方法都对减肥具有一定的效果。

4. 增加运动　运动可以消耗人体内过多的能量，防止白色细胞体积膨胀，同时有氧运动可使“白色脂肪发生棕色化”，从而促进机体的能量消耗，达到减肥的目的。

5. 保持良好心情，提高文化素养　良好心情可避免由于心情压抑而带来的暴饮暴食，可以减少每日不必要的能量摄入，有助于人体保持良好的健康状态。据研究显示，文化程度高的人群更关注膳食的合理性，相反文化程度较低的人群更喜欢廉价而高热量的食品，导致其较易肥胖。

二、有助于调节体内脂肪功能保健食品的常用原料

（一）有助于调节体内脂肪功能保健食品开发的一般要求

减肥性保健食品的主要受益人群是单纯性肥胖者，而继发性肥胖患者需要通过相应的医疗手段解决病因，消除肥胖。减肥功能性食品开发的一般要求是：在保证人体所需正常营养素的基础上，减少热量的摄入，并调整机体状态。

1. 减少热量的摄入　减少热量主要指减少食品中糖与热量所占的比例。同时要求：

⑴适度地添加蛋白质，使蛋白质的能量供给量占总能量的 20%~30%，约合 418~836kJ 的能量。如果人体的蛋白质摄入过少，会使机体的营养平衡处于负状态，而蛋白质摄入过多会造成肝肾功能的损伤。通常较为合适的高蛋白食品有：牛奶、鱼类、鸡肉、蛋清、瘦肉等。

⑵增加膳食纤维的摄入比例，利用膳食纤维胃排空时间长，可增加饱腹感的特点，可减少人体热能的摄入，起到减肥的作用。

⑶限制使用食盐、乙醇以及嘌呤含量高的食品原料，食盐可以使人感到口渴、增加食欲，不利于肥胖的改善；酒精可以向人体供给 29.7kJ/g 的能量，不利于体内脂肪的消耗；嘌呤不仅可以增加食欲还能加重肝肾的负担，一般在动物内脏中含有较多的嘌呤类成分。

⑷保证维生素与矿物质的供给量，维持人体正常的生理状态。

2. 调整机体状态　改善机体的能量转化机制是调整机体状态的手段之一，例如使用左旋肉碱提高脂肪的氧化分解效果，使用含有促进脂肪氧化酶类的食品可加速脂肪的代谢，食用含有多酚类成分的食品可加速脂肪的排出。改善内分泌是调整机体状态的另一手段，利用中药来源的食材中的功能性成分，例如异黄酮等，可改善由内分泌失调而导致的肥胖。

（二）有助于调节体内脂肪功能的主要物质

1. 具有减肥效果的药食同源中药材　《神农本草经》中提及枸杞、人参、杜仲、菟丝子、

山药、大枣具有轻身之效;《秘传证治要诀及类方》中认为"荷叶灰服之令人瘦"。除此之外,苍术、泽泻具有祛痰化浊、利湿降脂的作用;丹参、益母草、生山楂、川芎等具有活血化瘀、减肥祛脂的作用;山茱萸、葛根等具有滋阴养血、减肥降脂的作用。保健食品配方中经常用到的中药材有:山楂、黄芪、白术、白芷、荷叶、泽泻、大黄、甘草、决明子、苍术等,多有健脾利胃的功效。

中药材中具有有助于调节体内脂肪功能的成分主要有:姜黄素、沙棘油、枸杞多糖、黄芩素、花椒麻素、荷叶提取物、甘草黄酮、枳实提取物、泽泻醇、大黄素、白茅根提取物、碱蓬提取物、白术提取物、绞股蓝皂苷、黄芪多糖、高良姜黄酮、黄连碱、罗汉果甜苷、虫草素等,均具有一定调节内分泌或者促进脂肪代谢的功能。

2. 有助于调节体内脂肪效果的功能成分

(1)膳食纤维:膳食纤维是一种不能被人体消化的碳水化合物,可使人体摄入的热能减少,肠道内营养的消化吸收也下降,最终使体内脂肪消耗而起减肥作用。膳食纤维遇水可膨胀200~250倍,使人产生轻微的饱腹感,又可以包覆多余糖分和油脂随同肠道内的老旧沉积废物一同排出体外。常见的食物中富含膳食纤维的有:大麦、豆类、胡萝卜、水果、亚麻、魔芋、蔬菜、燕麦、麦糠等食物。

(2)左旋肉碱:左旋肉碱(L-carnitine),又称L-肉碱,化学名为β-羟基-γ-三甲铵丁酸,是一种促使脂肪转化为能量的类氨基酸,红色肉类是左旋肉碱的主要来源,对人体无毒副作用。左旋肉碱作为脂肪酸β-氧化的关键物质,能够在长时间大强度运动时,将机体内多余的脂肪及其他脂肪酸的残留物除去,使细胞内的能量得到平衡。

(3)白藜芦醇:化学名为3,4′,5-三羟基二苯乙烯。天然的白藜芦醇有顺式和反式两种结构,自然界中主要以反式构象存在于葡萄、松树、虎杖、决明子和花生等天然植物或果实中,通过抑制脂肪细胞分化,降低脂肪细胞增殖,诱导脂肪细胞凋亡,减少脂肪生成,促进脂肪分解和脂肪酸β-氧化从而发挥减肥作用。

(4)槲皮素:为人类植物性食物中最常见的黄酮类化合物,广泛存在于蔬菜、水果、茶叶及葡萄酒和橄榄油中。槲皮素能够抑制胆固醇酯分解为游离的胆固醇,降低胆固醇在胶束溶液中的溶解度,抑制胆固醇吸收,起到降脂的目的。槲皮素通过与葡萄糖转运体的非糖结合位点结合的非竞争性抑制,能有效抑制细胞对葡萄糖和果糖的吸收。槲皮素还具有抑制脂肪前细胞增殖、诱导脂肪前细胞凋亡、促进成熟脂肪细胞脂解等多种作用。

(5)花色苷:植物来源的花色苷具有较好的抑制脂肪酶活性。对胰脂肪酶的抑制效果从强到弱的半抑制浓度排序依次为山茱萸花色苷、黑果枸杞花色苷、紫娟茶花色苷、黑米花色苷、红米花色苷等,且多数呈正相关剂量效应关系。

(6)辣椒素:又名辣椒素受体兴奋剂,是辣椒属植物红辣椒的活性成分。辣椒素通过激活交感神经系统增强肾上腺髓质的儿茶酚胺分泌,激活β-肾上腺素受体。低浓度的辣椒素可以抑制前体脂肪细胞成脂,促进白色脂肪中产热相关基因的表达,诱导白色脂肪细胞向米色表型分化。

(7)茶提取物:茶提取物能抑制高脂饮食诱导的体重增加、附睾脂肪组织和肾周脂肪组织的增加;其中普洱茶提取物减轻体重、体脂的作用强于绿茶提取物;普洱茶提取物与绿茶提取物抑制高脂饮食导致的血脂升高侧重点不同,绿茶提取物降低血总胆固醇、甘油三酯和低密度脂蛋白的作用强于普洱茶提取物,而普洱茶提取物升高高密度脂蛋白的作用强于绿茶提取物。茶提取物中的茶多酚、茶褐素、儿茶素、维生素C、黄酮、鞣质等成分均具有减肥功能。其中鞣质类成分可在儿茶酚氧化酶的催化下形成邻醌类的聚合物,此聚合物能够结合甘油三酯与胆固醇,以粪便的形式将其排出。黄酮类成分具有类雌性性激素的作用,可调

笔记栏

节人体的内分泌系统，达到减肥的目的。

(8)荷叶：荷叶碱与黄酮类物质是荷叶中主要的活性物质，其中荷叶碱的功效最为显著，其原理主要是影响胰岛细胞对胰岛素的分泌，调节与脂质代谢相关酶的活性，减少脂质合成，提高脂质氧化代谢，减少人体对脂肪的吸收。在荷叶减肥产品的开发方面，荷叶饮、复方荷叶冲剂、荷丹片、菊荷冲剂等复方制剂，均可产生一定的降低血脂、减轻体重的作用。

3. 益生菌

(1)调节肠道菌群：人体摄入适量的益生菌后能够重新构建肠道菌群，增加有益菌，减少有害菌。常用的益生菌有：双歧杆菌属、乳杆菌属、链球菌属、乳球菌属、明串球菌属、丙酸杆菌属、片球菌属、葡萄球菌属、芽孢杆菌属以及克鲁维酵母属的微生物。当人体摄入过多的高脂高糖食物后，会造成肠道菌群混乱，此时可以通过食用益生菌来恢复正常的肠道菌群结构，甚至可以优化肠道菌群的种类，辅助实现减肥的效果。

(2)改善肠道炎症：益生菌可以产生抗生素，从而强化肠道的屏障功能，通过竞争性排斥等机制，来抑制一些导致肥胖的炎症。

(3)调节激素水平：人体摄入适量的益生菌后，能有效增加胃肠激素，减少胃饥饿素的分泌水平，从而有效抑制胃肠动力，使胃部排空食物的速度下降。益生菌还能增加人的饱腹感，从而减少食物摄入，达到有助于调节体内脂肪的目的。

课堂互动

学生3~5人一组，深入市场调查现有(有助于调节体内脂肪)保健品的种类和特点，每组设计一款减肥(有助于调节体内脂肪)保健食品，包括名称、原料、产品特点等，制作PPT展示。

知识链接

推荐给肥胖人群的食疗方

有助于减肥的食疗方：以健脾益气，化痰除湿为主。

(1)冬瓜羹：冬瓜250g(去皮)，豉心20g(绵裹)，葱白半握，和米粉煮羹，入盐味，空心食。

(2)山楂茯苓饼：山楂肉50g，茯苓200g，面粉100g。茯苓磨粉，与山楂肉、面粉和水混合后做成饼，烙熟即可，作餐食用。

(3)荷叶粥：鲜荷叶10g，粳米100g，粳米成粥，加荷叶再煮2~3分钟即可，作餐食用。

三、有助于调节体内脂肪功能保健食品的功能性评价程序

(一)有助于调节体内脂肪原则

(1)减除体内多余的脂肪，不单纯以减轻体重为标准。

(2)每日营养素的摄入量应基本保证机体正常生命活动的要求。

(3)对机体健康无明显损害。

(二)试验项目

1. 动物实验

(1)体重。

(2)体内脂肪重量(睾丸及肾周围脂肪垫)。

2. 人体试食试验

(1)体重,体重指数,腰围,腹围,臀围。

(2)体内脂肪含量。

3. 试验原则　在进行有助于调节体内脂肪试验时,除以上指标必测外,还应进行机体营养状况检测,运动耐力测试以及与健康有关的其他指标的观察。人体试食试验为必做项目,动物试验与人体试食试验相结合,综合进行评价。

4. 结果判定　在动物试验中,体重及体内脂肪垫 2 个指标均阳性,并且对机体健康无明显损害,即可初步判定该受试物具有减肥作用。

在人体试食试验中,体内脂肪量显著减少,且对机体健康无明显损害,可判定该受试物具有减肥作用。

四、有助于调节体内脂肪功能保健食品中可能存在的违禁成分

面对巨大的市场和利润,一些不法厂商利用消费者急于减肥的心理,置国家法律法规于不顾,在减肥食品中添加国家法律法规明令禁止的药物,对消费者造成了极大的身体伤害。具有减肥功效的药物主要有以下几类:

1. 抑制食欲的药物　此类成分通过调节摄食与饱食中枢来抑制食欲,从而达到减肥的目的。其中苯丙胺类药物为精神药品,安非拉酮、氟西汀属于特殊管理的一类精神药品,久用易成瘾,产生依赖性。

(1)抑制儿茶酚胺类递质水平类:苯丙胺、甲苯丙胺、苄甲苯丙胺、安非拉酮、右苯丙胺。

(2)抑制 5- 羟色胺递质水平类:芬氟拉明、右芬氟拉明、氟西汀、氯卡色林、复方芬特明托吡酯缓释片等。

近几年上市的减肥药

(3)同时抑制儿茶酚胺类和 5- 羟色胺递质水平类:吲哚衍生物,如马吲哚。

(4)麻醉口腔味觉和胃肠道黏膜:苯佐卡因。

(5)影响饱感的生物制剂:神经肽 Y 受体拮抗剂、饱满素、肠抑素、胆囊素、胰淀粉样素、瘦素。

2. 增加能量消耗的药物　此类成分通过促进人体发汗、利水和提高基础代谢,达到减肥的功效。

(1)兴奋中枢:麻黄碱、茶碱、咖啡因等。

(2)β 肾上腺素受体激动剂。

(3)激素类:甲状腺激素、同化激素类(苯丙酸诺龙)、生长激素等。

(4)胰岛素样生长因子 -1(IGF-1)。

3. 抑制肠道消化吸收的药物　此类药物使脂肪酶失去活性而不能将食物中的脂肪水解为可吸收的游离脂肪酸和单酰基甘油,未消化的甘油三酯不能被身体吸收,从而减少热量摄入,控制体重。

(1)脂肪酶抑制剂:奥利司他。

(2)葡糖苷酶抑制药:阿卡波糖。

(3)其他影响肠道吸收的药物:胰岛素增敏剂、曲格列酮、二甲双胍。

笔记栏

4. 泻药刺激性的缓泻药物　主要作用于大肠，刺激结肠，阻止肠液被肠壁吸收进而引起腹泻从而降低体重，通常使用高效液相色谱法检测。如比沙可啶、脱乙酰比沙可啶、双醋酚丁、大黄素、酚酞、匹可硫酸钠、番泻苷、芦荟苷等。

实例

（一）××牌减肥茶

对传统中医药中有助于调节体内脂肪效果的组方进行研发，以满足市场上对于安全、有效的减肥类保健食品的需求。以中医下法为指导思想组方，并加入L-肉碱以增强减脂效果。

产品工艺流程：原料→除杂→粉碎→过筛→混合→包装→质量检验→成品。

保健功能：减肥。

产品剂型：袋泡茶。

功效成分/标志性成分含量：每100g含茶多酚3.0g、总蒽醌0.5g、L-肉碱4.0g。

主要原料：泽泻、荷叶、决明子、乌龙茶、苦丁茶、L-肉碱、陈皮。

适宜人群：单纯性肥胖人群。

不适宜人群：少年儿童、孕期及哺乳期妇女、慢性腹泻者。

食用方法及食用量：每日2次，每次1袋，饭后半小时，用200~300ml开水冲泡5~10分钟，趁热饮用。

产品规格：2.5g/袋。

保质期：720天。

贮藏方法：置阴凉干燥处。

注意事项：本品为保健食品，不能代替药物使用；食用本品出现腹泻者，请立即停止食用。

（二）××牌减肥胶囊

对传统中医药中具有减肥效果的组方进行研发，并制作出易于服用的剂型，方便消费者携带。以中医补法为指导思想，以健脾理气为思路组方。

产品工艺流程：原料→除杂→粉碎→过筛→混合→制粒→干燥→装囊→包装→质量检验→成品。

保健功能：减肥（有助于调节体内脂肪）。

功效成分/标志性成分含量：每100g含总皂苷（以人参皂苷Re计）3.1g、总黄酮（以芦丁计）1.6g。

主要原料：决明子、山楂、荷叶、冬瓜子、西洋参、龙眼肉。

适宜人群：单纯性肥胖人群。

不适宜人群：少年儿童、孕期及哺乳期妇女。

食用方法及食用量：每日3次，每次2粒；饭后半小时食用。

产品规格：0.45g/粒。

保质期：720天。

贮藏方法：置阴凉干燥处。

注意事项：本品为保健食品，不能代替药物使用；食用本品出现腹泻者，请立即停止食用。

笔记栏

第二节　改善生长发育功能保健食品

一、概述

(一) 生长发育的概念

人的生长发育是指从受精卵到成人的成熟过程。生长和发育是儿童不同于成人的重要特点。生长是指儿童身体各器官、系统的长大,可有相应的测量值来表示其量的变化;发育是指细胞、组织、器官的分化与功能成熟。生长和发育两者紧密相关,生长是发育的物质基础,生长的量的变化可在一定程度上反映身体器官、系统的成熟状况。

(二) 生长发育的时期和营养需求

1. 生长发育的不同时期　根据人体不同时期的生长特点,生长发育分为:胎儿期(出生前280天)、新生儿期(出生到满月)、婴儿期(满月到6个月)、婴幼儿期(6个月到24个月)、学龄前期(2~5岁)、学龄期(6~17岁)。

2. 儿童生长发育的营养要求　儿童生长发育水平是遗传与环境共同作用的结果。营养是保证儿童正常生长发育、身心健康的物质基础。儿童期对营养物质的需要高于成人,这是因为必须满足两个要求,即生长发育与活动的需要,尤其是婴幼儿期生长发育最为迅速,需要大量的蛋白质及其他营养素,因此必须给予重视。

(1)能量:是进行新陈代谢的基础,儿童处于生长发育时期,其基础代谢旺盛,基础代谢率较成人高。儿童的体力活动大,能量需求也会增加,同时儿童的智力发育也需要能量,因此能量供给不足会导致儿童出现疲劳、消瘦、抵抗力低等不利于生长发育的现象,还会影响脑与神经系统及其他器官的正常发育。

(2)蛋白质:作为生命的物质基础,蛋白质是人体组织与器官的重要组成部分。儿童处于生长发育时期,摄入充足的蛋白质对保障儿童的健康成长具有至关重要的作用。如果蛋白质供给不足或蛋白质中必需氨基酸含量较低,则会造成儿童生长迟缓、发育不良、肌肉萎缩、免疫力下降等症状。

(3)矿物质:钙是构成人体骨骼与牙齿的主要成分,而儿童时期是骨骼与牙齿生长发育的关键时期,对钙的需求量高,吸收率可达40%左右。铁是血红蛋白、肌红蛋白的组成成分,参与人体的呼吸作用与氧化反应。儿童生长发育旺盛,造血功能很强,每日需要摄入一定量的铁。锌是人体代谢中相关酶的辅酶,存在于人体的各个主要器官中。锌缺乏会影响儿童青春期的发育和性腺的成熟,出现生长停滞、性特征发育推迟、味觉减退和食欲不振等症状。碘是甲状腺素的成分,具有促进和调节代谢与生长发育的作用,人体缺碘会影响机体的代谢率并易患缺碘性甲状腺肿大。硒的主要生理作用是参与人体的氧化还原反应,发挥抗氧化的作用,可防止氢过氧化物在细胞内堆积,保护细胞膜,提高机体的免疫水平。

(4)维生素:维生素是调节人体代谢不可缺少的营养物质,在人体不同生长时期,对各种维生素的需求量也在发生变化。其中维生素A的作用是参与人体视紫红质合成,影响细胞生长、分化和调控蛋白质的合成。人体缺乏维生素A后导致骨骼发育不良、发育停滞、对弱光敏感度降低、暗适应能力减弱甚至是夜盲症。维生素D的作用是促进小肠对钙的吸收,保证人体钙、磷供给。维生素C在体内参与多种反应,如参与氧化还原过程,在生物氧化和还原作用以及细胞呼吸中起重要作用,具有提高免疫、缓解疲劳等作用。维生素B族缺乏会导致儿童食欲下降,其中维生素B_1作为脱羧酶的辅酶调节糖代谢;维生素B_2参与人体氧

笔记栏

化还原反应；烟酸维持皮肤、黏膜和神经的健康，防止癞皮病，促进消化系统的功能。维生素E是一种脂溶性维生素，是人体内主要的抗氧化物质，其代谢物生育酚能促进性激素分泌，具有促进儿童性系统发育的作用。

知识链接

正常儿童生长标准

1. 体重　出生后1~6个月的体重可用下列公式计算：出生时体重(g)+月龄×700g。出生后7~12月：6 000g+月龄×250g。出生后第2年增加2.5~3kg，第2年以后至10岁以前，每年约递增2kg。

2. 身高　1岁时的身高约为出生时的1.5倍，4岁时为2倍，13~14岁时为3倍。1岁以后的身高可按公式：年龄(岁)×5+80cm(青春期除外)。

3. 头部发育　胎儿出生时头长为身高的1/4，2个月时头长为身高的1/2，5个月胎儿为1/3，6岁时为1/6，成人为1/8。新生儿头围平均值约为33~35cm，至5个月时约增加8cm，以后半年内约增加3cm，2~4岁时共增加1.5cm，4~10岁共增加1.5cm，以后增长缓慢。

4. 胸部发育　出生时胸围平均值约为31~33cm，比头围小1~2cm。胸围可反映胸廓肌肉、胸背肌肉、皮下脂肪及肺的发育程度。营养良好的小儿，其头、胸围交叉的月龄提早，营养不良的小儿因胸部肌肉和脂肪发育较差，头、胸围交叉时间就较晚。

5. 骨骼与牙齿　正常儿童的成骨中心按年龄出现、按年龄变更形状、按年龄接合。四肢长骨的骨化年龄有一定的程序，用X线检查成骨中心的数目、大小、形状以及骺部接合的情况，即可测定骨骼发育的年龄(骨龄)，评价儿童发育的成熟程度。

6. 感知和运动的发育　婴儿抬头、坐起等大动作的发育先于手的细动作，这与脑的发育是一致的。正常新生儿有觅食、吸吮和吞咽反射。

7. 言语发育　1~2个月时能发出元音，6~7个月会发辅音，8个月能听懂自己的名字，并能体会“不要”。约9个月能合并两个语音，会说“爸爸”“妈妈”等。12个月以后能理解家常物品的名称。1岁以后能以简单的字音表达自己的意思。15个月开始说短句，以后词汇量增加。18个月时能指出自己亲人的眼、鼻、口、手、足等，喜欢翻看图书。2岁时能用我、我的等代词，3岁时能指出几种颜色，4岁时能唱几支歌，能用较多代词、形容词、副词等，会数数1~20，所说的话全部能被人听懂，句法多正确。5岁时会用一切词类，读数1~30或1~100，6岁时说话流利。

二、改善生长发育功能保健食品的常用原料

(一) 改善生长发育功能保健食品开发的一般要求

根据不同年龄儿童生长发育的特点，将此类保健食品分为以下几类：改善婴儿长发育的保健食品、改善幼儿生长发育的保健食品、改善学龄(前)儿童生长发育的保健食品及改善青少年生长发育的保健食品。其配方原则如下：

1. 促进婴儿长发育的保健食品　婴儿期的营养主要用于修补旧组织、增生新组织、产生能量和维持生理活动所需要的合理膳食，此时期以母乳为主。婴儿4个月后可根据自身情况添加辅助食品，辅食以谷物为基础，强化蛋白质及有助于神经细胞发育的食品原料，例

笔记栏

如 DHA、EPA，同时可科学添加维生素与矿物质。但不适宜添加牛初乳等可能会促进婴幼儿性早熟的功能成分。

2. 促进幼儿生长发育的保健食品　幼儿膳食的特点是从乳类食品过渡到以谷物为主，奶、蛋、鱼、禽、肉及蔬菜水果为辅的混合膳食。幼儿的消化系统尚未完善，可辅助添加有助于消化吸收的食品原料，例如双歧因子，同时可科学添加维生素与矿物质。

3. 促进学龄（前）儿童生长发育的保健食品　3~6 岁的学龄前儿童神经细胞的分化基本完成，大脑体积与神经纤维髓鞘化正在进行，身高体重快速增长。7~12 岁的学龄儿童脑形态发育已经接近成人，身体与器官的发育相对稳定。因此，此时期儿童需要充足而平衡的能量与营养素供给，但也存在缺铁性贫血、锌缺乏与维生素 A 缺乏的问题。因此在设计此类保健食品的配方时，应注意强化矿物质与维生素，同时可添加有助于钙吸收的功能成分，例如酪蛋白磷酸肽。

4. 促进青少年生长发育的保健食品　青少年时期包括青春发育期及少年期，此时生长发育很快，尤其是生殖系统迅速发育，第二性征逐渐明显。同时青少年课业繁重，大脑耗能增加，可添加牛磺酸等有助于缓解大脑疲劳的功能成分。此时的保健食品配方中应包含能够提供高能量与优质蛋白质的原料，并含有一定量的钙、铁、锌、维生素 A、维生素 B 族等，例如：牡蛎、肝脏、杏仁。

（二）具有改善生长发育功能的主要物质

1. 常见的营养成分　改善生长发育的营养物质主要有蛋白质、氨基酸、维生素、无机盐等，常见的保健品营养成分有：

（1）蛋白质、肽类：乳清蛋白、大豆蛋白、酪蛋白、磷酸肽等。

（2）氨基酸类：复合氨基酸、精氨酸、盐酸精氨酸、L- 盐酸赖氨酸、β 胡萝卜素、烟酰胺等。

（3）维生素类：维生素 A、维生素 C、维生素 D、维生素 B_1、维生素 B_2、维生素 B_3（烟酸）、牛磺酸等。

（4）无机盐类：葡萄糖酸锌、乳酸亚铁、葡萄糖酸钙、柠檬酸锌、EDTA 铁钠盐等。

（5）其他：脂肪酸、磷脂、糖等。如鱼油、二十二碳六烯酸（DHA）、卵磷脂、大豆磷脂、异麦芽低聚糖等。

2. 常见的中药原料　一般以具有健胃消食、补中益气、健脾养阴、理气调中等中药为主，辅以珍珠、牡蛎等富含钙质、氨基酸等原料。

（1）山楂：具有多种改善生长发育的功能。含有机酸及黄酮类化合物，还含有胡萝卜素、维生素 B_1、维生素 B_2 及矿物质微量元素钙、锌、铁、镁等。富含有机酸能增加胃中酶的分泌，促进消化，而所含解脂酸又能促进脂肪食物的消化，有利于改善机体对食物的消化和吸收，达到改善生长发育的目的。

（2）陈皮：具有开胃促消化的作用，陈皮中含有柠檬苦素和挥发油、橙皮苷等物质，可以促进人唾液和消化酶的产生，起到开胃效果，还可以刺激肠道，促进胃肠道的蠕动，帮助消化。陈皮中含有的甲基橙皮苷和果胶成分可以扩张血管，吸附血管中的杂质，起到通透血管的作用，对高血压，动脉硬化等心血管疾病具有预防的作用。

（3）鸡内金：口服鸡内金后胃液酸度明显增高，消化能力的增强，虽较迟缓，但维持时间较久。胃运动功能明显增强，表现在胃运动延长及蠕动波增强，因此胃排空速率加快。鸡内金本身只含微量的胃蛋白酶和淀粉酶，能使胃液的分泌量增加和胃运动增强。

（4）麦芽：含有 α 淀粉酶和 β 淀粉酶。淀粉在 α 淀粉酶和 β 淀粉酶的作用下可分解成麦芽糖与糊精，增加了淀粉的消化利用率。麦芽煎剂对胃酸与胃蛋白酶的分泌似有轻度促进作用。

笔记栏

(5)大枣:富含的环磷酸腺苷,是人体能量代谢的必需物质,能增强肌力、消除疲劳、扩张血管、增加心肌收缩力、改善心肌营养,对防治心血管疾病有良好的作用,是脾胃虚弱、气血不足、倦怠无力、失眠等患者良好的保健营养品。

(6)茯苓:茯苓中的营养物质含量非常的丰富,可以补充大量的多糖、葡萄糖、蛋白质、氨基酸、有机酸等营养物质,还可以增强机体免疫功能;茯苓还具有抗肿瘤作用和利尿作用,对于保护肝脏的效果也很不错,并且还可以有效地抑制溃疡的发生。

(7)龙眼肉:富含高碳水化合物、蛋白质、多种氨基酸和维生素C、维生素B族、铁、钙、磷、腺嘌呤等。龙眼多糖有保护血管,防止血管硬化的作用。具有益气补血,增强记忆,对脑细胞特别有益,能增强记忆,消除疲劳。龙眼肉含有大量的铁、钾等元素,能促进血红蛋白的再生以治疗因贫血造成的心悸、心慌、失眠、健忘。

(8)山药:具有促进小肠运动、促进肠道内容物排空的作用,能增强小肠的吸收功能,对免疫力有较强的促进作用。

(9)枸杞子:含有的β胡萝卜素可以生成视黄醇,有效提高人体视力,而且还可以预防黄斑变性的发生;枸杞中的枸杞多糖可以提高超氧化物歧化酶的活性,增强人体的抗氧化功能;枸杞多糖具有养心的作用,可以清除血管内过多的胆固醇和甘油三酯,防止动脉硬化的发生。

(10)珍珠粉:含有非常丰富的氨基酸,而这类氨基酸经过内服之后,可以有效地提高人体免疫力,增强体质。

(11)牡蛎:牡蛎可以保肝利胆,这是因为牡蛎的肝糖原存在于储藏能量的肝脏与肌肉中,与细胞的分裂、再生、红细胞的活性化都有着很密切的关系。牡蛎还具有健脑益智的功效,这主要是因为牡蛎所含的牛磺酸、DHA、EPA是智力发育所需的重要营养素,对于促进生长发育有着重要的促进作用。

知识链接

学龄儿童膳食指南

1. 一日三餐合理规律,清淡饮食,少吃高脂高糖的快餐。

2. 足量饮水,每日800~1 400ml,首选白开水,禁止饮酒。

3. 营养均衡,保持适宜体重增长。偏食、挑食和过度节食会影响儿童青少年健康,易出现营养不良。暴饮暴食在短时间内摄入过多的食物,会加重消化系统负担,增加发生超重肥胖的风险。

4. 充足、规律和多样的身体活动可强健骨骼和肌肉,提高心肺功能、降低慢性病的发病风险。

三、改善生长发育功能保健食品的功能性评价程序

1. 试验项目

(1)动物实验:体重、身长、食物利用率。

(2)人体试食试验:身高、体重、胸围、上臂围、体内脂肪含量。

2. 试验原则

(1)动物实验和人体试食试验所列指标均为必测项目。

笔记栏

(2) 应对试食前后膳食、运动状况进行观察。

(3) 试验前应对受试样品是否含有与生长发育有关的激素进行测定。

(4) 在进行人体试食试验时，应对受试样品的食用安全性做进一步的观察。

3. 结果判定

(1) 动物实验：体重、身长增加明显高于对照组，食物利用率不显著低于对照组，可判定动物实验结果为阳性。

(2) 人体试食试验：试食组身高阳性，体重、胸围、上臂围三项指标中任一项阳性，体内脂肪含量不明显高于对照组，并排除膳食和运动对结果的影响，可判定该受试样品具有改善生长发育功能的作用。

实例

(一) ××牌生长胶囊

针对本保健品的适用人群为青少年的特点，在基础营养补充的基础上，结合健脾消食的中医药理论，开发出易于服用，方便携带的剂型。以健脾开胃，促消食为思路组方。

产品工艺流程：原料→除杂→粉碎→过筛→混合→制粒→干燥→装囊→包装→质量检验→成品。

保健功能：促进生长发育。

功效成分 / 标志性成分含量：每 100g 含总黄酮 161mg、钙 5.5g、铁 192mg、锌 292mg、维生素 D 160μg。

主要原料：山楂、麦芽、柠檬酸钙、乳酸亚铁、乳酸锌、维生素 D、赖氨酸、淀粉、微晶纤维素。

适宜人群：生长发育不良的少年儿童。

不适宜人群：无。

食用方法及食用量：每日 3 次，每次 3 粒。

产品规格：300mg/ 粒。

保质期：720 天。

贮藏方法：置阴凉干燥处。

注意事项：本品不能代替药物。

(二) ××牌茁壮片

研发思路与市场前景：针对本保健品的适用人群为青少年的特点，在基础营养补充的基础上，结合健脾益气的中医药理论，开发出易于服用，方便携带的剂型。

配方配伍科学性：以健脾益气，促开胃为思路组方。

产品工艺流程：原料→粉碎→过筛→混合→制粒→干燥→压片→包衣→包装→质量检验→成品。

保健功能：促进生长发育。

功效成分 / 标志性成分含量：每 100g 含铁 94.4mg、锌 293mg、钙 17.6g、赖氨酸 2 734mg、牛磺酸 2 098mg。

主要原料：珍珠粉、益智、鸡内金、赖氨酸、牛磺酸、乳酸亚铁、葡萄糖酸锌、淀粉。

适宜人群：生长发育不良的少年儿童。

不适宜人群：无。

食用方法及食用量：每日 2 次，每次 1 000mg。

产品规格：500mg/ 片、1 000mg/ 片。

保质期：24 个月。

贮藏方法：密封、置阴凉干燥处。

注意事项：本品不能代替药物。

学习小结

1. 学习内容

减肥、促进生长发育功能	具有减肥功能的保健食品	肥胖产生的原因、肥胖的分类，减肥的主要方式，传统中医药理论指导下的减肥方法
		减肥功能保健食品开发的一般要求
		具有减肥功能保健食品的常用原料及其主要功能成分
		具有减肥功能保健食品的评价方法
		减肥功能保健食品中可能存在的违禁成分
	促进生长发育功能的保健食品	促进生长发育的概念与分类
		促进生长发育的营养需求
		促进生长发育功能保健食品开发的一般要求和常用原料
		促进生长发育功能保健食品的评价方法

2. 学习方法　通过学习肥胖分类与肥胖的成因，了解减肥功能保健食品开发的一般要求，同时了解该类保健食品的评价方法；通过对其中可能存在的违禁成分的学习，了解此类保健食品在安全方面的严峻形势。减肥保健功能的学习应重点掌握：减肥的基本方式以及具有减肥功能保健食品的常用原料及其主要功能成分，在此基础上能够结合具有此类保健食品开发的一般要求，仔细研究实例，设计出符合科学原理的保健食品。

通过对生长发育基本知识的学习，了解促进生长发育的保健食品开发原则；同时了解相应的功能评价方法。促进生长发育功能的学习应重点掌握：促进生长发育需要保证的营养需求，在此基础上能够尝试使用改善生长发育的常用原料，进行产品开发。

(郭乃菲　刘　谦　付　钰)

复习思考题

1. 肥胖的分类有哪些？
2. 可用于保健食品的、具有减肥功效的物质有哪些？
3. 如何评价保健食品的减肥作用？
4. 市面上的减肥类保健食品中常见的违法添加物有哪些？
5. 儿童生长发育过程的营养要求及此类保健食品的配方原则是什么？

笔记栏

PPT 课件

第十四章
有助于改善睡眠、辅助改善记忆、缓解视觉疲劳功能保健食品

学习目标

1. 掌握有助于改善睡眠功能保健食品的评价程序；熟悉常用功能原料；了解睡眠的节律、睡眠与中枢神经及其递质的关系，以及导致睡眠障碍的原因。

2. 掌握辅助改善记忆功能保健食品的评价程序；熟悉常用功能原料；了解引发记忆障碍的原因及改善记忆的途径。

3. 掌握缓解视觉疲劳功能保健食品的评价程序；熟悉常用功能原料；了解影响视力的因素、视觉疲劳产生的原因、检查方法与治疗方法。

第一节　有助于改善睡眠功能保健食品

一、概述

睡眠对于绝大部分高等动物而言都是不可缺少的。人一生中，约有 1/3 的时间在睡眠中度过。觉醒和睡眠是人体生理活动所必要的过程。只有在觉醒状态下，人体才能进行劳动和其他活动；而睡眠则使人体的精力和体力得到恢复，以保持良好的觉醒状态。20 世纪 30 年代初，法国生理学家将睡眠定义为“身体内部需要，使感觉活动和运动性活动暂时停止，给予适当刺激就能立即觉醒”的一种状态。现代研究认为，睡眠是一种主动过程，有专门的中枢管理睡眠与觉醒，睡眠时人脑只是换了一种工作方式，使能量得到贮存，有利于精神和体力的恢复；而适当的睡眠是最好的休息，既是维护健康和体力的基础，也是取得高度生产能力的保证。国际精神卫生组织于 2001 年将每年的 3 月 21 日定为“世界睡眠日”。随着现代社会生活节奏的加快，生存压力逐渐加大，人际竞争日趋激烈，人类睡眠正在受到严重的威胁。时差、倒班、不规律作息习惯、精神压力、劳累、用脑过度、情绪变化等原因均可导致睡眠状况不佳。正因如此，市场对具有改善睡眠功能的保健食品的需求与日俱增。

（一）睡眠的重要性

在人的四大生命元素——空气、水、睡眠和食物中，睡眠位列第三，优于食物。不同年龄的人对睡眠时间的需要有所差异。年龄愈小，因身体生长发育尚不齐全，抵抗力较弱，睡眠时间要多；随着年龄的增长，睡眠时间有所减少。成年人的合理睡眠时间一般为 7~9 小时。2018 年中国睡眠研究会发布的《中国睡眠诊疗现状调查报告》显示，约 38% 的中国城市居

笔记栏

民存在不同程度的失眠现象，内地成年人中睡眠障碍人群的比例高达 57%。失眠可使患者产生焦虑、抑郁或恐惧心理，令精神活动效率下降，并引发神经、心血管、代谢等系统的各类疾病，严重影响生活质量，日益成为人类健康的严重威胁。

睡眠对人体的功能主要有两个方面。首先，是使人体得以充分休息，恢复精力和体力，以便睡眠后保持良好的觉醒状态。其次，是为细胞的自我修复和新细胞产生提供充足的时间。研究表明，被持续剥夺睡眠 60 小时以上时，将出现疲乏、全身无力、思睡、头痛、耳鸣、复视、皮肤针刺感等各种不适感，有的甚至出现幻觉、情感淡漠、反应迟钝、严重嗜睡等现象；若持续不眠 100 小时以上，则嗜睡愈发严重，一切手段都难以阻止受试者突然入睡；若继续让其不眠，则将导致死亡；但恢复睡眠 9~12 小时后，所有受试者均重新恢复正常状态。长期的睡眠不足将导致人体内各系统的严重受损，不但使人体免疫功能下降，还会阻碍大脑正常运作，使基本的注意力、认知能力、思考能力、判断能力、工作能力等受到严重影响。因此，睡眠对人体身心健康具有非常重要的意义。

（二）睡眠的节律

节律是生物生命活动的基本现象。当其波动周期接近地球自转的周期时，称为昼夜节律。觉醒与睡眠的周期，正好与昼夜的交替一致，不过，并非是昼夜的光照与黑暗直接引起了觉醒与睡眠。人类觉醒与睡眠的交替实际上是人体“生物钟”的一种内在控制。根据国际睡眠协会制定的分类标准，睡眠由两种状态组成（或称两个时段相）：第一种是眼球速动期（亦称快速动眼睡眠相，REM），这时眼球会不停转动（入睡后非自主的无意识转动），大脑也非常活跃，与清醒时的大脑活动类似，对睡眠中的信息处理和记忆固定有重要作用；第二种是眼球非速动期（亦称非快速动眼睡眠相，NREM），可以使身体和脑细胞都进入休眠状态，这是一种较深的无意识状态。

人在不同的精神活动下，脑部会产生不同电流频率的脑波，根据睡眠中脑波的差异，非快速动眼睡眠可以划分为 4 个阶段：第一阶段为入睡期，此时仍有部分意识，通常时间非常短；第二阶段为浅睡期，在非快速动眼睡眠中所占比例最大，约占全部过程的一半；第三、第四阶段出现的脑电波均为频率低的慢速波，这两个阶段为慢波睡眠时期，属于睡眠质量最好的深睡眠阶段，梦游通常发生在此阶段。第二、三、四阶段均完全无意识，醒来也不会记得所发生的事情。

在睡眠中，快速动眼睡眠和非快速动眼睡眠是交替出现的，一个睡眠周期的持续时间约 90 分钟。一般情况下，成人睡眠开始于非快速动眼睡眠，从第一阶段快速过渡到第三、四阶段，然后再返回到第二阶段，继而转变到快速动眼睡眠。非快速动眼睡眠和紧接其后的快速动眼睡眠构成一个睡眠周期。一夜的睡眠由 4~5 个周期组成，但是每个周期中的快速动眼睡眠和非快速动眼睡眠所占的时间比例有所差异。快速动眼睡眠大约 90 分钟出现一次，且所占比例逐渐增加，在首次出现时通常持续约 10 分钟，此后逐渐延长，在凌晨的几个小时中可以持续 30 分钟。另外，人们所处的年龄段和个体的身体状态和习惯等因素也都会影响循环的数量、一个特定睡眠阶段的相对持续时间和整个睡眠长度。

在 NREM 睡眠时，脑电波呈现低频高幅（δ 波）；而在 REM 睡眠时，脑电波则与清醒相似，主要为高频低幅锯齿状的 θ 波间杂有 β 波。NREM 有利于体力恢复，清除脑内代谢废物，对中枢神经系统的正常生理功能至关重要。REM 占睡眠总时长的 20%~25%，伴有快速眼球运动、骨骼肌张力消失，与梦境、记忆巩固和认知密切相关。

（三）睡眠与中枢神经及其递质的关系

1. 与睡眠有关的中枢神经结构　现在认为睡眠不是一个被动过程，而是中枢神经系统特定部位发生的主动过程。有研究指出，刺激中枢神经系统不同部位能诱发睡眠，颞叶梨状

笔记栏

区、扣带回前部、视前区等边缘系统结构均与睡眠有关，这些部位的活动很可能通过前脑内侧束下行而影响到低位脑干，从而诱发睡眠。此外，来自躯干和内脏感觉的上行冲动也可抵达脑干尾端，促使上述引起睡眠和脑电图（EEG）同步化的中枢活动加强，亦协助诱发睡眠。在生理条件下的自然睡眠，可能是在由皮层下行和脊髓上行冲动的影响下，因低位脑干中与睡眠和觉醒有关的功能相互抗衡而促使大脑从觉醒向睡眠转化的过程。下丘脑 - 垂体 - 肾上腺轴（HPA）是神经内分泌系统的重要部分，是人体内一个直接作用和反馈互动的复杂集合，参与控制应激反应，并调节许多身体活动，如消化系统、免疫系统、情绪、性行为以及能量贮存和消耗。HPA 轴功能失调时，将引起促肾上腺素释放激素和皮质醇的分泌显著增加，从而导致睡眠和觉醒机制的异常。

2. 与睡眠有关的中枢神经递质　睡眠是中枢神经系统内特定的结构发生的主动神经过程，其发生原理与多种中枢神经递质有关，如乙酰胆碱、多巴胺、去甲肾上腺素、腺苷、γ- 氨基丁酸、5- 羟色胺、S 因子、δ- 睡眠诱导肽（DSIP）等，其中最为重要的是 5- 羟色胺和去甲肾上腺素。5- 羟色胺既是促进觉醒又是促进慢波睡眠的物质，而去甲肾上腺素与 5- 羟色胺对引发睡眠的作用似乎是一对矛盾。在脑内去甲肾上腺素含量不变或增高的情况下，降低 5- 羟色胺含量即可引起失眠；而在脑内 5- 羟色胺含量正常或增高的情况下，降低去甲肾上腺素含量可引起多眠。缝际核是脑干内的一个与睡眠觉醒有关的神经核团，缝际核的上部（引起非快速动眼睡眠）和下部（引起快速动眼睡眠）互相协同维持睡眠的。蓝斑是脑干内另一个与睡眠觉醒有关的神经核团，它分为头、中、尾三部分，蓝斑核中部和下部主要用于维持快速动眼睡眠，蓝斑的头部则维持觉醒。经免疫荧光组织化学技术证实，在低位脑干背侧缝际核的神经元内含有大量的 5- 羟色胺，这些神经元发出小轴突向上投射到达间脑和大脑皮质。含有大量去甲肾上腺素的低位脑干神经元则主要集中在脑桥外侧的网状结构内特别是蓝斑内，这些肾上腺素能神经元发出的轴突，经去甲肾上腺素能上行背束而投射到间脑和大脑皮质，并对上部缝际核的活动发生影响。另外，多巴胺、乙酰胆碱也与觉醒功能有关，行为觉醒的维持是中脑黑质多巴胺递质系统的功能。

（四）睡眠障碍

睡眠障碍是指睡眠量及质的异常或在睡眠时发生某些临床症状，其中最常见的是失眠症。睡眠障碍可以分为三类：原发性睡眠障碍、精神障碍影响的睡眠障碍以及其他类型的睡眠障碍。原发性睡眠障碍主要包括睡眠异常，例如原发性的睡眠过度、失眠症、呼吸引发的睡眠障碍等；睡眠相关异常主要包括睡眠惊醒障碍、睡眠行走障碍和噩梦障碍等。睡眠障碍可能会引发严重的躯体化问题，如头痛、血压升高、心慌气短、疲乏无力、食欲下降等，有的可导致情绪改变、兴趣下降、心情郁闷、情绪低落等，严重的还会引起记忆力下降、注意力不集中等，使学习或工作效率降低。由于长期睡眠障碍，出现其他精神疾病的概率高于正常人 20 多倍。

发生睡眠障碍的原因主要有：①精神因素：精神紧张、焦虑、恐惧、兴奋等可引起短暂失眠，主要为入睡困难及易惊醒，精神因素解除后，失眠即可改善。②躯体因素引起的失眠：各种躯体疾病引起的疼痛、痛痒、鼻塞、呼吸困难、气喘、咳嗽、尿频、恶心、呕吐、腹胀、腹泻、心悸等均可引起睡眠障碍。③生理因素：由于生活工作环境的改变，短期适应后失眠即可改善。④药物因素引起的失眠：利血平、苯丙胺、甲状腺素、咖啡因、氨茶碱等可引起失眠，停药后失眠即可消失。⑤大脑弥散性病变：慢性中毒、内分泌疾病、营养代谢障碍、脑动脉硬化等各种因素引起的大脑弥散性病变，失眠常为早期症状，表现为睡眠时间减少、间断易醒、深睡眠期消失，病情加重时出现嗜睡及意识障碍及其他睡眠障碍。⑥遗传因素：有些睡眠障碍相关疾病如遗尿症有一定的家族遗传史。⑦年龄因素：大脑的发育情况与睡眠障碍有关，儿童

笔记栏

多以夜惊、梦魇、遗尿为主，老年人则以失眠为主。

中医认为睡眠的产生是阴阳交替的规律，《黄帝内经》指出“阳气尽阴气盛则目瞑，阴气尽而阳气盛则寤矣”。人体阴阳交替有赖于营卫之气的运行。若营卫亏虚以致营卫不和，则导致睡眠问题，故“老者之气血衰，其肌肉枯，气道涩，五脏之气相搏，其营气衰少而卫气内伐，故昼不精，夜不瞑”。另外，外感邪气也会影响睡眠，“夫邪气之客人也，或令人目不瞑”，因为“厥气客于五藏六府，则卫气独卫其外，行于阳，不得入于阴，行于阳则阳气盛，阳气盛则阳跃陷，不得入于阴，阴虚，故目不瞑”。

二、有助于改善睡眠功能保健食品的常用原料

(一) 有助于改善睡眠保健食品开发的一般思路

有助于改善睡眠保健食品的开发思路，一是补充一些特定的功能性成分或营养成分，以调节与睡眠有关的一些神经递质或直接调节神经活动；二是根据中医理论，选用食药同源类中药材，通过养心安神、调和营卫等方式，促进睡眠。

(二) 有助于改善睡眠保健食品开发的主要物质

1. 褪黑素　又称松果体素，为 5- 羟色胺的甲基化和乙酰化衍生物，存在于葡萄、桑椹等的发酵产物中，也可人工合成。褪黑素是一种神经激素，可通过激活 G 蛋白偶联受体 1A 型（MT1）和 1B 型（MT2）来调节睡眠和觉醒。

2. 维生素 B_6　主要成分为吡哆醇，在酵母粉、谷类、豆类、花生、动物肝脏、肉、蛋等食物中均有存在。维生素 B_6 是辅酶的重要组成成分，参与人体的多种代谢反应。现代研究表明，维生素 B_6 对褪黑素的调节睡眠功能有协同作用。

3. 酸枣仁　为鼠李科植物酸枣的干燥成熟种子，主要成分为皂苷、黄酮、生物碱等，具有养心补肝、宁心安神功效，常用于虚烦不眠、惊悸多梦等症。药理研究表明，酸枣仁对睡眠有较好的改善作用。

4. 五味子　为木兰科植物五味子的干燥成熟果实，习称“北五味子”，含有多种木脂素类化合物，有益气生津、补肾宁心的功效，常用于心悸失眠。现代研究表明，五味子醇甲等木脂素化合物可调节脑内 5- 羟色胺等单胺类递质的水平而改善睡眠。另外，“南五味子”（华中五味子）也有类似的作用。

常用的有助于改善睡眠的物质还有：天麻、珍珠、远志、百合、阿胶、白术、白芷、柏子仁、蝙蝠蛾拟青霉菌丝体（发酵虫草菌粉）、刺五加、大豆异黄酮、大枣、丹参、当归、熟地黄、蜂胶、蜂蜜、蜂王浆、佛手、茯苓、甘草、枸杞子、何首乌、红景天、黄精、黄芪、姜黄、绞股蓝、菊花、决明子、卡瓦根、灵芝、龙眼肉、芦荟、马鹿胎、马鹿血、麦冬、牡蛎肉、木瓜、葡萄籽提取物、人参、三七、桑椹、山药、山茱萸、山楂、首乌藤、天冬、维生素 C、维生素 E、乌梅、乌鸡、香菇、羊胚胎、银杏叶、薏苡仁、荜茇、侧柏叶、茶氨酸、牡丹皮、丁香、甘氨酸、积雪草、蜜环菌提取物、木贼、牡丹皮、肉豆蔻、紫苏、莲心子、杜仲等。

三、有助于改善睡眠功能保健食品的功能学评价程序

有助于改善睡眠作用的评价方法选用健康、单一性别的成年小鼠，18~22g，每组 10~15 只。以小鼠的翻正反射消失为睡眠指标。当小鼠置于背卧位时，能立即翻正身位，如超过 30~60 秒不能翻正者，即视为翻正反射消失，进入睡眠。翻正反射恢复即为动物觉醒。翻正反射消失至恢复这段时间为动物睡眠时间。观察给予受试物后小鼠是否出现安静、闭目、嗜睡或睡眠现象，并应用作用机制明确的、典型的中枢抑制药物作为工具，观察受试物与已知药物是否有协同作用。通常选用戊巴比妥钠、巴比妥钠等巴比妥类镇静药。该类药物的作

笔记栏

用机制主要是选择性地阻断脑干网状结构上行激活系统的传导功能，使大脑皮质细胞受到抑制，从而容易睡眠。

（一）试验项目

1. 直接睡眠实验。

2. 延长戊巴比妥钠睡眠时间实验。

3. 戊巴比妥钠（或巴比妥钠）阈下剂量催眠实验。

4. 巴比妥钠睡眠潜伏期实验。

（二）试验原则

1. 所列指标均为必做项目。

2. 需观察受试样品对动物直接睡眠的作用。

（三）动物实验方法

1. 直接睡眠实验　观察受试组动物给予 3 个剂量的受试样品，对照组给予同体积溶剂后，是否出现睡眠现象。比较对照组与实验组入睡动物数及睡眠时间之间的差异，睡眠以翻正反射消失为指标，若入睡动物数及睡眠时间增加有显著性，则实验结果为阳性。

2. 延长戊巴比妥钠睡眠时间实验　阈下剂量的戊巴比妥钠具有延长睡眠时间的功能，因此可以通过观察给予受试物后是否睡眠时间延长来判断其是否具有改善睡眠作用。若睡眠时间增加有显著性，则说明受试物与戊巴比妥钠有协同作用，实验结果为阳性。

正式实验前先进行预实验，确定使动物 100% 入睡，但又不使睡眠时间过长的戊巴比妥钠剂量（30~60mg/kg），用此剂量进行正式实验。动物末次给予溶剂及不同剂量受试样品后，出现峰作用前 10~15 分钟，给各组动物腹腔注射戊巴比妥钠，注射量为 0.2ml/20g，以翻正反射消失为指标，观察受试样品能否延长戊巴比妥钠睡眠时间。

3. 戊巴比妥钠（或巴比妥钠）阈下催眠剂量实验　由于戊巴比妥钠通过肝酶代谢，而对该酶有抑制作用的药物也能延长戊巴比妥钠睡眠时间，所以为排除这种影响，应进行阈下剂量实验。

正式实验前先进行预实验，确定戊巴比妥钠（或巴比妥钠）阈下催眠剂量（戊巴比妥钠 16~30mg/kg 或巴比妥钠 100~150mg/kg），即 80%~90% 小鼠翻正反射不消失的戊巴比妥钠最大阈下剂量。阈下剂量戊巴比妥钠具有促使安静的作用。如果受试物能够显著增加最大阈下剂量戊巴比妥钠的入睡动物发生率，则实验结果为阳性。

4. 巴比妥钠睡眠潜伏期实验　睡眠潜伏期是指给予药物后直到入睡的一段时间。在巴比妥钠催眠的基础上，观察受试物是否能缩短入睡潜伏期，若受试物能够显著缩短巴比妥钠诱导的睡眠的潜伏期，则说明受试物与巴比妥钠有协同作用，实验结果为阳性。

做正式实验前先进行预实验，确定使动物 100% 入睡，但又不使睡眠时间过长的巴比妥钠的剂量（200~300mg/kg），用此剂量进行正式实验。

（四）结果判定

延长巴比妥钠睡眠时间实验、戊巴比妥钠（或巴比妥钠）阈下剂量催眠实验、巴比妥钠睡眠潜伏期实验三项实验中任二项阳性，且无明显直接睡眠作用，可判定该受试样品具有改善睡眠的作用。

（五）注意事项

1. 实验室环境必须安静、恒温、恒湿，以确保条件的恒定。

2. 由于动物自身固有的生物学特征和习性，对受试样品的反应存在着种属、性别、年龄等方面的差异。鼠类活动夜间比白天活跃，雌性比雄性更明显，年龄大的动物中枢神经反应不敏感。因此这类实验应尽量安排在夜间同一时间进行，室温 24~25℃为宜。

笔记栏

3. 实验时应使动物在测定室适应数分钟后再进行正式测试,实验组与对照组交叉进行测试。

实例

(一) ×× 牌 ×× 软胶囊

保健功能:改善睡眠。

功效成分 / 标志性成分含量:每 100g 含五味子甲素 29mg、总皂苷 1.49g。

主要原料:核桃油、五味子、绞股蓝、刺五加、酸枣仁、蜂蜡、甘油、明胶、纯化水。

配方解析:五味子、酸枣仁合用宁心安神,绞股蓝、刺五加合用补脾益气、调和营卫;核桃油用作软胶囊基质;蜂蜡、甘油、明胶为软胶囊壳材料。

适宜人群:睡眠状况不佳者。

不适宜人群:少年儿童。

食用方法及食用量:每日 2 次,每次 2 粒,温开水送食。

产品规格:0.5g/ 粒。

保质期:24 个月。

贮藏方法:置阴凉干燥处。

注意事项:本品不能代替药物。

(二) ×× 牌舒 ×× 胶囊

保健功能:改善睡眠。

功效成分 / 标志性成分含量:每 100g 含大豆异黄酮 3.11g。

主要原料:酸枣仁、当归、白芍、栀子、茯苓、远志、甘草、大豆异黄酮、珍珠粉、糊精。

配方解析:酸枣仁、茯苓、珍珠粉宁心,远志交通心肾,当归、白芍补血,栀子清心除烦,甘草调和诸药,共奏安神之功;大豆异黄酮可提高大脑抗氧化能力;糊精为辅料。

适宜人群:睡眠状况不佳者。

不适宜人群:少年儿童、孕期及哺乳期妇女。

食用方法及食用量:每日 2 次,每次 2 粒,温水冲服。

产品规格:0.3g/ 片。

保质期:24 个月。

贮藏方法:密封,置阴凉干燥处。

注意事项:本品不能代替药物,不宜与含大豆异黄酮成分的产品同时食用。

第二节　辅助改善记忆功能保健食品

一、概述

大脑的主要功能之一就是学习和记忆,记忆是人脑对经历过事物的反映,而在日常生活中人们会发生记忆力下降的现象。记忆力下降可分为两种:器质性与功能性的改变。器质性的记忆力下降是由于身体某一部位器质性病变或外伤引起的;功能性的病变主要表现在

笔记栏

由膳食状况、营养条件、不良嗜好、压力等因素引起的记忆力下降。影响记忆力的因素有很多，如遗传、兴趣、情绪、疲惫程度、心理状态、膳食状况等。

（一）现代记忆理论

认知和记忆是大脑最重要和基本的神经过程，现代的神经科学、心理学，以及精神病学领域均对其进行了深入的研究。近代生理心理学认为，学习是指经验信息的获得和发展，记忆是经验信息的储存和提取，是两个不同而又紧密结合的神经活动。作为一项复杂的生理生化过程，记忆可以被看作为建立在条件反射基础上的大脑活动，分为瞬时记忆、短期记忆和长期记忆。从神经学来说，神经突触是实施脑功能的关键部位，具有可塑性，其传递效率的改变被认为是记忆产生的原因。神经纤维传入刺激，引发第二信使的级联激活，提高信息传递效率，这些改变主要包括原突触连结的改变，以及现有蛋白的修饰，最终形成了短期记忆。当反复刺激海马或进行强直刺激时，会发生晚期的突触长时程增强，细胞内的信号传导途径被更广泛地激活，属于信息巩固的过程，从而实现短期记忆向长期记忆的转变。微弱的突触活动还可以引起长时程的突触传导抑制。两种不同类型的突触可塑性变化可以改变突触连接的强弱，进而储存大量的信息，构成学习以及记忆的基础。

（二）学习记忆障碍产生的原因

引发学习记忆障碍的原因很多，机制也较复杂，其变化的理化指标主要有以下几方面：①中枢胆碱能神经系统，以胆碱乙酰转移酶、乙酰胆碱酯酶为重要指标；②单胺类神经递质，如去甲肾上腺素、多巴胺和5-羟色胺等；③氨基酸类神经递质，如谷氨酸、天冬氨酸、牛磺酸、甘氨酸和γ-氨基丁酸；④神经生长因子，一些神经肽对中枢胆碱能神经细胞具有选择性营养作用；⑤突触数量、突触面结构、突触体膜流动性、突触可塑性等，这些突触变化均可观察到记忆的变化；⑥ Ca^{2+}，它是控制神经可塑性的重要因素。

（三）中医对记忆障碍的认识

记忆障碍在中医领域属于“善忘”“健忘”范畴，《黄帝内经》中关于“善忘”的论述有10余处，其中最重要的是“上气不足，下气有余，肠胃实而心肺虚，虚则营卫留于下，久之不以时上，故善忘也”。概括而言，“善忘”的病机为心虚、心脾两虚、心肾不交、脑髓空虚、痰饮瘀血、先天不足6个方面。

二、辅助改善记忆功能保健食品的常用原料

（一）有助于改善睡眠保健食品开发的一般思路

大脑是思维和意识的中枢，也是人体新陈代谢的调节中心。大脑的正常功能离不开营养物质的滋养和补给；同时也与氧气的供应有关，如果供氧不足，就会影响大脑的思维活动。营养物质或食物成分可参与神经细胞或髓鞘的构成，直接作为神经递质及其合成的前体物质。多种营养物质或食物成分在中枢神经系统的结构塑造和功能调节中发挥着极其重要的作用，一些营养物质或食物成分参与5-羟色胺、去甲肾上腺素、多巴胺、乙酰胆碱等神经递质的构成、合成和释放。一些必需氨基酸是神经递质5-羟色胺的前体。一些矿物质影响大脑中核酸的合成及基因的转录，如锌的营养状况与学习记忆功能关系密切。氧化应激和炎症过程均与痴呆时信号系统及行为学缺失有关。洋葱、姜、茶叶、银杏等草本植物对衰老以及阿尔茨海默病（AD）所导致的行为功能具有改善作用。因此，现代医学认为，提高人体记忆力有以下途径：补充大脑必需营养物质、补充促进新陈代谢的物质、增加氧气利用率。

因记忆障碍的病机多为因虚而至，基于中医药理论开发辅助改善记忆功能保健食品常以补其不足为治则，如补益心脾、交通心肾、补肾填精等；考虑到气郁、痰阻、血瘀等证或亦存在，故扶正固本的同时，亦当理气开郁、化痰泄浊、活血化瘀。另外，用于改善睡眠功能中药

笔记栏

多具有养心安神、调和营卫功能，故亦常用于改善记忆，如酸枣仁、远志、红景天等。

（二）常用于开发辅助改善记忆功能保健食品的主要物质

1. 牛磺酸　化学名为2-氨基乙磺酸，属于人体的条件必需氨基酸，以游离形式广泛存在于全身组织器官中，对脑组织的发育、神经传导、内分泌的调节、免疫力调节等有重要作用。补充适量牛磺酸有助于促进神经细胞的增殖和分化，提高学习记忆的效率。

2. 锌元素　锌是人体所必需的微量元素，许多金属酶的组成或激活需要锌的参与。海马是人脑控制学习和记忆活动的中枢，锌对于维持海马的功能非常重要。锌能参与神经内分泌活动，增强人体记忆功能和反应能力。常用于保健食品的含锌物质主要有葡萄糖酸锌、乳酸锌、牛磺酸锌等。

3. 人参　为五加科植物人参的干燥根和根茎，含多种人参皂苷，具有大补元气、补脾益肺、生津养血、安神益智等功效，常用于气血亏虚、久病虚羸、惊悸失眠等。研究表明，人参皂苷 Rg_1 是人参促智、抗痴呆、促进学习记忆作用的主要有效成分之一，具有多靶点、多环节综合治疗记忆障碍的特点。

4. 灵芝　为多孔菌科真菌赤芝或紫芝的干燥子实体，含有三萜类、多糖类、生物碱类化合物，具有补气安神的功效，常用于心神不宁、失眠心悸等。研究表明，灵芝三萜类化合物具有改善学习记忆能力、提高脑组织自由基清除能力、防止脂质过氧化损伤等作用，灵芝多糖具有改善海马组织 CA_1 区神经元退行性变化的作用。

常用于开发辅助改善记忆功能保健食品的物质还有：银杏叶、鱼油、大豆磷脂、维生素E、二十二碳六烯酸（DHA）、枸杞子、红景天、卵磷脂、茶多酚、钙、灵芝孢子油、绞股蓝、天麻、茯苓、核桃、远志、酸枣仁、益智仁、紫苏子油、葡萄籽提取物、亚麻籽提取物等。

三、辅助改善记忆功能保健食品的功能学评价程序

（一）试验项目

1. 动物实验

(1)体重。

(2)跳台实验。

(3)避暗实验。

(4)穿梭箱实验。

(5)水迷宫实验。

2. 人体试食试验

(1)指向记忆。

(2)联想学习。

(3)图像自由回忆。

(4)无意义图形再认。

(5)人像特点联系回忆。

(6)记忆商。

（二）试验原则

1. 动物实验和人体试食试验为必做项目。

2. 跳台实验、避暗实验、穿梭箱实验、水迷宫实验四项动物实验中至少应选三项，以保证实验结果的可靠性。

3. 正常动物与记忆障碍模型动物任选其一。

4. 动物实验应重复一次（重新饲养动物，重复所做实验）。

5. 人体试食试验统一使用临床记忆量表。

6. 在人体试食试验时，应对受试样品的食用安全性做进一步的观察。

（三）动物实验方法

1. 跳台实验　利用小鼠的被动回避条件反射设计跳台仪，该装置反应箱底部铺有通电的铜栅，小鼠受到电击，其正常反应是跳上箱内绝缘的平台以避免伤害性刺激。多数小鼠可能再次或多次跳至铜栅上，受到电击又迅速跳回平台，如此训练5分钟，并记录每只小鼠受到电击的次数或错误次数，以此作为学习成绩。24小时或48小时重复测验，此即为记忆保持测验。记录受电击的小鼠数量、第一次跳下平台的潜伏期和3分钟内的错误总数。停止训练5天后（也可以在训练后的一周、两周或其他时间点）进行记忆消退实验。若受试样品组与对照组比较，潜伏期明显延长，错误次数或跳下平台的动物数明显少于对照组，差异有显著性，以上三项指标中任一阶段的任一项指标阳性，均可判定该项实验阳性。

实验注意事项：

(1) 动物在24小时内有其活动周期，不同时间相处于不同的觉醒水平，故每次实验应选择同一时间（上午8~12点或下午1~4点），前后2天的实验要在同一时间内完成。

(2) 实验应在隔音，光强度和温、湿度适宜且保持一致的行为实验室进行。

(3) 推荐使用纯系动物，实验前数天将动物移至实验室以适应周围环境。

(4) 实验者必须每天与实验动物接触，如喂水、喂食和抚摸动物。

(5) 减少非特异性干扰，如情绪、注意、动机、觉醒、运动活动水平、应激和内分泌等因素。

(6) 考虑动物种属差异。

2. 避暗实验　利用小鼠嗜暗的习性设计避暗仪，该装置一半是暗室，一半是明室，中间有一小洞相连。暗室底部铺有通电的铜栅，并与一计时器相连，计时器可自动记录潜伏期的时间。小鼠进入暗室即受到电击，计时自动停止。实验注意事项同跳台实验。若受试样品组小鼠进入暗室的潜伏期明显长于对照组，5分钟内进入暗室的错误次数或5分钟内进入暗室的动物数少于对照组，且差异有显著性，以上三项指标中任一阶段的任一项指标阳性，均可判定该项实验阳性。

实验注意事项：同跳台实验。

3. 穿梭箱实验（双向回避实验）　利用条件反射原理，采用大鼠穿梭箱装置，实验注意事项同跳台实验。若实验组主动和 / 或被动回避时间明显短于对照组，差异有显著性，可判定为该指标阳性。

实验注意事项：同跳台实验。

4. 水迷宫实验　动物都有一种“探索”和“更替”倾向，当离开一个臂时，总是跑向“久”未跑过的“新”臂。小鼠不愿在水中，因而寻找能爬出水面的阶梯，训练后，小鼠能记住找到阶梯的路线。与对照组比，实验组到达终点所用的时间或到达终点前的错误次数明显少于对照组，或2分钟内到达终点的动物数明显多于对照组，且经统计学检验差异有显著性。其中任一项指标为阳性，可判为该项实验阳性。

实验注意事项：

(1) 训练时在目标区（终点）停留的时间不能太短，否则失去强化效果。

(2) 每天训练结束后，要对实验箱进行清洗，以清除动物留下的气味。

(3) 实验前可对动物进行初筛，经训练后，2分钟内仍不能游至终点者淘汰。

(4) 其他注意事项同跳台实验（表14-1）。

笔记栏

表 14-1 记忆测试指标一览表

分类	测试项目	评价指标	仪器
被动回避	跳台实验	被动回避时间、错误次数和动物出现错误反应百分率	跳台仪
	避暗实验	被动回避时间、错误次数和动物出现错误反应百分率	避暗仪
主动回避	单向回避实验	达标所需的训练次数	穿梭箱
	双向回避实验	回避时间和回避率	穿梭箱
迷宫试验	水迷宫实验	到达安全台的时间和达标所需的训练次数、动物出现错误反应的动物百分率	水迷宫自动记录仪

5. 结果判定　跳台实验、避暗实验、穿梭箱实验、水迷宫实验四项实验中任两项实验结果阳性，且重复实验结果一致（所重复的同一项实验两次结果均为阳性），可以判定该受试样品辅助改善记忆功能动物实验结果阳性。

（四）人体试食试验

1. 改善记忆的保健食品人体试食试验的一般原则

（1）受试者应本着自觉自愿的原则。

（2）应以保障受试者的健康为前提。

受试样品必须有其来源、组成、加工工艺和卫生条件的详细说明，必须先经毒理学安全性评价，证明安全无毒，也不存在任何潜在的危险因素；经动物功效实验已证明有效，或者虽然动物实验无效，但有大量背景资料证明确有改善人体记忆的作用，在此基础上，才能进行人体试食试验。

（3）主受试人员必须经过专门的培训，取得结业证书后方可进行该项试验。

2. 选择受试者的原则

（1）从比较集中、各方面影响因素大致相同的群体中挑选受试者，比如学校、部队或其他群体。

（2）文化程度基本一致。

（3）属同一年龄组，如不在同一年龄组，则应对量表分进行校正。

（4）未接受过类似测试。

（5）排除短期内服用与受试功能有关的物品，影响到对结果的判断。

3. 试验设计和分组

（1）试验原则：对照、双盲、随机。

（2）对照：记忆测试是一种心理测试，易受迁移学习和心理暗示的影响，第二次测验的记忆商一般比第一次高，有时对照组前后两次测试的记忆商差异有显著性，因此，不能仅以服用样品前后自身比较的结果下结论，必须设置平行对照。

（3）双盲：对照组必须服用安慰剂（不含有效成分，但其剂型、色泽、外观、口感、包装等均与受试样品相同），以消除心理暗示的影响；主试者在施测时不知道谁服样品，谁服安慰剂，以消除主试者主观偏向的影响，保证测试结果客观可靠。

（4）同一受试者前后两次测试由同一主试者进行。

（5）施测顺序一般是先听觉测验后视觉测验。具体测验顺序是：①指向记忆；②联想学习；③无意义图形再认；④图像自由回忆；⑤人像特点联系回忆。

（6）分组方法：服用样品前对受试者进行第一次记忆商测试后，按记忆商随机分为试食组和对照组，尽可能考虑影响结果的主要因素如文化水平、年龄等，进行均衡性检验，以保证组间可比性。每组受试者不少于 50 例。

笔记栏

（7）受试样品的剂量和使用方法：试食组按样品的推荐剂量和方法服用受试样品，对照组服用安慰剂。受试样品给予时间30天，必要时可延长至45天。

4. 观察指标

（1）安全性指标

1）一般状况包括精神、睡眠、饮食、大小便、心率等（儿童只要求进行心肺听诊、肝脾触诊等一般体格检查）。

2）血、尿常规检查。

3）肝、肾功能检查（儿童受试者不测定此项）。

4）胸部X线、心电图、腹部B超检查（成人受试者测定此项目仅试验前检查一次）。

（2）功效指标：使用临床记忆量表。用测试后的各分测验原始分查量表分，各分测验量表分相加得总量表分，用总量表分查记忆商。包括指向记忆量表分、联想学习量表分、图像自由回忆量表分、无意义图形再认量表分、人像特点联系回忆量表分、记忆商。

5. 结果判定　在试验前两组记忆商均衡的前提下，试食后试食组的记忆商高于对照组，且差异有显著性，同时试食组试验后的记忆商高于其试验前的记忆商，且差异有显著性，可以判定该受试样品具有辅助改善记忆的功能。

6. 注意事项

（1）心理测验必须由受过训练的人员进行，否则影响试验结果。

（2）测试应当在一个安静的房间内进行。除受试者和主试者外，尽量避免有其他人在场。

（3）本量表内有三项和视觉有关的分测验，室内光线必须保证能看得清楚刺激图片。尽量排除因听力或视力不佳而影响记忆成绩。

（4）必须注意受试者受测时的精神状态，测验需在受试者情绪正常、不反对接受测试、注意力比较集中的情况下进行。受试者是否疲倦，注意力是否集中，是否配合、对测试是否紧张、是否有信心等均需记录在记录纸的首页上。

（5）同一受试者的测试要求一次做完。在用年龄量表分比较分测验成绩时，必须注意不同分测验是否在相同的精神状态下进行的。

（6）填写记录必须认真，字迹清楚。填写时注意以下几点：①首页必须逐项填写，即受试者的姓名、性别和年龄，以及检查日期和时间；②填写文化程度和职业作为了解受试者接受测验的背景材料；③填写健康状况或诊断，前一夜睡眠情况或当时疲倦与否；④对表明当时精神状况的各项，如配合程度、注意力、紧张状态、信心等也要填写清楚；⑤除记录受试者记忆回答的正误外，应当记下错误回答的具体内容，以备分析研究用；⑥是否应用记忆方法以及使用什么方法对记忆研究是有益的。在用此量表进行研究时应当记录此项；⑦各项测验成绩的原始分记入首页总结表中，要先经复查，复查无误方可填入原始分项内。

实例

（一）××牌××软胶囊

保健功能：辅助改善记忆。

功效成分/标志性成分含量：每100g含二十碳五烯酸（EPA）0.6g、二十二碳六烯酸（DHA）2.5g、总皂苷1.2g、红景天苷60mg。

主要原料：人参、银杏叶、红景天、大豆磷脂、鱼油。

配方解析：本方以中医理论为基础（人参补气养血、红景天益气活血、银杏叶活血化瘀、大豆磷脂能够提高神经递质的传导效率，改善大脑活力），结合药理研究结果组方

笔记栏

(各原料均有改善记忆的药理作用),鱼油同时还用作软胶囊基质。

适宜人群:需要改善记忆的成人。

不适宜人群:少年儿童、孕妇。

食用方法及食用量:每日1次、每次3粒。

产品规格:700mg/粒。

保质期:24个月。

贮藏方法:密封、置阴凉干燥处。

注意事项:本品不能代替药物。

(二)××牌××胶囊

保健功能:辅助改善记忆。

功效成分/标志性成分含量:每100g含红景天苷85.0mg、总黄酮352mg、牛磺酸493mg、锌187mg。

主要原料:红景天、银杏叶、刺五加、远志、酸枣仁、葡萄糖酸锌、牛磺酸。

解析:五味中药的作用均属养心、活血范畴,锌、牛磺酸为改善记忆的营养素。

适宜人群:需要改善记忆者。

不适宜人群:少年儿童。

食用方法及食用量:每日2次,每次3粒。

产品规格:450mg/粒。

保质期:24个月。

贮藏方法:置阴凉干燥处。

注意事项:本品不能代替药物。

第三节　缓解视觉疲劳功能保健食品

一、概述

眼睛是人体掌管视觉的感觉器官,构造复杂,功能敏锐,是人体中最重要的器官之一。眼睛之所以能看到外界的物体,是外界光线通过眼球的角膜、房水、晶状体和玻璃体四部分的透明间质,折射成像在视网膜上,使视网膜上的视锥细胞和视杆细胞这两种感光细胞发生一系列化学变化,包括感光细胞中的视紫红质转变成光视紫红质,再转变成高视紫红质等一系列变化,将光能转变为电能,引发神经冲动,最后经视神经传至大脑皮质视区而产生视觉。

(一)视觉疲劳及视觉疲劳产生的原因

视觉疲劳是目前眼科常见的一种疾病,是长时间眼睛调节屈光产生的眼部不适感。视觉疲劳与用眼距离、时间、照明、眼镜、户外活动等因素有关,在临床上又常称为眼疲劳综合征。具体表现症状为眼部干涩、酸胀,视觉重影,以及间歇性视觉模糊,严重时会产生恶心、呕吐、眩晕、头痛、颈部肌肉紧张、肩部酸痛等全身症状,直接影响人们的工作与生活。轻度的视疲劳往往得不到人们的重视,以致视觉疲劳症状加重,长期反复出现视觉疲劳可能会引发多种眼部疾病,如眼干燥症、屈光不正、视疲劳综合征、电脑视觉综合征等。

现代营养学和医学研究认为导致视觉疲劳产生的机制主要有4种。①自由基学说:眼

球长时间处于搜索注视状态，眼外肌和睫状肌代谢增加，造成代谢废物(包括氧自由基)产生积累增加，从而造成肌细胞结构损伤和功能下降。已有研究表明自由基可导致和加剧多种视网膜疾病；②视细胞营养物质损耗学说：视细胞消耗过度，而所需营养物质供应不及时，造成黄斑及视网膜恢复时间延长。视细胞中营养物质主要包括叶黄素、维生素A、多不饱和脂肪酸、维生素B_1、维生素B_2、微量矿物质元素等；③视网膜损伤学说：可见光在视网膜上的聚焦，产生高氧压、高聚光，易发生脂质过氧化反应而其产物吞噬视网膜色素上皮细胞导致其视网膜受损；④视网膜细胞衰老学说：视网膜色素上皮细胞衰老，导致眼睛老化，进而引发与年龄相关性眼病，如黄斑色素光学密度降低等。

视觉疲劳在中医领域属于“肝劳”范畴，《备急千金要方》:“读书、博弈等过度患目者，名曰肝劳。”《黄帝内经》谓“久视伤血”，明代医家马莳注云“久视者必劳心，故伤血”，故肝劳的病机大多为久视劳心伤神，耗气损血。另外，若肝肾精血亏耗，筋失所养，调节失司，也可导致此证。

(二) 视觉疲劳的检查和治疗方法

视觉疲劳的检查方法，主要是对眼部进行综合检查：①测眼压以排除青光眼；②测泪液分泌情况以排除眼干燥症；③查屈光以纠正轻微的屈光不正；④查旧镜以排除不合适的眼镜所造成的肌肉功能紊乱；⑤用SD-1型视度仪测量视觉疲劳；⑥全面的眼肌检查，包括隐斜、调节、辐辏、同视功能和融合力的测定，并注意检查眼外肌是否平衡。

由于产生视觉疲劳的原因复杂多样，是眼或全身器质性因素与精神心理因素以及环境卫生相互作用形成的结果，针对视觉疲劳综合征的不同原因，使用各种治疗方法。①手术方法：内直肌截除术、外直肌后徙术；②眼外肌训练：包括同视肌训练、辐辏训练、正位视训练、调节训练等；③颈交感神经节定位或颅内动脉鞘定位注射：利多卡因、地塞米松、维生素B_1、ATP等注射；④针刺、耳穴贴压；⑤利用中医的整体观念和辨证施治，也可采用专方专法，均能取得良好疗效；⑥黄色簿本：黄色属单一光谱，使用黄色本阅读，进入眼内的光量子少，耗能少，可减少视觉中枢的疲劳；⑦心理咨询：对患者进行心理疏导工作，通过交谈取得患者的依赖和合作，促进自我调控能力。如有条件可建议改变生活和工作环境，以利于视觉疲劳的恢复；⑧使用各种理疗仪器、保健品、照明灯设备等。

二、缓解视觉疲劳功能保健食品的常用原料

(一) 开发缓解视觉疲劳功能保健食品的一般思路

一般从两个方面入手，一是补充重要营养素，如维生素A、叶黄素、锌等；二是基于中医理论组方。《备急千金要方》谓“肝劳病者，补心气以益之”，故常从补气养血、养心安神、养血柔肝等方面组方。

(二) 开发缓解视觉疲劳功能保健食品的常用原料

1. 叶黄素　叶黄素是一种类胡萝卜素，广泛存在于蔬菜、水果中，具有抗氧化作用，可提高视网膜抵御紫外线的能力。

2. 维生素A　即视黄醇，具有维持视觉细胞内暗视感光物质循环的作用。

3. 枸杞子　为茄科植物宁夏枸杞 *Lycium barbarum* 的干燥成熟果实，含有类胡萝卜素、多糖、甜菜碱等，具有滋补肝肾、益精明目的功效，常用于虚劳精亏、目昏不明等证，药理学研究表明其有一定的缓解视觉疲劳作用。

常用于开发缓解视觉疲劳功能保健食品的物质还有：白芍、白芷、党参、决明子、葛根、黑芝麻、β胡萝卜素、菊花、珍珠粉、乳酸锌、桑叶、桑椹、沙棘、菟丝子、五味子、花青素类、蓝莓、越橘、硫酸软骨素、玉米黄质、绿原酸、茶多酚、丹酚酸、葛根素、牛磺酸、锌、硒、钙、番茄红素等。

笔记栏

三、缓解视觉疲劳功能保健食品的功能学评价程序

（一）人体试食试验项目

1. 分别于试食前后进行眼部症状及眼底检查，血、尿常规检查，肝、肾功能检查，症状询问、用眼情况调查；于试验前进行一次胸部X线、心电图、腹部B超检查。

2. 明视持久度。

3. 视力。

（二）试验原则

1. 受试样品试食时间为60天。

2. 所列指标均为必做项目。

3. 在进行人体试食试验时，应对受试样品的食用安全性做进一步的观察。

（三）功能检验方法

1. 受试者纳入标准

（1）18~65岁的成人。

（2）长期用眼，视力易疲劳者。

2. 受试者排除标准

（1）患有感染性、外伤性眼部疾患者。进行眼部手术不足3个月者。

（2）患有角膜、晶体、玻璃体、眼底病变等内外眼疾患者。

（3）患有心血管、脑血管、肝、肾、造血系统等疾病患者。

（4）妊娠或哺乳期妇女、过敏体质患者。

（5）短期内服用与受试功能有关的物品，影响到对结果的判定者。

（6）长期服用有关治疗视力的药物，保健品或使用其他治疗方法未能终止者。

（7）不符合纳入标准，未按规定食用受试物者，或资料不全等影响功效或安全性判断者。

3. 试验设计及分组要求　采用自身和组间两种对照设计。根据随机、双盲的要求进行分组，分组时根据症状及视力检查情况，使试食组和对照组的症状及视力水平均衡。同时要考虑年龄、性别等因素，使两组具有可比性。试食试验结束时每组受试者人数不少于50例。

4. 受试物的剂量和使用方法　试食组按推荐方法和推荐量服用受试物，对照组服用安慰剂。受试物服用时间为连续60天。

5. 观察指标

（1）安全性指标

1）血、尿常规检查，体格检查。

2）肝、肾功能检查。

3）胸部X线、心电图、腹部B超检查（于试食前检查一次）。

（2）功效性指标：于试食开始及结束时检查。

1）问卷调查：症状询问、用眼情况。

2）眼科检查：包括眼底检查、视力检查（近视、远视、散光等）。

3）明视持久度。

6. 功效判定标准

（1）症状改善有效率：眼酸痛、眼胀、畏光、视物模糊、眼干涩、异物感、流泪，全身不适8种症状中有3种改善，且其他症状无恶化即判定症状改善。计算两组症状改善例数和两组症状改善有效率。症状改善有效率（%）的计算方法为：症状改善例数 / 试食例数 ×100。对两组症状改善有效率进行统计学检验。

(2)症状平均积分：计算每位试食者试食前后的症状积分，分别计算两组的平均积分值，并进行统计学检验(表14-2)。

表14-2　视觉疲劳症状判定方法(半定量积分法)

症状	积分			
	0分	1分	2分	3分
眼胀	无	偶感眼胀	时有眼胀，休息后好转	经常眼胀，休息后改善
眼酸痛	无	偶感隐痛	时有眼痛	经常眼痛
畏光	无	偶有畏光	时有畏光	经常畏光
视物模糊	无	偶有模糊	时有模糊，休息后缓解	经常模糊，休息后改善
眼干涩	无	偶有干涩	时有干涩	经常干涩
异物感	无	偶有异物感	时有异物感	经常异物感
流泪	无	偶有流泪	时有流泪	经常流泪
与视觉疲劳相关的全身不适	无	偶有全身不适	时有全身不适	经常全身不适

注："偶感"是指1~2次/2天；"时有"是指1~3次/天；"经常"是指>3次/天。

(3)视力改善率：为参考指标。以试食后较试食前提高两行为改善，统计两组服用受试物后的视力改善率作为参考指标。参考指标不作为对缓解视觉疲劳功能是否有效的判定标准。

(4)明视持久度：试食组自身比较或试食组与对照组组间比较，明视持久度差异有显著性(P<0.05)，且平均明视持久度提高大于等于10%为有效。

7. 数据处理和统计分析　计量资料可用t检验进行分析。自身对照采用配对t检验，两组均数比较采用成组t检验。对非正态分布或方差不齐的数据进行适当的变量转换，待满足正态方差齐后，用转换的数据进行t检验；若转换数据仍不能满足正态方差齐要求，改用t'检验或秩和检验。在试食前组间比较差异无显著性的前提下，可进行试验后组间比较。

计数资料可用χ^2检验。四格表总例数小于40，或总例数等于或大于40但出现理论频数等于或小于1时，应改用确切概率法。

8. 结果判定

(1)试食组自身比较或试食组与对照组组间比较，症状改善有效率或症状总积分差异有显著性(P<0.05)。

(2)试食组自身比较或试食组与对照组组间比较，明视持久度差异有显著性(P<0.05)，且平均明视持久度提高大于等于10%。

具备上述条件且视力改善率不明显降低，可判定该受试物具有缓解视觉疲劳功能的作用。

附：明视持久度测定方法

此法是用于评价视觉疲劳的一种方法。当人大脑皮质兴奋性降低时，视觉分析功能下降，眼睛注视对象物的过程中，不能明视的时间增加，能明视的时间减少。这种明视时间对注视时间的百分比称为明视持久度，它是综合反映视功能和心理功能的一种指标。

明视持久度的测定方法如下：

在检查表上绘制"品"字形立体方块图，方块每边长1cm，局部照明100~150lx(可使用专门制作的灯箱)。测定时，检查表与眼睛的距离应按照受试者视物习惯保持在适当距离不动，规定受试者看到"品"字图像视为明视，倒"品"字时为不明视。测定时间为3分钟。

笔记栏

检查时让受试者手持能断续计时的秒表，检查者发出开始的口令后，受试者立即注视方块中的图案（或打开灯箱开关），同时开动手中的秒表计时。在注视过程中看到倒“品”字时立即按下秒表的暂停开关；看到又呈“品”字图像时再开动秒表，如此反复进行。测定到规定时间3分钟结束时受试者听到检查者的口令立即停止秒表，这段时间内秒表走过的读数就是受试者看成“品”字图像的总时间，即明视时间（图14-1）。

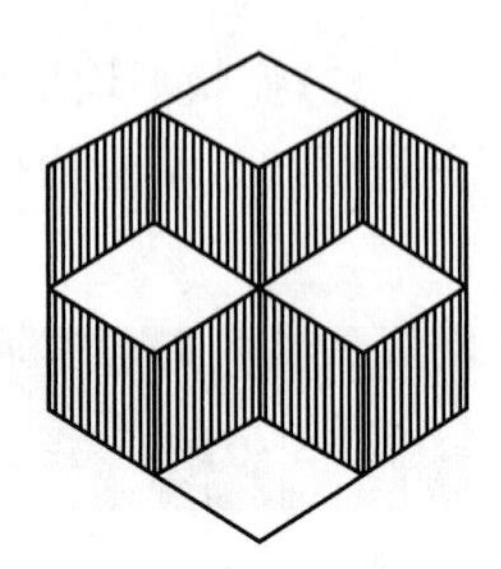

图14-1　明视持久度测定用“品”字图

明视持久度 =（明视时间 / 注视总时间）× 100%

测定时应注意场地和照明，还与受试者受试前的用眼程度有关，试验前应注意。

实例

（一）×× 牌越橘叶黄素酯 β 胡萝卜素软胶囊

保健功能：缓解视觉疲劳。

功效成分 / 标志性成分含量：每100g含花青素1.5g、叶黄素酯1.0g。

主要原料：越橘提取物、叶黄素酯、天然 β 胡萝卜素油、大豆油、蜂蜡、天然维生素E、明胶、纯化水、甘油、焦糖色。

解析：越橘花青素有缓解视觉疲劳作用，叶黄素酯、β 胡萝卜素、维生素E为保护视力的常用营养素，明胶、甘油为软胶囊壳材料，焦糖色为着色剂，大豆油为油溶性基质，蜂蜡为助悬剂。

适宜人群：视力易疲劳者。

不适宜人群：婴幼儿。

食用量及食用方法：每日1次，每次1粒，口服。

产品规格：0.5g/ 粒。

保质期：24个月。

贮藏方法：置阴凉干燥处。

注意事项：本品不能代替药物；本品添加了营养素，与同类营养素同时食用不宜超过推荐量。

（二）×× 牌牛磺酸枸杞胡萝卜素胶囊

保健功能：缓解视觉疲劳。

主要原料：枸杞子、菟丝子、五味子、β 胡萝卜素、牛磺酸、乳酸锌。

配方解析：枸杞子、菟丝子补肝肾，五味子补肾宁心，三者合用，共奏明目之功；β 胡萝卜素、牛磺酸、乳酸锌为保护视力的常用营养素。

适宜人群：视力易疲劳者。

不适宜人群：少年儿童、孕妇、哺乳期妇女。

食用方法及食用量：每日2次，每次2粒，口服。

产品规格：0.25g/ 粒。

保质期：24个月。

贮藏方法：常温下保存。

注意事项：本品不能代替药物；适宜人群外的人群不推荐食用本产品；本品添加了营养素，与同类营养素同时食用不宜超过推荐量。

笔记栏

学习小结

1. 学习内容

改善睡眠、辅助改善记忆、缓解视疲劳功能保健食品	改善睡眠功能	睡眠的节律、睡眠与中枢神经及其递质的关系、睡眠障碍的原因
		可用于保健食品中的具有改善睡眠功能的部分物质
		改善睡眠功能的评价方法
	辅助改善记忆功能	现代记忆理论、学习记忆障碍产生的原因、改善记忆功能的途径
		可用于保健食品中的具有辅助改善记忆功能的部分物质
		辅助改善记忆功能的评价方法
	缓解视疲劳功能	视力及影响视力的主要因素、产生视疲劳的原因、视疲劳的检查和治疗方法
		各类营养素在保护视力和缓解视疲劳中的作用、具有缓解视疲劳功能的部分物质
		缓解视疲劳功能的评价方法

2. 学习方法　本章学习首先要了解睡眠障碍、记忆障碍、视疲劳产生的原因并熟悉具有改善睡眠功能、辅助改善记忆功能、缓解视疲劳功能的物质，在此基础上重点掌握改善睡眠功能、辅助改善记忆功能、缓解视疲劳功能的评价方法。

（杨文宇　吴兰芳　束雅春　王厚伟）

复习思考题

1. 改善睡眠功能保健食品的功能学评价方法有哪些？
2. 如何评价辅助改善记忆功能保健食品的保健功能？
3. 如何评价缓解视觉疲劳功能保健食品的保健功能？

笔记栏

PPT 课件

第十五章

有助于调节肠道菌群、消化、润肠通便、辅助保护胃黏膜功能保健食品

学习目标

1. 掌握调节肠道菌群功能保健食品的评价程序，熟悉常用功能原料，了解人体肠道菌群的基本知识。

2. 掌握有助于消化功能保健食品的评价程序，熟悉常用功能原料，了解人体消化功能的基本知识。

3. 掌握通便功能保健食品的评价程序，熟悉常用功能原料，了解便秘的病因。

4. 掌握对胃黏膜损伤有辅助保护功能保健食品的评价程序，熟悉常用功能原料，了解胃黏膜损伤的病因。

思政元素

“健康中国”的目标及其意义

健康是每个人成长和实现幸福生活的基础。习近平总书记深刻指出，没有全民健康就没有全面小康。推进健康中国建设新目标的提出，不仅凸显党和国家对人民群众健康的高度重视，也有利于全民参与，以提高健康生活水平为目标，切实加强对健康问题的有效干预，不断提高中华民族健康素质。

第一节　有助于调节肠道菌群功能保健食品

一、概述

人类肠道拥有 1 000 万亿近 5 600 种细菌，人体作为宿主与体内的正常菌群和外界环境构成一个庞大的微生态系统。在这个空间中它们与人类相互作用，对人类健康产生了巨大影响，其中有积极的作用，同时又伴随着潜在的威胁。

这些数目庞大的细菌大致可以分为三大类：有益菌、有害菌和中性菌。有益菌，也称之为益生菌，主要包括各种双歧杆菌、乳杆菌等，是人体健康不可缺少的要素，参与合成各种维

笔记栏

生素，有延缓衰老、减低胆固醇、抑制有害细菌、抗过敏、提高机体免疫力等作用。有害菌数量一旦失控大量生长，可能引发多种疾病，或者影响免疫系统的功能。中性菌，即具有双重作用的细菌，如大肠埃希菌、肠球菌等，在正常情况下对健康有益，一旦增殖失控，或从肠道转移到身体其他部位，就可能引发疾病。

正常情况下，肠道各菌种与宿主相互依存、相互制约，维持一种动态的生态平衡，一旦受到宿主及外环境变化的影响，平衡状态就会被打破，形成破坏生理性组合、生成病理性组合，从而造成肠道菌群失调。细菌、宿主和环境三方面生态失调所引起的疾病称为菌群失调症。菌群失调分为质的失调、量的失调和定位转移。肠道菌群受饮食、卫生习惯、成长环境等多种因素影响。有科学研究显示，补充适宜的物质可以帮助调节肠道菌群的平衡和有益菌群的生长，这就确立了保健食品研发的目标。

知识链接

常见肠道细菌

1. 乳杆菌属的乳酸菌一般呈细长的杆状，大多为链状排列。它们都是革兰氏阳性无芽孢菌，微需氧。在发酵工业中应用的主要有：同型发酵乳杆菌，如德氏乳杆菌、保加利亚乳杆菌、瑞士乳杆菌、嗜酸乳杆菌、干酪乳杆菌等；异型发酵乳杆菌，如短乳杆菌和发酵乳杆菌。

2. 链球菌属的乳酸菌一般呈短链或长链状排列，为革兰氏阳性无芽孢菌，兼性厌氧。生产中常用的主要有：乳酸链球菌、丁二酮乳酸链球菌、乳酪链球菌、嗜热乳链球菌等。

3. 明串珠菌属大多呈圆形或卵圆形的链状排列，属异型发酵菌。常见的有：肠膜明串珠菌及其乳脂亚种和葡聚糖亚种、蚀橙明串珠菌、乳酸明串珠菌和酒明串珠菌。尤以肠膜明串珠菌的乳脂亚种最为常见，它可发酵柠檬酸而产生特殊风味物质，又称风味菌、香气菌或产香菌。

4. 双歧杆菌属的乳酸菌因其菌体尖端呈分支状而得名，它们是革兰氏阳性无芽孢菌，专性厌氧。目前已知的双歧杆菌有24种，应用于发酵乳制品生产的仅有5种，即两歧双歧杆菌、长双歧杆菌、短双歧杆菌、婴儿双歧杆菌和青春双歧杆菌，它们都存在于人的肠道内。

二、有助于调节肠道菌群功能保健食品的常用原料

(一) 有助于调节肠道菌群功能保健食品开发的一般要求

保健食品是调节肠道菌群的重要手段，可用于补充缺失的益生菌和纠正肠道环境。目前市场上有助于调节肠道菌群功能保健食品产品大致可以分为益生菌补充剂、益生元及其类似物、改善肠道菌群环境的药食同源中药类。

(二) 益生菌补充剂

益生菌(probiotics)是一类对宿主有益的活性微生物，是定植于人体肠道、生殖系统内、口腔、食管等处，能够通过产生有机酸降低肠道 pH，营养竞争、占位、产生细菌素等方式抑制病原菌的生长，维持肠道固有菌群，保持肠道内菌群平衡。肠道内的益生菌主要有以下三大类：乳杆菌类，如嗜酸乳杆菌、干酪乳杆菌、詹氏乳杆菌、拉曼乳杆菌等；双歧杆菌类，如长双

笔记栏

歧杆菌、短双歧杆菌、卵形双歧杆菌、嗜热双歧杆菌等；革兰氏阳性球菌，如粪链球菌、乳球菌、中介链球菌等。在所有的乳酸菌中，被研究最多的应该就是嗜酸乳杆菌，它广泛存在于小肠、口腔、阴道中。嗜酸乳杆菌肠道黏附力强，当数量达到一定程度时，完全可以在肠道中定植，并自产过氧化氢、酸、天然抗生素来帮助维持机体菌群平衡，从而预防疾病。双歧杆菌是人类刚出生就能从母亲身体或母乳中获取的益生菌，并伴随着人的一生，由刚出生时的最大值逐渐变化至年老时的最小值。双歧杆菌是人体年龄的标志，通过补充双歧杆菌能有效预防衰老。保加利亚乳杆菌是酸奶发酵的必备菌，也是我们判断酸奶品类的标准之一。

保健食品中经常添加的益生菌菌株有：乳双歧杆菌 Bb-12（调节肠道菌群，改善慢性腹泻）、乳双歧杆菌 Bi-07（减轻腹泻，均衡胃肠道菌群）、鼠李糖乳杆菌 HN001（增强婴幼儿对过敏原的耐受力）、鼠李糖乳杆菌 LGG（分解酪蛋白，提升对牛奶、花生的耐受力）、动物双歧杆菌 HN019（调节肠道，治疗腹泻）、瑞士乳杆菌 R0052（有较强的蛋白水解能力，调节肠道菌群能力）、婴儿双歧杆菌 R0033（预防腹泻、调整肠道功能及改善营养的作用）、两歧双歧杆菌 R0071（促进钙、磷、铁和维生素 D 的吸收）、嗜酸乳杆菌 NCFM（限用于 1 岁以上幼儿的食品，改善乳糖不耐受）、罗伊氏乳杆菌 DSM17938（缓解母乳喂养宝宝肠绞痛，改善过敏体质，调节肠道功能）、发酵乳杆菌 CECT5716（抑菌，减少胃肠道感染）、短双歧杆菌 M-16V（减少过敏发生率）。

除了以直接益生菌菌株的补充产品作为原料外，含有益生菌的产品也是保健品研发中添加的原料之一，如牛初乳等。

（三）益生元与肠道菌群

益生元（prebiotics）是指一些不被宿主消化吸收却能够选择性地促进体内有益菌的代谢和增殖，从而改善宿主健康的有机物质。益生元大部分不被消化而能被肠道菌群所发酵，特定地作用于大肠菌落，只增殖有益菌群的生长，对中性菌和有害菌不产生增殖作用。和益生菌产品不同，其增殖肠道原生的有益菌群，是可以长期定殖的。益生元种类很多，有低聚糖、多糖、植物中草药提取物、蛋白质水解物、多元醇等，工业上大量生产的益生元是利用生物技术的酶法水解或转移反应制造的，例如异麦芽低聚糖、低聚果糖、低聚乳糖、低聚壳聚糖等，都是用酶法生产的。

可溶性膳食纤维，可溶于水，吸收水分后成为凝胶状半流体，在结肠中细菌作用下易于发酵生成气体与生理活性副产物，是一类常见的益生元。该类物质能有效刺激肠道内有益菌活化，促进有益菌大量繁殖，创造肠道的健康生态。常见种类有：聚葡萄糖、低脂果胶、低聚果糖、低聚异麦芽糖、低聚乳糖、低聚木糖、大豆低聚糖、琼脂粉、羧甲基纤维素等。

（四）中药与肠道菌群

如果把微生物和肠道环境比作“种子”与“土壤”的关系，中药无法让“土壤”产生原来不存在的微生物，但可以作为“肥料”或者“除草剂”调节“土壤”的生态平衡。首先，中药促进有益菌生长。一些中药成分可以视为益生元，它们可以选择性地促进某些有益菌的生长从而利于肠道健康。例如，蜂蜜为药食两用物品，其主要成分为果糖和葡萄糖，此外还有相当部分的寡聚糖。体外培养实验表明，蜂蜜可以促进乳杆菌属和双歧杆菌属的生长，蜂蜜喂养可显著提高肠道中的乳杆菌含量，此效果与人乳中的低聚果糖的双歧因子的功能类似。中药黄芪中的主要功能性成分——黄酮类、多糖类和皂苷类能通过影响肠道菌群的种群结构、代谢以及肠道细胞功能等方式维持肠道微环境稳态，进而影响人体健康。另有多项研究显示，党参多糖、人参皂苷、麦冬多糖 MDG-1 等均能促进肠道益生菌的生长。

除了益生元的作用，一些中药也表现出了对细菌的选择性抑制。如甘草能选择性抑制肠杆菌属、肠球菌、梭状芽孢杆菌属细菌和拟杆菌属的生长，而对有益的乳杆菌和双歧杆菌

笔记栏

影响不显著。灵芝水提取物可通过降低产内毒素的变形菌门水平和厚壁菌门 / 拟杆菌门的比值，逆转肠道菌群失调，保持肠道屏障完整性。

三、有助于调节肠道菌群功能保健食品的功能学评价程序

根据《保健食品功能评价指导原则(2020 年版)(征求意见稿)》公布的试验项目、试验原则和结果判定，规定如下：

(一) 试验项目

1. 动物实验

(1) 体重。

(2) 双歧杆菌。

(3) 乳杆菌。

(4) 肠球菌。

(5) 肠杆菌。

(6) 产气荚膜梭菌。

2. 人体试食试验

(1) 双歧杆菌。

(2) 乳杆菌。

(3) 肠球菌。

(4) 肠杆菌。

(5) 拟杆菌。

(6) 产气荚膜梭菌。

(二) 试验原则

1. 动物实验和人体试食试验所列指标均为必做项目。

2. 正常动物或肠道菌群紊乱模型动物任选其一。

3. 受试样品中含双歧杆菌、乳杆菌以外的其他益生菌时，应在动物和人体试验中加测该益生菌。

4. 在进行人体试食试验时，应对受试样品的食用安全性做进一步的观察。

(三) 结果判定

1. 动物实验　符合以下任一项，可判定该受试样品有助于调节肠道菌群功能动物实验结果阳性。

(1) 双歧杆菌和 / 或乳杆菌（或其他益生菌）明显增加，梭菌减少或无明显变化，肠球菌、肠杆菌无明显变化。

(2) 双歧杆菌和 / 或乳杆菌（或其他益生菌）明显增加，梭菌减少或无明显变化，肠球菌和 / 或肠杆菌明显增加，但增加的幅度低于双歧杆菌、乳杆菌（或其他益生菌）增加的幅度。

2. 人体试食试验　符合以下任一项，可判定该受试样品具有有助于调节肠道菌群功能的作用。

(1) 双歧杆菌和 / 或乳杆菌（或其他益生菌）明显增加，梭菌减少或无明显变化，肠球菌、肠杆菌、拟杆菌无明显变化。

(2) 双歧杆菌和 / 或乳杆菌（或其他益生菌）明显增加，梭菌减少或无明显变化，肠球菌和 / 或肠杆菌、拟杆菌明显增加，但增加的幅度低于双歧杆菌、乳杆菌（或其他益生菌）增加的幅度。

笔记栏

实例

(一) ××牌益生菌粉

保健功能:调节肠道菌群。

功效成分/标志性成分含量:每 100g 含乳杆菌数 3.8×10^{10}CFU、双歧杆菌数 1.9×10^{10}CFU、嗜热链球菌数 5.4×10^{10}CFU。

主要原料:菊粉、异麦芽酮糖醇、葡萄糖、草莓果粉、复合益生菌粉(嗜酸乳杆菌、干酪乳杆菌干酪亚种、两歧双歧杆菌、乳双歧杆菌、嗜热链球菌)、草莓香精、二氧化硅、硬脂酸镁。

适宜人群:肠道功能紊乱的成人。

不适宜人群:少年儿童、孕妇、哺乳期妇女。

食用方法及食用量:每日 1 次,每次 1 袋,倒入温水(40℃以下)中冲饮或直接食用,建议餐后食用,避免空腹食用。

产品规格:2g/袋。

保质期:15 个月。

贮藏方法:温度低于 25℃,阴凉干燥处,冷藏更佳。

注意事项:本品不能代替药物。

(二) ××牌参芝胶囊

保健功能:有助于增强免疫力、调节肠道菌群。

功效成分/标志性成分含量:每 100g 含总皂苷 2.38g、低聚木糖 30.6g。

主要原料:西洋参提取物、灵芝提取物、低聚木糖。

适宜人群:免疫力低下者、肠道功能紊乱者。

不适宜人群:少年儿童。

食用方法及食用量:每日 3 次,每次 3 粒。

产品规格:0.39g/粒。

保质期:24 个月。

贮藏方法:密封、避光、置阴凉干燥处。

注意事项:本品不能代替药物。

第二节 有助于消化功能保健食品

一、概述

消化是机体通过消化管的运动和消化腺分泌物的酶解作用,使大块的、分子结构复杂的食物,分解为能被吸收的、分子结构简单的小分子化学物质的过程。消化有利于营养物质通过消化管黏膜上皮细胞进入血液和淋巴——吸收,从而为机体的生命活动提供能量。消化过程包括机械性消化和化学性消化,前者指通过消化管壁肌肉的收缩和舒张(如口腔的咀嚼,胃、肠的蠕动等)把大块食物磨碎;后者指各种消化酶将分子结构复杂的食物水解为分子结构简单的营养素,如将蛋白质水解为氨基酸,脂肪水解为脂肪酸和甘油,多糖水解为葡

笔记栏

萄糖等。胃肠道是营养物质的摄取、消化与吸收的器官，对食物的消化作用主要是依靠其运动、消化酶的分泌来完成的。如果某一保健品能对这一环节或几环节有调节作用，就有可能具有促进消化功能的作用。

二、有助于消化功能保健食品的常用原料

（一）有助于消化功能保健食品开发的一般要求

促进消化功能的重要手段是促进消化液分泌及促进胃肠道平滑肌蠕动，从而有助于改善食欲，促进消化吸收，缓解因精神紧张等情绪因素引起的消化不良，来达到增长体重，使身体健康的目的。目前市场上促进消化功能的产品中从药食两用中药中选择原料是一大特色，本部分从一般补充原料、围绕"消法"选择促进消化功能保健食品的原料、围绕中医"脾"选择健脾功能的原料 3 个方面进行介绍。

（二）一般补充原料

补充或者促进消化液中的酶等物质的含量及质量，可有助于提高机体的消化功能，如有机酸类、有益菌、维生素、乳酸菌、乳酶、干酵母、双歧杆菌等。

1. 有机酸　消化酶和胃酸不足，常导致胃肠 pH 高于酶活力和有益菌群适宜生长的环境，造成消化吸收不良，因此可以通过补充酸来调节消化道中的酸碱度环境。补充一定量的酸可以使胃内容物的 pH 维持相对稳定，具有改善消化道酶活力和营养物质消化率的作用。如食醋中的有机酸可促进游离氨基酸的消化吸收，改善消化功能。苹果醋是苹果汁经发酵而成的苹果原醋加工而成的，具有改善消化的功能。

2. 膳食纤维　膳食纤维是一种多糖，它既不能被胃肠道消化吸收，也不能产生能量。它可在肠道被细菌酵解，酵解后产生的短链脂肪酸如乙酯酸、丙酯酸和丁酯酸均可作为肠道细胞和细菌的能量来源，促进肠道蠕动，减少胀气，促进肠蠕动、减少食物在肠道中停留时间，在保持消化系统健康上扮演着重要的角色。

3. 消化酶　常见的消化不良、食欲不振的主要与消化酶活性相关。消化的全过程依赖于酶，如有些人缺乏乳糖酶，或者该类酶不足，就会造成乳糖消化吸收不良，导致胃肠胀气，出现乳糖不耐受症。乳糖酶又称 β- 半乳糖苷酶，是人体中的一种消化酶，是以母乳 / 奶粉为主要营养来源的婴幼儿体内最重要的消化酶，乳糖酶的主要功能是消化乳糖，将乳糖水解成能够被人体吸收的半乳糖和葡萄糖。半乳糖则是人大脑和黏膜组织代谢时必需的结构糖，是婴幼儿脑发育的必要组织，与婴儿大脑的迅速成长有密切联系。

4. 干酵母　又称酵母，为麦酒酵母或葡萄汁酵母的干燥菌体。其富含的 B 族维生素是体内酶系统的重要组成物质，能参与体内糖、蛋白质、脂肪等的代谢过程和生物转化过程，能促进机体各系统、器官的功能活动，并可补充 B 族维生素的缺乏，改善缺乏 B 族所致的胃肠蠕动无力、消化液分泌不良、消化不良等。

（三）围绕"消法"选择有助于消化功能保健食品的原料

消法，是中医八法中重要治法之一，亦称消导法。即通过消导和散结，使积聚之邪逐渐消散的一种方法。其中，中药中的消食药物是保健食品中促进消化功能的常用原料，如山楂、莱菔子、鸡内金、谷芽、麦芽、神曲等。除了消食药物外，还有泻下药物也属于消导法常用药物，该类药物具有较强的促进肠蠕动的作用，但是该类药物因为有较强作用及不良反应，应用于保健食品研发中的较少。

1. 山楂　该品味酸而甘，具有消食化积，活血化瘀的功效，消食力佳，为消化食积停滞常用要药，尤能消化油腻肉积。现代研究显示，山楂含有多种有机酸，能刺激胃黏膜，促进消化液的分泌，还能增强胃液酸度，提高胃蛋白酶活性，促进消化。山楂中含有脂肪酶，能分解

笔记栏

脂肪,故擅长消化“肉积”。如因伤食而引起腹痛泄泻,可用焦山楂 10g 研末,开水凋服,有化食止泻之效。

2. 鸡内金 该品为雉科动物家鸡的沙囊内壁,具有消食积,止遗尿之功效。中医常用于食积不化,脘腹胀满及小儿疳积等。现代药理学研究显示,鸡内金能提高大鼠胃液含量和胃游离酸度,炒制品还能增加胃蛋白酶排出量。鸡内金提取物能增强小肠推进运动,另外鸡内金也含有少量胃蛋白酶和淀粉酶,服药后胃液的分泌量增加、胃运动增强。消化不良症状较轻者,可单用该品炒燥后研成细末,开水调服。

3. 麦芽 该品为禾本科植物大麦的成熟颖果,经发芽后,低温干燥而得。具有消食和中,回乳之功效。临床可用于食积不化,脘闷腹胀及脾胃虚弱,食欲不振等症。该药物促进食物的消化,尤能消米面食积。消化不良症状较轻者,可单用该品煎服或炒焦,研细末,用开水调服。但需要注意,大剂量有回乳功效,故哺乳期妇女慎用相关产品。

4. 神曲 该品是以面粉或麸皮与杏仁泥、赤小豆粉,以及鲜青蒿、鲜苍耳、鲜辣蓼自然汁,混合拌匀,使干湿适宜,做成小块,放入筐内,复以麻叶或楮叶,保温发酵一周,长出黄菌丝时取出,切成小块,晒干即成。中医认为其具有消食和胃之功效。主治饮食积滞,脘腹胀满,食少纳呆。常生用或炒用。现代药理学研究显示,神曲主要有效成分为酵母菌和消化酶,含有脂肪酶、胰酶、胃蛋白酶、淀粉酶、蔗糖酶等诸多消化酶,可分解脂肪、蛋白质、多糖等,便于肠道吸收,并能增强胃肠推进功能,擅长消米面食积。另外,其富含 B 族维生素,有助于改善食欲。

5. 莱菔子 该品是十字花科莱菔属植物萝卜的干燥成熟种子,具有消食除胀,降气化痰之功效,中医用于饮食停滞,脘腹胀痛,大便秘结等。现代药理学研究显示,莱菔子能增加结肠平滑肌收缩,对抗肾上腺素引起的家兔离体回肠节律性收缩的抑制作用,有利于食物的物理性消化,缓解胃肠运动减弱所致的腹胀等。

(四) 围绕中医“脾”选择有助于消化功能的原料

中医“脾”的主要生理功能是主运化,统摄血液。脾胃同居中焦,是人体对食物进行消化、吸收并输布其精微的主要脏器。人出生之后,生命活动的继续和精气血津液的化生和充实,均依赖于脾胃运化的水谷精微,故称脾胃为“后天之本”。中医经常应用补气健脾的中药调节胃肠功能。保健食品中经常用到的药食两用的补气健脾类药物很多,如山药、党参、白术、太子参、大枣等。另外,脾为太阴湿土,又主运化水液,故喜燥恶湿,因此健脾祛湿的中药也是调节胃肠运动的重要药物,如白扁豆、茯苓、薏苡仁等。芳香化湿药以芳香辟浊,化湿醒脾,多有健运脾胃,疏通气机,消胀除痞,化湿醒脾,开胃进食的作用,如砂仁等。

1. 山药 该品为薯蓣科植物薯蓣的块茎,具有健脾、补肺、固肾、益精之功效,常用于脾虚食少、久泻不止等。现代药理学研究显示,怀山药对急性酒精性胃黏膜损伤大鼠的胃黏膜具有保护作用,能抑制正常大鼠胃排空运动和肠推进运动,增强小肠吸收功能,抑制血清淀粉酶的分泌。

2. 党参 该品系桔梗科植物党参的干燥根茎,具有补中益气、止渴、健脾益肺、养血生津的功效。《本草从新》谓“主补中益气、和脾胃,中气微弱,用以调补,甚为平妥”,是益气补脾之上乘良药,具有很高的医用及食用价值。现代药理学研究表明,党参具有调节胃肠运动、抑制胃酸分泌、降低胃蛋白酶活性等作用,党参煎液可加快小肠对炭末的推进作用,党参能纠正病理状态的胃肠运动功能紊乱,党参皂苷可不同程度地对抗乙酰胆碱、5- 羟色胺、组胺对胃肠道的影响。

3. 白术 该品为菊科植物白术的干燥根茎,具有补脾健胃、燥湿利水、止汗安胎等

笔记栏

功效，常用于脾虚食少、消化不良、泄泻等。现代药理学研究显示，白术对消化系统的胃肠运动具有调节作用，白术水煎液对家兔离体肠管活动的影响与肠管所处功能状态有关。

4. 茯苓　该品为多孔菌科真菌茯苓的干燥菌核，具有利水渗湿、健脾、宁心之功效，常用于脾虚食少，便溏泄泻等。现代药理学研究显示，茯苓浸剂能抑制胃液分泌，对家兔离体肠肌有直接松弛作用。

除上述几类中药外，中药中的理气药也是保健品研发中常用原料，如厚朴、枳实、枳壳、陈皮、丁香等。该类药物对胃肠运动多具有调节作用，如厚朴为木兰科植物厚朴和庐山厚朴的树皮、根皮和枝皮，具有燥湿消痰、下气除满之功效，可用于食积气滞，腹胀便秘。现代药理学研究显示，厚朴煎剂对离体肠管活动具有调节作用，低浓度时具有兴奋作用，高浓度时具有抑制作用。

知识链接

中医"脾"与西医消化功能

中医脏腑理论认为"脾"的生理功能包括脾主运化、脾主统血、脾主肌肉四肢、脾开窍于口、脾与胃相表里。其中脾主运化功能包括运化水谷之精微和运化水湿两个方面。运化水谷精微是指饮食物经过胃的腐熟及初步消化以后，其中的营养成分，由脾来吸收运化为各种营养物质，然后输送到全身各个脏器和组织。《黄帝内经》云："食气入胃，浊气归心，淫精于脉。"因此，脾的这种功能活动，实际上就是脾气升发的运化作用。如果脾气不升，运化失司，就出现腹胀、腹泻、消瘦、少气、倦怠、懒言等脾虚的一系列症状。脾与胃通过经络联系，构成表里关系。脾主运化，胃主受纳，两者一阴一阳、一燥一湿、一升一降，互相协调，共同完成饮食消化、吸收的正常生理活动。脾的生理特点是喜燥恶湿，喜甘而恶苦，喜温恶寒，喜补恶攻，喜运恶滞，喜升恶降，所以临床脾多见虚证，症见食少，倦怠乏力等。中医对脾的调养根据《黄帝内经》"虚者补之""劳者温之""陷者举之"的原则，常用甘、补、温、运、升、燥的中药来调养脾虚者，如党参、山药、白术等。

三、有助于消化功能保健食品的功能学评价程序

根据《保健食品功能评价指导原则(2020年版)(征求意见稿)》公布的试验项目、试验原则和结果判定，规定如下：

(一) 试验项目

1. 动物实验

(1)体重、体重增重、摄食量和食物利用率。

(2)小肠运动实验。

(3)消化酶测定。

2. 人体试食试验

(1)儿童方案食欲、食量、偏食状况、体重、血红蛋白含量。

(2)成人方案临床症状观察、胃/肠运动实验。

笔记栏

（二）试验原则

1. 动物实验和人体试食试验所列指标均为必做项目。

2. 根据受试样品的适用人群特点在人体试食试验方案中任选其一。

3. 在进行人体试食试验时，应对受试样品的食用安全性做进一步的观察。

（三）结果判定

1. 动物实验　动物体重、体重增重、摄食量、食物利用率，小肠运动实验和消化酶测定3个方面中任2个方面实验结果阳性，可判定该受试样品有助于消化功能动物实验结果阳性。

2. 人体试食试验

（1）针对改善儿童消化功能：食欲、进食量、偏食改善结果阳性，体重和血红蛋白两项指标中任一项指标结果阳性，可判定该受试样品具有有助于消化功能的作用。

（2）针对改善成人消化功能：临床症状明显改善，胃/肠运动试验结果阳性，可判定该受试样品具有有助于消化功能的作用。

实例

（一）××牌消食片

保健功能：促进消化。

功效成分/标志性成分含量：每100g含橙皮苷22.6mg、总黄酮13.0mg。

主要原料：太子参、麦芽、山楂、山药、茯苓、陈皮、蔗糖、糊精、硬脂酸镁、柠檬酸、羟丙基甲基纤维素、山楂香精。

适宜人群：消化不良者。

不适宜人群：无。

食用方法及食用量：0.5g/片：每日3次，每次6片；0.8g/片：每日3次，每次4片，咀嚼食用。

产品规格：0.5g/片；0.8g/片。

保质期：24个月。

贮藏方法：置阴凉干燥处。

注意事项：本品不能代替药物。

（二）××牌山楂陈皮咀嚼片

保健功能：促进消化。

功效成分/标志性成分含量：每100g含有机酸1.9g、总黄酮300mg。

主要原料：山楂、麦芽（炒）、白术（炒）、鸡内金（炒）、陈皮、木糖醇、硬脂酸镁。

适宜人群：消化不良的儿童。

不适宜人群：婴幼儿。

食用方法及食用量：每日2次，每次2片。

产品规格：0.5g/片。

保质期：24个月。

贮藏方法：置于阴凉干燥处。

注意事项：本品不能代替药物。

第三节　有助于润肠通便功能保健食品

一、概述

便秘是由多种原因引起的常见多发性疾病，一般指自主排便次数减少、甚则数日不解、排便无规律、便质干结和排便困难等。调查显示，目前我国便秘发病率高达 2%~28%，女性患便秘的概率较男性高出 4 倍以上，且此病的发生与年龄因素密切相关，随着年龄的增长，发病率也呈逐年升高趋势。便秘按有无器质性病变可分为器质性和功能性便秘，按病程或起病方式可分为急性和慢性便秘。从中医学角度分析，便秘的分类不外乎虚秘、实秘两类，而便秘中又以功能性便秘较为常见，属中医学“虚秘”范畴，认为气、血、阴、阳不足时，则出现气虚大肠传输乏力，血虚大肠濡润不及，阴虚大肠失于滋养，阳虚阴寒凝滞肠中。

便秘导致体内产生的有害物质不能及时排出，从而被吸收入血，引起腹胀、食欲减退、口内有异味（口臭）、烦躁、焦虑、失眠等症状，还会引起贫血、肛裂、痔疮、直肠溃疡，增加直肠癌的发病率。便秘本身并不会产生致命的危险，但长期的滥用泻药会导致患者的肠道功能和结构的严重损伤，尤其是对于患有心脑血管疾病的老人，便秘可成为一个致命的危险因素。便秘使得排便时必须用力，因此血压升高，机体的耗氧量增加，很容易诱发脑出血、心绞痛和心肌梗死而危及生命。

目前便秘的治疗方法分为手术疗法及非手术疗法。由于便秘治疗过程困难，容易反复，且人们对功能性便秘具体的发病机制尚不明确，加上手术治疗费用较为昂贵且疗效不稳定，因而多数情况还是采取非手术疗法以缓解便秘症状。但某些药物和某些润肠通便中草药往往存在容易破坏肠道微生态环境，产生药物依赖症等副作用，不适合长期食用。因此在非手术疗法中，合理调整饮食结构，摄入足量膳食纤维和多糖类物质是缓解和预防便秘的重要措施之一。而对于功能性便秘的患者则更应该注意多饮水和添加润肠通便的食物，养成良好的生活习惯及排便习惯。

二、有助于通便功能保健食品的常用原料

大豆磷脂，大豆纤维，大豆低聚糖，低聚半乳糖，低聚果糖，低聚木糖，低聚乳果糖，低聚甘露糖，低聚异麦芽糖，甲壳素，聚葡萄糖，壳聚糖，水苏糖，果聚糖，几丁聚糖，益生菌，麦芽，党参，扁豆，陈皮，木香，生地黄，牛磺酸，乳酸锌、制何首乌，枳实，桃仁，玉竹，螺旋藻，罗汉果，嗜酸乳杆菌，燕麦，桑椹，姜黄，绞股蓝，橘皮，金银花，菊花，决明子，苦参，昆布，莱菔子，莲子，灵芝，龙眼肉，芦荟，罗布麻，绿茶，绿藻马齿苋，麦冬，麦曲，魔芋，牡丹皮，酿造醋，丁香，杜仲，番泻叶，蜂胶，蜂蜜，佛手，茯苓，甘草，葛根，枸杞子，荷叶，何首乌，核桃仁，黑芝麻，红花，红茶多酚，猴头菇，厚朴，β 胡萝卜素，花粉，黄芪，火麻仁，藿香，鸡内金，苹果纤维，葡萄糖酸锌，葡萄籽提取物，蒲公英，人参，肉桂，L- 肉碱，乳酸菌，三七，桑叶，砂仁，山梨糖醇，山药，山茱萸，山楂，芍药，膳食纤维，蛇肉，嗜热链球菌，神曲，首乌藤，双歧杆菌，酸枣仁，阿胶，大麦苗，大枣，丹参，淡竹叶，当归，百合，北沙参，补骨脂，西红花，车前草种皮，川芎，土茯苓，维生素 C，维生素 E，西洋参，夏枯草，香菇，杏仁，玄参，硒及富硒食品，燕麦麦麸，洋槐花，羊胚胎，益母草，银杏叶，薏苡仁，银耳，淫羊藿，柚皮，郁李仁，泽泻，珍珠粉，紫苏子油，阿拉伯胶，大豆膳食纤维，榧子，瓜尔豆胶，褐藻糖胶，决明子胶，角豆胶，菊粉，罗望

笔记栏

子胶，棉子糖，难消化性糊精，胖大海，啤酒酵母细胞壁，桑白皮，半胱氨酸，车前子，甜菜纤维，微晶纤维素，亚麻仁种皮纤维，茁霉多糖等。

三、有助于润肠通便功能保健食品的功能学评价程序

根据《允许保健食品声称的保健功能目录非营养素补充剂(2020年版)(征求意见稿)》试验项目、试验原则和结果判定，规定如下：

(一)试验项目

1. 动物实验观察指标　体重、小肠运动实验、排便时间、粪便重量、粪便粒数、粪便性状等。

(1)小肠运动实验

1)实验原理：经口灌胃给予造模药物复方地芬诺酯或洛哌丁胺，建立小鼠小肠蠕动抑制模型，计算一定时间内小肠的墨汁推进率，来判断模型小鼠胃肠蠕动功能。

2)实验动物：选用成年雄性小鼠，体重18~22g，分为5组，每组10~15只。

3)剂量分组及受试样品给予时间：实验设三个剂量组，一个阴性对照组和一个模型对照组。以人体推荐量的10倍为其中的一个剂量组，另设两个剂量组，必要时设阳性对照组。阴性对照组和模型对照组同样途径给蒸馏水。受试样品给予时间7天，必要时可延长至15天。

4)观察指标：测量肠管长度为"小肠总长度"，从幽门至墨汁前沿为"墨汁推进长度"。按公式计算墨汁推进率。

(2)排便时间、粪便粒数和粪便重量的测定

1)实验原理：经口灌胃给予造模药物复方地芬诺酯或洛哌丁胺，建立小鼠便秘模型，测定小鼠的首粒排黑便排便时间、5或6小时内排便粒数和排便重量，来反映模型小鼠的排便情况。

2)实验动物：选用成年雄性小鼠，体重18~22g，分为5组，每组10~15只。

3)剂量分组及受试样品给予时间：实验设三个剂量组，一个阴性对照组和一个模型对照组。以人体推荐量的10倍为其中的一个剂量组，另设两个剂量组，必要时设阳性对照组。阴性对照组和模型对照组同样途径给蒸馏水。受试样品给予时间7天，必要时可适当延长至15天。

4)观察指标：从灌墨汁开始，记录每只动物首粒排黑便时间、5或6小时内排黑便粒数及重量。

(3)结果判定

1)小肠运动实验结果判定：在模型成立的前提下，受试样品组小鼠的墨汁推进率显著高于模型对照组的墨汁推进率时，可判定该项实验结果阳性。

2)排便时间、粪便粒数和粪便重量的测定结果判定：在小肠便秘模型成立的前提下，受试样品组小鼠的首粒排黑便时间明显短于模型对照组，即可判定该项指标结果阳性；5或6小时内排黑便粒数明显高于模型对照组，可判定该项指标结果阳性；5或6小时内排黑便重量明显高于模型对照组，可判定该项指标结果阳性。

2. 人体试食试验　观察指标症状体征、粪便性状、排便次数、排便状况。

(1)纳入受试者标准：

1)排便次数减少和粪便硬度增加者。

2)排便一周少于3次者。

3)无器质性便秘者。

4)习惯性便秘者。

笔记栏

(2)受试者排除标准

1)不能经口进食者或不能按规定服用受试样品者。

2)主诉不清者。

3)体质虚弱无法进行试验者。

4)30天内进行过外科手术引起便秘症状发生者。

5)因严重器质病变引起的近期排便困难者(结肠癌,严重的肠炎、肠梗阻,炎症性肠病等)。

6)排便困难并伴有疼痛者。

7)30天内发生过急性胃肠道疾病者。

8)孕期及经期妇女。

9)合并有心血管、肝、肾和造血系统等严重全身疾病患者。

10)有其他伴随疾病正在治疗者。

11)短期内服用与受试功能有关的物品,影响到对结果的判断者。

(3)试验设计及分组要求:采用自身和组间对照两种试验设计。按受试者的便秘症状(排便次数、粪便性状、症状持续时间等)随机分为试食组和对照组,尽可能考虑到影响结果的主要因素如年龄、性别、日常饮食习惯、便秘原因等,进行均衡性检验,以保证组间的可比性。每组受试者不少于50例。

(4)受试样品的剂量和使用方法:试食组按推荐服用方法、服用量服用受试产品,对照组可服用安慰剂或采用空白对照,也可服用具有同样作用的阳性物。按盲法进行试食试验,受试样品给予时间7天,必要时可以延长至15天。试验期间不改变原来的饮食习惯,正常饮食。

(5)观察指标

1)安全性指标:在试验前、后各测定一次:①一般状况(包括精神、睡眠、饮食、大小便、血压等);②血、尿、便常规检查;③肝、肾功能检查;④胸部X线、心电图、腹部B超检查(此类指标可仅在试验前检测一次)。

2)功效性指标:每日对受试者进行询问并记录,同时调查受试者服用受试样品前6天及试验时的情况。①每日排便次数:记录受试者试食前后排便次数的变化;②排便状况:根据排便困难程度(腹痛或肛门烧灼感、下坠感、不适感,有无便频但排便困难而量少等症状)分为Ⅰ~Ⅳ级,统计积分值。Ⅰ级(0分):排便正常;Ⅱ级(1分):仅有下坠感、不适感;Ⅲ级(2分):下坠感、不适感明显,或有便频但排便困难而量少,较少出现腹痛或肛门烧灼感;Ⅳ级(3分):经常出现腹痛或肛门烧灼感,影响排便);③粪便性状:根据布里斯托(Bristol)粪便性状分类法将粪便性状分为Ⅰ~Ⅲ级。Ⅰ级(0分):像香肠或蛇,平滑而且软;像香肠,但在它的表面有裂痕;软的团块,有明显的边缘(容易排出);Ⅱ级(1分):香肠形状,但有团块;松散的块状,边缘粗糙,像泥浆状的粪便;Ⅲ级(2分):分离的硬团,像果核(不易排出);④日常饮食情况:纤维素类食物的比例;⑤记录有无不良反应(恶心、胀气、腹泻、腹痛及粪便异常等)。

(6)结果判定:试食前后试食组自身比较排便次数明显增加,排便状况和粪便性状两项指标中一项指标积分明显下降,差异有显著性;试食后试食组与对照组比较,排便次数、排便状况和粪便性状任一项明显改善,差异有显著性,可判定该受试样品有助于润肠通便。

(二)试验原则

1. 动物实验和人体试食试验所列指标均为必做项目。

2. 除对便秘模型动物各项必测指标进行观察外,还应对正常动物进行观察,不得引起

笔记栏

动物明显腹泻。

3. 排便次数的观察时间试验前后应保持一致。

4. 在进行人体试食试验时,应对受试样品的食用安全性做进一步的观察。

（三）结果判定

1. 动物实验 排粪便重量和粪便粒数任一项结果阳性,同时小肠运动实验和排便时间任一项结果阳性,可判定该受试样品通便功能动物实验结果阳性。

2. 人体试食试验 排便次数明显增加,同时粪便性状和排便状况一项结果明显改善,可判定该受试样品具有有助于润肠通便功能的作用。

实例

××牌膳食纤维咀嚼片

研发思路与市场前景:膳食纤维对人体健康的保护作用,需要以每日适当的摄入量为前提。美国农业部发布的《美国居民膳食指南(2020—2025)》提出,总膳食纤维的适宜摄入量为每1 000kcal(约4 186kJ)能量需要14g,相对于19~50岁成年人的能量推荐标准[女性2 000kcal/d(约8 372kJ/d),男性2 600kcal/d(约10 883kJ/d)]而言,膳食纤维的建议摄入量分别为女性28g/d,男性36g/d。《中国居民膳食营养素参考摄入量(2013版)》建议,我国成人膳食纤维特定建议值为25g/d。然而,《中国居民膳食纤维摄入白皮书》显示,我国居民膳食纤维摄入普遍不足,目前每日人均膳食纤维(不可溶)的摄入量为11g。膳食纤维的摄入不足也是导致便秘的众多因素之一。通过膳食纤维改善便秘的功效成为当前的研究热点,且被选为儿童型便秘临床治疗的一线治疗方案。

配方配伍科学性:聚葡萄糖作为一种水溶性膳食纤维,具有低热量、调节肠道、促进营养物质吸收、血糖生成指数低等功能。苹果、大枣中含有较多的果胶,不仅能通过吸收水分,增加粪便含水量来治疗便秘,更能降低小肠的吸收功能,通过酸性物质改变肠道pH,改善有益菌群的繁殖环境,从而加快肠道蠕动,使粪便顺利排出。不溶性膳食纤维如燕麦纤维,性味甘、平,具有天然的保健功能和营养价值,富含有多种维生素以及钙、镁、铁、锌、硒等多种矿物质,具有补脾益气、排毒通便、降血糖等功效。维生素C和胡萝卜素等,能有效地促进胃肠蠕动,预防便秘作用,具有治疗便秘、便血、痔疮的作用,对于大便经常干结的痔疮患者比较适宜。

保健功能:通便(有助于润肠通便)。

主要原料:聚葡萄糖、燕麦纤维、苹果纤维、枣纤维、阿拉伯胶、结晶果糖、山楂粉(山楂、麦芽糊精)、微晶纤维素、胡萝卜粉(胡萝卜、麦芽糊精)、硬脂酸镁、山楂香精(山楂提取物、葡萄糖粉)。

适宜人群:便秘者。

不适宜人群:婴幼儿、少年儿童、孕产妇、哺乳期妇女。

食用方法及食用量:每日2次,每次3片,餐前咀嚼服用,并饮用适量的水。

产品规格:1.3g/片。

保质期:24个月。

贮藏方法:密闭,置通风阴凉干燥处。

注意事项:本品不能代替药物。

第四节 辅助保护胃黏膜功能保健食品

一、概述

胃位于腹腔正中稍偏左上方，是人体消化管的主要部分之一，由食管送来的食团暂时贮存胃内，进行部分消化，此后进入十二指肠。胃可分为贲门、胃底、胃体、胃窦和幽门几个部分。

胃壁由黏膜层、黏膜下层、肌层、浆膜层构成。胃黏膜上皮向内凹陷，形成胃腺。幽门腺分布于胃窦及幽门部，呈分支较多而弯曲的管状黏液腺，内有较多内分泌细胞，是分泌黏液及促胃液素的主要腺体。胃底腺分布于胃底和胃体部，分支少，由主细胞、壁细胞、颈黏液细胞及内分泌细胞组成，是分泌胃酸、胃蛋白酶及内因子的主要腺体，也称泌酸腺。贲门腺分布于胃贲门附近，单管腺，主要分泌黏液。

胃液 pH 约为 0.9~1.5，正常人分泌量为 1.5~2.5L/d，在酸性环境下胃蛋白酶原被激活。此外，胃黏膜经常与各种病原微生物、有刺激性的、损伤性的物质接触，但胃黏膜却能保持本身完整无损，使胃腔与胃黏膜内的 H^+ 浓度维持在 1 000 倍之差的高梯度状态，这与胃黏膜屏障所涉及的 3 个层面有关。

1. 上皮前　由覆盖于胃黏膜上皮细胞表面的一层约 0.5mm 厚的黏液凝胶层及碳酸氢盐层构成，能防止胃内高浓度的盐酸、胃蛋白酶、病原微生物及其他有刺激性的甚至是损伤性的物质对胃上皮细胞的伤害，保持酸性胃液与中性黏膜间高 pH 梯度。

2. 上皮细胞　上皮细胞顶面膜及细胞间的紧密连接对酸反弥散及胃腔内的有害因素具有屏障作用。它们再生速度很快，每隔 2~3 天更换 1 次，在其受到损伤后，可很快修复。上皮细胞可以产生炎症介质，其间有上皮间淋巴细胞，是黏膜免疫的重要组成部分。

3. 上皮后　胃黏膜细胞内的糖原储备量较少，在缺氧状态下产生能量的能力也较低。因此要保持胃黏膜的完整无损，必须供给它足够的氧和营养物质。胃黏膜丰富的毛细血管网为上皮细胞旺盛的分泌功能及自身不断更新提供足够的营养，也将局部代谢产物及反渗回黏膜的盐酸及时运走，胃黏膜的健康血液循环对保持黏膜完整甚为重要。此外，间质中的炎症细胞在损伤愈合中亦具有积极意义。

前列腺素、一氧化氮、表皮生长因子、降钙素基因相关肽、蛋白酶活化受体、过氧化物酶增殖活化受体及辣椒素通路等分子群参与了复杂的胃黏膜屏障功能调节。前列腺素 E 对胃黏细胞具有保护作用，能促进黏膜的血液循环及黏液、碳酸氢盐的分泌，是目前认识较为充分的一类黏膜保护性分子。

对胃黏膜屏障所涉及的 3 个层面能起到保护作用的物质通常对胃黏膜损伤具有一定的辅助保护功能。

二、胃黏膜损伤常见病因及病理生理机制

(一) 应激

严重创伤、手术、败血症、多器官功能衰竭、精神紧张等，可致胃黏膜微循环障碍、缺氧，黏液分泌减少，局部前列腺素合成不足，屏障功能损坏；也可增加胃酸分泌，导致大量氢离子反渗，损伤血管和黏膜，引起糜烂和出血。

笔记栏

（二）药物

非甾体抗炎药（如阿司匹林）可导致维持黏膜正常再生的前列腺素 E 不足，黏膜修复障碍，出现糜烂和出血，多位于胃窦及球部，也可见于全胃。肠溶剂型的非甾体抗炎药虽可减轻对胃黏膜的局部损伤作用，但因非甾体抗炎药致胃黏膜病变的主要机制是通过小肠吸收后发生，所以依旧可以导致急性胃炎。

抗肿瘤化疗药物在抑制肿瘤生长的同时也会对胃肠道黏膜产生细胞毒作用，导致严重的黏膜损伤。此外，口服铁剂、氯化钾也可致胃黏膜糜烂。

（三）幽门螺杆菌感染

幽门螺杆菌可凭借其产生的氨（其产生的尿素酶可分解尿素产氨）及空泡毒素导致细胞损伤；促进上皮细胞释放炎症介质；菌体细胞壁的抗原引起自身免疫反应；多种机制使炎症反应迁延或加重。其对胃黏膜炎症发展的转归取决于幽门螺杆菌毒株及毒力、宿主个体差异和胃内微生态环境等多因素的综合结果。

（四）酒精及刺激性食品

乙醇所具有的亲脂性和溶脂性能，可导致胃黏膜糜烂及出血。过量食用辣椒等刺激性食物也可致胃黏膜糜烂。

（五）创伤和物理因素

剧烈恶心或干呕、胃内异物、食管裂孔疝、放置鼻胃管、胃镜下各种止血技术（如激光、电凝）、息肉摘除等微创手术以及大剂量放射线照射均可导致胃黏膜糜烂甚至溃疡。

（六）十二指肠 - 胃反流

比尔罗特Ⅱ式吻合式术（Billroth Ⅱ anastomosis）后，上消化道动力异常、幽门括约肌功能不全等疾病可导致十二指肠内容物、胆汁、肠液和胰液反流入胃，其中的胆汁酸和溶血卵磷脂可以损伤胃黏膜上皮细胞，引起糜烂和出血。

（七）胃黏膜血液循环障碍和胃黏膜营养因子缺乏

胃黏膜血液循环障碍可使黏膜营养不良、分泌功能下降和屏障功能降低。胃动脉治疗性栓塞后的局部区域、一些罕见疾病伴随的胃黏膜血管炎均可使胃黏膜缺血，从而导致糜烂或出血。老年人的胃黏膜常见黏膜小血管扭曲，小动脉壁玻璃样变性，管腔狭窄。这种胃局部血管因素可视为老年人胃黏膜退行性改变。

长期消化吸收不良、食物单一、营养缺乏均可使胃黏膜修复再生功能降低，炎症慢性化，上皮增殖异常及胃腺萎缩。

三、辅助保护胃黏膜功能保健食品的常用原料

（一）对胃黏膜损伤有辅助保护功能保健食品开发的一般要求

正常胃黏膜的完整性是由攻击因子与防御因子的动态平衡来维持的，一旦这种平衡被破坏，将会导致胃黏膜的损伤。对胃黏膜屏障所涉及的 3 个层面能起到保护作用的物质通常对胃黏膜损伤具有一定的辅助保护功能。

（二）中药及其提取物类

一些中药及其提取物类对胃黏膜损伤具有一定的保护作用。如葛根，红景天，积雪草，鸡内金，姜，橘皮，壳聚糖，白芷，丁香，甘草，莱菔子，蒲公英，山药，山楂，蛇肉，薤白，薏苡仁，沙棘，沙棘子油，甜茶，无花果，五加皮，仙人掌，小茴香，月桂叶，叶绿素，枳实，百合，荜茇，苍术，茶多酚，车前草，车前子，代代花，党参，高良姜，厚朴，槐花，花椒，花色素类，黄柏，黄酮类物质，姜黄，姜黄素，可可多酚，木香，七叶皂苷，肉桂，紫苏等。其机制是：

（1）抑制胃酸分泌，减少胃液分泌量与氢离子浓度，促进溃疡的愈合。

(2)通过活血通络、行气止痛、疏通血脉，增加胃黏膜的流血量，促进供氧，从而增强胃黏膜的屏障作用和抵抗力。

(三)食药用菌类　包括猴头菇、香菇、银耳、羊肚菌等，这类保健食品中主要含有猴头菇多糖、银耳多糖、香菇多糖等多糖，具有提高免疫力、抑制肿瘤等生物活性。

(四)益生菌类

包括嗜酸乳杆菌、干酪乳杆菌、双歧杆菌、嗜热链球菌等，这类益生菌可帮助消化和保护胃肠道。

(五)其他类

包括褪黑素、海藻酸钠、L-乳酸锌、锌及富锌食品、水苏糖、岩藻多糖等。

四、辅助保护胃黏膜功能保健食品的功能学评价程序

根据《保健食品功能评价方法(2020年版)(征求意见稿)》公布的试验项目、试验原则和结果判定，规定如下：

(一)试验项目

1. 动物实验

(1)胃黏膜损伤模型：急性胃黏膜损伤酒精模型、急性胃黏膜损伤消炎痛模型和慢性胃溃疡模型。

(2)大体观察评分。

(3)病理组织学检查评分。

2. 人体试食试验

(1)受试者的选择标准。

(2)临床症状。

(3)体征。

(4)胃镜观察。

(二)试验原则

1. 动物实验和人体试食试验所列指标均为必做项目。

2. 无水乙醇、吲哚美辛致急性胃黏膜损伤模型或冰醋酸致慢性胃黏膜损伤模型任选其一进行动物实验。

3. 在进行人体试食试验时，应对受试样品的安全性做进一步的观察。

(三)结果判定

1. 动物实验　受试物一个或一个以上剂量组与模型对照组进行比较，大体观察评分与病理组织学检查评分结果均表明胃黏膜损伤明显改善，可判定该受试样品动物实验结果为阳性。

2. 人体试食试验　试食前后试食组自身比较及试食后试食组与对照组组间比较，临床症状、体征积分明显减少，胃镜复查结果有改善或不加重，可判定该受试样品对胃黏膜损伤有辅助保护功能。

笔记栏

实例

（一）×× 牌维达软胶囊

保健功能：辅助保护胃黏膜功能。

功效成分 / 标志性成分含量：每 100g 含总黄酮 3.2g。

主要原料：蜂胶粉（提纯蜂胶、淀粉、硬脂酸镁）、砂仁提取物、广藿香油、玉米油、蜂蜡、明胶、纯化水、甘油、可可壳色、二氧化钛。

适宜人群：轻度胃黏膜损伤者。

不适宜人群：少年儿童、孕妇、乳母。

食用方法及食用量：每日 2 次，每次 2 粒，口服。

产品规格：0.5g/ 粒。

保质期：24 个月。

贮藏方法：密封、置阴凉干燥处。

注意事项：本品不能代替药物；蜂产品过敏者慎用。

（二）×× 牌宜中胶囊

保健功能：辅助保护胃黏膜功能。

功效成分 / 标志性成分含量：每 100g 含总黄酮 1.79g、总皂苷 2.1g。

主要原料：蒲公英、佛手、三七、砂仁、猴头菌提取物、蜂胶提取物、淀粉、硬脂酸镁。

适宜人群：轻度胃黏膜损伤者。

不适宜人群：少年儿童、孕妇、哺乳期妇女。

食用方法及食用量：每日 2 次，每次 3 粒，口服。

产品规格：0.45g/ 粒。

保质期：24 个月。

贮藏方法：密闭，置阴凉干燥处。

注意事项：本品不能代替药物；蜂产品过敏者慎用。

（三）×× 牌软胶囊

保健功能：辅助保护胃黏膜功能。

主要原料：沙棘油、沙棘提取物、蜂蜡、明胶、甘油、纯化水。

适宜人群：轻度胃黏膜损伤者。

不适宜人群：婴儿、孕妇。

食用方法及食用量：每日 3 次，每次 2 粒，口服。

产品规格：0.5g/ 粒。

保质期：24 个月。

贮藏方法：置阴凉干燥处。

注意事项：本品不能代替药物。

笔记栏

学习小结

1. 学习内容

有助于调节肠道菌群、促进消化、润肠通便、辅助保护胃黏膜功能保健食品	有助于调节肠道菌群	肠道菌群的基本概念与分类，肠道菌群与机体健康的关系，有助于调节肠道菌群保健食品开发的原料选择，有助于调节肠道菌群保健食品的功能学评价
	促进消化	消化的含义，中医关于消化的理论认识，有助于促进消化保健食品开发的原料选择，有助于促进消化保健食品的功能学评价
	有助于润肠通便	便秘的原因及治疗方法，有助于调节润肠通便保健食品开发的原料选择，有助于促进润肠通便保健食品的功能学评价
	辅助保护胃黏膜损伤	胃黏膜屏障所涉及的 3 个层面及其保护作用，胃黏膜损伤的常见病因
		具有辅助保护胃黏膜功能的部分物质
		辅助保护胃黏膜功能的评价方法
		举例

2. 学习方法　通过分析肠道菌群与机体健康的关系，了解有助于调节肠道菌群保健食品的有关原料与研发策略；通过回顾消化系统生理基本知识，以及探讨中医“脾”在消化相关方面的认识，了解促进消化保健食品的研发思路及原料选择。

（宋小莉　束雅春　马　莉）

复习思考题

1. 简述肠道益生菌的分类，以及保健品中常添加的肠道细菌种类。
2. 可用于保健食品的有助于消化功能的物质有哪些？请思考如何结合中医理论，选择相应的药食同源的中药作为保健食品的原料。
3. 简述有助于润肠通便功能保健食品的功能学评价的试验项目及观察指标。
4. 如何评价保健食品的“辅助保护胃黏膜功能”？
5. 胃黏膜屏障所涉及的 3 个层面是什么？具有什么保护作用？

笔记栏

PPT 课件

第十六章 其他功能保健食品

学习目标

1. 掌握促进排铅功能、改善缺铁性贫血功能、清咽功能保健食品的评价程序，熟悉常用功能原料，了解铅中毒的诊断分级和排铅机制、缺铁性贫血的病因及改善途径、咽喉炎的病因。

2. 了解促进泌乳、对辐射危害有辅助保护、辅助保护化学性肝损伤、促进骨健康等功能保健食品的研发方法。

第一节 有助于排铅功能保健食品

一、概述

铅是一种严重危害人体健康的重金属元素。铅普遍存在于日常环境中，一些特殊职业和地区人群可以接触到过量的铅。铅进入人体后，少部分会随着机体新陈代谢排出体外，大部分会在体内沉积，引起人体生理、生化和行为紊乱，并对机体各个器官均产生不同程度的影响，危害人体健康。长期接触含铅物质，或摄入含铅超标的食物，极易造成铅中毒。铅污染范围既有职业环境也有生活环境，如不加处理的汽车尾气，处理不当的工业废弃物，家庭居室使用的含铅涂料，被污染的土壤、饮用水，以及含铅的马口铁、陶瓷、搪瓷、锡壶等包装的食物，含铅的学习用品及玩具等，均可能对人体健康造成严重危害。

孕妇和年幼婴童是铅污染的易感人群。孕期女性可能因钙摄入不足导致血钙转移，使得积累在骨骼中的铅也随之进入血液循环，造成母婴健康危害。儿童由于生理发育的特点，对铅危害的敏感性更强。他们从特定来源的摄入铅量可以达到成人的 4~5 倍。营养低下儿童更容易受到铅的影响。因此，WHO 已经将铅确定为引起重大公共卫生关注的十种化学品之一，需要各会员国采取行动，保护工人、儿童和育龄妇女的健康。

科学研究显示，补充适宜物质可以帮助机体排出随食物饮水摄入的铅。目前，在我国 1.7 万余个国产保健食品中，具有排铅功能的产品仅有 54 个，所占比例仅千分之三。促进排铅保健食品的开发具有很大的市场空间。因此，对铅中毒的预防以及促进排铅保健食品的开发具有重要意义。

(一) 铅对人体的危害

铅在人体中至今尚未发现具有生理功能，理想血液中铅的浓度为零。铅在环境中可长期蓄积，不被降解，可通过食物、水和空气进入人体。人体主要是通过呼吸道、胃肠道和皮

肤吸收铅。一般每人每日通过食物摄入铅 300~400μg，其中仅有 5%~10% 可被胃肠道吸收进入血液，形成可溶性磷酸氢铅（$PbHPO_4$）或甘油磷酸铅。铅一旦进入血液，就会分布到脑、肝、肾及其他脏器，最后主要沉积在骨骼（包括牙齿）内。骨骼中蓄积的铅约为人体总铅量 90% 以上（儿童仅占 64%）；血铅量约占体内总量 2% 以下，其中绝大部分与红细胞结合；头发和指甲含铅量较高。当铅通过呼吸道吸入时，成人肺中沉积率达 30%~50%。

铅毒性持久，在体内半衰期长，不易被人体排出，而且铅污染不存在下限，任何程度的铅污染都会对人体健康产生不利影响。铅进入机体以后，主要是与体内巯基结合，多方面干扰机体的生化和生理功能。影响最严重的代谢环节是抑制呼吸色素的生成，通过抑制线粒体呼吸和磷酸化而影响能量产生，以及通过抑制三磷酸腺苷酶而影响细胞膜的运输功能。此外，铅还能对神经细胞产生直接影响，引起神经功能紊乱，出现神经衰弱综合征，也可引起心动过速和心电图改变；可使神经细胞发生慢性、弥漫性病变及功能衰退；还可引起多发性神经炎、肢端痛觉和触觉减退或消失，还可出现铅中毒性麻痹。如严重铅中毒时可致铅毒性脑病，引发智商下降和身体生长障碍。

在急性和慢性铅中毒时，肾脏排泄机制受到影响，使肾组织出现进行性变性，伴随肾功能不全。慢性低水平接触可抑制抗体产生及对巨噬细胞产生毒性而影响免疫功能，大量铅进入人体后会出现高血压。还有不少资料报道，铅可抑制受精卵着床，引起孕妇胚胎停育和流产，对胎儿有致癌、致畸、致突变作用。

（二）铅中毒的诊断及分级

在临床上，铅中毒通常分为职业人群中毒和非职业人群中毒。非职业人群中以儿童铅中毒的发病概率更高一些。

1. 职业性慢性铅中毒　根据《职业性慢性铅中毒的诊断》（GBZ 37—2015）的诊断原则和分级：

轻度中毒：血铅 ≥ 2.9μmol/L（600μg/L），或尿铅 ≥ 0.58μmol/L（120μg/L），且具有下列一项表现者：

a）红细胞锌原卟啉（ZPP）≥ 2.91μmol/L（13.0μg/g Hb）。

b）尿 δ- 氨基 -γ- 酮戊酸 ≥ 61.0μmol/L（8 000μg/L）。

c）有腹部隐痛、腹胀、便秘等症状。

络合剂驱排后尿铅 ≥ 3.86μmol/L（800μg/L）或 4.82μmol/24h（1 000μg/24h）者，可诊断为轻度铅中毒。

中度中毒：在轻度中毒的基础上，具有下列一项表现者：

a）腹绞痛。

b）贫血。

c）轻度中毒性周围神经病。

重度中毒：在中度中毒的基础上，具有下列一项表现者：

a）铅麻痹。

b）中毒性脑病。

2. 儿童铅中毒　依据儿童静脉血铅水平进行诊断，根据《儿童高铅血症和铅中毒分级和处理原则（试行）》（卫妇社发〔2006〕51 号）的诊断原则和分级：

铅中毒：连续两次静脉血铅水平等于或高于 200mg/L；并依据血铅水平分为轻、中、重度铅中毒。

轻度铅中毒：血铅水平为 200~249mg/L。

中度铅中毒：血铅水平为 250~449mg/L。

笔记栏

重度铅中毒：血铅水平等于或高于 450mg/L。

儿童铅中毒可伴有某些非特异的临床症状，如腹隐痛、便秘、贫血、多动、易冲动等；血铅等于或高于 700mg/L 时，可伴有昏迷、惊厥等铅中毒脑病表现。

（三）促进排铅机制

1. 配合机制 通过广谱性配合物（如依地酸二钠钙）、蛋白质和低甲氧基果胶等天然高分子化合物等与铅离子形成低毒或无毒的配合物或吸附体内的铅，与血液、肝、肾、脑等靶器官中的铅结合排出体外。

2. 拮抗机制 可通过增加锌、铁、钙等与铅同属二价金属元素，在小肠中竞争同一运载结合蛋白，以及与铅的取代和拮抗等相互作用，降低铅的吸收作用和毒性。或通过摄入维生素 B_1、维生素 C 等维生素在体内拮抗铅的作用以减少铅吸收。此外，还可通过摄入还原型谷胱甘肽等自由基清除剂，清除自由基和其他活性代谢产物而增强机体免疫力，保护和减轻细胞损害。

二、有助于排铅功能保健食品的常用原料

（一）有助于排铅功能的常用原料

钙、铁、锌、维生素 B_1、维生素 C、猕猴桃、海带、牛磺酸、茶叶、L- 半胱氨酸、海藻酸钠、低酯果胶、茯苓、绿豆、菊花、魔芋精粉等。

（二）有助于排铅保健食品原料简介

1. 大蒜 大蒜含有大蒜辣素、大蒜素、大蒜新素等硫醚化合物，以及半胱氨酸、果胶、维生素 B_1 等，这些成分均有排铅作用。大蒜排铅机制：一是大蒜本身含有能直接与铅反应物质，如果胶、半胱氨酸、大蒜辣素等；二是某些含硫化合物，如硫醚、硫肽等进入人体后，可释放出活性巯基物质，这些巯基物质再与铅反应生成配合物，配合物通过尿液或粪便排出体外，从而达到排铅目的。

2. 菊花 菊花中富含维生素 C 和硒（Se）、锌（Zn）、铁（Fe）、钙（Ca）等微量元素。其中维生素 C 可补充体内由于铅所造成自身损失，并与铅结合成溶解度较低的抗坏血酸铅盐，减少铅吸收；同时还直接参与解毒过程，促进铅排出。另外，Zn、Fe、Ca 等金属元素对铅吸收也有一定拮抗作用。

3. 富硒食品原料 如食用菌、灵芝、平菇、香菇、金针菇、藻类、酵母、茶叶等。硒是人体红细胞谷胱甘肽过氧化物酶（GSH-Px）和磷脂过氧化氢谷胱甘肽过氧化物酶组成成分，其主要作用是参与酶合成，保护细胞膜结构与功能免遭过度氧化和干扰。硒元素与金属铅有很强亲和力，在体内可结合成金属硒蛋白复合物使之排出体外，降低血铅。

4. 牛奶 牛奶蛋白质可与铅结合为一种不溶性化合物，从而能阻止铅吸收；同时，牛奶中所含钙可促使已在骨骼上吸着铅减少，而由尿排出。

三、有助于排铅功能保健食品的功能学评价程序

（一）试验项目

1. 动物实验

（1）体重。

（2）血铅。

（3）骨铅。

（4）肝组织铅。

笔记栏

2. 人体试食试验

(1) 血铅。

(2) 尿铅。

(3) 尿钙。

(4) 尿锌。

(二) 试验原则

1. 动物实验和人体试食试验所列指标均为必做项目。

2. 应对临床症状、体征进行观察。

3. 应对尿铅进行多次测定，以了解体内铅的排出情况。

4. 在进行人体试食试验时，应对受试样品的食用安全性做进一步的观察。

(三) 结果判定

1. 动物实验　实验组与模型对照组比较，骨铅含量显著降低，同时血铅或肝铅显著降低，可判定该受试样品动物实验结果为阳性。

2. 人体试食试验　试食组与对照组组间比较，至少两个观察时点尿铅排出量增加且较试验前显著增高，或总尿铅排出量明显增加。同时，对总尿钙、总尿锌的排出无明显影响；或总尿钙、总尿锌排出增加的幅度小于总尿铅排出增加的幅度，可判定该受试样品具有促进排铅功能。

实例

目前我国批准了保健功能为促进排铅的保健食品 54 个。

××牌促进排铅口服液

保健功能：促进排铅。

功效成分/标志性成分含量：每 100ml 含钙 500mg、维生素 C 917mg、牛磺酸 150mg、维生素 B_1 10.9mg。

主要原料：绿豆、葡萄糖酸钙、维生素 C(抗坏血酸)、牛磺酸、维生素 B_1(盐酸硫胺)、纯化水、蜂蜜。

适宜人群：接触铅污染环境者。

不适宜人群：4 岁以下人群。

食用方法及食用量：每日 3 次，每次 1 支，口服。

产品规格：10ml/支。

保质期：24 个月。

贮藏方法：置阴凉干燥处。

注意事项：本品不能代替药物；本品添加了营养素，与同类营养素同时食用不宜超过推荐量。

笔记栏

第二节　改善缺铁性贫血功能保健食品

一、概述

在各种类型的贫血中，缺铁性贫血最常见，是世界范围内最常见的一种营养素缺乏病，严重影响人类健康。WHO 统计显示，目前全世界大约有 20%~50% 的人有不同程度的铁缺乏，尤其以发展中国家多见，发生率大约是发达国家的 4 倍；中国的贫血患病率约为 20.1%，其中半数属于缺铁性贫血。缺铁性贫血是许多严重疾病常见的并发症，这些疾病包括慢性肾病、慢性心力衰竭、化疗引起的贫血、炎症性肠病、经期大量出血和产后大出血，其中慢性肾病患者、育龄妇女、怀孕妇女、发育期儿童是缺铁性贫血的高危人群。

目前，我国约 1.6 万个保健食品中，只有 213 个保健食品的保健功能为改善营养性贫血（现更改名称为改善缺铁性贫血），仅占总数不到 2%，具有很大的市场空间。由此可见人体补铁剂的开发与生产已成为营养学、食品学领域的重要课题之一。

（一）缺铁性贫血的概念

贫血是指外周血单位容积内血红蛋白浓度、红细胞计数和/或血细胞比容低于相同地区、年龄、性别的正常标准。贫血分为营养性贫血和非营养性贫血。营养性贫血是指与饮食有关，包括缺乏造血物质铁和维生素 B_{12} 或叶酸等的一类贫血。缺乏铁会引起缺铁性贫血，而缺乏维生素 B_{12} 或叶酸会引起巨幼红细胞贫血。非营养性贫血包括骨髓干细胞生成障碍以及自身免疫性溶血引起的急性或慢性贫血等。

缺铁性贫血是指由于体内储存铁缺乏，铁的需求和供给失衡，使血红蛋白合成减少所致的一种小细胞低色素性贫血。缺铁性贫血是最常见的贫血，其发生与生理病理等因素有关。

（二）铁的生理作用

铁在人体内的存在形式可分为两大类：血红素类和非血红素类。血红素类主要有血红蛋白、肌红蛋白、细胞色素及酶类；非血红素类主要有运铁蛋白、乳铁蛋白、铁蛋白、含铁血黄素及一些酶类。成人男子体内的总铁量约为 3.8g，女子为 2.3g。

铁元素在机体内主要通过形成化合结合物及配合物实现如下生理作用：①合成血红蛋白，用于运输氧；②与肌红蛋白结合，用于肌肉储存氧；③构成各种金属酶或其辅助因子的必需成分；④参与激素的合成或增强激素的作用，用于生产生命活动所需的能量 ATP。

（三）铁缺乏的危害

铁是构成血液的基本要素，当机体对其需求与供给失衡，导致体内贮存铁耗尽（ID），继之红细胞内铁缺乏（IDE），最终引起缺铁性贫血（IDA）。IDA 是铁缺乏症（包括 ID，IDE 和 IDA）的最终阶段，表现为缺铁引起的小细胞低色素性贫血及其他异常。

除导致缺铁性贫血外，铁缺乏还会影响其他组织的正常生理活动。成人缺铁时，精神不振，易疲劳，劳动耐力和体力下降，记忆力减退，易得病；儿童缺铁时，大脑易聚集铅等重金属，引起中毒，理解和学习能力下降，学习成绩不佳，不喜运动，行动缓慢，不愿与人交往，体格瘦小，易生病。儿童时期缺铁，可使成年后劳动力损失 5%~17%；婴幼儿缺铁时会造成反应迟钝，认知能力差，能动性差，易恐惧，身体发育不良等；孕妇缺铁时引起胎儿发育迟滞，体重低于正常，智力发育障碍，并且易早产，围产期死亡率增加，孕妇自身身体虚弱，易疲劳，食欲不佳，面色苍白，易头晕。缺铁还会引起其他的一系列功能障碍，如血糖升高、甲状腺素水平升高、免疫功能受阻等。

（四）缺铁性贫血常见原因

1. 体内铁存储不足或人体需铁量增加　铁或促进铁吸收的营养素摄入量不足，多见于婴幼儿、青少年、妊娠和哺乳期妇女。6个月至1岁的婴儿生长发育快，体内铁存储不足、需铁量很多。而人乳和牛乳含铁量都很低，不能满足婴儿的生长需要，此时若未及时添加肉类、蛋类含铁高的辅食，就会发生缺铁性贫血。青少年易因偏食引起缺铁性贫血。而女性月经增多、妊娠或哺乳，需铁量增加，未及时补充高铁食物，很容易导致缺铁性贫血。

2. 铁吸收障碍　常见于胃大部切除术后，胃酸分泌不足且食物快速进入空肠，绕过铁的主要吸收部位（十二指肠），使铁吸收减少。此外多种原因造成的胃肠道功能紊乱，如长期不明原因腹泻、慢性肠炎等均可因铁吸收障碍而导致缺铁性贫血。

3. 铁丢失过多　慢性疾病等长期慢性出血得不到纠正可造成缺铁性贫血。如慢性消化道失血，包括痔疮、胃十二指肠溃疡、食管裂孔疝、消化道息肉、胃肠道肿瘤、寄生虫感染、食管/胃底静脉曲张破裂等；月经量过多，包括宫内放置节育环、子宫肌瘤、月经失调等妇科疾病；咯血和肺泡出血，包括肺含铁血黄素沉着症、肺出血-肾炎综合征、肺结核、支气管扩张、肺癌等；血红蛋白尿，包括阵发性睡眠性血红蛋白尿、冷抗体型自身免疫性溶血、心脏人工瓣膜、行军性血红蛋白尿等；遗传性出血性毛细血管扩张症、慢性肾衰竭血液透析、多次献血等。

（五）改善缺铁性贫血途径

针对病因是改善缺铁性贫血的首要原则。男性患者要查清是否并发消化道疾病，特别是消化腺溃疡等；女性患者需要明确原因，如育龄期女性患者最常见的缺铁病因是月经量增多，而在月经增多的情况下，补铁常常无效。

补充铁剂是改善缺铁性贫血最有效方式。常用铁剂有：血红素铁、乳铁蛋白、富铁酵母等。铁剂与维生素C联合使用，可把体内的三价铁（Fe^{3+}）还原成二价铁（Fe^{2+}），从而提高铁剂的吸收率。为了不影响铁剂吸收，应少喝茶，少饮咖啡。

中药辅助治疗是改善缺铁性贫血常见方法。中医认为脾虚是缺铁性贫血的关键，故健脾益气生血是主要治法。脾为后天之本，气血生化之源，脾健则气血化源充足。“气为血帅，血为气母”，血虚伴有不同程度的气虚，补血与补气相结合，以达到益气生血的目的。药食两用中药与口服铁剂联用改善缺铁性贫血效果显著。因此，在许多改善缺铁性贫血的保健品配方中常有药食两用中药与补铁剂同时使用。

二、改善缺铁性贫血功能保健食品的常用原料

（一）改善缺铁性贫血功能保健食品的常用原料

乳酸亚铁、血红素铁、硫酸亚铁、羊胎盘、阿胶、葡萄糖酸亚铁、黄芪、当归、乌鸡、熟地黄、党参、大枣、枸杞子等。

（二）改善缺铁性贫血功能保健食品的原料简介

1. 血红素铁　又称卟啉铁，由卟啉和一分子亚铁离子结合形成构成铁卟啉化合物，是一种生物态铁。血红素铁能直接被肠黏膜细胞吸收，迅速提升血红蛋白含量、红细胞计数、血细胞比容、平均红细胞血红蛋白浓度，而不产生任何消化道刺激症状，是一种较理想的补铁剂。血红素铁具有补铁，且不影响食品原有的色、香、味的特点，可添加到糖果、饼干、面包、米粉、果冻、海带制品、奶制品、酱油等食品中。

2. 乳铁蛋白　1960年，Groves从牛乳中分离得到一种蛋白质和铁结合形成的复合物，由于其晶体呈红色，故称为“红蛋白”。乳铁蛋白的立体结构主要是“二枚银杏叶型”，分别在分子的N端和C端形成2个环状结构，每叶在内部缝隙处都有1个铁结合位点。乳铁蛋

笔记栏

白具有多种生物活性，乳铁蛋白在促进铁吸收的同时，避免了铁离子对肠道的直接刺激，也减少了无机铁离子的摄入量。因此，可制成天然生物药品或高效补铁剂，用于改善婴幼儿缺铁症状。

3. 富铁酵母　微量元素铁一般以不利于人及动物吸收利用的无机形态存在，利用生物转化法，如利用酵母将无机形态的铁转化成有机形态的铁，可以提高生物体对铁的利用效率，是新开发的铁源。

在酵母细胞中，铁主要定位于细胞壁，细胞壁中的铁含量约为细胞质中的 3 倍。富铁酵母具有稳定性好、吸收率高、抗干扰、与食品中其他成分协同配合性好的特点。

4. 动物类食品　猪、牛、羊、鸡等动物肝脏和瘦肉内含有丰富的优质蛋白质、铁、铜以及维生素 A、B 族维生素、维生素 C、叶酸等成分。其中猪肝含铁量为猪肉的 18 倍。食物中动物的肝、肾是铁主要来源，也是维生素 B_{12}、叶酸等的主要来源，所以动物的肝脏和肾脏是改善营养性贫血的优质食品。除此之外，鱼类、蛋黄等食品也具有改善营养性贫血的作用。

当铁被用于合成血红蛋白时，需要铜为触媒剂，因此铜可以促进铁质在体内的利用。此外，铁的有效性与钙、磷含量的比例及维生素也有关系，磷含量太高或钙含量过低与缺乏维生素 A、C、D 均可妨碍铁的吸收和利用。所以在补铁时要注意平衡膳食以利于铁的吸收。在日常生活中如食具是铁制成的，会显著减少缺铁性贫血的发生。不论何种贫血，一定要注意蛋白质的补充，因为蛋白质是构成血红蛋白和红细胞的基础物质，有条件者应尽量选择生物价值高的蛋白质食物如牛奶、鸡蛋、瘦肉、鱼类、豆制品等。

三、改善缺铁性贫血的保健食品功能评价程序

（一）试验项目

1. 动物实验

（1）体重。

（2）血红蛋白。

（3）血细胞比容 / 红细胞游离原卟啉。

2. 人体试食试验

（1）血红蛋白。

（2）血清铁蛋白。

（3）红细胞游离原卟啉 / 红细胞运铁蛋白饱和度。

（二）试验原则

1. 动物实验和人体试食试验所列指标均为必做项目。

2. 针对儿童的人体试食试验，只测血红蛋白和红细胞内游离原卟啉。

3. 在进行人体试食试验时，应对受试样品的食用安全性做进一步的观察。

（三）结果判定

1. 动物实验　血红蛋白指标阳性，红细胞游离原卟啉 / 血细胞比容两项指标中有一项指标阳性，可判定该受试样品改善缺铁性贫血功能动物实验结果为阳性。

2. 人体试食试验

（1）针对改善儿童缺铁性贫血功能的，血红蛋白和红细胞内游离原卟啉两项指标阳性，可判定该受试样品具有改善缺铁性贫血功能作用。

（2）针对改善成人缺铁性贫血功能的，血红蛋白指标阳性，血清铁蛋白、红细胞内游离原卟啉 / 血清运铁蛋白饱和度两项指标种有一项指标阳性，可判定该受试样品具有改善缺铁性贫血功能作用。

改善缺铁性贫血的保健食品功能检验方法可参考原国家食品药品监督管理局印发的《改善缺铁性贫血功能评价方法》。

实例

目前国家批准了保健功能为改善缺铁性贫血的国产保健食品7个；改善营养性贫血的国产保健食品206个、进口保健食品3个；保健功能为补铁的国产保健食品40个、进口保健食品4个。

××牌改善缺铁性贫血口服液

保健功能：改善缺铁性贫血。

功效成分/标志性成分含量：每100ml含总皂苷94.9mg、铁20.4mg。

主要原料：黄芪、党参、当归、熟地黄、阿胶、乳酸亚铁、白砂糖、纯化水。

适宜人群：缺铁性贫血的人群。

不适宜人群：少年儿童、孕妇、哺乳期妇女。

食用方法及食用量：每日3次，每次1支，口服。

产品规格：10ml/支。

保质期：24个月。

贮藏方法：密封，置常温处。

注意事项：本品不能代替药物；本品添加了营养素，与同类营养素同时食用不宜超过推荐量。

第三节 清咽润喉功能保健食品

一、概述

咽喉是吞咽、呼吸和发音的部位，使用频繁，极易受到外界环境和内部因素的影响，而使潜伏在咽喉部的条件致病菌大量繁殖导致咽喉炎（嗓子痛）。咽喉炎为咽喉黏膜、黏膜下组织及淋巴组织的弥漫性炎症，表现为红肿、充血、发干、疼痛等症状。

咽喉炎正成为全球最常见的门诊疾病之一。据不完全统计，我国患有不同程度咽喉炎的人群占健康人群的40%。咽喉炎经常被描述为一种职业病，教师、主持人、职业演员、推销员等经常用声的职业人群被公认为咽喉炎的高发人群。粉尘、有害气体等不良外环境的刺激，机体抵抗力下降，过度使用声带，吸烟、辛辣饮食、饮酒等不良生活习惯，加之对咽喉的认识误区，咽喉炎的患者已经不局限于上述职业，患病群体在不断扩大。近年来，中国人咽喉炎发病率持续上升，可达80%~90%。据卫生部门的一项调查显示，70%的白领患有不同程度的“办公病”，而咽喉炎就位列其首，但是具有清咽润喉功能的保健食品所占比例不到总数的2%，市场空间巨大。

慢性咽炎发病率高，易反复发作，因而大多数清咽润喉产品针对的是这类咽炎。慢性咽炎（相当于中医的“虚火喉痹”）为咽部黏膜、黏膜下及淋巴组织的慢性炎症，病理表现主要为慢性单纯性咽炎、慢性肥厚性咽炎、干燥性及萎缩性咽炎。

笔记栏

现代医学认为慢性咽炎主要由以下几种病因引起：急性咽炎反复发作转为慢性；长期物理及化学因素刺激；上呼吸道慢性炎症刺激；职业原因造成用嗓过度；或由如慢性支气管炎，反流性食管炎等疾病诱发。现代医学大多采用抗生素类药物治疗，但疗效不佳，且易反复发作。

中医认为温热病后余邪未清、风热喉痹治疗不彻底、过食辛辣、咽部失所养是导致慢性咽炎的主要病因，可分为阴虚火旺、阴虚肺燥、脾虚土弱、气滞血瘀、肾阳亏损5种类型。

中医药理论认为清咽润喉功能涉及清热解毒、祛痰利咽、养阴生津等功效；现代药理学研究认为是其包括抗炎、抑菌、抗病毒、解热镇痛等作用。因此，可充分应用具有以上作用的原料开发具有清咽功能的保健食品。

二、清咽润喉功能保健食品的常用原料

（一）清咽润喉功能保健食品的常用原料

胖大海、西瓜霜、青果、金银花、菊花、薄荷、冬凌草、罗汉果、乌梅、蒲公英、麦冬、雪梨、甘草、桔梗、贝母等。

（二）清咽润喉功能保健食品的原料简介

1. 胖大海　胖大海是传统的清咽利喉的药食两用原料。其味甘，性凉，入肺、大肠经，具有清热、润肺、利咽、解毒的功效，主治干咳无痰、喉痛、音哑、目赤、牙痛、痔疮等。现代研究表明，胖大海有抑菌、抗炎、抗病毒、镇痛作用。

胖大海含丰富的水溶性多糖；其种皮含有半乳糖、戊糖，还有活性成分胖大海素（苹婆素）及钙、镁等营养元素；胚乳含西黄蓍胶黏素；种仁含脂肪类物质。现代研究表明，胖大海中的多糖类为其功效成分，具有抗炎、治疗细菌性痢疾和抑制草酸钙结晶形成的功能。

2. 金银花　金银花为中医常用药，味甘，性寒，有清热解毒的功效，主治风热感冒、咽喉肿痛、腮腺炎、胆道感染、急慢性炎症、细菌性痢疾、肠炎等。金银花主要含有有机酸类（如绿原酸）、黄酮类（如木犀草苷）、三萜类、醇类、挥发油、无机元素等。现代研究表明，其具有抑菌、抗病毒、解热、抗炎、止血、抗氧化、免疫调节等作用。

3. 菊花　菊花是传统的清咽利喉的药食两用原料，味甘、苦，性寒，具有散风清热、平肝明目、清热解毒的功效，清火效果较佳，在中医治疗外感风热引起的咽喉疾病方面常作为主药使用，因而也常用于清咽润喉保健食品。现代药理研究表明，菊花对肺炎链球菌具有抗菌活性。菊花含有挥发油、黄酮类、氨基酸、微量元素、绿原酸等成分。其中黄酮类主要为香叶木素、木犀草素、芹菜素、山柰酚、槲皮素等。挥发油是其抗菌作用的物质基础，黄酮类化合物也具有一定的抑菌、抗病毒作用。

知识链接

慢性咽炎患者饮食宜忌

少食用熏制、腊制及过冷过热食品。

不宜多食辛辣之品，如蒜、芥、姜、椒之类。

不宜多食炒货零食，如瓜子、花生之类。

还应戒烟酒，因烟酒刺激很容易使咽喉黏膜发炎。

三、清咽润喉功能保健食品的功能学评价程序

(一)试验项目

1. 动物实验

(1)体重。

(2)大鼠棉球植入实验。

(3)大鼠足趾肿胀实验。

(4)小鼠耳肿胀实验。

2. 人体试食试验咽喉部症状、体征。

(二)试验原则

1. 动物实验和人体试食试验所列指标均为必做项目。

2. 应对临床症状、体征进行观察。

3. 在进行人体试食试验时,应对受试样品的食用安全性做进一步的观察。

(三)结果判定

1. 动物实验 大鼠棉球植入实验结果阳性,同时大鼠足趾肿胀实验或小鼠耳肿胀实验结果任意一项阳性,可判定该受试样品清咽功能动物实验结果为阳性。

2. 人体试食试验 试食组自身比较及试食组与对照组组间比较,咽部症状及体征有明显改善,症状及体征的改善率明显增加,可判定该受试样品具有清咽润喉功能。

实例

目前我国批准了保健功能为清咽润喉的国产保健食品212个、进口保健食品12个。

××牌西洋参川贝枇杷膏

保健功能:清咽润喉。

功效成分/标志性成分含量:每100g含总皂苷67.8mg。

主要原料:西洋参、川贝母、枇杷、桔梗、苦杏仁、薄荷脑、液体葡萄糖、蜂蜜、水。

适宜人群:咽部不适者。

不适宜人群:少年儿童。

食用方法及食用量:每日2次,每次25ml。

产品规格:150ml/瓶。

保质期:24个月。

贮藏方法:置阴凉干燥处。

注意事项:本品不能代替药物。

第四节 促进泌乳功能保健食品

一、概述

母乳是婴儿营养最全面的食物,是其最佳的食品。母乳中的蛋白质含量虽然低于牛乳,

笔记栏

但与婴儿所需营养组成极为一致，能被婴儿最大程度利用。母乳中含有的必需脂肪酸、丰富的乳糖、适宜的钙磷比以及其他矿物营元素对婴儿都是最佳的营养素，可促进大脑发育、促进钙的吸收、减轻婴儿胃肠和肾脏的负担。在乳母膳食营养供给充足时，母乳中的维生素可基本满足6个月内婴儿的需要量（维生素D例外）。母乳中尤其是初乳中含有的免疫球蛋白、淋巴细胞、抗体等多种免疫物质可增加婴儿对疾病的抵抗力。而且母乳喂养方式方便、经济、温度适宜、不易污染，还可增进母子情感交流，促进婴儿的智力发育和母亲的产后康复。

多数产妇有意愿进行母乳喂养，但苦于产后缺乳，不得不勉强改用人工喂养，这也是近年母乳喂养率下降的重要原因之一。大多数的初产妇哺育一个婴儿都缺乏足够的母乳，有的产妇在较短时间内乳汁就逐渐减少，甚至枯竭。其原因在于乳汁的分泌受到多种因素的调节和影响。泌乳是一项复杂的神经反射活动，当婴儿吮吸时，可使乳头产生神经冲动，经脊髓传至脑下垂体，促进分泌催乳素，引发泌乳反射和泌乳素反射，催乳素经血液流入乳腺，从而引发泌乳。如在受孕至泌乳期间营养不良，婴儿吮吸不足，产妇有焦虑、烦恼、恐惧、暴怒、不安等情绪变化，均可影响卵巢的卵泡、黄体以及垂体的泌乳相关激素分泌，进而影响乳腺的发育和泌乳。此外，孕前乳腺组织所占乳房比例小、腺管和腺泡发育不良，以及孕期乳腺的发育不良等均可导致泌乳较少。

关于产后缺乳，传统中医药理论认为主要有气血两虚和肝郁气滞两种类型。一种为气血亏虚，津液不足，以致乳汁减少或不足；另一种为七情内伤，肝气郁结，可致乳脉不行而缺乳。此外，按气血津液辨证还可分为气虚、血虚、津液亏虚；按脏腑辨证可分为肾虚、肝郁、脾胃虚弱；按病因分类可分外感六淫、内伤情志、食浊中阻、痰湿壅阻、瘀血内阻。根据中医临床研究，中医将产后缺乳证型总结归纳为外感六淫、气血两虚、肝郁气滞、痰湿壅阻、食浊中阻、肾虚不足、瘀血内阻七型。

为了提高母乳喂养率，对患缺乳者进行积极有效的干预，已成为当务之急。开发促进泌乳的保健食品便顺应了这一需求。乳汁的分泌不仅要有量的要求，也要有质的保证。妇女在哺乳期间，其营养需求一方面要满足自身需要，另一方面要为婴儿的成长发育提供乳汁。

为了保证乳汁分泌旺盛、营养全面，乳母在整个孕期及哺乳期除应注意情绪、生活环境控制外，最需要保证膳食中各种营养素的供给，尤其是以下营养素：能量、动植物蛋白质、必需脂肪酸、钙、铁、锌、碘、维生素A、维生素B_1、维生素B_2、维生素D、维生素E、水分等。富含这些营养素的食物有利于促进产妇泌乳。在此基础上，可通过运用补气养血、疏肝解郁等保健食品原料、保健按摩等方式改善乳母的临床症状，促进乳汁的分泌。

二、促进泌乳功能保健食品的常用原料

（一）促进泌乳功能保健食品的常用原料

牡蛎、猪蹄、当归、川芎、白芍、熟地黄、乌鸡、葛根、黄芪、阿胶、大枣、党参、益母草等。

（二）促进泌乳功能保健食品原料简介

1. 牡蛎　牡蛎含有丰富的营养功效成分，如糖类，包括牡蛎多糖、岩藻糖、鼠李糖等；糖蛋白，包括葡糖胺、半乳糖胺等；甾体化合物，包括胆固醇、麦角固醇、菜籽固醇、*β*-谷固醇等；还有肌醇、硫胺素、烟酸、泛酸、叶酸、生物素、胆碱、胡萝卜素、叶黄素等。牡蛎具有使初级乳汁分泌量增多和分泌乳汁黏稠的作用。此外，牡蛎还具有增强免疫力、保肝护肝等作用。

2. 葛根　葛根含有多种矿质元素（钙、磷、铁、锌、硒、硅等）和维生素，还含有丰富的氨

笔记栏

基酸，尤其是人体不能合成的必需氨基酸，即赖氨酸、蛋氨酸、苯丙氨酸、苏氨酸、异亮氨酸、亮氨酸、缬氨酸，以及儿童必需的组氨酸。此外，葛根还含有葛根素、大豆黄酮等重要功效成分。药理学研究表明，葛根具有促进乳腺发育和泌乳、改善心脑血管系统疾病、降血脂、降血糖、免疫调节、抗氧化、抗心律失常、抗肿瘤、抑制血小板聚集、骨微细构造、对心肌缺血保护等作用，以及弱雌激素样活性。

三、促进泌乳保健食品的功能学评价程序

（一）试验项目

1. 动物实验

(1) 母鼠体重。

(2) 仔鼠体重。

2. 人体试食试验

(1) 乳房胀度。

(2) 泌乳量。

(3) 乳汁质量：乳汁蛋白含量。

（二）试验原则

1. 动物实验和人体试食试验所列的指标均为必做项目。

2. 在进行人体试食试验时，应对受试样品的食用安全性做进一步的观察。

（三）结果判定

1. 动物试验　仔鼠体重明显增加，可判定该受试样品促进泌乳动物实验结果阳性。

2. 人体试食试验　乳房胀度、泌乳量两项指标阳性，乳汁质量不低于对照组，可判定该受试样品具有促进泌乳的作用。

实例

目前我国批准了保健功能为促进泌乳的国产保健食品10个。

××牌红景天真珍胶囊

保健功能：促进泌乳。

功效成分 / 标志性成分含量：每100g含葛根素4.2g、阿魏酸30.0mg。

主要原料：葛根、黄芪、阿胶、当归、糊精。

适宜人群：哺乳期妇女。

不适宜人群：少年儿童、孕妇。

食用方法及食用量：每日1次，每次1袋，温开水冲饮。

产品规格：3.5g/ 袋。

保质期：24个月。

贮藏方法：置阴凉干燥处。

注意事项：本品不能代替药物。

笔记栏

第五节　对电离辐射危害有辅助保护功能保健食品

一、概述

辐射广泛存在于宇宙和人类生存的环境当中，包括来自于自然环境的天然辐射源引起的辐射，如宇宙辐射（能量化的光量子、电子、γ 射线、X 射线）、地壳放射性核素（铀、钍、钋等）的照射、氡及其子体的照射等，以及来自于人类活动的人工辐射源引起的辐射，如医疗照射、癌症放疗、职业照射、核爆炸和核武器所致的照射、重大核事故所致的公众照射、家用电器与电脑及手机等带来的辐射等。

（一）辐射的基本概念

辐射（Radiation）是指由发射源（电磁波）发出的电磁能量中一部分脱离场源向远处传播，而后不再返回场源的现象。能量以电磁波或粒子（如 α 粒子、β 粒子）的形式向外扩散。按照辐射作用于物质时产生的效应不同，将其分为电离辐射和电磁辐射。电离辐射包括紫外线、无线电波、微波等。电磁辐射包括宇宙射线、X 射线和来自放射性物质的辐射，可以从原子、分子或其他束缚状态中放出一个或几个电子。其种类很多，带电粒子有 α 粒子、β 粒子、质子等，不带电粒子有中子级 X 射线、γ 射线等。因此，电磁辐射是一切能引起物质电离的辐射的总称，其特点是波长短、能量高。如核弹、核电站、科研生产所用的粒子加速器、放射源、医疗卫生机构使用的射线诊断设备等产生的辐射。

（二）辐射的病理损害

放射性物质所放射出的 γ 射线、β 射线和 X 射线等对人体的辐射作用可导致直接损伤，包括破坏机体组织的蛋白质、核蛋白、酶等，造成神经和内分泌系统的调节障碍，导致体内新陈代谢的紊乱。在蛋白质分解代谢过程中，辐射可改变酶的辅基并破坏酶蛋白的结构，其中巯基酶对辐射十分敏感，小剂量就可抑制其活性，影响机体的功能。射线可降低机体对碳水化合物的吸收率，增加肝脏中糖的排出量，还可使脂肪的代谢减少而合成增加，这些辐射所导致的种种变化，会导致头痛、头昏、恶心、呕吐、心律失常、失眠、健忘、白细胞数量下降、免疫功能降低、贫血等。对胎儿的辐射，可导致胚胎期的死亡、畸形乃至智力障碍、白血病和恶性肿瘤。辐射还能加速衰老过程，导致脏器萎缩、毛发变白、晶体混浊、微小血管的内膜纤维增生、细胞染色体畸变等。

（三）对电离辐射危害有辅助保护功能保健食品的市场需求

所有人都会受到辐射的危害，辐射无处不在。而从事放射性工作的军事、医务、研究人员，包括核电站工作人员，接受放射性的医疗诊断和治疗的人员，从事放射性矿藏的开采、冶炼以及辐射育种和食品保鲜的工作人员，IT 从业者，宇航员，在高原生活和工作的人群，经常使用手机和电脑的人员，受到的辐射就相对较多。

在临床上，约 70% 以上的恶性肿瘤患者离不开放射治疗，放射治疗可以对肿瘤细胞产生生物效应和破坏作用，但在杀死肿瘤的同时，也会造成全身和局部的毒副反应。放疗使患者会产生放射性皮炎、放射性食管炎以及食欲下降、恶心、呕吐、腹痛、腹泻或便秘等诸多不良反应，并伴有白细胞下降、免疫功能降低等并发症，导致部分患者不得不放弃放疗。

仅仅依靠避免接触或通过物理防护来消除辐射的危害显然已不足以进行有效防护。给予外源性物质对帮助机体恢复免疫功能，减轻辐射损伤有积极意义。由于具有对辐射危害有辅助保护功能的保健食品适宜人群广泛，而且兼有特殊的受众，所以此类产品的研究和开

发有着广阔的市场前景。

（四）对电离辐射危害有辅助保护功能保健食品的市场格局

截至2020年底，我国已通过审批具有对辐射危害有辅助保护功能的保健食品181种。所用原料多为已批准具有对辐射危害有辅助保护功能的常用原料，它们具有一定的抗辐射作用，且无不良反应，成本低，适用于产业化开发。

化学药物作为辐射防护剂最大的缺点是毒性大，因此进一步开发一系列低毒有效的天然药物辐射防护剂是当务之急。部分药食同源的物品可作为对辐射危害有辅助保护功能的保健食品原料，在我国具有十分有利的研究条件。近年来日本等国在这方面的研究十分活跃，并取得了一定的进展。

（五）对电离辐射危害有辅助保护功能保健食品的研发思路

1. 根据辐射产品适宜人群的特点，可分别开发出针对电离辐射和电磁辐射的有辅助保护功能的保健食品。例如，对于放疗人群开发的对电离辐射有辅助保护功能的保健食品，也可针对办公室一族、经常使用计算机人群开发对电磁辐射有辅助保护功能的保健食品。

2. 以此类保健食品市场格局为依托，结合资源优势和中医药保健理论，开发出具有我国特色的对辐射危害有辅助保护功能的保健食品。

3. 目前市场上对辐射危害有辅助保护功能的保健食品的剂型主要是胶囊、片剂和粉剂，新剂型的开发也是保健食品研发需要解决的课题。

二、对电离辐射危害有辅助保护功能保健食品的常用原料

对电离辐射危害有辅助保护功能保健食品的常用原料有：灵芝（灵芝孢子粉）、红景天、枸杞子、黄芪、人参、西洋参、当归、刺五加、银杏叶、女贞子、香菇、银耳、蜂胶、原花青素、维生素C、维生素E、茶多酚、番茄红素、β胡萝卜素、螺旋藻、壳聚糖、低聚肽类（海洋鱼皮胶原低聚肽粉等）、蜂胶、蜂蜡等。

上述原料抗辐射损伤的机制主要有以下几方面：

1. 清除自由基、抗氧化作用　正常成年人的体液约占体重的60%。辐射对人体的水分作用，可引起水辐射分解反应，产生性质活泼、具有强氧化性的自由基，主要有OH·、O_2^-、H_2O_2、HO_2^-等，辐射造成的间接损伤主要由水辐射分解产生的自由基引起，其中又以OH·的作用最重要。自由基对人体的损害主要有3个方面：破坏细胞膜；使血清抗蛋白酶失去活性；损伤基因导致细胞变异的出现和蓄积，如自由基与生物大分子结合，引起生物大分子的损伤、DNA链断裂、染色体畸变等。

研究表明，海洋蛋白肽与灵芝多糖配伍能提高辐射小鼠血清抗氧化酶SOD活性并抑制自由基的产生。黄芪多糖能明显降低受照小鼠肝脏中脂质过氧化物（LPO）含量，且显著增强SOD、GSH-Px和CAT活性。番茄红素能够有效抑制辐射诱导体外原代培养的小鼠肝细胞的脂质过氧化作用及抗氧化作用。松茸多糖能减少自由基的生成，抑制或阻断自由基引发的脂质过氧化反应，增强SOD、CAT、GSH-Px活性，提高机体抗氧化能力，进而减少自由基对机体造成的损伤。高山红景天对电离辐射造成的自由基损伤具有明显的保护作用。刺五加皂苷可提高受照后小鼠血清中SOD和GSH-Px活性。

2. 保护DNA　细胞中DNA是辐射损伤的一个重要的靶点，放射生物学效应很多是通过DNA损伤表现出来的。DNA不但是辐射直接作用的靶点，也是辐射所产生的自由基间接攻击的目标之一，其最终引起DNA断裂、基因突变、染色体重组、细胞转化和死亡等。因此，减轻放射线对DNA损伤是辐射防护研究的重要内容之一。

研究表明灵芝多糖具有对抗^{60}Co-γ射线辐射引起的小鼠白细胞数量减少和防止小鼠骨

笔记栏

髓 DNA 含量降低的作用,同时有保护小鼠因辐射引起的胸腺缩小作用。蜂胶提取物对辐射小鼠白细胞具有激活效应且对其 DNA 的损伤具有保护作用。当归多糖对辐射诱导的肝细胞凋亡有抑制作用,并通过提高 Bcl-2/Bax 比值减少细胞凋亡的发生,进而提高肝细胞的 DNA 损伤修复能力和辐射耐受性。猴头菇多糖、灵芝多糖可通过提高辐照后小鼠的骨髓 DNA 含量,减轻辐射对机体的损伤。壳聚糖对 X 射线诱发的小鼠骨髓细胞染色体畸变具有防护作用。人参皂苷对辐射所致的细胞膜损害、组织 LPO 产生过多、骨髓细胞染色体畸变有明显的保护作用。

3. 对免疫系统的影响　辐射所致的免疫功能改变是辐射损伤的主要表现之一,免疫淋巴细胞及其参与免疫调节的脏器,如骨髓、脾脏、胸腺等都是高放射敏感细胞群。辐射引起的免疫系统损伤主要表现在免疫细胞减少和免疫器官功能减低,从而影响机体特异及非特异性免疫功能。免疫功能低下可以造成机体对细菌、病毒等致病因子的敏感,使机体处于危险中,因此对因辐射损伤而导致的免疫功能低下的研究十分重要。

研究表明,海藻多糖可明显抑制受照小鼠的胸腺细胞 3H-TdR 的自发掺入,抑制脾细胞对刀豆蛋白 A(ConA)、脂多糖(LPS)的增殖反应及脾细胞混合淋巴细胞反应,提高免疫细胞对辐射的抗性。人参提取物可诱导正常小鼠脾细胞 Th1 和 Th2 细胞因子 mRNA 的表达,也可促进辐射损伤脾细胞 IFN-γ 和 Thl 细胞因子 mRNA 的表达,从而恢复 T 细胞免疫功能。红景天能明显提高受照小鼠 T 淋巴细胞转化率,对免疫系统有保护作用。银杏叶总黄酮和茶多酚可使受照后小鼠淋巴细胞转化率显著提高,骨髓微核率及精子畸变率有一定程度的降低。

4. 对造血系统的保护作用　造血组织是高辐射敏感组织,造血干细胞、粒系祖细胞、红系祖细胞是辐射攻击的主要靶细胞,且照射剂量越大,外周血细胞减少越多,血细胞除有数量上减少外,形态上、功能上也都发生了某些改变。辐射常造成骨髓抑制、微循环障碍、白细胞数量下降、造血微环境破坏等损伤。因此,要减轻这种辐射损伤,就要增强造血功能,提高机体抗辐射损伤的能力。

研究表明,松茸多糖通过降低造血干细胞、造血基质细胞的辐射敏感性,减轻细胞周期紊乱,促进机体造血功能的恢复,对造血系统损伤具有保护作用。红景天醇提物、灵芝多糖、香菇多糖可明显减轻放射线引起的白细胞数量减少,保护造血组织。姬松茸多糖可提高放射损伤小鼠血清造血因子活性,促进正常小鼠骨髓 GM-CFU 产率的增加。螺旋藻粉对 ^{60}Co-γ 射线一次高剂量照射后的小鼠白细胞数有升高作用,并有降低骨髓细胞嗜多染红细胞微核率和提高红细胞 SOD 活性的作用。

三、对电离辐射危害有辅助保护功能保健食品的功能学评价程序

(一) 试验项目

1. 体重。
2. 外周血白细胞计数。
3. 骨髓细胞 DNA 含量或骨髓有核细胞数。
4. 小鼠骨髓细胞微核实验。
5. 血 / 组织中超氧化物歧化酶活性实验。
6. 血清溶血素含量实验。

(二) 试验原则

外周血白细胞计数、骨髓细胞 DNA 含量或骨髓有核细胞数、小鼠骨髓细胞微核实验、血 / 组织中超氧化物歧化酶活性实验、血清溶血素含量实验中任选择三项进行实验。

笔记栏

（三）结果判定

在外周血白细胞计数实验、骨髓细胞 DNA 含量或骨髓有核细胞数实验、小鼠骨髓细胞微核实验、血 / 组织中超氧化物歧化酶活性实验、血清溶血素含量实验中任何两项实验结果阳性，可判定该受试样品具有对辐射危害有辅助保护功能的作用。

实例

目前我国批准了保健功能为对辐射危害有辅助保护的国产保健食品 181 个。

××牌贝利茶

保健功能：对电离辐射危害有辅助保护。

功效成分 / 标志性成分含量：每 100g 含粗多糖 250mg、茶多酚 3.5g、红景天苷 135mg。

主要原料：鱼腥草、红景天、女贞子、黄芪、绿茶。

适宜人群：接触辐射者。

不适宜人群：少年儿童、孕妇、哺乳期妇女。

食用方法及食用量：每日 2 次，每次 1 袋，泡服。

产品规格：3g/ 袋。

保质期：24 个月。

贮藏方法：密封，置阴凉避光处。

注意事项：本品不能代替药物。

第六节　对化学性肝损伤有辅助保护功能保健食品

一、概述

（一）化学性肝损伤的概念

肝脏组织是人体内最大的消化及代谢器官，可将内源或外源的有毒物质代谢或转化为毒性较低的物质，继而排出体外，因此肝脏组织极易受到各类有毒物质或药物的侵袭而受到损伤。肝损伤（liver injury）是由多种原因导致肝细胞损伤进而影响正常的肝脏功能，在各种肝脏疾病发病初期所共有的一种基本病理状态，长期慢性肝损伤或短期剧烈肝损伤可引发肝硬化、肝纤维化、肝炎、脂肪肝、肝癌，甚至肝衰竭。肝损伤主要分为化学性肝损伤和免疫性肝损伤，由化学性肝毒物质对肝脏造成的损伤称为化学性肝损伤，目前临床中较常见。

（二）中医对化学性肝损伤的认识

中医无肝损伤的病名，根据临床表现可纳入“黄疸”“协痛”“癥积”“鼓胀”的范畴。化学肝损伤病理因素主要为湿、热、毒、痰、瘀等。各种病理因素互结，使肝失疏泄、脾失健运、肾阴亏虚为发病关键。

目前对肝损伤病机的认识主要有以下 3 个方面：

1. 药物肝损伤　药毒之邪进入人体，影响肝脏的主要生理功能而发病。药毒入口，直接损伤脾胃，土壅木郁，病变传入肝脏，肝失疏泄或药毒通过皮肤、血络等途径进入人体，直

笔记栏

中肝脏，使肝脏功能失调，进而影响脾土功能，致脾失健运。因此肝失疏泄、脾失健运是药物致化学肝损伤的病机关键。

2. 酒精性肝损伤　酒乃湿热有毒之物，饮酒过量，湿热毒蕴结体内，聚湿成痰，痰湿结于胁下，形成积块。酒毒伤及脾胃，聚湿成痰为酒精性肝损伤的关键。

3. 化学毒物肝损伤　以外来有毒之邪进入机体，正邪相搏损伤肝肾阴血，致肝肾阴虚，化学毒物引起的病机关键为肝肾阴虚、精血不足。

（三）化学性肝损伤的损伤机制

根据亲肝物类型不同，一般用四氯化碳（CCl_4）、酒精和药物对乙酰氨基酚（AP）制作肝损伤模型揭示其损伤机制。

1. 氧化应激反应　细胞内质网上的细胞色素 P450 同工酶家族的 P450 2E1（CYP2E1）引起氧化应激，CYP2E1 激活后，产生活性氧（ROS），ROS 可以修饰和灭活蛋白质、脂质和核酸。

2. 脂质过氧化反应　ROS 导致血红素加氧酶 -1（HO-1）减少。GSH-Px、SOD 和 GSH 的活性降低，ROS 和多不饱和脂肪酸形成丙二醛（MDA），加剧了细胞损伤。脂质过氧化可引起总胆固醇（TC）、甘油三酯（TG）、低密度脂蛋白胆固醇（LDL-C）和高密度脂蛋白胆固醇（HDL-C）等血脂异常。

3. 肝细胞凋亡　细胞受损后，细胞膜结构被破坏，导致肝细胞坏死，谷草转氨酶（GOT）和谷丙转氨酶（GPT）大量释放到血液中，同时造成胆汁酸排泄障碍导致胆汁淤积。

4. 肝脏炎症激活　由于肝细胞的坏死引发免疫损伤，损伤源直接刺激 T 淋巴细胞释放大量细胞因子，例如肿瘤坏死因子 -α（TNF-α）、干扰素 -γ（IFN-γ）、白介素 -2（IL-2）和白介素 -6（IL-6），异常升高的细胞因子和相应的受体聚集体介导肝细胞的凋亡和坏死，进而导致 NF-κB 通路的激活和 Caspase 家族信号传导途径的增强以及 c-Jun N 末端激酶（JNK）的磷酸化，进一步导致肝细胞发炎和坏死，诱导线粒体凋亡。

二、对化学性肝损伤有辅助保护功能保健食品的常用原料

（一）按照中药功效分类

中医认为化学性肝损伤的治疗应从整体出发，将药物引起的肝损伤分为肝郁脾虚证、肝胃不和证、肝胆湿热证、下焦湿热证等证型，分别采取疏肝解郁、健脾化湿、补益脾胃、祛膀胱湿热等治法。对酒精致肝损伤引起的酒精性脂肪肝、酒精性肝病、酒精性肝炎、酒精性肝纤维化、酒精性肝硬变，主张以清解酒毒、化瘀散结法治疗。并将非酒精性脂肪肝分为湿热内蕴证、脾虚湿痰证、肝郁脾虚证、痰瘀互结证、肝肾不足证 5 种证型。

2005—2020 年已批准的对化学性肝损伤有辅助保护功能的保健食品（国食健字号）共 198 个，含有中药原料 77 种。使用频次 $\geqslant 7$ 的中药原料有 17 味（占 25%），依据使用频次由高到低依次是葛根、灵芝、五味子、丹参、枸杞子、姜黄、甘草、黄芪、山楂、绞股蓝、茯苓、三七、白芍、人参、红景天、余甘子。主要以解表药、补益药、活血化瘀药、清热药、利水渗湿药为主。

（二）按化学成分分类

对化学性肝损伤有辅助保护功能保健食品中最常用的 5 种功效成分是黄酮类、多糖类、葛根素、总皂苷，具有保护膜系统、抗自由基和脂质过氧化反应、改善肝血液循环、促进肝细胞再生、提高免疫调节的作用。主要作用机制为抑制外源性毒素对 CYP2E1 的激活导致的氧化应激和脂质过氧化，从而预防肝细胞的凋亡与肝脏炎症的产生。

（三）其他分类

1. 具有抗氧化、促进细胞增殖、提高免疫力作用的营养物质，主要有腺苷、牛磺酸、硒、

维生素 E、维生素 C 等。

2. 由一些特殊动物如牡蛎、毛蚶、甲鱼、蚂蚁等提取成分制得。这类保健食品的具体功效成分大多数还不能确认。

3. 一些生物因子，如胎盘因子、肝细胞生长因子、多肽等。这类保健食品过多借助生物工程或化学合成得来，对其是否应划入保健食品行列还存在一些争议，相关产品也少见。

三、对化学性肝损伤有辅助保护功能保健食品的功能学评价程序

(一) 试验项目

动物实验分为方案一（四氯化碳肝损伤模型）和方案二（酒精性肝损伤模型）两种。

方案一（四氯化碳肝损伤模型）

1. 体重。
2. 谷丙转氨酶（GPT）。
3. 谷草转氨酶（GOT）。
4. 肝组织病理学检查。

方案二（酒精性肝损伤模型）

1. 体重。
2. 丙二醛（MDA）。
3. 还原型谷胱甘肽（GSH）。
4. 甘油三酯（TG）。
5. 肝组织病理学检查。

(二) 试验原则

1. 所列指标均为必做项目。
2. 根据受试样品作用原理的不同，方案一和方案二任选其一进行动物实验。

(三) 结果判定

方案一（四氯化碳肝损伤模型）：病理结果阳性，谷丙转氨酶和谷草转氨酶两项指标中任一项指标阳性，可判定该受试样品具有对化学性肝损伤有辅助保护功能的作用。

方案二（酒精性肝损伤模型）：① 肝脏 MDA、GSH、TG 三项指标结果阳性，可判定该受试样品对酒精引起的肝损伤有辅助保护功能。②肝脏 MDA、GSH、TG 三项指标中任意两项指标阳性，且肝脏病理结果阳性，可判定该受试样品具有对酒精引起的肝损伤有辅助保护功能的作用。

四、对化学性肝损伤有辅助保护功能保健食品研发实例

1. 肝损伤机制　本组方选用了蓝莓、栀子、姜黄、丹参、积雪草、白芍六味可用于保健食品的原料，用以制备有助于降低酒精性肝损伤的保健食品，其保护机制分别从中医药理论和现代药理学角度进行阐述。

(1) 从传统中医药理论来看，积雪草，性寒，味苦、辛，归肝、脾、肾三经，具有清热利湿、解毒消肿的功效。栀子，性寒，味苦，归心、肺、三焦经，具有泻火除烦、清热利尿、凉血解毒的功效。姜黄，性温，味辛、苦，具有行气散风、活血、通经止痛的功效。白芍，性寒，味苦、酸，归肝、脾经，具有平抑肝阳、养血敛阴、柔肝止痛的功效。丹参，性微寒，味苦、微辛，归心、肝经，具有活血祛瘀、通经止痛、养肝护肝等功效。蓝莓，性平，味酸、甘，具有利尿、解毒利湿等功效。诸药合用，共奏解酒醒酒、养肝扶肝、清热养阴，化瘀通络之功效。

(2) 从现代药理学角度来看，本组方经过提取以后制备得到的胶囊剂属于现代天然产

笔记栏

物，含有大量具有抗肝纤维化，修复肝脏受损组织，增加胆汁分泌，减少肝脏胶原沉积，减少肝细胞坏死，促进肝细胞再生，消除氧自由基的化学成分。这些成分相互之间具有协同作用，六味药物的组合以多靶点、多途径的方式全面修复肝损伤机体，改善肝损伤患者的健康状况。

2. 配方筛选　该产品以蓝莓、栀子、姜黄、丹参、积雪草、白芍为主要原料，蓝莓、栀子、姜黄、丹参采用乙醇提取，积雪草、白芍采用水提，经过合理工艺制成，对化学性肝损伤有辅助保护功能。

(1) 蓝莓：飞燕草素(delphinidin)、矢车菊素(cyanidin)、芍药素(peonidin)、矮牵牛素(petunidin)、锦葵花素(malvidin)是蓝莓中主要含有的5种花青素。花色苷是蓝莓的主要化学成分，主要存在于蓝莓的果皮中，其中含量最多的是锦葵花素；黄酮类成分在蓝莓中含量较多，在果皮、果肉、叶和花中均有分布。蓝莓中还含有酚酸类物质，主要为绿原酸、没食子酸、丁香酸，以及原花青素、糖酸等物质。

(2) 栀子：栀子为茜草科植物栀子(*Gardenia jasminoides* Ellis)的干燥成熟果实，具有护肝、利胆、降压、镇静、止血、消肿等作用，是临床常用的保肝利胆药，属于药食同源品种。

(3) 姜黄：姜黄为姜科多年生草本植物姜黄(*Curcuma longa* L.)的干燥根茎，具有行气散风、活血、通经止痛的功效，临床常用来治疗肝病、胸腹胀痛等。提取的姜黄素还可用作化学分析试剂。

(4) 丹参：丹参为唇形科植物丹参(*Salvia miltiorrhiza* Bge.)的干燥根及根茎，具有活血祛瘀、通经止痛、养血安神、养肝护肝、凉血消肿、清心除烦等功效。在临床上，丹参常用于治疗冠心病及缺血性脑病，疗效较好。

(5) 白芍：白芍为毛茛科植物芍药(*Paeonia lactiflora* Pall.)的干燥根，具有平抑肝阳、养血敛阴、柔肝止痛的功效，临床上常用来治疗胸腹胁肋疼痛，泻痢腹痛，自汗盗汗，阴虚发热，月经不调，崩漏，带下等。

(6) 积雪草：积雪草为伞形科植物积雪草[*Centella asiatica*(L.) Urban]的干燥全草，具有清热利湿、消肿解毒的功效，主治湿热黄疸、砂淋、血淋、目赤、喉肿、风疹、疥癣、痈肿疮毒、跌打损伤等。

3. 功效成分选定　保健食品功效成分选定常采用标志性成分进行检测，产品中选择了总黄酮、栀子苷、芍药苷为功效成分。研究表明栀子苷可以通过上调主要抗氧化酶的表达来防止酒精引起的急性肝损伤，从而改善酒精引起的肝脏氧化应激损伤。国内学者尚新涛等应用大鼠 CCl_4 慢性肝损伤模型进行研究，发现栀子苷能显著改善肝损伤大鼠的生化指标，减轻组织炎症及纤维化。芍药苷可以预防单纯性脂肪肝，主要通过纠正血脂异常，改善肝功能和肝脂肪变性，其机制可能是增加肝脏脂肪酶活性，减少肝脏游离脂肪酸，从而增加TG分解，减少TG合成。

4. 工艺路线设计及产品形态与剂型选择　本产品采用胶囊剂型，采用常规的胶囊剂生产工艺：混合→填充→抛光→筛选→内包装→外包装→检验→入库。剂型对功效成分的稳定性及保健食品效果和生产销售有较大的影响。胶囊剂外表整洁、美观，具有便于服用、携带，可掩盖粉末的苦、臭味，服用者依从性好等优点，且胶囊剂在胃肠道中分散快，生物利用度高。

5. 安全性　本产品的毒理、功能试验表明本品对小鼠急性酒精性肝损伤具有显著的保护作用，产品的最大耐受剂量为18g/kg，未见急性毒性反应，解剖后脏器无异常，小鼠体重、进食量、脏器系数与空白组比较不具统计学意义，在服用剂量范围内安全有效。

笔记栏

实例

山楂丹参乌梅胶囊
保健功能：对化学性肝损伤有辅助保护功能。
功效成分/标志性成分含量：每100g含总黄酮1.5g、丹参酮$Ⅱ_A$0.4g。
主要原料：山楂提取物、丹参提取物、乌梅提取物。
适宜人群：有化学性肝损伤危险者。
不适宜人群：少年儿童、孕妇、哺乳期妇女。
食用方法及食用量：每日2次，每次2粒，口服。
产品规格：0.4g/粒。
保质期：24个月。
贮藏方法：阴凉、干燥、通风处。
注意事项：本品不能代替药物。

第七节　有助于改善骨密度功能保健食品

一、概述

当前，人口老龄化已成为全球性现象。伴随着人口老龄化，骨质疏松患者的数量也急剧增加。骨质疏松已成为世界性的公共卫生问题。据国家卫生健康委员会发布的2018年中国骨质疏松流行病学调查结果，我国40~49岁人群骨质疏松症患病率为3.2%（男性为2.2%，女性为4.3%）；50岁以上人群骨质疏松症患病率为19.2%（男性为6.0%，女性为32.1%）；65岁以上人群骨质疏松症患病率达到32.0%（男性为10.7%，女性为51.6%）。骨质疏松性骨折是骨质疏松症的严重后果，2015年我国主要骨质疏松性骨折（腕部、椎体和髋部）约为269万例次，据估计，2035年约为483万例次，到2050年约为599万例次。

（一）现代医学对骨质疏松的认识

骨质疏松是以指骨量减少、骨微结构破坏为特征，导致骨强度降低、骨脆性增加和骨折危险性增加的一种代谢性骨骼疾病。骨质疏松症的后果是骨骼变得脆弱，因此，即使轻微的碰撞或跌倒都可能导致骨折。骨质疏松会影响体内的所有骨骼，易发生骨折部位为椎骨（脊柱）、手腕、髋关节、骨盆、上臂等。骨质疏松症本身并不引起疼痛，但骨折会产生剧烈的疼痛、严重的残疾甚至死亡。

骨质疏松症又分为原发性骨质疏松、继发性骨质疏松和特发性骨质疏松三大类。原发性骨质疏松症又称为不明原因的骨质疏松，是指发病原因尚不清楚的骨质疏松。临床上最常见的有两种类型：绝经后骨质疏松症和老年性骨质疏松症。本节所述骨质疏松症主要为原发性骨质疏松症，其定义为以骨量减少、骨组织纤维结构退化为特征，导致骨的脆性增加而骨折危险增加的一种全身性骨病。

现代医学认为，骨质疏松症的病理机制与体内激素水平、营养状况、遗传因素、免疫因素、物理因素等密切相关。其发病机制主要是由于性激素缺乏诱发破骨细胞生成细胞因子网络系统的改变，激发了破骨细胞的活性，而抑制成骨细胞活性，骨质吸收速度超过了骨形

笔记栏

成速度，造成骨质有机物和无机物成比例地减少。

骨质疏松症的病因与年龄、性别、体质、营养、运动、生活方式等多因素有关，因而决定了其治疗的多样化。目前主要以药物治疗、理疗和运动疗法为主。如采用激素替代和补钙疗法。但雌激素类药物有诱发子宫内膜癌的危险，而单纯补钙存在吸收量少的问题。中医治疗本病着重于整体调节，调动内因，促进成骨细胞生成，抑制破骨细胞产生，调节骨代谢平衡。但骨质疏松症属慢性病，中药治疗显效慢，疗程长，需要长期服药。因此可充分利用中医学传统理论，突出中医整体调节优势，并结合现代医学研究成果，研发具有中医特色的有助于促进骨健康功能的保健食品，采用补钙与中医药防治骨质疏松症整体功能调节有机结合研制的保健食品在骨质疏松的防治领域有着广阔的前景。

（二）中医对骨质疏松症的认识

应用传统中医药理论并结合现代医学研究成果研发有助于促进骨健康功能的保健食品，可从以下几方面进行：

1. 补肝肾，强筋骨，调节内分泌功能，恢复骨代谢平衡　肾虚精亏、髓减骨枯是骨质疏松发生的根本因素。肾为先天之本，主藏精，主骨生髓。肾精充足则骨髓生化有源，骨得髓养则强健有力；肾精不足则骨髓生化乏源，骨骼失养，骨矿含量下降，骨密度降低而发生骨质疏松。肝藏血，主筋，肝血不足，筋骨失养可致肢体屈伸不利，甚则痿废不用。故补肝肾，益精血，强腰膝，壮筋骨，调节内分泌功能，促进成骨细胞生成，抑制破骨细胞产生，恢复骨代谢平衡为防治骨质疏松的根本大法，可选用淫羊藿、骨碎补、杜仲、补骨脂、菟丝子、熟地黄、山茱萸、枸杞子等品。

2. 调脾胃，益气血，促进营养吸收，提高成骨细胞活力　脾胃虚损、后天失养是骨质疏松发生的重要因素。脾为后天之本，气血生化之源，主运化，升清而布散精微，主管人体的消化吸收，又主四肢以奉养百骸。脾胃健则饮食增，运化行，水谷精微得以四布并被吸收，筋骨得养。若脾胃虚弱，运化无力，生化乏源，精微不能四布，则骨骼失于滋养，而引起骨质疏松。同时成骨细胞的生成需要营养，脾运不健也可影响钙、维生素 D 的吸收以及成骨细胞的活力。因此，调脾胃，益气血，促进营养吸收，提高成骨细胞活力也是防治骨质疏松的重要立法。可选择人参、黄芪、升麻、白术、茯苓、山药、大枣、甘草等健脾益气之品。

3. 畅气血，通血脉，改善血液循环，减轻疼痛症状　气虚血瘀、脉络瘀滞是骨质疏松发生的促进因素。气血津液是荣养皮肉筋骨的物质基础。骨质疏松多发于年老体弱、元气不足者。气虚不能推动血液正常运行，则血液停聚而成瘀。瘀则经脉不通，新血不生，不荣不通均可致腰腿疼痛；虚则筋骨无以濡养而痿弱无力，脆弱易折，从而促进骨质疏松的发生。可选择当归、三七、丹参、红花等活血化瘀、通络行滞之品。

4. 充胶原，补钙源，深度补充骨营养，恢复骨骼重建　营养状态是影响骨代谢的主要因素，尤其是钙营养缺乏是导致骨质疏松的一个主要原因。从营养角度看，钙源充足，是预防骨质疏松的重要措施。中药中具有许多天然矿源，可以补充人体钙摄入不足或吸收不充分，如牡蛎、珍珠、石决明、蛋壳、牦牛骨、鹿骨、羊骨等。

因骨质疏松多发于老年人，因此在研发有助于促进骨健康功能保健食品时，还可以围绕老年病特点，研发多功能保健食品。比如骨质疏松患者常同时患有心脏病、高血压、糖尿病等多种病症，此时单一增加骨密度，预防及改善骨质疏松的保健功能就不能满足这些患者的需要。因此，研发时应围绕老年病多伴有并发症的特点，充分利用具有有助于促进骨健康功能的原料具有多效能的特点，根据需要，在开发有助于促进骨健康功能保健食品的同时，开发兼备有助于维持血压健康水平、有助于维持血糖健康水平、缓解体力疲劳、有助于增强免疫力或抗氧化作用的复合功能保健食品。

二、有助于促进骨健康功能保健食品的常用原料

有助于促进骨健康功能保健食品的常用原料有：钙以及富钙物质、硫酸软骨素、大豆异黄酮、珍珠、黄芪、淫羊藿、熟地黄、乳清钙、骨骼钙、磷酸钙、柠檬钙、葡萄糖酸钙、乳酸钙、醋酸钙、活性钙、L-苏糖酸钙、酪蛋白磷酸肽等。

目前市场上保健食品钙制剂主要为无机钙类，有机钙类及某些中药制剂等。①无机钙：主要有氯化钙，碳酸钙类(取自天然碳酸钙矿物)，活性钙(主要成分为氧化钙和氢氧化钙，大多用牡蛎壳、扇贝壳经过高温煅烧和水解而得)，磷酸钙等；②天然生物来源的钙：如牡蛎壳、扇贝壳、骨泥、珍珠等；③有机钙：如乳酸钙、葡萄糖酸钙、柠檬酸钙、苹果酸钙、醋酸钙、甘油磷酸钙、葡萄糖醛酸内酯钙、天冬氨酸钙、L-苏糖酸钙等。

三、有助于促进骨健康功能保健食品的功能学评价程序

(一) 试验项目

动物实验：分为方案一(补钙为主的受试物)和方案二(不含钙或不以补钙为主的受试物)两种。

1. 体重。
2. 骨钙含量。
3. 骨密度。

(二) 试验原则

1. 根据受试样品作用原理的不同，方案一和方案二任选其一进行动物实验。
2. 所列指标均为必做项目。
3. 使用未批准用于食品的钙的化合物，除必做项目外，还必须进行钙吸收率的测定；使用属营养强化剂范围内的钙源及来自普通食品的钙源(如可食动物的骨、奶等)，可以不进行钙的吸收率实验。

(三) 结果判定

方案一：骨钙含量或骨密度显著高于低钙对照组且不低于相同剂量的碳酸钙对照组，钙的吸收率不低于碳酸钙对照组，可判定该受试样品具有增加骨密度的作用。

方案二：不含钙的产品，骨钙含量或骨密度较模型对照组明显增加，且差异有显著性，可判定该受试样品具有增加骨密度的作用。

不以补钙为主(可少量含钙)的产品，骨钙含量或骨密度较模型对照组明显增加，差异有显著性，且不低于相应剂量的碳酸钙对照组，钙的吸收率不低于碳酸钙对照组，可判定该受试样品具有增加骨密度的作用。

四、有助于促进骨健康功能保健食品研发实例

(一) 配方的筛选

该产品将营养学与中医药防治骨质疏松的优势有机结合，采用淫羊藿、骨碎补、黄精、当归、三七、果醋蛋粉、碳酸钙、酪蛋白磷酸肽(CPP)为原料进行科学配伍，深度补充骨营养，促进成骨细胞生成、抑制破骨细胞产生，实现钙吸收与钙丢失的平衡，从而达到增加骨密度，改善骨质疏松的目的。

配方中淫羊藿温阳化气，益精填髓，补肾壮骨；骨碎补既能补肝肾、益精血、强筋骨，又能活血祛瘀、通络止痛，两者均具有促进成骨细胞生成，抑制破骨细胞产生的作用，为方中成骨元素。黄精甘平质润，具有滋肾填精，补脾益气之功，可辅助淫羊藿、骨碎补发挥补虚扶正

笔记栏

的作用，以缓解骨质疏松患者周身倦怠乏力的表现；当归有补血养虚、活血止痛之效；三七与当归合用可辅助淫羊藿、骨碎补发挥活血通络止痛的作用，以缓解腰背疼痛、关节疼痛，为方中补气血元素。果醋蛋粉具有补充钙源，增加骨密度，健胃消食之功，果醋蛋粉中的蛋白容易被人体吸收，起着补充骨胶原的营养作用，为方中骨胶原元素。蛋壳中活性钙和碳酸钙容易被成骨细胞吸收，起着补充钙源作用，为方中钙元素。CPP 是从天然酪蛋白中提取出的一种多肽，既是钙吸收促进因子，又能防止骨骼中钙质的流失。

诸品相合，标本兼顾，共同起到滋补肝肾，强筋壮骨，益气生血，化瘀止痛，补充钙源，改善骨代谢的功能，适用于缺钙及肝肾不足，精血亏虚，瘀血阻络所致骨质疏松的中老年人群，体现了中医有助于促进骨健康功能保健食品的组方特色。

（二）功效成分选定

本产品组方中含有皂苷类成分，碳酸钙和果醋蛋粉中含钙，皂苷有抗骨质疏松的作用，故选择总皂苷和钙作为产品的功效成分。

（三）工艺路线设计及产品形态与剂型选择

本产品制备工艺为：①果醋蛋粉的制备工艺：将杀菌消毒后的鸡蛋放入果醋中，充分浸泡，过滤得果醋蛋液，喷雾干燥，过筛后得果醋蛋粉。②干浸膏粉的制备：将淫羊藿、骨碎补、黄精、当归、三七加水浸泡，煎煮，浓缩，醇沉，冷藏，过滤，收醇，浓缩成稠膏，喷雾干燥，过筛后得干浸膏粉。③片剂成型工艺：取果醋蛋粉，干浸膏粉，CPP，碳酸钙混合均匀，加 70% 食用酒精制软材，过筛，制粒，干燥，整粒，加入硬脂酸镁混匀，压片，包薄膜衣，内、外包装后即为成品。

剂型对功效成分的稳定性及保健食品效果和生产销售有较大的影响。片剂剂量准确，质量稳定；体积较小、致密，包衣保护稳定性较好，并可掩盖原料的苦、臭味；携带、运输、服用均较方便；易大批量生产，节约成本；溶解度和生物利用度好。

（四）安全性

本产品安全性毒理学评价试验按照《保健食品安全性毒理学评价程序和检验方法》的规定进行了第一、二阶段的毒理试验。同时根据《保健食品功能学评价程序和检验方法》的规定，进行了保健功能检测。通过毒理、功能试验表明本产品服用剂量安全有效，具有显著增加骨密度、有助于促进骨健康的功能。

实例

目前我国批准了保健功能为有助于促进骨健康（原为增加骨密度）的国产保健食品 621 个、进口保健食品 20 个。

××牌氨基葡萄糖盐酸盐钙片

保健功能：增加骨密度。

功效成分 / 标志性成分含量：每 100g 含钙 8.076g、氨基葡萄糖盐酸盐 19.1g。

主要原料：葡萄糖酸钙、碳酸钙、氨基葡萄糖盐酸盐、橄榄果汁冻干粉、聚乙烯吡咯烷酮、硬脂酸镁。

适宜人群：中老年人。

不适宜人群：少年儿童、孕妇及哺乳期妇女。

食用方法及食用量：每日 2 次，每次 2 片。

产品规格：1.25g/ 片。

保质期：24 个月。

贮藏方法：置于阴凉干燥处。

注意事项：本品不能代替药物；本品添加了营养素，与同类营养素同时食用不宜超过推荐量。

学习小结

1. 学习内容

其他功能保健食品	促进排铅功能	铅对人体的危害，铅中毒的原因及判定，排铅机制
		促进排铅的功能评价方法及常用原料简介，促进排铅保健食品实例
	改善缺铁性贫血功能	缺铁性贫血的概念、贫血的分类，铁的生理作用，铁缺乏的症状及原因
		改善缺铁性贫血功能评价方法及常用原料简介，改善缺铁性贫血功能保健食品实例
	清咽润喉功能	咽喉炎的概念，慢性咽炎的病因
		清咽润喉功能评价方法及常用原料简介，清咽保健食品实例
	促进泌乳功能	母乳喂养的意义，产后缺乳的原因及促进泌乳的方法
		促进泌乳功能评价方法及常用原料简介，促进泌乳保健食品实例
	对辐射危害有辅助保护功能	辐射的病理损害，保健食品中用于抗辐射的原料
		对辐射危害有辅助保护功能保健食品的开发展望
	对化学性肝损伤有辅助保护功能	肝损伤与化学性肝损伤
		可用于保健食品、具有对化学性肝损伤有辅助保护功能的原料
	有助于促进骨健康功能	骨质疏松的流行病学，中医对骨质疏松症的认识
		可用于保健食品、有助于促进骨健康功能的原料

2. 学习方法　通过对流行病学资料的分析，了解铅中毒、缺铁性贫血、咽喉炎、辐射危害、化学性肝损伤、骨质疏松等的含义及病因；结合中西医基本知识与国内外保健食品发展概况，了解促进排铅、改善缺铁性贫血、清咽润喉等功能保健食品的需求、发展现状与不足；结合促进排铅、改善缺铁性贫血、清咽润喉等功能保健食品的评价方法、常用原料及实例介绍，掌握各功能开发的基本原则。

（于纯淼　何毓敏　邓　翀　关志宇　刘　谦　童应鹏）

复习思考题

1. 试述促进排铅、改善缺铁性贫血、清咽润喉功能保健食品功能学评价的主要试验项目。

2. 试述具有促进排铅、改善缺铁性贫血、清咽润喉功能的物质。

主要参考文献

1. 党毅，刘勇．保健食品研制与开发［M］.2 版．北京：人民卫生出版社，2019.
2. 路新国．中医饮食保健学［M］. 北京：中国纺织出版社，2008.
3. 中国营养学会营养与保健食品分会．营养素与疾病改善：科学证据评价［M］. 北京：北京大学医学出版社，2019.
4. 郭俊霞，陈文主．保健食品功能评价实验教程［M］. 北京：中国质检出版社，中国标准出版社，2018.
5. 唐仕欢，卢朋，杨洪军．保健食品配方组方规律研究［M］. 北京：北京科学技术出版社，2016.
6. 常锋，顾宗珠．功能食品［M］. 北京：化学工业出版社，2009.
7. 凌关庭．保健食品原料手册［M］. 北京：化学工业出版社，2002.
8. 田明，孙璐，王茜，等．新冠肺炎疫情之下保健食品行业消费调查分析及政策建议［J］. 中国食品学报，2020，20(9)：356-359.
9. 孙蓉，齐晓甜，陈广耀，等．中药保健食品研发、评价和产业现状及发展策略［J］. 中国中药杂志，2019，44(5)：861-864.
10. 齐晓甜，赵春媛，张家祥，等．中药类保健食品增强免疫力功能评价现状和研究策略［J］. 中国中药杂志，2019，44(5)：875-879.
11. 孟庆玉，潘小红，李文莉，等．保健食品安全风险点研究［J］. 食品安全质量检测学报，2017，8(1)：312-317.
12. 钟文洁，刘淑聪．保健食品注册及消费市场现状分析［J］. 中国药事，2016，30(11)：1056-1062.
13. 贾福怀，许璐云，王彩霞，等．降糖类保健食品配方及功效成分研究现状与展望［J］. 食品与发酵工业，2017，43(10)：282-287.
14. 李庆，金润浩，姜国哲，等.2006—2015 年我国已注册保健食品现状分析［J］. 食品科学，2017，38(3)：310-316.
15. 刘利珍．保健食品研发过程中的法律问题及对策分析［J］. 食品研究与开发，2017，38(4)：212-215.
16. 王进博，陈广耀，孙蓉，等．对中药组方保健食品的几点思考［J］. 中国中药杂志，2019，44(5)：865-869.
17. 於洪建，吴春福．我国中药类保健食品的发展趋势［J］. 中草药，2016，47(18)：3342-3345.
18. 代云桃，靳如娜，孙蓉，等．中药保健食品的质量控制现状和研究策略［J］. 中国中药杂志，2019，44(5)：880-884.
19. 李美英，姜雨，佘超．我国保健食品功能与原料管理的一点思考［J］. 营养学报，2018，40(3)：215-221.
20. 萨翼，陈广耀，王进博，等．已批准增强免疫力功能的中药类保健食品现状及监管建议［J］. 中国中药杂志，2019，44(5)：885-890.
21. 佘一鸣，胡永慧，张莉野，等．中药调血脂的研究进展［J］. 中草药，2017，48(17)：3636-3644.
22. 戴永娜，付志飞．中药调控肠道菌群防治脂代谢紊乱相关疾病的研究进展［J］. 世界科学技术——中医药现代化，2019，21(6)：1118-1126.
23. 金鑫，臧茜茜，葛亚中，等．缓解视疲劳功能食品及其功效成分研究进展［J］. 食品科学，2015，36(3)：258-264.
24. 陈鹏，邓乾春，臧茜茜，等．国内辅助改善记忆功能性食品研究进展［J］. 中国食品学报，2015，15(4)：116-123.
25. 朱焕容，欧国灯，罗燕玉，等．中药材在清咽类保健食品中的应用及其功效成分研究进展［J］. 中国药房，2013，24(27)：2581-2583.
26. 黄鹏，张慎启，郭燕梅，等．骨质疏松治疗进展［J］. 中国骨质疏松杂志，2011，17(11)：1019-1024.
27. 谭榀新，叶涛，刘湘新．植物提取物抗氧化成分及机理研究进展［J］. 食品科学，2010，31(15)：288-292.
28. 宿蕾艳，庄曾渊．视疲劳病因机制及防治的研究进展［J］. 中国中医眼科杂志，2010，20(3)：183-185.
29. 李洁，王玉侠．肥胖发生机制及减肥方法的研究现状［J］. 中国体育科技，2006，42(2)：64-67
30. 张红．促进排铅保健食品研究进展［J］. 粮食与油脂，2005，19(6)：43-46.
31. 周欣，邓青芳．天然产物对化学性肝损伤的影响及作用机制研究进展［J］. 贵州师范大学学报(自然科学版)，2018，36(5)：1-11.

复习思考题
答案要点

模拟试卷